# 新时代核能可持续发展研究

邹 旸 黄景昊 马建洪 邹树梁 编著

中国原子能出版社

**图书在版编目（CIP）数据**

新时代核能可持续发展研究 / 邹旸等编著. — 北京：
中国原子能出版社，2022.11
ISBN 978-7-5221-2206-9

Ⅰ. ①新… Ⅱ. ①邹… Ⅲ. ①核电工业-工业发展-
研究-中国 Ⅳ. ①F426.23

中国版本图书馆 CIP 数据核字(2022)第210276号

**内 容 简 介**

为了适应核能产业安全可持续发展需要、提高公众对核能产业与环境可持续发展关系的认识、让公众深刻理解核能可持续发展的重要意义、促进核能可持续发展战略的有效实施，本书作者立足于环境保护与可持续发展的时代背景，通过介绍全球能源结构现状与历程、基于理论与案例分析方法，梳理了影响核能可持续发展的关键因素，深入分析了我国核能产业可持续发展重大意义与核能可持续发展战略实施的对策措施。

本书不仅适合作为高等院校核类专业高年级本科生、研究生教材，还可以作为企业、政府等机构工作人员的参考读物。

**新时代核能可持续发展研究**

---

**出版发行** 中国原子能出版社（北京市海淀区阜成路 43 号　100048）
**策划编辑** 韩　霞
**责任编辑** 韩　霞
**责任校对** 冯莲凤
**责任印制** 赵　明
**印　　刷** 北京九州迅驰传媒文化有限公司
**经　　销** 全国新华书店
**开　　本** 787 mm×1092 mm　1/16
**印　　张** 18.5　　**字　　数** 480 千字
**版　　次** 2022 年 11 月第 1 版　2022 年 11 月第 1 次印刷
**书　　号** ISBN 978-7-5221-2206-9　　**定　　价** **94.00** 元

---

**发行电话：010-68452845**　

# 序

核能是一种清洁低碳、安全高效的优质能源，在我国构建现代能源体系、实现能源转型、保护生态环境、应对气候变化、促进科技进步、提高国家综合实力和保障国家安全等方面发挥着重要的作用。2021 年 11 月，近 200 个国家在《联合国气候变化框架公约》第二十六次缔约方大会（COP26）上共同签署了《格拉斯哥气候公约》，就 2030 年将全球的温室气体排放减少 45%达成共识，并承诺逐步减少煤炭使用，减少对化石燃料的补贴。为推动实现“碳达峰”和“碳中和”目标，我国已逐步构建起“1+N”的政策体系，相继发布了《关于完整准确全面贯彻新发展理念做好碳达峰碳中和工作的意见》与《2030 年前碳达峰行动方案》，其中强调要“积极安全有序发展核电”，并提出一系列具体措施，进一步明确了核电在构建我国清洁低碳、安全高效的能源体系中的地位和作用，为我国核能产业高质量可持续发展提供了新的机遇。因此，紧跟世界核能发展前沿，加大核能的自主创新，发展可持续的核能产业是确保我国能源安全、促进军民融合产业发展、促进我国核工业高质量发展、助力我国由核电大国迈向核电强国的重要支撑，是创建中国核电品牌的必由之路。

中国核能行业协会发布的《中国核能发展报告 2022》蓝皮书指出，在碳达峰、碳中和的背景下，中国能源电力系统清洁化、低碳化转型进程将进一步加快，核能作为近零排放的清洁能源，将具有更加广阔的发展空间。《蓝皮书》显示，2021 年，我国商运核电机组达到 51 台，核电发电量为 4 071.41 亿千瓦时，同比增加 11.17%。在建核电机组 20 台，规模继续保持全球第一，充分展现出核电在保障能源电力供应安全中的重要价值。与燃煤发电相比，核电发电相当于减少燃烧标准煤 11 558.05 万吨，减少排放二氧化碳 30 282.09 万吨、二氧化硫 98.24 万吨、氮氧化物 85.53 万吨，为实现“碳达峰”和“碳中和”目标做出了重要贡献。

本书介绍了全球能源结构现状与能源转型的历程，阐述了目前所面临的生态环境问题，分析了全球能源转型的趋势及发展核能产业的迫切性。基于习近平总书记提出的“社会主义生态文明观”治国理政方针，通过引用数据、对比等方法，提炼了我国新时代核能可持续发展研究的主要内容。此外，本书还通过介绍核能产业发展历程以及世界各国核电技术的发展现状，基于理论与案例分析方法，深入分析了我国核能产业及相关衍生产业的发展前景，并梳理了影响核能可持续发展的关键因素，及核能可持续发展战略实施的对策措施。本书适合从事核能管理、核技术应用、环境管理的科技人员阅读，也可供有关专业的高等院校师生阅读。

本书引用了多方面的资料，在正文中就不一一注明出处。书后附有主要参考书目以便查阅。

本书作者

2022 年 10 月 16 日

# 目 录

# 第一章　绪　论

## 第一节　全球应对能源安全的形势

当前国际能源安全形势的显著特征是石油生产国与消费国之间的矛盾加剧。从资源和生产要素的配置上看，它们对世界能源市场的依赖都越来越大，因价格波动、供应中断或政局不稳所引发的动荡震撼整个世界。在经济全球化的背景下，各国共同参与应对能源安全、气候变化等全球问题已经成为国际社会的共识。各国定期交换关于本国能源形势的信息，以及中期和长期的能源发展规划与纲要，将有助于提高未来国际能源市场的透明度、稳定性和可预见性。

### 一、全球能源结构需求

据国际能源署（IEA）统计数据，2018 年全球一次能源结构中，石油占比最高（31%），其次是煤炭、天然气，如图 1.1 所示。天然气继续引领能源增长，同比增长 4.6%，占总能源需求增长的近 45%。这是自 2010 年全球金融危机后天然气需求反弹以来的最大增幅，连续第二年的强劲增长。2018 年，全球化石能源占能源总量的 80%，连续第二年达到近 70% 的增长幅度。国际能源署、美国能源信息署（EIA）、欧佩克（OPEC）、埃克森美孚公司（Exxon Mobil）和英国石油公司（BP）等机构在预测全球人口、经济发展的基础上，预测到 2040 年，全球能源结构中化石能源约占 3/4。

IEA 预测，即使到 2040 年实现了基于可持续发展目标的设想，化石能源仍是主要的一次能源，预计其在发达国家和新兴国家能源结构中所占比例分别为 53% 和 63%，可再生能源在发达国家和新兴国家的比例分别不超过 32% 和 29%。OPEC 预测到 2040 年化石能源在发达国家和发展中国家能源结构中所占比例约为 71.1% 和 76.1%，可再生能源所占比例约为 28.9% 和 23.9%。综合各机构预测，到 2040 年（见图 1.2），全球能源结构中石油占 28%、天然气占 26%、煤炭占 22%、核能占 6%、水电占 4%、可再生能源占 14%。

当前，全球能源需求步入低速增长期，主要发达国家能源消费总量稳中有降，新兴经济体能耗占比日益攀升。能源消费向亚洲转移的变革在各类燃料中都有所体现。IEA 统计数据显示：2018 年亚洲占全球天然气消费增长的 50%，风电和太阳能光伏消费增长的 60%，石油消费增长的 80% 以及煤炭和核电消费增长的 100% 以上。IEA 预测：到 2040 年，东南亚地区能源需求增长速度将是世界平均增速的两倍，亚洲发展中国家能源消费增长将占世界的 2/3。IEA 预测：到 2040 年，发展中国家占全球能源消费量的

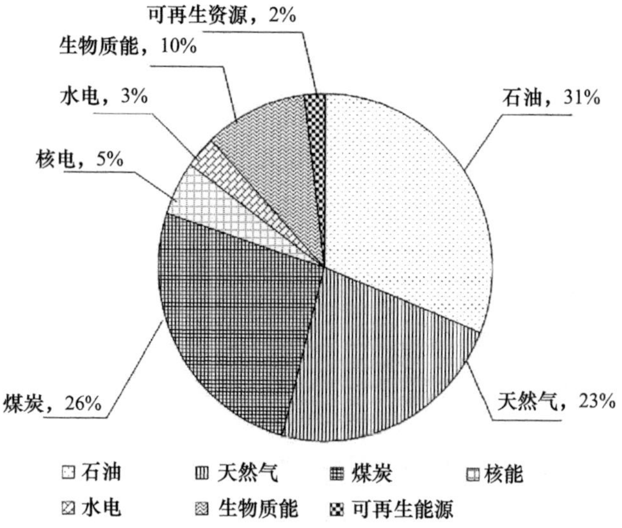


图 1.1　2018 年世界能源结构

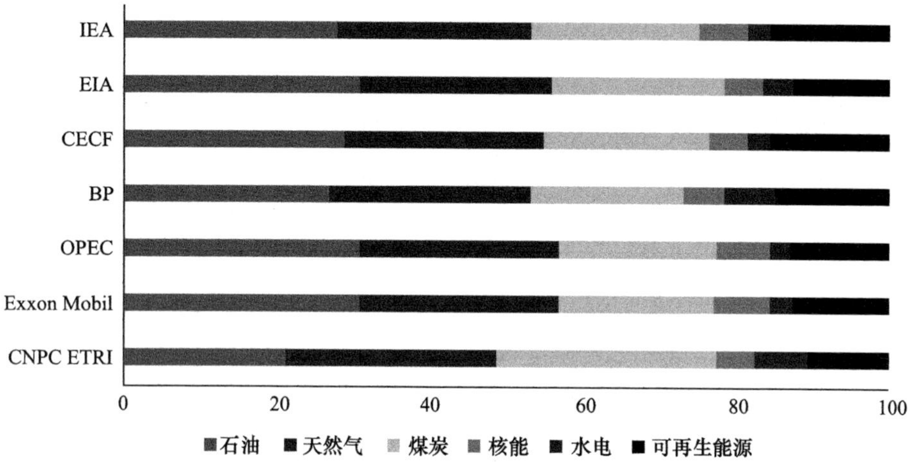


图 1.2　各机构预测 2040 年全球能源结构

数据源于：IEA、EIA、CECF、BP、OPEC、Exxon、Mobil、CNPC ETRI

64%。亚洲发展中国家（特别是中国和印度）预计将是能源消费增长最多的地区，占全球能源消费增长的 1/2 以上。BP 预测：到 2040 年，能源需求增长大部分集中在亚洲发展中国家（中国、印度和其他亚洲国家）。OPEC 预测：到 2040 年，发展中国家（包括中国和印度）能源消费量占世界消费总量的 63%，约为发达国家的两倍，占全球能源消费增长的近 95%。Exxon Mobil 预测，到 2040 年，发展中国家能源消费总量占世界能源消费总量的 69%，是发达国家的两倍多。

## 二、全球能源发展趋势

科学技术水平的发展对能源的需求日益增强，与此同时公民对环境的重视程度也日益提高。2015 年 12 月巴黎气候大会的召开，全球 195 个缔约国通过了《联合国气候变化框架公约》，这无疑给我国未来发展增加了压力，全球二氧化碳的减排对我国未来依靠煤为主要能源的发展模式提出了严峻的挑战。我国政府工作报告在充分肯定2020年我国如期完成污染防治攻坚战主要目标任务、生态文明建设取得重大成就的同时，就“十四五”的生态文明建设做出全面部署。把生态文明建设放在更加突出位置，推动绿色发展，促进人与自然和谐共生。国家“十四五”规划纲要指出，新发展理念是一个整体，坚持创新发展、协调发展、绿色发展、开放发展、共享发展，全党全国要统一思想、协调行动、开拓前进。

全球变暖趋势加剧，减排温室气体的呼声越来越高，核电在现代能源体系建设中的地位更加突出。2016年4月22日（世界地球日），170多个国家领导人齐聚纽约联合国总部，共同签署气象变化问题《巴黎协定》。2016年9月3日，全国人大常委会批准中国加入《巴黎气候变化协定》。中国政府作为《巴黎协定》缔约方郑重承诺，到2030年，中国的二氧化碳排放要达到峰值，非化石能源在总的能源当中的比例要提升到20%左右。绿色能源战略的落地为核电发展铺平道路，提供了千载难逢的好机会。

随着福岛核电建设序幕的重新拉开，以及国家“一带一路”和“华龙一号”核电出口国家的稳步推进，将带动核电装备需求的快速增长。同时，核电“走出去”是“一带一路”国家倡议的重要内容，“华龙一号”的高性价比将赢得国际核电市场的重要份额。目前，中国在巴基斯坦在建4台核电机组，与英国、阿根廷、土耳其等20多个国家已经签订核电合作协议或意向。此外，中俄将联合各自优势共同开发国际核电市场。2021年5月19日，国家主席习近平总书记在北京通过视频连线，同俄罗斯总统普京共同见证两国核能合作项目——田湾核电站和徐大堡核电站开工仪式，中国与世界核电发展前途光明。

## 三、可再生能源的兴起

可再生能源是指自然界中可以不断利用、循环再生的一种能源，例如太阳能、风能、水能、生物质能、海洋能、地热能等。随着世界石油能源危机的出现，人们开始认识到可再生能源的重要性。

IEA统计数据显示，近十年来，全球由能源消费产生的$CO_2$排放量逐步攀升。2018年全球由能源消费产生的$CO_2$达331亿t，同比增长1.7%。发展中国家强劲的能源需求彻底改变了温室气体排放状况，新兴国家的排放量增长尤为强劲。长期来看，全球能源消费产生的$CO_2$排放量将进一步增加。IEA在考虑到各国根据《巴黎协定》确定的国家发展政策，预测到2040年全球$CO_2$的排放量约为360亿t。日本能源经济研究所（IEEJ）预测排放量将达到416亿t，GECF预测排放量将达到382亿t。近年来可再生能源作为一种清洁能源，由于技术创新和成本下降等因素，其投资、产能和消费量逐步攀升。国际可再生能源署（IRENA）统计，2018年可再生能源需求依旧维持延续十年强劲增长的趋势，全球同比增长8%，增加了171GW，几乎占全球能源需求增长的1/4。彭博新能源财经（BNEF）统计数据显示，清洁能源投资连续五年超过3000亿美元，2018年投资3331亿美元。2010年以来，陆上风电、太阳能光伏和海上风电的成本分别下降了49%、84%和56%；2012年以来，锂离子蓄电池成本下降了76%。各国政府和企业纷纷制定脱碳计划和可再生能源发展目标。全球可再生能源发电情况如图1.3所示。截至目前，已有57个国家制定了电力部门完全脱碳计划，有179个国家制定了国家或州的可再生能源目标，一些石油生产国也提出了增加可再生能源比例的目标。例如，“加速淘汰煤炭联盟”的 25 个国家，计划于 2030 年之前完全淘汰燃煤发电；德国政府宣布将在 2038 年基本淘汰煤炭，承诺到 2030 年将可再生能源的比例提高到 65%；阿拉伯联合酋长国的能源战略设定了 44%的可再生能源供应目标，计划到 2050 年将碳排放量减少 70%。

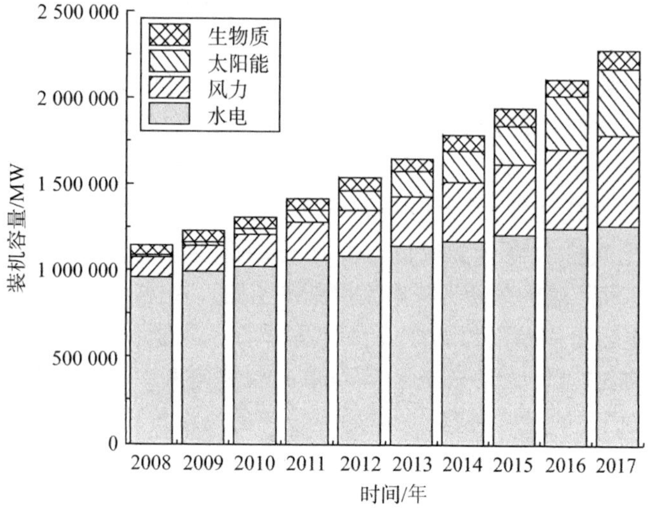


图 1.3 全球可再生能源发电情况

数据源于：电容型电力弹簧多模态运行机理及控制方法

## 四、可再生能源中的核能地位

2019 年，全球核电站的发电量为 2657 TW·h，高于 2018 年的 2563 TW·h，同比增长 3.6%，产量比 2012 年增加 311 TW·h，满足了全球需求的 10.5%，仅次于水电，是第二大低碳能源。据国际原子能机构（IAEA）统计数据，目前有 443 座核反应堆在 32 个国家运行，总容量超过 393 GW。截至 2019 年，大多数已安装的反应堆位于欧洲、亚洲和北美发达国家，其中美国拥有 94 座，总容量 96.6 GW；法国 56 座，总容量 61.4 GW。在发展中国家中，中国拥有最多的反应堆，有 49 座，总容量 47.5 GW。目前，全球有约 50 座反应堆正在建设中，相当于现有容量的 15%左右，大部分位于亚洲。政府间气候变化专门委员会（IPCC）认为需要通过包括核电在内的低碳发电来满足更大的电力需求，并预测到 2050 年，要实现升温幅度不超过 1.5 ℃的目标，可再生能源必须提供约 77%的电力，核电平均增加约 2.5 倍。世界核能协会（WNA）预测，为了满足对可持续能源日益增长的需求，核电在 2050 年之前必须提供至少 25%的电力，成为清洁可靠的低碳混合能源的一部分。核电作为解决电力行业脱碳方案的重要组成部分，为保护人类和地球免受空气污染和气候变化的危害做出了重要贡献，成为最具成本效益的低碳选择之一。根据 IEA 的统计，中国的陆上风电、太阳能光伏和海上风电成本分别比核电成本高出 16%、50%和 140%。

## 五、中国能源现状

2017 年中国超过美国成为全球最大的原油进口国，2018 年超过日本成全球第一大天然气进口国。中国作为世界最大的能源生产国和消费国，虽然在能源转型中取得成效，但是仍面临许多问题和挑战。

据自然资源部统计数据，截至 2017 年底，中国煤炭查明储量 1.7 万亿 t，与 2016 年相比增长 4.3%；石油 35.4 亿 t，增长 1.2%；天然气 5.5 万亿 $m^3$，增长 1.6%；页岩气 1 982.9 亿 $m^3$，增长 62%；煤层气 3 025.4 亿 $m^3$，减少 9.5%。虽然中国能源资源较丰富，但能源开发难度较大，持续供给能力不足。据 BP 统计数据，截至 2017 年底，中国煤炭储产比为 39，石油为 18.3，天然气为 36.7。此外，近年来能源需求强劲的新兴国家和资源匮乏的国家，正积极努力通过国有企业促进资源开发和采购，围绕资源的激烈竞争正在上演，对中国能源安全产生重大影响。据 BP 统计数据，2018 年无论是美国 WTI 原油、英国布伦特原油、亚洲迪拜原油现货价均高于 2017 年。随着能源技术的创新发展，虽能够丰富能源供给，但也会增加围绕能源的地缘政治风险。

2018 年，中国能源消费总量为 46.4 亿 t 标准煤，同比增长 3.3%。从消费结构看，虽然近年来随着能源转型的提速和电力体制改革的不断深入，清洁能源所占比重稳步提高，化石能源所占比重逐步降低，但化石能源的核心地位依然没变。2018 年，中国清洁能源占比为 22.1%，近十年，中国化石能源平均占比为 83.4%，煤炭占比逐步下降，石油占比稳中有升。煤炭作为中国的重要能源，2018 年消费量虽然同比下降 1.4%，但其仍占能源消费总量的 59.0%。据 2019 年 BP 预测，2040 年中国仍是全球最大能源消费国，将占全球能源消费总量的 22%，煤炭所占比重降至 35%。据 2018 年 OPEC 预测，中国 2040 年仍是世界上最大的煤炭消费国，约占全球煤炭需求的 50%。

近年来，中国光伏、风电、水电装机量均稳居世界第一，成为世界节能和可再生能源利用第一大国。2018 年，中国可再生能源装机容量占全球总量的 29.6%，其中水电、风电、太阳能和生物质能分别占全球 27.2%、32.8%、36%和 11.4%。

中国可再生能源发电量和装机容量基本实现国家可再生能源发展“十三五”规划 2020 年目标（发电量 1.9 万亿 kW · h、6.8 亿 kW）。发电量达 1.87 万亿 kW · h，同比增长约 1700 亿 kW · h；可再生能源发电量占全部发电量比重为 26.7%，同比上升 0.2%。可再生能源发电装机达到 7.28 亿 kW，同比增长 12%；占全部电力装机的 38.3%，同比上升 1.7%。但是现有电网系统难以满足可再生能源大规模并网消纳的要求，电网约束导致部分地区弃风、弃水、弃光问题严重。2018 年弃水电量约 691 亿 kW · h，弃风电量约 277 亿 kW · h，弃光电量约 54.9 亿 kW · h。此外，“以气代煤”和“以电代煤”等替代成本高，清洁能源在全国范围内优化配置受阻，“重建设、轻利用”的情况较为突出，供给与需求不平衡、不协调，可再生能源占一次能源消费比重与先进国家相比仍较低。如图 1.4 所示。

据中商情报网：初步核算，2021 年全年中国能源消费总量 52.4 亿 t 标准煤，比上年增长 5.2%。煤炭消费量增长 4.6%，原油消费量增长 4.1%，天然气消费量增长 12.5%，电力消费量增长 10.3%。

由于中国为全球最大的煤炭消费国和温室气体排放国，近年来，我国煤炭煤炭消费量占能源消费总量的比重持续下降。2021 年中国煤炭消费量占能源消费总量的 56.0%，比上年下降 0.9 个百分点。煤炭消费比重下降是大势所趋，降低煤炭消耗比重是实现“碳达峰、碳中和”的必由之路。伴随多项能源的不断发展，未来煤炭消费占比会进一步降低，煤炭消费量的减少也是指日可待。如图 1.5 所示。

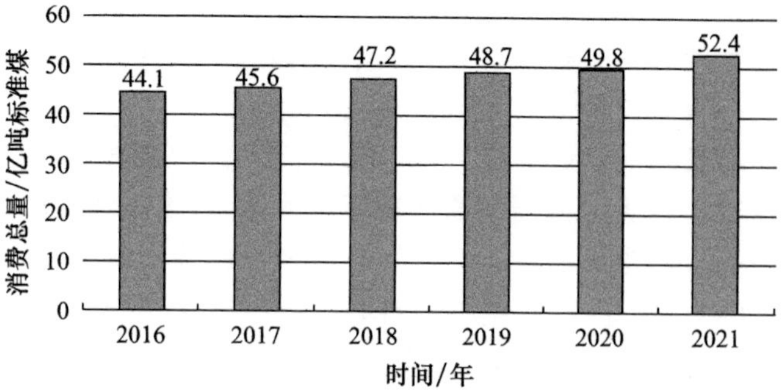


图 1.4　2016—2021 年中国能源消费总量统计情况

制图：中商情报网（WWW.ASKCI.COM）

数据来源：国家统计局、中商产业研究院整理

图 1.5　2016—2021 年中国煤炭消费量占能源消费总量的比重统计情况

制图：中商情报网（WWW.ASKCI.COM）

清洁能源消费量占比提高

近年来，我国清洁能源产业不断发展壮大，清洁能源消费量占能源消费总量的比重持续增长。2021 年天然气、水电、核电、风电、太阳能发电等清洁能源消费量占能源消费总量的 25.5%，上升 1.2 个百分点。如图 1.6 所示。

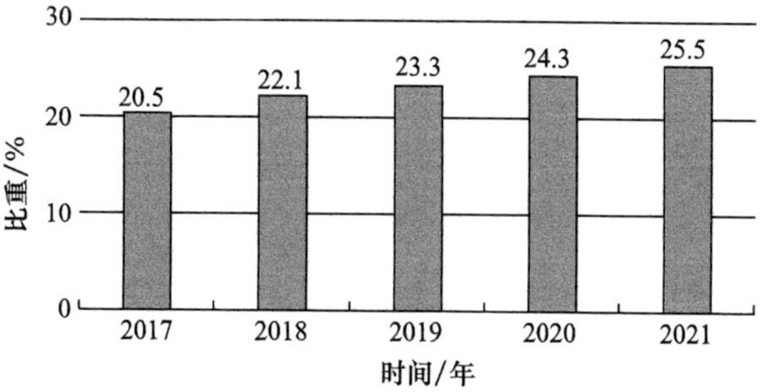


图 1.6　2017—2022 年中国清洁能源消费量占能源消费总量的比重

制图：中商情报网（WWW.ASKCI.COM）

重点耗能工业企业单位电石综合能耗下降 5.3%，单位合成氨综合能耗与上年持平，吨钢综合能耗下降 0.4%，单位电解铝综合能耗下降 2.1%，每千瓦时火力发电标准煤耗下降 0.5%。全国万元国内生产总值二氧化碳排放下降 3.8%。

中国一直积极寻求低成本清洁能源替代方案，大力推进生态环境保护，加大温室气体减排力度，推动经济绿色低碳转型。特别是十八大以来，以习近平总书记为核心的党中央对加强生态环境保护、提升生态文明、建设美丽中国作出一系列重大决策部署。习近平总书记生态文明思想为推进美丽中国建设、实现人与自然和谐共生的现代化提供了方向指引和根本遵循。中国推动生态环境保护的决心和力度之大前所未有，生态环境稳中向好。从供给侧看，中国能源供给质量实现了重大变革；从消费侧看，中国能源消费结构实现了重大转型。2018 年中国大气和水环境质量进一步改善，土壤环境风险得到基本管控，生态系统格局整体稳定，核与辐射安全水平巩固提升，环境风险态势保持稳定。但是长期以来粗放的发展方式，引发了资源约束趋紧、环境污染严重、生态系统退化等问题，环境承载力已达到或接近上限，生态环境整体功能下降，抵御自然灾害能力减弱，生态环境恶化及其对人民健康的影响已成为突出的民生问题，加剧了人与自然的不和谐。

节能降耗、进口多元化是提高能源安全的有效手段，但不能解决我国能源安全和可持续发展的根本问题。目前，我国能源利用率只有世界平均水平的 1/3，节能降耗潜力很大，通过调整经济结构，转变增长方式可极大减少能源消耗，降低能源需求的增长速率；同时通过多元化的进口模式，可有效降低我国能源安全面临的风险。而建设和谐社会，保持社会和经济的可持续发展，意味着人均能源消费的提高和对能源的刚性需求增加，仅靠节能不能解决我国对能源供应的基本需求。开发可再生能源和新能源并依靠核能提高能源自给率，是我国能源安全和可持续发展的根本出路。通过调整能源结构和科技创新，开发可再生能源和新能源，立足于科学利用我国现有能源资源，提高能源自给率，并积极开展能源国际合作，将对进口能源依存度保持在合理的限度才是保证我国能源安全和可持续发展的可靠方法。核电是一种清洁、高效、安全的能源，发展核能顺应了时代的发展。

## 第二节　世界能源转型的进展

### 一、能源转型的历程

当今全球能源发展的突出特征是能源转型。新能源、可再生能源从来没有像今天这样蓬勃发展，同时化石能源也并没有显示退出历史舞台的迹象，仍将在相当长时间内继续主导能源市场。人们基于不同的历史、文化、技术和发展水平，对能源转型存在着各种不同的认识。能源转型深刻影响着社会、经济、政治和文化的重塑，决定着人类发展的未来。

历史上曾经发生过两次能源大转型，即煤炭革命和石油革命，世界能源变革历程如图 1.7 所示。这两次能源大转型分别推动了第一次和第二次工业革命，改变了世界发展进程。当前正在发生的第三次能源转型，将有力地推动第四次工业革命的实现。能源转型以能源与动力系统的变革为先导，不断提升全要素生产率，促进生产力提升，引导产业结构转型，重塑生产关系，推动经济社会全面发展。纵观历史，能源转型是社会经济发展、技术进步、环保政策引导约束等多方面共同作用的结果。气候变化已经成为当今影响全球、全人类命运的重大问题。《巴黎协定》指明了第三次能源转型的唯一方向——能源低碳化、无碳化发展。

能源系统涉及生产和生活消费的方方面面，投资大、资产重、涉及广、影响大，具

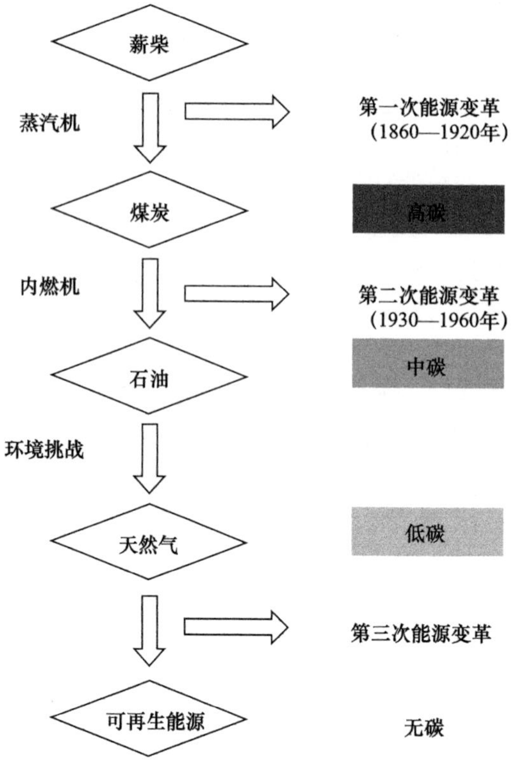


图 1.7 世界能源变革历程

有巨大的惯性，这决定了能源转型是一个长期的过程，需要数十年甚至上百年的时间，世界能源结构历史变迁及未来趋势如图 1.8 所示。尽管非化石能源（包括核电、水电、风能、太阳能、地热能等）发展迅速，但由于基数小，提高其占一次能源消费的比重仍需要相当长的时间，预计 2050 年可达 27%左右。近年来，电动汽车、氢燃料汽车等新能源车在技术进步和政策激励下快速发展，经过十年的快速增长，截至 2020 年底，全球道路上共有 1000 万辆电动汽车。未来新能源汽车将继续保持快速增长，预计 2050 年保有量在 6 亿辆左右，约占全球汽车保有量的 30%。更为重要的是，虽然各国因所处社会经济发展阶段不同、资源禀赋差异、技术优势不同，正以不同方式、不同规模、不同速度推进能源转型，但转型方向是一致的，那就是低碳化、无碳化。

人口和经济增长以及人们对更高生活水平的追求是能源需求持续增长的根本动力。根据联合国的预测数据，2050 年全球人口接近 100 亿，增长主要来自发展中国家；全球 GDP 预计将超过 200 万亿美元（按 2010 年美元不变价），是当前水平的 2.7 倍，发展中国家所占比重将进一步上升。目前，世界上仍然有 30 亿人口还在使用薪柴作为燃料，解决能源贫困仍面临非常大的挑战。石油天然气将继续在解决能源贫困、推动欠发达国家工业化进程以及发达国家人民追求更高生活质量中发挥重要作用，能源需求是油气继续增长的根本动力。2050 年前全球能源结构展望如图 1.9 所示，世界一次能源需求预计将达 182 亿 t 油当量左右，较 2015 年增长约 36%，年均增长 0.87%，亚太和非洲地区将是能源需求增量的主要贡献地区。按照当前的技术发展趋势，2050 年前可再生能源等新能源还不具备支撑世界经济发展所需的能源规模，预计届时石油天然气仍将占据全球一次能源消费的 1/2 以上。

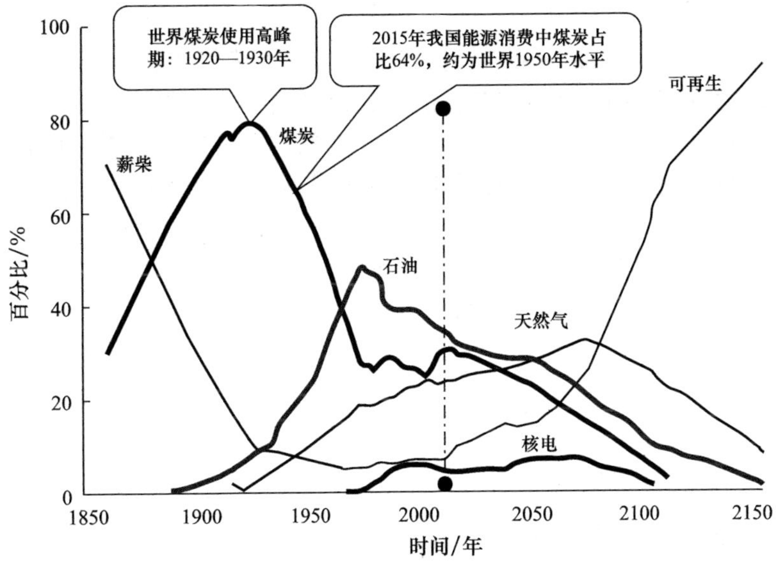


图 1.8 世界能源结构历史变迁及未来趋势

数据源于：《BP 世界能源统计年鉴》

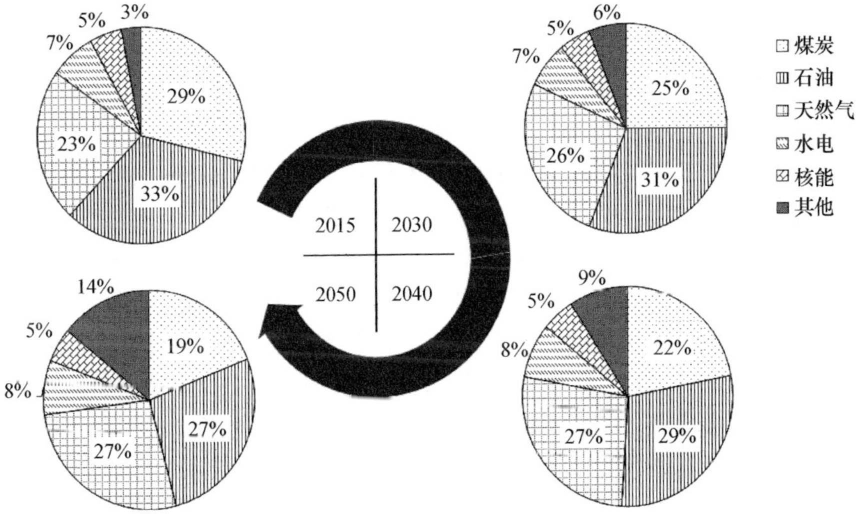


图 1.9 2050 年前全球能源结构展望

数据源于：《2050 年世界与中国能源展望》（2019 版）

天然气是化石能源中唯一的低碳、清洁能源，其特点是资源丰富、高效优质、使用便利，具有可获得、可承受、可依靠、可持续的优势。在清洁性方面，天然气在燃烧过程中基本不排放二氧化硫，排放的氮氧化物比煤炭低 60%，二氧化碳比煤炭低 50%。在资源潜力方面，2008—2018 年全球天然气证实储量年均增长 1.47%，2018 年达 196.9 万亿 $m^3$，储采比达 50.9，高于石油储采比 50.0。考虑到可燃冰技术的突破和商业化发展，天然气资源潜力巨大。天然气不仅是通向未来能源的桥梁，天然气和可再生能源的融合发展更是未来能源的解决方案。可再生能源的波动性、间歇性，需要天然气调峰电站配套；可再生能源时空分布的碎片化特征适合发展“天然气+可再生能源”的分布式能源体系；整合电热、冷气等多能互补的集成能源体系，需要天然气与可再生能源融合发展。

国际大石油公司正在加大天然气投资力度，其天然气产量占比逐年上升，已从2007年的35%上升到2017年的43%，预计2027年将上升至47%左右。中国石油天然气集团有限公司（简称中国石油）也在提升天然气产量占比。2012—2017年，中国石油的国内天然气产量在油气生产总量中的占比提高了8个百分点，达到45%，预计2030年将达到56%左右。液化天然气（LNG）的不断发展，将打破当前世界三大区域性天然气市场和价格体系，逐步形成统一开放的全球性市场和价格机制，有助于促进天然气全球贸易的发展。

当前LNG发展面临两大挑战：一是LNG定价机制不透明、与油价挂钩，对全球LNG贸易的健康发展形成束缚；二是目的地限制条款和长期贸易合同中的“照付不议”条款限制了LNG产业的灵活性。应对LNG发展面临的挑战需要供需双方加强合作，逐步推动形成公开透明的价格机制、完善健全的区域和全球性交易市场。

## 二、能源转型的发展趋势

新一轮能源变革正在孕育，未来发达国家能源消费增长趋缓甚至负增长，能源结构加快向低碳化、无碳化转型，分布式能源、智能能源体系将加快发展，终端用能电气化水平将显著提升，能源开发利用逐步向低运行成本转变。我国应积极顺应新一轮变革趋势，尽快使经济增长与高碳能源消费增长脱钩，加大非化石能源开发力度。

据国际能源署预测，未来，随着经济合作与发展组织（OECD）国家经济恢复增长，能源消费总量还将略有反弹，但不会超过2007年消费水平（约54.9亿t标油），2020—2040年，OECD国家能源需求总量基本保持在54亿t标油，甚至略有下降，将实现经济社会发展与能源消费增长的脱钩。就欧盟能源消费状况看，在积极应对气候变化和大力发展低碳经济的形势下，欧盟经济社会发展已与能源消费增长明显脱钩。2012年，欧盟能源消费总量已较2000年有所下降，仅与1990年相当，约为16.5亿t标油。未来，欧盟经济将恢复到年均增长2%左右的水平但能源消费总量则呈逐步下降态势，到2040年将降至15亿t标油。20世纪以来，美国能源消费总量也基本稳定于23亿t标油水平，2007年以来受国际金融危机影响有显著下降。近年来，美国经济恢复较快增长，而且非常规油气大发展使能源价格大幅走低，但能源需求总量变化不大，预测2030—2040年将降至22亿t标油以下。美国经济社会发展与能源消费增长呈正相关性趋势。具体到能源品种看，世界主要发达国经济社会发展与能源消费增长脱钩的主要对象是高碳化石能源，煤炭与石油均呈现负增长态势，低碳化石能源（天然气）和非化石能源依然呈增长态势。这意味着，伴随着新一轮能源科技变革，世界主要发达国家将以高级的能源、更高效的用能方式支撑经济发展。

### 1. 世界能源正加快向低碳化、无碳化转型

近一个多世纪以来，世界能源结构已实现从煤炭为主向油气为主的转变。在应对气候变化的大背景下，世界能源结构正加速向低碳化、无碳化方向演变。2019年，全球一次能源结构中，非化石能源利用规模已达54.3亿t油当量，约占世界能源需求总量比重的40%。未来，新能源和可再生能源开发速度还将进一步加快，利用规模将不断增大。日本福岛危机后，全球核电的发展态势并未出现根本性逆转，尽管欧洲三国有“逐步放弃核电”的政治表态，但美国、俄罗斯、中东以及许多亚洲国家并没有放弃核

电。IEA 预测，到 2040 年，世界核电发电量将达到 4.6 万亿 kW·h，较 2012 年增长 88.7%。随着技术的不断进步，可再生能源开发利用的成本还会下降，可再生能源将持续快速增长。2012—2040 年，可再生能源装机将新增容量 37.3 亿 kW，占世界新增电力装机总量的 48%。到 2040 年，世界可再生能源发电量将达 13.2 万亿 kW·h，较 2012 年增长近 2 倍；全球非化石能源发电量占发电总量比重将上升至 45%；全球非化石能源消费总量将超过 46 亿 t 油当量，与石油消费总量基本相当，高于煤炭的消费总量。届时，在全球一次能源消费结构中，非化石能源比重将提高到 26%，比煤炭高出 2%。此外，欧盟已确定了能源低碳化的社会目标。德国等已开始改变原有以大规模集中发电为中心的电力调度模式，转而向更为分布式的电力管理模式发展。德国提出，到 2050 年可再生能源占终端能源消费比重 60%，可再生能源发电量占总发电量的 80%。

2. 分布式能源发展将深刻改变生产供应方式

分布式能源指将能源系统以小规模、小容量、模块化、分散式的方式，布置在用户端，双向传输冷热电能的能源供应方式。分布式能源不仅具有利用高效、运输损耗小、运行灵活、系统经济性好等优点，而且可通过分散式生产、大电网统筹的方式，促进可再生能源规模化发展，已成为全球电力行业和能源产业的重要发展方向。据统计，近年来世界新增发电装机容量的 25%~30%为分布式电源，美国、丹麦、英国等发达国家对于分布式能源的支持政策十分明确。未来，分布式光伏发电将成为分布式能源的发展重点，一场屋顶太阳能光伏发电系统革命将会到来。IEA 预计，屋顶太阳能光伏装机规模将由 2013 年的不到 0.9 亿 kW 增至 2040 年的 5 亿 kW，增长近 5 倍。在发达国家光照充足、零售电价较高的地区，家庭和企业将优先安装屋顶光伏发电系统，欧盟、美国和日本的屋顶太阳能光伏发电都将快速发展。对于发展中国家，尽管屋顶太阳能光伏发电的投资较高，但受日益增长的电力需求和充足太阳能光照资源的驱动，在中国、印度等发展中国家也将得到广泛应用。可以预见，分布式能源系统将改变原有生产消费产业格局，构建全新的能源供应体系，从而不仅节约大量建设输电网的资金和时间，而且能让能源用户成为能源生产商和供应商，带来能源生产和供应方式的根本性改变，乃至社会利益格局以及人类生产生活方式的巨大变革。

3. 智能能源体系建设步伐日益加快

21 世纪以来，一场以能源与信息技术深度融合为特征的能源科技革命正在孕育，由此推动了以智能电网为核心的智能能源体系建设步伐。美国电力科学研究院早在 2001 年就提出了智能电网的概念并开始研究，并陆续出台了一系列支持政策。在智能电网逐渐成熟的过程中，美国能源部提出建立“21 世纪的能源网络”，并启动智能能源建筑计划，加快构建智能能源体系。为提高供电可靠性和电能质量，以及促进可再生能源和清洁能源大发展，2004 年，欧盟提出搭建“未来电网”的欧洲技术平台，并特别提出要推动欧洲智能电网建设，并于 2005 年实施“超级智能电网”计划。2013 年，基于欧洲信息化进程，欧盟议会宣布实施第二个“智慧能源—欧洲”计划，主旨是建立基于信息和通信技术实现自我调控的高效能源系统。2010 年，日本正式进军智慧能源领域，首次在“新一代能源和社会体系示范计划”提出构建智能电网体系，并开展了“智慧城市共同体”和“智慧能源网”两大示范项目。目前，主要发达国家已在智能计量、智能电网平台、电网监控和管理、需求管理、可再生能源接入、大规模储能、智能能源建筑、充电式混合动力车或纯电动汽车等领域取得长足进展。未来，融合信息网络技术、以“全球电网”为核心的智能能源体系将加快形成。

4. 终端用能电气化水平将显著提升

电气化水平是一个国家经济发展和全社会基本公共服务水平高低的重要标志。发达国家发展历程表明，人均用电量随经济发展水平提高而提高。随着人均 GDP 的增加，用电需求不断增加，即使能源消费出现下降，电力消费仍在增加。在人均 GDP 达到 3 万美元（2005 年不变价）前，随着各国经济的发展，人均用电量呈持续增长态势；达到 3 万美元以后，人均电耗开始逐步趋稳定，但仍持续增长。目前，多数发达国家终端用能电气化水平普遍在 20%以上。未来，随着能源新技术革命的深入推进，可再生能源将得到大规模发展，电动汽车等新型交通工具将占据更为重要的地位，世界终端用能电气化程度将进一步提高。不少发达国家提出了持续提高终端用能电气化水平的目标，美国和日本到 2030 年将分别达到 25.4%和 30.2%，欧盟《2050 能源路线图》更是提出到 2050 年将终端用能电气化水平提高到 36%~39%。IEA 预测，在“新政策情景”下，2010—2035 年，世界电力消费增速将达 1.7%~2.6%，是终端能源消费增速（0.7%~1.5%）的 2 倍，终端用能电气化水平将显著提升。

5. 能源开发利用逐步向低运行成本转变

随着可再生能源的规模化发展，以及化石能源占比的相对下降，世界能源系统将由低投入、高运行成本的化石能源系统向高投入、低运行成本的可再生能源系统逐步转变。以各种能源品种发电为例，尽管可再生能源初始投资高，但其不需要燃料，运行成本远低于煤电、气电等化石能源，单位装机规模的可再生能源发电综合成本将与化石能源基本持平。据欧盟 2050 年路线图测算，2011—2050 年，在有政策、高能效水平、低核电、高比例可再生能源等不同情况下，能源系统总成本基本一致。同时，可再生能源高比例发展还会带来超低污染物和碳排放等额外外部性收益。因此，可以预见，未来可再生能源的竞争优势将进一步提升。

和平与发展是当今世界的主题，合作共赢是全球能源发展的主题。以低碳化、无碳化为特征的新一轮能源转型，需要先进技术、管理理念、知识经验等全方位的国际交流与合作。全球能源转型是不同类型能源的共同转型，需要不同的解决方案，做好了是多赢的局面。全球能源的清洁低碳转型，既需要非化石能源的大力发展，也需要化石能源的清洁化发展，特别是石油生产过程中的低碳化发展，以及天然气生产过程中甲烷气体泄漏的有效解决等。能源转型期出现的新旧能源更替，需要更加关注由于传统能源大幅减少而新能源供应不足带来的能源安全问题。全球范围内广泛的能源合作，将有助于各国共同应对新的能源安全风险。

## 第三节　可持续发展理论

### 一、可持续发展理论的提出

1972 年 6 月，联合国在瑞典首都斯德哥尔摩召开人类环境会议，来自 113 个国家的 1300 多名代表首次聚集在一起讨论地球的环境问题。大会通过了《联合国人类环境宣言》。宣言指出："在发展中国家，环境问题大多是由于发展不足造成的，发展中国家必须致力于发展，牢记它们的优先任务，保护和改善环境"。这是联合国组织首次把环境问题与发展问题联系起来，第一次明确提出发展中国家要在发展中解决环境问题。大会的召开，表明人类已经开始意识到应当确定干些什么，使地球不仅成为适合人类生活的场所，也适合子孙后代居住。

1980 年，世界自然保护同盟和许多国家政府、专家共同制定了《世界自然保护大纲》，提出应该把资源保护和人类发展统一起来考虑，第一次较明确地表述了既要发展又要保护的思想。3 年后，即 1983 年，联合国第 38 届大会通过决议成立世界环境与发展委员会，着手制定"全球的变革日程"，开始研究到 2000 年乃至更远时期实现持续发展的长期环境对策问题。1987 年，世界环境与发展委员会向联合国提交了一份经过三年多艰苦努力完成的研究报告《我们共同的未来》，报告声称："我们需要一个新的发展途径，一个能持续人类进步的途径，我们寻求的不仅仅是在几个地方几年内的发展，而是在整个地球遥远将来的发展"。这表明，国际社会正在考虑一种新的发展思路，这种思路就是报告中较明确较具体阐述的："既满足当代人的需求，又不对后代人满足需求能力构成危害的发展"，即可持续发展。

1992 年 6 月，联合国环境与发展大会（简称"环发大会"）在巴西的里约热内卢召开，会议将可持续发展确定为大会的指导方针，通过了具有历史意义的《21 世纪议程》。议程由经济与社会可持续发展、资源保护与管理、加强主要群体的作用、实施手段四部分构成。议程认为：人类实行工业化以来的现行政策，加大了国家之间的经济差距，增加了贫困、饥荒、疾病和文盲，使我们赖以维持生命的地球生态系统继续恶化。要争取一个更安全、更繁荣、更平等的未来，所有国家就必须提高生产效率，改变消费方式，最高限度地利用资源，最低限度地生产废物，联合起来走可持续发展的道路。议程明确指出：可持续发展是当今人类发展的主题，人类要把环境问题同经济、社会发展结合起来，树立环境与发展相协调的新发展观。至此，可持续发展作为一种思想和理论得到了较具体较充分的阐发。

1992 年，M · Munasinghe 提出了可持续发展三角理论，即应保持经济、社会和环境等三个方面的平衡，另外可持续发展还应遵守"可持续、公平、共通性和学习"这四大原则。随着工业化的发展，污染问题愈加严重，如何调节经济、社会和环境这三个方面的平衡是可持续发展的关键点。

2012 年正式发布的《中华人民共和国可持续发展国家报告》介绍了我国进一步深入推进可持续发展的整体构思：转变经济型战略性、建立两型社会、保障改善民生、科技创新驱动、深化体制改革扩大对外开放和合作。

## 二、可持续发展理论的争鸣

可持续发展是人们对漫长的社会发展过程进行痛苦地反思后提出的一种全新的发展思想和发展战略，它是人类关于社会发展问题在观念和认识上的一次飞跃。关于其定义，联合国环境署第十五届理事会发表的《关于可持续发展的声明》是这样表述的：可持续发展是满足当前需要，且不削减或牺牲子孙后代满足其需要能力的发展，其基本内容包括社会结构、经济增长、自然资源、生态环境、国家主权等。对这一定义，国内一些学者提出了质疑。

北京大学中国持续发展研究中心叶文虎教授撰文说：这一定义具有浓厚的感情色彩和伦理色彩，故而可对其作出不同的理解和推论。如“当代人”和“子孙后代”当然指的是全人类，但由于存在着地区、国家、民族、文化信仰、经济水平上的差异，因而当代人的需求和子孙后代的需求都不可能是完全相同的，甚至可能是完全相冲突的。那么，什么样的需求才是当代人的需求？怎样判定一种需求是子孙后代所感到满足的？又怎样判断何种形式的发展才是不损害子孙后代满足其需求能力的发展？他认为，“环发大会”关于可持续发展的定义，虽然对人类社会的文明进步有较大的推动作用，但毕竟还属于一个哲学范畴的定义，还不能作为一个科学定义付诸实践。而且即使是在哲学范畴内，也可将可持续发展的定义改写为：“可持续发展是不断提高人群生活质量和环境承载能力的、满足当代人需求又不损害子孙后代满足其需求能力的，满足一个地区或一个国家人群需求又不损害别的地区或国家满足其需求能力的发展”。也有一些学者从其他角度对可持续发展作了界定。如可持续发展就是维持生态的稳定性加上经济增长和社会公平性增加，可持续发展等于基本需求的满足加生态的可持续发展，可持续发展就是不超越环境系统更新能力的发展等。

还有学者依据熵定律世界观，对可持续发展的实质进行了阐述，认为现在世界已进入了人口膨胀、不可再生资源眼看就要枯竭、人类环境的能源条件就要改变、机械论世界观的局限性越来越彰显的时代，也就是新的世界观——熵定律世界观即将诞生的时代。在这个时代，人类赖以生存的地球，这个封闭系统的资源是有限的。之所以提出可持续发展问题，最根本的原因是人类感到自身的生存和发展受到威胁。可持续发展的核心问题是在人类自身规模、生活方式以及地球资源利用方面作出重大调整。

尽管对可持续发展的含义学者们议论热烈且多有己见，但如下几点则是人们达成的共识。

1. 可持续发展是“社会—经济—生态”三维复合的协调发展

可持续发展不同于传统的发展观，它不是一种单纯的经济增长过程，而是一种“社会—经济—生态”三维复合的协调发展，是一种全面的社会进步和社会变革过程。在可持续发展复合系统中，经济的发展将以生态良性循环为基础，同资源环境的承载能力相适应，而不再以环境污染、生态破坏和资源的巨大浪费为代价。

2. 可持续发展强调以人为中心全面发展

强调以人为中心包含两层意思：一是社会的发展首先应表现为人口素质的全面提高，一个现代化的国家，人口必须首先现代化，人口的现代化水平是社会进步、经济增长的显著标志；二是社会人口应保持与社会持续发展相适应的增长速度，如零增长状态。因为只有这样，在维持资源存量不减少的情况下，才有可能保证当代人与后代人拥有同样的发展机会和发展潜力。强调人口素质的提高，本质上也就是要提高人类的生活质量。这既包括提高人的物质生活水平和精神生活水平，又包括给社会成员以公平的分配权和公平的发展权，即消除贫困，消除贫富悬殊和两极分化。

3. 可持续发展强调发展潜力的培植

可持续发展是一种不牺牲后代人发展机会和发展权利、保证后代人发展机会与当代人一样多的发展。它不仅注重发展的状态和目标，更注重发展趋势的持久力和耐力，以及未来的发展能力和发展机会。单纯的发展速率和物质财富的积累将不是其追求的目标，现有发展状态下发展潜力的培植将成为发展过程的重要内容。可持续发展的提出及对其理论的探讨，也使人们对一些相关问题和传统观念有了较明确统一的认识或再认识。这些问题是：(1) 生产力是人们在物质资料生产过程中与自然界之间的关系，是人类征服自然和改造自然的客观物质力量；没有劳动参与的东西就没有价值，产品高价、原料低价、资源无价的传统观念与现代发展观不协调，资源不是无价的，资源是有价的。(2) 建立在社会化大生产基础上的可持续发展与小生产式的勤俭持家本质上不是一回事；可持续发展是一个历史范畴，是经济发展到一定阶段的产物；在不同的发展阶段，可持续发展有着不同的内涵。(3) 可持续发展的主题词是发展，零增长是完全错误的，没有一定速度的发展就没有可持续发展；可持续发展是动态的、能动的、进取的。(4) 可持续发展是一种与环境保护有密切关系的发展战略和模式，环境既是发展的资源，又是发展的制约条件；环境容量是有限度的。(5) 可持续发展的概念在很大程度上是资源问题引发的，自然资源的有限性，人口增长的无限性，导致了资源的锐减趋势；人口资源在可持续发展中占有特别重要的地位。(6) 可持续发展的关键在于实践。

## 三、可持续发展理论的现状

可持续发展关键在于实践，这是对国际社会广泛认同和普遍接受的新发展思想和发展战略。中国政府作出了敏捷反映和庄严承诺，在各种正式场合表示了中国走可持续发展之路的决心。1994 年 3 月，中国政府公布了《中国 21 世纪议程——中国 21 世纪人口、环境与发展白皮书》。该议程是我国可持续发展战略的行动纲领，是今后中国制定国民经济和社会发展中长期计划的一个指导性文件。议程由可持续发展总体战略、社会可持续发展、经济可持续发展、资源与环境的合理利用与保护四大部分构成。根据议程的规划和我国的实际情况，科学界对可持续发展行动中的一些重要课题展开了全方位、深层次的研究。这些问题包括：中国可持续发展战略与对策，与可持续发展有关的立法与措施，可持续发展经济政策，费用与资金机制，教育与可持续发展能力建设，人口、居民消费和社会服务，消除贫困，卫生与健康，人类住区可持续发展，农业与农村的可持续发展，工业与交通、通信业的可持续发展，可持续的能源生产和消费，自然资源保护与可持续利用，生物多样性保护，荒漠化防治，防灾减灾，保护大气层，固体废物的无害化管理，团体及公众参与可持续发展等。

目前，从人文社会科学角度对可持续发展的研究主要集中在两个方面：一是可持续发展水平的综合评价方法或可持续发展战略实施进程的监控系统；二是贫困地区的可持续发展模式。

有关可持续发展水平评价的研究已有一些有影响的成果面世，其中，有代表性的著作和论文有：

——《中国可持续发展战略报告》，中国可持续发展研究组编，科学出版社 1994 年 4 月出版。

——《可持续发展与经济结构》，王慧炯著，科学出版社 1999 年 1 月出版。

——《中国经济增长与可持续发展》，姚愉芳、贺菊煌等编著，社会科学文献出版社 1998 年 8 月出版。

——《深度忧患——当代中国的可持续发展》，郑易生、钱薏红著，今日中国出版社 1998 年 10 月出版。

——《可持续发展——跨世纪的抉择》，甘师俊主编，中共中央党校出版社 1997 年 12 月出版。

——《中国可持续发展指标体系》，国家统计局课题组编，1998 年 2 月出版。

——《熵定律与可持续发展》，发表在《数量经济与技术经济研究》1998 年第 2 期，作者为袁嘉新。

有关贫困地区可持续发展模式问题的研究还处于起步阶段，鲜见有重大研究成果出现。

国际国内学术界对可持续发展已进行了多年广泛深入的讨论和研究，但可持续发展是否为一门学科？其学科属性、理论框架如何？目前学术界尚未形成定论。著名科学家钱学森就认为：整个科学技术体系包括自然科学、数学科学、系统科学、思维科学和人体科学五大部类；现代科学技术则可分为四个层次：工程技术、技术科学、基础科学和哲学。可持续发展不是一个独立的科学部类，它是交叉科学。即使承认有一门可持续发展学，它的理论体系的建构也尚处在孕育或初创阶段。现在，公众的认识是，可持续发展重在行动，重在实践，理论将在实践中产生。可以预见，可持续发展的行动方案和实践途径，仍将在一段或较长一段时期继续成为学术界研究的热点。十年、几十年后，当可持续发展的实践日臻丰富和完善后，相信会形成成熟的可持续发展理论体系。

## 第四节　中国“五位一体”的全面协调可持续发展观

### 一、“五位一体”的提出

2012 年党的十八大报告中，胡锦涛同志谈到将生态文明建设纳入新时代现代化建设的总布局当中，并系统地阐述了将生态文明作为今后建设的主线，确立了“五位一体”的现代化建设总体布局。我党提出将生态文明建设与其他四个内容相并列就是要把科学发展和可持续发展作为我国发展的指导思想。面对国内环境的形势，提出了尊重自然、顺应自然以及保护自然的理念，是实现我国持续发展的重要思想。我党提出加大生态文明建设是我国自身发展建设的需要，是世界当今国际形势的需要，更是我国人民迫切渴望的要求。因而，“五位一体”现代化建设总布局的提出是我国发展的必然趋势。

当今世界生态问题已经成为国际问题。它不受地域的限制，当资本主义开始的时候就是生态问题出现的始端。西方国家经历 300 多年的工业文明创造了人类改造自然的巨大能力。现代工业文明一面犹如施用了魔法般地创造出了惊人的社会财富；另一方面也打开了“潘多拉的盒子”暴露了同样惊人的破坏力。工业文明的生产生活方式对地球资源的掠夺性使用，正在超过地球的承受能力。大气污染、水资源危机、土地荒漠化、海洋资源破坏和污染、生物多样性锐减、能源危机、化学污染等都极大地降低了社会发展给人类带来的福利。

联合国《世界自然资源保护大纲》指出我们的时代有两个特点，一个是人类的建设力与破坏力同样巨大，一个是所有的行动都要全球为之承担后果。全球生态恶化已是一个不争的事实，全世界联合起来拯救地球已经成为共识。1972 年在瑞典斯德哥尔摩召开的联合国人类环境会议，标志着全人类对环境问题的紧密关注，是在世界环境保护史上的首个重要的里程碑。1983 年，联合国成立世界环境与发展委员会，并在 1987 年正式提出了可持续发展的模式。1991 年召开的国际人口、自然资源和发展会议就人口问题、自然资源问题以及环境关系等问题进行了分析。之后，国际间就环境问题频繁召开会议，讨论解决环境问题的办法。我国作为一个发展中国家，也同样关注到环境问题的危害，并在为树立国际良好生态形象做出巨大的努力。因此，胡锦涛同志在党的十八大上提出的“五位一体”现代化建设总布局，是顺应时代的产物，是在当今时代落实科学发展，实现可持续发展的重要依据。

因此，在实现我国经济发展的过程中正确的把握好生态与发展战略转型期就显得尤为重要。在这一战略转型期，始终要处理好我国人民对发达的物质文化需求与不能满足的生产力之间的矛盾，处理好资源环境和社会发展之间的矛盾。如果不能推动我国的历史性转型，如果再不下决心进行有效的生态恢复与生态建设工作，中国社会的可持续性发展就无从谈起，实现我国社会经济发展的目标也难以达成。因此，通过我国国情的反映，有必要尽快明确生态建设也是总体布局中的“一”位，同经济、政治、文化和社会建设一样是我们现代化建设的重点工程，以此宣示生态建设的重要地位。

按照“五位一体”总布局全面推进社会主义现代化建设，就必须正确地把经济建设、文化建设、政治建设、社会建设和生态建设五个组成部分看作一个相互联系、相互协调、相互促进、相辅相成的有机整体。在“五位一体”总体布局中，经济建设是基础，政治建设是根本，文化建设是灵魂，社会建设是纽带，生态文明建设是保障。只有坚持“五位一体”建设全面推进、协调发展，才能形成经济富裕、政治民主、文化繁荣、社会公平、生态良好的发展格局。我党提出的“五位一体”现代化建设总布局就是要把经济、政治、文化、社会、生态的各项建设兼顾起来，同时对每个方面的建设也提出了新的要求和新的标准，才能实现我国富强民主文明和谐持续的社会主义现代化国家的建设要求。

## 二、经济建设的发展观

经济的发达程度是一个国家富强与否的重要标准之一，也是政府为实现根本目的的最有效手段。经济的发展决定着物质文明和精神文明的层次和水平，它是实现社会进步的基础。经济建设不仅影响着人们的政治关系、政治意识、政治行为和整个社会的政治制度等，也制约着社会的教育、科学、文化发展水平以及人们的思想道德水平。从我国改革开放算起，我国的经济发展发生了翻天覆地的变化，经济的发展带动了我国社会的发展，追溯根源，是我党提出的以经济建设为中心的基本路线，通过改革开放解放和发展了我国的生产力。

1980 年，邓小平同志在中共中央召集的干部会议上的讲话中谈到：“现代化建设的任务是多方面的，各个方面需要综合平衡，不能单打一。但是说到最后，还是要把经济建设当作中心。离开了经济建设这个中心，就有丧失物质基础的危险”。他提出的坚持经济建设为中心的思想是我国发展的根本。2012 年胡锦涛同志在我党的十八大政府工作报告中就经济建设这一问题作出明确指示：以经济建设为中心是兴国之要，发展仍是解决我国所有问题的关键。只有推动经济持续健康发展，才能筑牢国家繁荣富强、人民幸福安康、社会和谐稳定的物质基础。必须坚持发展是硬道理的战略思想，决不能有丝毫动摇。

“五位一体”总布局中，经济建设为政治建设提供物质基础，我国的政治建设是实现政治体制改革、实现民主政治为目标的建设，要想做好政治建设就离不开经济的发展。追根溯源，无论是政治体制的改革还是实现政治的民主都需要经济做后盾，只有满足了人的基本生活条件才能提出更高的生活标准。经济建设为社会建设提供物质基础，社会建设就是从加大社会的福利，加大对我国医疗、卫生、社会服务等方面进行建设。但是建设的根本离不开经济做后盾，我国现阶段社会服务的落后是因为生产力落后造成的，只有实现了经济的发展才能从根本上实现社会的建设。经济建设为文化建设提供物质基础，要想实现文化方面的百花齐放、百家争鸣的大繁荣景象是必须在基本物质得到保障的基础上才有条件实现的，提高人民的精神文化生活也是我国实现小康社会的目标。经济建设为生态建设提供物质保障，经济和生态从建设的角度来说本来是一对矛盾的关系。经济的建设从一方面来说是牺牲环境才换来的，但是在我国是要始终坚持经济建设为重心，因此，在实现生态文明建设的同时，必须保证经济建设为主，经济建设反作用于生态文明的建设。

经济建设始终作为我们国家的发展之根本，党的十八大再次对经济建设做出了强调，我国新时期经济建设的要求和思路就是要做到加快完善社会主义市场经济体制、加快转变我国的经济增长方式。发展我国经济就是要坚持走新型工业化、信息化、城镇化、农业现代化的道路，促进信息化与工业化的融合、工业化与城镇化的互动、城镇化与农业现代化的协调，从而实现经济的全面发展。

实现我国经济的发展，我们始终要坚持经济体制改革的决心不动摇。坚持“一种制度、两种原则”的发展模式，在坚持社会主义市场经济制度的基本要求内，做好公有制和非公有制的建设和发展。通过对体制的改革，实现政府与市场间关系的和谐处理；加大实现我国的科技创新，走我国特有的自主创新道路。推动我国新技术、新产品、新工艺的创新，将我国的生产力和综合国力提升到国际的水平。以产学研相结合的模式在实现科技创新的过程中，推动我国的经济增长和生产力的进步；同时，对我国的经济结构要进行战略性的调整。从发展战略角度来实现我国的国内需求与供给的平衡关系，通过合理利用各地方的地理优势，加大支持大企业核心竞争力的同时支持小企业的发展；通过多种形式对发展相对薄弱的地方进行支援，从而实现我国经济战略性均衡调整。推动我国的城市发展和农村发展相结合，是实现我国城乡一体化经济建设的必要选择。

我国在解决农村和城市建设问题上始终坚持要加大统筹力度，实现农村与城市之间差距的不断缩小，实现一体化式的繁荣发展。我国在农村建设问题上始终坚持工业反哺农业、城市支持农村的多予少取的方针，着力实现农民增收，在城乡规划上对基础设施、公共服务等方面加大投入，促进城乡之间一体的和谐关系，全面开放促进经济水平的飞跃式发展。在我国进入 WTO 的这些年里，我国的经济建设已经尝到了甜头。新时期，面对经济全球化的新形势，加大我国经济开放力度实现我国的经济建设成为新的要求，我国在面临国际竞争的大背景下要做好自身经济发展方式的调整，才能实现对外贸易的平衡发展，提高我国抵御国际金融风暴带来的破坏的能力。因此，新时期我国经济建设就是要坚持市场经济体制改革的同时加快经济方式的转变，才能将我国经济建设提到更高的水平。

## 三、政治建设的发展观

一个国家人民群众的主动性、积极性和创造性的调动是要看这个国家的政治体制是否完备，人民的权益是否能得到保障，是与政治建设分不开的。如果没有政治的保障，则更无从谈起对其他方面的建设。邓小平指出："没有民主就没有社会主义，就没有社会主义现代化"。为实现我国的全面发展就需要进行全面的改革，因此我国提出的实现民主政治改革是我们党为实现人民发展所做出的政治方面的建设。当我们打开国门与世界经济接轨的时候，我们党就意识到我们要发展就必须要改革，不仅是经济体制的改革还需要对政治进行改革才能实现人民的主人翁地位，我们党在不断坚持改革全局的道路上取得了很大成绩，成功开辟和坚持了中国特色社会主义政治发展道路。

实现政治建设对我国经济建设提供保证，政治建设是为了实现人民民主、人民当家做主的法律手段，只有人民在主人翁的位置上进行发展，经济建设才是为老百姓所用，而不是为少数的特殊利益集团所用。因此，政治建设是对经济发展起到法律及政策上的保障。政治建设是对文化建设的保障，政治建设在文化建设中的表现可以从爱国统一战线来说，文化建设也是实现我国人民精神文化发展的助推剂，我国人民的精神层面需要得到满足仍然需要政治方面的保障，通过加大各民族文化建设，实现我国文化大发展、大繁荣。政治建设为社会建设提供保障，社会建设就是为了实现社会和谐，为了改善民生，也是为了提高人民受教育机会、就业机会、居民收入等各种福利。同时，发展社会建设是需要政策、法律来进行保证的，只有在有法可依的条件下才能提出社会建设。政治建设也为生态建设提供保障，生态建设的根本是实现可持续的发展，因此，新时期我国生态文明的建设不仅要从自身建设思路上面做文章，同时要做好政治的保障，从法律角度规范和保护我国的生态环境。

社会主义民主政治的建设是要靠我国社会主义体制的不断改革才能实现的。在我们进行政治建设的过程中，始终把坚持党的领导、人民的利益和依法治国做到有机地统一，最终实现人民当家做主。在实现我国政治文明建设的过程中，应当时刻谨记加强我党的执政方式和领导方式的建设，要把制度建设作为重要的建设思路，充分的调动和发挥社会主义政治制度的优越性。在对我国现代化事业建设的过程中，我们要始终坚持通过人民代表大会来行使国家的权力。

人民代表大会制度是在中国特色社会主义建设中保障人民权益的最根本的政治制度，它是我国国家权力机关运行的理论根本。新时期实现政治建设，就需要我们加大人民代表大会中不同年龄、不同职务、不同行业的代表比率，从而提升制度是为人民制定的这一伟大权益；政治制度的建立，同时还需要加大对社会主义民主协商制度的建设。通过社会主义民主协商来实现我国民主政治的建立，通过不同的渠道和途径实现民主制度的广泛化、制度化的发展，对人民迫切关注的问题，通过从群众中来到群众中去的群众路线，为更好地给人民解决密切相关的问题提供有效的途径，实现基层民主制度的不断完善。

我国的基层主要是面向工人、农民的广大劳动队伍，在对我国政治进行建设的过程中，群众路线的落实就要落到实处，能够起到代表最广大人民的作用。我们党必须坚持全心全意地依靠工人、农民阶级，通过民主的方式将最关心的问题进行反映，使其得到解决。基层民主制度的建立是对基层员工权益的保护，是实现政府管理和基层民主有机结合的重要表现；依法治国始终是保证我国社会正常发展的重要保障。法律是保障人民权利义务的最直接武器，在新时期建立我国政治文明的道路上，我们要始终坚持法律面前人人平等，同时还要坚持有法必依、执法必严、违法必究的法律法规。同时，要加大我国公检法三方的独立审判权利，这是对实现我国法治精神的必要途径。

我国制定宪法和法律就是为了依法来规范人的行为活动，从而实现人的发展，加大行政体制的改革。我国的行政体制这些年多多少少出现了这样那样的问题，当今的机关出现办事效率低下、办事程序复杂等问题，大大地阻碍了我国社会主义的发展。因此，加大行政体制改革就是要办廉洁高效、人民满意的服务型政府，就是为更好地向人民提供服务而进行的改革。监督权力是监督权力机关在执行工作中是否按照制度来进行操作的一种监督机制，是我国政治建设实现人民知情权、参与权、表达权、监督权的重要表现形式。监督体系的建立对实现公开公正公平“三公”原则提供了法律的保障。政治建设还应巩固和发展我国的爱国统一战线。统一战线的建立和完善对实现我国多党派参政议政提供了平台，它凝聚了各方面、各民族、各党派的力量，是实现我国全面进步的重要保障，更是实现我国现代化建设的政治保障。

## 四、文化建设的发展观

文化建设，就是实现人的理想建设和道德的规范建设，文化建设对其他方面建设提供了精神的支撑。在人们搞好文化建设的条件下，人们有了较高的文化素养，人们有了崇高的人生观、价值观，人们有了高尚的道德情操，才能在经济建设、政治建设、社会建设、生态建设中提供智力支持。文化建设对经济建设提供动力和支持：当今发达国家的经济发展快速和高新技术的发展有直接关系，美国的硅谷集聚了全世界的科技精英，华尔街集聚了世界上最知名的金融大师，这种拥有高素质高技术型的人才聚集地，对实现经济的发展起到不可忽视的作用。

我国的经济发展同样需要文化建设提供支持，只有实现人的文化素质、科技水平的提高才能实现经济强国的战略口号。文化建设为政治建设提供了支持：我国政治建设是以实现民主政治为目标的，民主政治制度的制定离不开人民群众的智慧，通过发掘和调动人民群众的智慧，通过集思广益等的方式方法，才能切实地制定出一切为了人民的民主政治制度。文化建设为社会建设提供支持：社会的建设就是民生的建设，这与我国文化建设更为密切，民生建设主张加大对我国的医疗卫生、公共服务等方面进行建设，这其中每个部分都是需要文化做基础的，没有文化的保障，则无法实现高技术的医疗卫生服务；没有文化的保障，制定公共服务制度时难免出现不合理的偏差。因此，文化建设为社会建设提供了支持；文化建设还为生态文明建设提供了精神保障和智力支持。其表现在生态文明的建设是对我国资源的结构调整，是实现我国可持续发展的绿色建设的模式。文化建设就是将可持续发展的正确价值观引导给每一个人，使人们从理念上认识到只有以可持续的发展模式进行现代化建设，才能实现我国的长远发展。

文化是一个国家的魂魄，是人民的灵魂。新时期我国为了实现现代化建设就必须要将文化建设作为实现民族伟大复兴的必要方面。我国提出建设社会主义文化强国战略，就是要把我国建设成为百花齐放、百家争鸣的文化大繁荣的社会主义国家。我国的文化建设从根本上来讲就是要建立社会主义核心价值体系，这标志着我国的文化发展的方向。社会主义国家的文化建设始终都应以马列主义作为理论指导，把广大人民的智慧都聚集起来，将其投入到中国特色社会主义核心价值的建立中去，并将正确的价值观运用到人们的工作生活中去；文化建设要求提高我国公民的道德素质，公民素质的提升是实现我国依法治国和以德治国的重要基础，同时是弘扬中华传统美德、引导人们履行自身义务、行使自身合法权益的动力来源，是树立良好社会风气、良好社会心态的重要支持。文化建设丰富人民的精神文化生活，小康社会建立的最终目标中包含着实现人民精神文化生活的富裕，人民的精神文化满足与否就在于我国的精神文化食量是否足够。

新时期我国文化建设不仅要加大通用文字语言的传播力度，同时还要对少数民族的文化事业进行关注和倾斜，实现我国全民族的文化精神的发展，并通过多形式来培养和增强全民族的科学素质，从而实现全民精神文化的丰富。文化建设要求不断提升我国文化的竞争力和影响力，2022 年在北京举办的冬季奥运会，充满中国元素，开幕式上我国的文化底蕴通过媒体向全世界进行了最为震撼性的展现，新时期国家的文化实力已慢慢成为一个国家国际实力的一种体现。因此，加大我国文化事业以及文化产业的发展，是实现文化传播的重要途径，更是提升我们国家的国际地位和国际竞争力的重要方式。

## 五、社会建设的发展观

社会建设为我国现代化建设的其他方面提供了良好环境，是我国“五位一体”现代化建设中各建设要素间的纽带。它对经济建设、政治建设、文化建设和生态建设具有统合功能和辐射作用，更是将广大人民群众的切身利益与之紧密相连。社会建设的目的是改善民生的建设，改善民生就是改善环境实现人民生活向富裕的方向发展。社会建设是经济建设的有利条件，我国社会建设就是以建立和谐社会为方向而提出的，良好的社会环境、高质量的社会就业环境、满意的人民收入等是实现我国经济发展，实现我国生产力发展的有效手段，只有在和谐的社会基础上才能实现经济的发展。

社会建设为政治建设提供条件，良好的、和谐的社会环境不仅能够促进经济的高速发展，对实现政治建设也有很大的帮助。在人民受到高质量教育的情况下，在高质量就业机遇的背景下，在人民满足的社会环境条件下，实现我国的民主政治建设则是水到渠成的。经济基础决定上层建筑，在满足了基本的生活保障的条件下，实现人民更高的要求则变得更为容易。社会建设对文化建设提供有利条件，文化建设的目的是为了满足人民的精神生活要求，在社会建设中加大人民的教育力度，提高教育的质量就是为实现我国文化建设创造有利的条件。社会建设为生态建设提供条件，和谐社会的构建要求中就包含着实现人与自然和谐相处的理念。生态文明建设就是将我国建设成为可持续的社会，因此，和谐社会的构建为实现我国生态文明的建设提供了有利的条件。

实现社会建设就是要从我国人民的根本利益出发，通过完善公共服务体系，加强社会的创新管理，并以改善民生作为社会建设的重点来实现我国现代化建设。在这个建设过程中，要始终坚持推进社会体制的改革，从而实现符合我国发展的社会管理机制。

在我国社会建设中，要做好以下几点：

第一，要做到“加强教育力度”。教育是实现一个国家繁荣的智慧来源，我国的发展必须树立以人为本的教育观念，为社会主义现代化建设培育高素质人才。在提高教育质量的同时，加大教育范围，重视学前教育，加大对职后教育的培养，形成学前与职后教育相贯通的教育模式，实现终身教育理念。同时，加大对贫困地区教育的投入，实现我国全面教育素质的提升。

第二，提高就业率。就业是实现人的基本生活保障的条件，是我国民生的根本。所以提升就业率显得尤为重要。提升就业要通过多渠道、多方式、多形式来进行，同时鼓励创业带动就业的政策，为大学生提供更多的工作机遇。在政策支持的条件下，还需通过健全的人力资源市场，完善劳动保障监察等方式来创建一个合理的就业平台。

第三，提高人民的收入。社会建设就是为了实现人民的福利，我国必须加大企业和机关单位工资制度的改革，通过多种方式征集意见，实现人民的劳动所得得到应有保障。同时，还要通过多渠道来实现全民的合法财产的收入。

第四，加大社会保障体系的建设。社会保障是社会公共福利的一个重要因素，新时期我国社会建设仍需加大对社保的投入力度，实现人民被保险制度能够得到基本满足。同时要完善我国社会的救助系统，做好慈善事业，为实现人民快捷的社会服务功能做好准备。

第五，加强人民医疗卫生保障体系建设。新时期我国仍需加大对社区的医疗卫生服务建设，尽快建立全面的医疗保障体系，实现方便有效地公共卫生和医疗服务平台。同时，还要加大对药品的监管力度，实现人民健康的生活。

第六，加大对社会的创新管理。社会管理是依靠法律制度的，新时期我国的社会管理创新需要实行加快从源头治理，以动态管理的模式结合应急处理的社会管理机制，实现保障国家财产安全不受侵害。

## 六、生态建设的可持续发展观

生态建设就是实现可持续建设，它是将经济、政治、文化、社会等几方面实现可持续发展。生态建设的提出是对工业化建设造成恶果的一种发现和补救，是在经济不断发展过程中产生的建设思路。从我国提出现代化建设以来，随着我国工业化的发展，我国的环境日趋恶化，这不仅仅在我国出现了问题，生态问题现已成为全世界共同的难题。因此，党的十八大上提出的“五位一体”现代化建设总布局就是要将生态文明建设作为今后我国发展的新的侧重点。

党的十八大报告明确指出：“推进生态文明建设，是涉及生产方式和生活方式根本性变革的战略任务，必须把生态文明建设的理念、原则、目标等深刻融入我国经济、政治、文化、社会建设的各个方面和全部过程中去，坚持节约资源和保护环境的基本国策，着力推进绿色发展、循环发展、低碳发展，为人民创造良好生产生活环境。”这不仅体现了我们党和国家改善生态环境提高人民生活质量的决心，也反映着生态文明建设的重要性。经济建设和生态建设本身是一对矛盾，在建设经济发展的过程中，多少都会造成生态的破坏，但是生态的建设会对经济的发展提供可持续的平台。如果经济发展速度过快，超过了环境的承载能力，则会导致经济发展的不可持续性。因此，通过加大建设生态文明提高我国的环境承载力，才能为经济的发展提供可持续的环境。同时，生态建设为政治建设提供和谐环境，我国政治建设就是要实现民主政治体制。

生态文明的建设就是为人民实现美好生活、健康生活的制度建设提供参考的依据；生态文明建设又为文化建设提供物质的承载。我国的文化产业发展是和我国的自然资源密切相关的，在实现我国文化产业建设中，文化传承必须通过文字或其他形式进行承载，无论是创造艺术品还是制造大量的书籍都需要以自然资源为材料，这是需要加大生态建设来实现的。因此，提高环境的承载力对实现我国文化发展提供了支撑，文化建设为社会建设提供了可持续的环境。我国的民生建设最主要是做到谋民生之利，解民生之忧，一系列生态环境恶化所造成的危害已经使人民所警醒，更让人民所担忧。因此，加大生态文明建设是实现社会建设、民生建设的可持续保障，加大生态文明建设才能实现人民生活要求的满足，才能为人民的生活提供良好的环境。

生态文明的建设，是实现人民长远大计的建设。在我国环境日趋恶化的背景下，提出尊重自然、顺应自然、保护自然的生态建设思路，是将我国的现代化建设向着可持续的方向进行转变。从长远来看，新时期为实现我国的生态文明建设，我们要做到合理地利用我国土地格局。土地是生态建设的物质载体，在面对资源约束趋紧的背景下，实现人类、资源、环境的均衡式发展模式，在环境可承载力的范围内实行控制开发的建设模式，为子孙后代留下美好的生活环境。生态建设要全面地进行资源的节约，发展就要开发，为了最大程度保护自然环境，就必须以限制开采的方式从根本上控制自然的破坏。生态建设离不开生态环境的保护，通过转变资源利用方式，将原来的粗犷型发展模式向现在的集约型进行跨步，并尽最大可能以可再生资源代替不可再生资源来实现发展。同时利用循环经济等措施促进生产，使资源的利用率达到最大值。

面临已经出现的情况，要做到加大保护和修复环境的力度，加大对荒漠化、石漠化的治理力度，加大对水土流失等环境破坏问题的治理力度。同时对影响人民生活的水污染、大气污染、土壤污染的防治加大力度。生态建设必须以生态文明制度为纲，生态文明制度是落实生态文明建设的理论基础。在保护环境的过程中，要创建完善的环境管理制度，尤其是针对国土空间的开发保护，这是对我国土地、矿产、海洋等资源进行规划开发的必要依据。同时，要健全政府的绿色考评体系，将绿色建设作为考核政府班子的重要指标，使其从态度上重视环境保护和生态建设，将绿色 GDP 作为实现生态建设的指标，从而实现我国的绿色生态建设。

再从法律保障机制来看，俗话说无规矩不成方圆。生态环境需要保护就需要立规矩，从法律的角度严格进行监督，来保障生态建设的神圣不可侵犯。从人的角度来看，加大生态建设更需要人树立节约意识、环保意识、生态意识，只有人的意识达到这个层面才能从根本上保护我国的生态环境，才能向我国生态文明新时代大步迈进。中国传统文化中提到了许多包涵生态文明的思想，这是与我国现在提出的加大生态文明建设相符合的。我国的儒学思想主张“天人合一”的思想境界，道家的“人法地，地法天，天法道，道法自然”的人与自然和谐共处的高深理论，都是我国中华文化中人与自然关系的论述。因而，可以通过加大对人的教育，提高人们的生态文明意识，从而改变人们的道德观和价值观，为推动我国生态文明的发展提供支持。

## 第五节　核能产业发展与“绿水青山”的意义

### 一、“绿水青山”的提出

关于“绿水青山就是金山银山”的最初阐述，是 2005 年 8 月 15 日习近平总书记在视察浙江省安吉县余村时对乡村发展生态旅游的即兴评论：“我们过去讲，既要绿水青山，又要金山银山。其实，绿水青山就是金山银山。”9 天后，他在《浙江日报》的“之江新语”上发表了“绿水青山也是金山银山”的评论，强调如果把“生态环境优势转化为生态农业、生态工业、生态旅游等生态经济的优势，那么绿水青山也变成了金山银山”。而对此的最早表述，则是2013年9月7日他在哈萨克斯坦纳扎尔巴耶夫大学回答学生提问时的论述：“建设生态文明是关系人民福祉、关系民族未来的大计。我们既要绿水青山，也要金山银山。宁要绿水青山，不要金山银山，而且绿水青山就是金山银山”。在此基础上，2015年3月24日中央政治局审议通过的《中共中央国务院关于加快推进生态文明建设的意见》（简称《意见》），正式把“坚持绿水青山就是金山银山”作为我国加快推进生态文明建设的重要指导思想。那么，这一“双山”论断与社会主义生态文明观有什么样的关系，或者说，我们可以在社会主义生态文明观视野下作出一种怎样的理解与诠释呢？

首先，它是对我国社会主义现代化建设过程中经济发展与环境保护关系认知的一种辩证而生动形象的概括。一方“绿水青山”是人们熟悉得不能再熟悉，因而很少感受到其公益性的公共物品；另一方“金山银山”是人们对更高水准、更舒适程度的物质文化生活的天然需求，分别代表了我国改革开放以来社会主义现代化进程中目标追求的两个侧面。但实践表明，这两个目标性层面虽不是天生的矛盾，却也显然不是内在一致的。“绿水青山就是金山银山”，可以说是对二者之间辩证关系建立在历史实践基础上的科学认知或概括。一方面，我们要坚持“双山目标”，而不能只强调“单山目标”（无论是“金山银山”还是“绿水青山”）。这其中，关键是做好二者之间的基于生态可持续和社会公平原则的合理转换，而绝不能以其中之一为代价去实现另一方，尤其是“决不以牺牲环境为代价去换取一时的经济增长”（2013年5月24日习近平总书记在中央政治局第六次集体学习时的讲话）。另一方面，我们又要坚持一种发展的、与时俱进的眼光或视野，致力于实现二者之间一种更高层次上的平衡。具体地说，当前改革开放30多年所取得的经济发展，要求我们采取一种更主动积极的生态环境问题应对思维与战略，或者说大力推进生态文明建设。换言之，我们需要尽快从“用绿水青山换取金山银山”的低级阶段提升到正视“金山银山与绿水青山发生现实冲突”的新阶段，并着力向“借助绿水青山实现金山银山”（实施“三个发展”）的更高阶段过渡（2006年3月8日习近平总书记在中国人民大学的演讲）。

其次，它代表着我们党和政府对自然生态价值的不断绿化的发展意识形态和环境政治认知，或者说一种全新的、更文明的生态认知。“绿水青山”作为一种最基本公共福祉（公民权利）和社会发展目标地位的确认，既体现了我们对于改革开放以来社会主义现代化发展内涵丰富性的更深刻认识，也是对于我们不可持续的发展理念、发展模式与发展阶段的反省反思，归根结底则是对于现代物质文明社会中自然生态独特功用或者价值的时代（重新）发现。“绿水青山就是金山银山”意味着，“绿水青山”有着像“金山银山”那样重要的人类价值——很可能在超越经济和物质功用的狭隘意义上，而当二者发生冲突时，我们需要有一种“宁要绿水青山、不要金山银山”的哲学伦理自觉与态度——基于对自然生态系统完整性与多样性的内心尊重（尽管这也构成了人类社会生存和生活质量的前提条件）。

对此，党的十八大报告已经做了一种颇为清晰的论述：“尊重自然、顺应自然、保护自然”（第一段）；“节约优先、保护优先、自然恢复为主的方针”（第二段）；“控制开发强度，给自然留下更多修复空间”（第三段）；“更加自觉地珍爱自然，更加积极地保护生态”（第七段）等，这些明显具有“环境主义”甚或“生态主义”性质的理解，是我们党和政府政治（发展）意识形态中的崭新元素。在此基础上，习近平总书记在党的十八届三中全会上作《关于〈中共中央关于全面深化改革若干重大问题的决定〉的说明》时又指出："我们要认识到，山水林田湖是一个生命共同体，人的命脉在田，田的命脉在水，水的命脉在山，山的命脉在土，土的命脉在树"。其中，他把人、田、水、山、土、树等因素作为一个有机整体来论述和看待，主张经济发展与生态文明建设中的资源用途管制和生态修复，必须遵循自然规律；相反，如果种树的只管种树、治水的只管治水、护田的单纯护田，就很容易顾此失彼，最终造成生态系统性的破坏。

最后，它蕴含着一种对于人与自然、社会与自然适当关系的不同于资本主义基本制度的政治选择。我国改革开放30多年来经济发展所取得的成就无须论证，但伴随着经济规模和体量剧增而呈现的资源"瓶颈"约束和生态环境压力，也是不争的事实。正因为如此，党的十八大报告才作出了"资源约束趋紧、环境污染严重、生态系统退化的严峻形势"的政治判断，并要求大力推进生态文明建设。但需要强调的是，要想从根本上摆脱上述困境，要想真正实现生态文明建设中的制度创建与创新目标，最重要的是构建一种中国特色的人与自然关系和社会与自然关系，而这种关系的基本特征应该是符合生态可持续和社会公正原则的，因而是非资本主义的。对这一论点的更详细论证，并不是本书的任务。但可以简要说明的是，"金山银山"（物质财富）在任何社会条件下都是一个社会性的和社会自然关系性的概念，依托于某种形式的经济政治制度和相应的文化观念，并蕴含着或指向某种构型的社会自然关系。相应地，"绿水青山"（生态环境）不仅从总体上是数量有限的（这在当代资本主义主导的国际秩序下尤其如此），并且往往是依从于所处其中的（全球或区域性）社会自然关系的。比如，位于南美的亚马孙森林，并非只是一个地区性的生态（物种）多样性保护问题，而是一个十分复杂的全球经济与贸易秩序问题。

就当代中国而言，如何在现实中做到"既要绿水青山又要金山银山"、不再为"金山银山"而牺牲"绿水青山"，真正使"绿水青山"成为"金山银山"，都绝非只是一个辩证认识水平和价值伦理态度问题，而是一个盘根错节的经济政治问题，需要我们有着明确的社会主义方向意识，并作出正确的社会主义方向选择。笔者的基本看法是，利用资本手段和市场机制，在未来的相当长时间内都将依然是我们必要的政策工具，但自然生态的资本化和社会自然关系本身的资本主义取向，都不应该是一种独断性的选择。正是在上述意义上，习近平总书记关于"良好生态环境是最公平的公共产品和最普惠的民生福祉"（2014年4月习近平总书记在海南考察时的讲话）和"以对人民群众、对子孙后代高度负责的态度和责任，为人民创造良好生产生活环境"（2013年5月24日习近平总书记在中央政治局第六次集体学习时的讲话）的论述，都意味深远。

综上所述，我们可以对习近平总书记"绿水青山就是金山银山"的重要论述做一种三段论式的意义解读：第一，在目标层面上，我们必须坚持"既要金山银山、又要绿水青山"，不可偏废；第二，随着生态文明建设实践进程的推进和认识水平的提高，我们需要敢于践行"宁要绿水青山、不要金山银山"；第三，基于一种全新的经济政治制度框架和公民价值伦理，我们将能够做到把"绿水青山"本身视为"金山银山"——对自然资源和生态系统的利用将会采取一种严格的生态经济准则和技艺来进行，并且始终受到尽可能广泛的生态可持续性和社会公正性的民主监督与检验。就此而言，"绿水青山就是金山银山"系列表述，其实就是"社会主义生态文明观"的主要含义在中国背景和语境下的另一种形象化表达，所强调的是通过大力推进“社会主义生态文明”建设，在逐渐解决目前所面临的严峻生态环境难题的同时，找到一条通向中国特色社会主义的人与自然、社会与自然关系新构型的现实道路。

## 二、发展核能产业对“绿水青山”的作用

为满足人类经济社会发展和美好生活对能源消费持续增长的共同需求，适应对气候变化及大气污染防治的根本要求，全球正在进入清洁能源发展新时代。展望未来，全球能源结构清洁化、低碳化是一个必然而又漫长复杂的过程，电力行业正在经历一百年来最剧烈的转变。尽管随着光伏等新能源发电竞争力日益增强，可再生清洁能源发电占比会进一步提高，但能源等相关领域的碳排放仍将呈现缓慢上升态势，远远跟不上科学界测算的应对气候变化所需的减排步伐，核能等其他清洁低碳能源仍将保持增长态势。

核能是清洁能源，是调整电力工业结构的当务之急和长远之计，与煤炭和水力相比，在保证能源安全和可持续发展方面具有最强的生命力，是实现“绿水青山”的重要保障。核能又是技术密集型的战略产业，代表了国家工业化和科学技术的水平，也是和平时期寓军于民，保持核能大国地位的手段，对国家安全有着重要的意义。

我国经济社会发展对能源需求持续增长，面临着国内资源环境制约日趋强化和应对气候变化减缓 $CO_2$ 排放的双重挑战。当前我国生态环境污染形势已极其严峻，近年来PM2.5 弥漫造成的雾霾天气已经成为威胁人民健康和降低幸福指数的重要杀手，治理雾霾已成为中国能源结构调整刻不容缓的战略任务。造成雾霾天气的主要原因就是工业燃煤、车辆燃油和供热等分散燃烧，要从根本上解决雾霾问题，呼吸到清洁的空气，就必须大幅度减少碳燃料的使用。鉴于核电是稳定、洁净、高能量密度的能源，发展核电将对我国突破资源环境的瓶颈制约，保障能源安全，减缓 $CO_2$ 排放，实现绿色低碳发展具有不可替代的作用，核电将成为我国未来可持续能源体系中的重要支柱之一。我国核电发展坚持“安全高效”的方针，面临良好的发展前景。中国是能源消耗大国，煤炭等传统化石能源在一次能源结构中占比过大；中国的 $CO_2$ 排放量居于世界首位，来自国际社会的减排舆论压力很大。核电从铀矿开采到废物处置全生命周期的每度电的碳排放量仅为 2~6 g，与风能和太阳能发电相当，比煤炭、石油和天然气排放量低两个数量级。在全球碳减排的边际成本中，核能的边际成本远低于风能、太阳能、碳捕获及封存等技术的边际成本。

若核电能实现 200 GW 的装机，就相当于取代近 $5\times10^8$ t 标准煤，即替代约 1/5 的煤炭供给，极大减轻传统化石能源的供给压力，减少近 $2\times10^9$ t 的 $CO_2$ 排放，以及大量的 $SO_2$、$NO_x$、可吸入颗粒物等污染物，显著改善我国的大气质量。此外核燃料不需要大规模运输，可以显著减少我国长期形成的“北煤南运”的运输压力。同时未来核能作为优质的一次能源，不仅可以用于大规模发电，还可以用来制氢，海水淡化，供热制冷，对于城镇化的能源需求乃至开发燃料电池汽车都具有重要战略意义。因此，发展核电有利于减排改善环境，实现绿色低碳的发展，为绿水青山提供重要基石。

## 第六节 新时代核能可持续发展研究的主要内容

毫无疑问，目前世界正在迎来核能的无限可能时代。核电二代技术向三代技术迈进，三代核电正在成为主流机型，先进核能系统堆型研发全球迸发，核能应用呈现多元化趋势，小型模块化反应堆正在向实用迈进，低温核供热堆、海上核动力正在成为各国核能发展的新方向。与此同时，历经福岛核事故后，无论是从气候变化角度，还是能源结构调整的角度，还是各国核能发展战略角度，核能都是必然的选择。为了占领核能发展的制高点，不断改进核电的安全性，提升核电的经济性，世界各国核能自主创新的步伐也正在加快。

从世界范围看，尽管能源需求速度有所下降，但核能以其低碳清洁、确保能源安全的独特特性，正在迎来新一轮的发展期。尤其在核能发展最快的中国，在世界新一轮竞争中，将发挥其后发优势，不仅在国内，在国际市场上也将拓展更大的发展空间，并在未来的能源发展中占据重要地位，在世界核能舞台上尽显中国核电品牌的新姿态。在科技快速发展的今天，只有紧跟快速科技变革、掌握核心技术和提升自主竞争力的企业，才能成为最终的赢家和引领者，这一定律尤其适用于高科技产业。作为我国高科技战略的核能更是如此。紧跟世界核能发展前沿，加大核能的自主创新，发展核能产业是确保我国能源安全、促进军民融合产业发展、促进我国核工业高质量发展、助力我国由核电大国迈向核电强国的重要支撑，是创建中国核电品牌的必由之路。

### 一、核能的安全性

讲核电发展，首先就要讲核电的安全。没有安全为基础，核电发展就是无源之水，无本之木。习近平总书记在我国核工业创建 60 周年时作出重要指示，核工业是高科技战略产业，是国家安全的重要基石。党中央国务院领导对核电安全工作也多次作出重要指示和批示。筑牢核安全基石，确保核电安全是国家对核能行业的使命要求，也是核能行业共同的政治责任和社会责任。

事实上，中国核电行业正在积极践行核电安全高效发展的理念，用亮丽的安全成绩单展现着令世界瞩目的成绩。中核集团共有 6 台投运机组在 2017 年世界核电运营者协会（WANO）综合指数评比中获得 100 分，达国际领先水平。“六个第一”是中核集团的核电机组安全运行高水平的一个标签，是令业界骄傲的不俗成绩。岭澳核电 1 号机组达到国际同类型机组连续安全运行 4392 天的最高纪录，并仍在继续保持和刷新。高峰论坛上也传递出我国核电稳定安全运行的更多成果：与 WANO 规定的性能指标对照，在全球 400 多台运行机组中，我国运行机组 80%的指标优于中值水平，70%达到先进，与美国核电机组水平相当，且整体安全指标逐年提升。

2020 年 11 月，中国核电满足 WANO 综合指数计算条件的中国核电 21 台机组中，有 15 台机组 WANO 综合指数达到满分 100。15 台 WANO 综合指数满分机组分别是：秦山第二核电厂 1、2、3、4 号机组，秦山第三核电厂 1、2 号机组，方家山核电厂 1、2 号机组，田湾核电厂 1、2 号机组，福清核电厂 1、3、4 号机组，昌江核电厂 1、2 号机组。

2021 年 6 月，满足 WANO 综合指数计算条件的中国核电 22 台机组中，有 18 台机组 WANO 综合指数达到满分 100，再创优异的运行业绩。这也是中国核电机组安全稳定运行的良好成绩的最好证明。

我国核能企业时刻用心守护着核安全。始终坚持“安全第一，质量第一”的方针，从技术、设备、管理等方面全面加强核安全管理，建立了风险指引型核安全管理体系，持续提升安全管理水平。作为核安全领域顶层法律的《核安全法》已于2018年1月1日实施，标示着我国核能产业安全高效发展有了坚强的法律保障。核安全监管体系和核应急体系持续加强和完善，核安全监管能力、核应急能力进一步提升，核安保能力得到国际认可。确保核安全是核能行业始终坚守的底线思维，筑牢核安全基石是行业的共同行动遵循。

## 二、核能的环保性

目前，国内外环境正在创造着有利于核能发展的新生态。中国核能行业协会专家委员会政策研究组组长、中国国际工程咨询公司原副总经理黄峰在论坛上发布的《我国三代核电发展战略价值研究》报告显示，无论从三代核能发展的政治战略价值分析、社会生态价值分析，还是经济战略价值分析，核能都是构建清洁低碳、多轮驱动的能源供应体系的一种必然选择，我国核能产业由此将迎来更大的发展空间。

在政治战略价值方面，想到核能，除了作为低碳清洁能源的属性之外，更多的还会让人想到国家能源安全。从燃料密度、取得、运输和储存等方面看，核能在能源供应安全性方面具有独特优势，而通过能源多样化增强能源供给的安全是我国能源安全的必由之路。此外，核电能够促进我国军民融合发展，有力支撑国家“一带一路”建设。目前我国核电在“一带一路”建设中取得的初步成果有目共睹。在社会与生态战略价值方面，由于核电无温室气体排放，可以有效应对气候变化和大气污染。据统计，2020年中国核电发电量3 662.43亿kW·h，与同等燃煤发电量相比，实现了一年减少二氧化碳排放约27 442.38万t。此外在国家实施科技创新战略和带动国家高端装备制造产业发展及技术升级换代中，核电都将起到重要的作用。在经济战略价值方面，核能有利于国家能源结构优化，是我国替代化石能源和改善能源结构的重要选择。

同时，从比较分析和长周期看，由于核电成本构成具有一定的优势，经济上具有潜在竞争力，全球主要核电国家将其定位于电网基荷电源，因此有利于保障电力稳定经济供应。此外还能够带动地方经济发展，“走出去”拉动相关产业产品出口效应也很明显。为应对气候变化，我国制定了《中国能源生产和消费战略（2016—2030年）》，提出了两个50%的目标，即到2030年非化石能源电力要占到总电力的50%，到2050年非化石能源的消费量要占总的一次能源消费量的1/2以上。这也意味着到2030年核电装机要到1.5亿kW左右。而到2035年后，由于全球的减排压力，对于新能源和可再生能源包括核能会有巨大的需求。

目前全球能源转型进程正在加快，到21世纪中叶，基本要形成一个新能源和可再生能源为主体的既定排放的能源体系。谁将取得先机，主要取决于各自技术的突破和成本的下降。何建坤在中国核能可持续发展论坛——2018春季高峰论坛会上也强调，核能的快速发展也就二三十年的机遇期和窗口期。在这一时期，无论是核能还是其他技术，一旦有突破性进展，无疑会有技术锁定性，一个国家选择一个路线也就很难再转型。何建坤表示，气候变化越来越成为影响地球生态安全和人类生存与发展的一个“灰犀牛”。

在中国特色社会主义建设进入新时代的今天，作为推进绿色发展、建设美丽中国的重要选择，核能将和可再生能源互补发展，发挥重要的、不可替代的作用。在新时代，我国核能行业发展正在迎来新一轮难得的历史性新机遇。抓住机遇，有所作为，是新时代核能业界的共同使命和共同责任。

## 三、核能的经济性

核电的经济性无疑是影响其发展的最大瓶颈。世界核协会（WNA）在此前的相关报告中明确，核电造价无疑已成为影响核电经济性的关键因素。在核电未来的发展中，进一步提升核电经济性是行业的一致行动。事实上，随着核电安全标准的不断提升，核安全冗余度越来越大，不可避免地造成了核电建造成本的不断攀升，带来核电竞争力的下降。解决安全性与经济性如何平衡的问题成为核电可持续发展、参与国际核电市场竞争的当务之急。一是加强对核安全理念的深入理解，解决好核安全水平与可接受度的关系；二是加大核燃料产业的合理布局，降低运输等环节成本；三是加大耐事故燃料等新技术的跟踪和研发，使其具备更高的燃料密度，在提高安全性的同时也提升核电的经济性；四是加强创新性设计；五是将核电作为电网基荷电源，尽可能保证核电机组按最大发电能力稳定运行，避免因低负荷运行产生的核燃料利用不充分而浪费资源，同时年利用小时数保持在7000小时以上。

此外，外围环境和政策也为核电的经济竞争力提供了有利条件。何建坤对此给出了分析，并表示，我国去年年底启动了碳排放交易市场，这对核能和可再生能源来讲，是一个利好的消息。据介绍，现在碳排放额度是由国家给予无偿的配额，未来会逐渐过渡到有偿使用。如果未来的碳价达到国际上预期的20~40美元/t的话，那么煤电的发电成本就会相应增加，大大影响其经济竞争力。

中国核能行业协会专家委副主任赵成昆表示，“华龙一号”进一步设计优化、标准化、批量化，进一步降低造价是没有问题的，但希望国家有一个稳定的核电发展计划。针对福岛核事故后的一系列安全改进，国家相关部门也在进行重新评估，以达到安全性与经济性的平衡。

## 四、核能的挑战性

面对能源结构的深刻变革、供给侧改革、新能源技术革命带来的挑战，核能产业发展也面临着新的考验。面对发展的大好时机，面对核电发展的新挑战，核能业界尤其需要沉下心来，深耕细作，筑牢安全基石，更加致力于核电安全的改进和提升，致力于核电经济性的提升，致力于核电自主创新，让中国核电之花不仅在中国绽放得更加耀眼，也让自主的核电“华龙一号”、CAP1400在世界舞台上闪耀出更加璀璨的光芒，让中国核电品牌享誉世界。

核能发展更要有远谋，有所作为。自主创新，抢占核能发展的制高点，是引领世界核能发展的关键，是中国从核能大国转向核能强国的核心所在。尽管日本福岛核事故使全球核能发展又一次遭遇挫折，但核电大国并没有停止核能研发的脚步，尤其是美国和俄罗斯，继续推进先进核能技术的开发，竞相占领创新发展制高点。美国在有望成为能源净出口国的情况下，仍致力于先进核能的研发，并始终引领世界核能发展。“就所有民用核能活动而言，可以认为法国和俄罗斯在当下全球领先。”中国工程院和法国科学院及法国国家技术院给国际原子能机构的报告中的表达也揭示了世界核电大国在核电建设中的引领作用。但“同时，中国在核电站建设方面正在取得重大突破，是未来的潜在领先国家之一。”这样的表达也毫不夸张。尤其是近十年，世界见证了中国核电的安全稳定快速发展。

在全球核电竞争的今天，中国也有能力充分发挥自身优势，占领制高点。中国核电已形成一定的规模，在运在建核电机组数量达到 66 台，总装机容量 6956 万 kW，已经成为全球核电产业重要的建设者和发展者；AP1000、EPR 三代核电技术全球首堆相继在我国建成投产并完成首炉燃料循环运行，自主核电品牌“华龙一号”成功并网，自主三代核电型号“国和一号”正式发布，我国在三代核电技术领域已跻身世界前列；我国完全自主知识产权的“华龙一号”已实现出口且具有竞争优势，在“一带一路”沿线国家未来的核能发展中充满机会，我国自主开发的 CAP1400 也具备“走出去”的潜力。但同时也要看到，国际核电市场的竞争越来越激烈，因此要瞄准世界核能前沿，加大自主研发，充分发挥我国核能全产业链的优势、长期连续建设积累建设经验的优势、人才优势等，力争在国内外的核电开发中占得一席之地。

如今，世界核电发展正呈现新的特点。一是核电发展的重心从传统的核电大国转向新兴经济体国家；二是核电技术升级改造的步伐加快，三代核电机组已成为全球在建核电的主要机型。紧跟世界核能先进技术，抢占核能发展制高点，促进核能高质量发展、多元化发展，正在成为新时代我国核能发展的历史新使命。正如中核集团原董事长王寿君在论坛主旨发言中提到的：“先进核能系统、多用途小堆、先进核燃料等核科技的前沿技术和颠覆性技术正面临多点突破”。中国核能也不能错过有所作为的机会。中国工程院院士叶奇蓁在“中国核能可持续发展论坛——2018 春季高峰会议”报告中就为我们展示了中国核能发展的技术方向和重点，也是我国核能发展的着力点。叶院士表示，未来要持续提高核电的安全性，在耐事故燃料、多用途小堆研发、低温核能供热堆以及人工智能在核电中应用等方面加大研发投入。

面对未来核能产业不可多得的发展机遇，更为关键的还是对我国核能产业发展的长远谋划，核能产业发展应该有一个清晰的定位。鉴于核电建设周期长，建议有关部门编制 2030 年的核电规划，以确保核电及装备制造业的可持续发展；要将核能发展提升到国家战略层面，着手研究制定 2035 年发展的总体战略，在我国基本实现现代化之时，让中国核能走到世界前列。

## 参考文献

[1] 张所续，马伯永. 世界能源发展趋势与中国能源未来发展方向[J]. 中国国土资源经济，2019(10)：20-27.

[2] 周吉平. 全球能源转型与中国全面深化改革开放[J]. 国际石油经济，2019，27(1)：42-50.

[3] 张有生，苏铭，杨光，等. 世界能源转型发展及对我国的启示[J]. 宏观经济管理，2015(12)：3.

[4] 王青云. 可持续发展理论发展概述[J]. 黄石高等专科学校学报，2004(4)：10-13.

[5] 张正威. 我国五位一体现代化建设总布局研究[D]. 西安：西安工业大学.

[6] 潘自强. 核能与可持续发展[J]. 科技导报，2003，21(307)：9-13.

# 第二章 核能产业形成与发展

## 第一节 核能产业的形成

人类的一切活动都离不开能源，能源是发展工业、农业、国防、科学技术和提高人民生活水平的重要基础。1939 年原子核裂变的发现，开辟了核能利用的新时代。特别是在能源结构从石油转入非油能源的新时期里，核能被认为是解决世界能源短缺的一种重要途径，可开发的核燃料资源所提供的裂变能、聚变能，可供人类大规模长时期的利用。核能具有独特的优越性，开发和利用新型的核能源是人类社会生存发展的必然趋势。近年来，大力发展核电是许多国家在研究本国能源现状和前景之后，所采取的一种比较普遍的基本政策。

### 一、核能

核能是 20 世纪人类的一项伟大发现，并已取得了十分重要的成果。1942 年 12 月 2 日，著名科学家费米领导几十位科学家，在美国芝加哥大学成功启动了世界上第一座核反应堆，标志着人类从此进入了核能时代。在这以前人类利用的能源，只涉及物理变化和化学变化，当核能进入人们的生产和生活后，一种通过原子核变化而产生的新能源从此诞生。

第一座反应堆首次启动时，功率仅为 0.5 W。70 年后，国际原子能机构公布，截至 2019 年底，全世界共有 443 台核电机组在运行，2019 年生产电力约占当年世界总发电量的 10%。其中，核发电量占本国总发电量比例最高的国家是法国，达到 70%。

当前，世界上的主要能源是煤、石油、天然气等化石燃料，化石燃料是不可再生能源，用掉一点儿就少一点儿。燃烧化石燃料向大气排放大量的“温室气体”二氧化碳、形成酸雨的二氧化硫和氮的氧化物，并排放大量的烟尘，这些有害的物质对环境造成了严重的破坏，而核能不产生这些有害物质。1987 年，世界卫生组织总干事布伦特兰领导的世界环境和发展委员会提出了“可持续发展”的概念，就是“既满足当代人的需求，又不危及后代人满足其需求的发展”。为了实现可持续发展，人类迫切地需要新的替代能源。目前唯一达到工业应用、可以大规模替代化石燃料的能源，就是核能。

核能分为核裂变能和核聚变能两种。核裂变能是通过一些重原子核发生“链式裂变反应”释放出的能量，核聚变能是由两个轻原子核结合在一起释放出的能量。迄今达到工业应用规模的核能只有核裂变能。核聚变又叫“热核反应”。氢的同位素氘（$^{2}H$，重氢）是主要的核聚变材料。氘以重水的形式存在于海水中。氘的含量占氢的

0.015%。1 L 海水中的氘通过核聚变释放出的能量相当于 300 L 汽油燃烧释放出的能量。全世界海水中所含的氘通过核聚变释放的聚变能，可供人类在很高的消费水平下使用50亿年。2002 年 12 月 2 日，我国新一代受控核聚变研究装置——核工业西南物理研究院的中国环流器二号 A 装置建成并举行开机仪式，为我国进一步参与核聚变研究的国际合作创造了条件。

核能问世的准备时期可以追溯到 19 世纪末至 20 世纪初。19 世纪末，英国物理学家汤姆逊发现了电子。1895 年，德国物理学家伦琴发现了 X 射线。1896 年，法国物理学家贝克勒尔发现了放射性。1898 年，居里夫人发现新的放射性元素钋。1902 年，她经过 4 年的艰苦努力又发现了放射性元素镭。1905 年，爱因斯坦提出质能转换公式 $E=mC^2$（$C$ 为光速，$E$ 为能量，$m$ 为转换成能量的质量）。1914 年，英国物理学家卢瑟福通过实验，确定氢原子核是一个正电荷单元，称为质子。1932 年，英国物理学家查得威克发现了中子。1938 年，德国科学家奥托哈恩和他的助手斯特拉斯曼用中子轰击铀原子核，发现了核裂变现象。

有些元素可以自发地放出射线，这些元素叫作放射性元素。放射性元素可以放出 3 种看不见的射线。一种是 $\alpha$ 射线，就是氦原子核。一种是 $\beta$ 射线，就是高速电子。一种是 $\gamma$ 射线，就是高能光子。其中 $\gamma$ 射线的穿透能力最强。当中子撞击铀原子核时，一个铀核吸收了一个中子而分裂成两个较轻的原子核，同时发生质能转换，放出很大的能量，并产生 2 个或 3 个中子，这就是举世闻名的核裂变反应。

在一定的条件下，新产生的中子会继续引起更多的铀原子核裂变，这样一代代传下去，像链条一样环环相扣，所以科学家将其命名为链式裂变反应。1946 年，在法国居里实验室工作的我国科学家钱三强、何泽慧夫妇发现了铀原子核的“三裂变”“四裂变”现象。

链式裂变反应释放出巨大的核能，1 kg 铀-235 裂变释放出的能量，相当于 2500 t 标准煤燃烧产生的能量。只有铀-233、铀-235 和钚-239 这三种核素可以由能量为 0.025 eV的热中子引起核裂变。它们都是核燃料，其中只有铀-235 是天然存在的，而铀-233、钚-239 是在反应堆中人工生产出来的。铀-235 在天然铀中的含量仅为 0.7%。

反应堆是通过受控的链式裂变反应将核能缓慢地释放出来的装置，是和平利用核能的最主要的设施。反应堆的种类繁多，一般是根据用途分为动力堆、生产堆和研究堆。动力堆是利用核裂变释放的能量来产生动力，进行发电、供热、推动船舰等。生产堆是利用中子生产新的核燃料。研究堆是利用中子进行基础科学和应用科学的研究。

为了实现核能的进一步发展，当前世界许多国家的核科学家正在研究与发展先进的核反应堆，进一步提高反应堆的安全性和经济性。我国“863”计划正在研发两种先进反应堆。一种是由清华大学核能技术设计研究院承担的 10 MW 高温气冷实验堆。高温气冷堆具有安全性好（不会对厂外公众造成危害）、发电效率高（蒸汽发电效率 38%~40%，氦气透平发电 45%~47%）、用途广（可进行煤的汽化和液化、制氢等）的优点。该反应堆已于 2003 年 1 月 29 日达到满功率并网发电。另一种是由中国原子能科学研究院承担的中国实验快堆（CEFR）。快中子反应堆的主要优点是可大大提高铀资源的利用率，从目前轻水堆的 1%左右提高到 60%~70%。该反应堆正在建造，其主厂房已于 2002 年 8 月 15 日封顶。

人们开发核能的途径有两条：一是重元素的裂变也就是核裂变，质量较大的核俘获中子后分裂成两个（或多个）中等质量核，如铀的裂变；二是轻元素的聚变也就是核聚变，把两个或多个轻核结合成质量较大的核，如氘、氚、锂等。重核裂变或轻核聚变使核的结构发生变化，形成新核，并放出一个或几个粒子的过程叫核反应。核能是原子核结构发生变化重新分配和组合时释放出来的能量，也称“原子能”。核聚变比核裂变释放的能量更大。其中原子是组成单质和化合物的最小微粒，有质子、中子和电子组成。原子的核心部分称为原子核，由质子和中子组成。

物质所具有的原子能比化学能大几百万倍以至一千万倍，其中核聚变比核裂变释放的能量更大。核反应不会产生加重地球温室效应的二氧化碳，不会对造成空气和污染，释放能量巨大，例如：1 kg 铀原子核全部裂变释放出来的能量，约等于 2700 t 标准煤燃烧时所放出的化学能。所以还可以用作核电、卫星或船舰的动力，使卫星、核潜艇、航空母舰的续航能力大大提高。

核聚变所需要的条件非常难得，比如氘和氚的聚变反应需要极高的温度（1500 万℃）和压强（3000 多亿 atm）。当今的科学技术很难达到。原子弹爆炸以后，人们发现原子弹爆炸瞬间产生的高温和高压能满足核聚变的条件，还可以制成威力更大的核武器，这就是氢弹。1952 年第一颗氢弹爆炸后，科学家们一直在努力寻求把氢弹爆炸的过程加以控制，然后源源不断地取出其中的核聚变能造福人类。

## 二、核能产业

### （一）农业上的应用

将农学与核科学结合起来的新兴学科称核农学，其目的在于为农业科学研究和农业生产提供新的手段，促进农业的现代化。核技术在农业中的应用是 1955 年第一届国际原子能和平利用会议以后，逐渐在各个国家发展起来的。中国于 1956 年开始制订这门学科的发展规划，1957 年在中国农业科学院建立了第一个原子能农业利用研究室，后发展为研究所。至今，全国各省、市、自治区的农业科研单位已广泛开展这方面的研究，并取得了显著成绩。其中包括辐射育种，即利用 γ、X、β 射线或中子流等高能量的电离辐射处理植物的器官，使细胞内产生不同类型的电离作用，进而诱发产生可遗传的突变，从中选择和培育符合生产需要的新品种。

辐射育种与常规育种比较，其主要特点为：（1）变异率高。一般可达 1/30，比自然突变高 100 倍以上，甚至可达 1000 倍。（2）变异范围广。诱变产生的变异类型常超出一般，甚至会产生自然界中未曾出现的或罕见的新类型。其中有的具有利用价值，已为作物提早成熟、植株矮化、增强抗病性、提高蛋白质、糖分、淀粉的含量等创造了丰富的育种原始材料和基因资源。（3）变异稳定快。由辐射处理产生的变异，一般经 3 代即可基本稳定，而有性杂交大多要经 4~6 代才能稳定。

辐射处理的方法分外照射和内照射两种：外照射是指被照射的种子或植株所受的辐射来自外部某一辐射源，方法简便、安全，可以大量处理；内照射是将辐射源引入被照射种子或植物某器官内部，常见的有放射性同位素浸种、放射性同位素注射（在茎、枝条、芽或子房部位施用放射性同位素肥料供植物吸收）以及向植物供给 $CO_2$、使之通过光合作用同化到代谢产物中去诱发突变等。辐射处理的材料包括种子、花粉、子房、营养器官和整体植株。此外，还可照射愈伤组织，用于辐射诱变与组织培养相结合的研究领域。

辐射不育治虫原理是通过对防治对象（雄虫）某个虫态的辐照处理，使其生殖细胞的染色体发生断裂、易位，造成不对称组合，导致显性致死；而受照射的体细胞基本上不受损伤。由于辐照后的昆虫仍能保持正常的生命活动和寻找配偶，将经过辐照处理的不育昆虫在虫害地区连续大量释放，就可使其同正常昆虫进行交配而不产生后代。经过几代之后，自然种群因不育而数量减少，以致有可能完全消灭这一地区的虫种。此法不会造成环境污染，对人、畜和天敌无害，防效持久，专一性强，对消灭螟虫、棉铃虫等钻进植物体内隐蔽、药剂和天敌很难触及的害虫效果尤佳。γ 射线、X 射线、β 射线及中子束都可用于照射，而以 $^{60}Co$ 放射源的 γ 射线最简便有效。但用高剂量辐照造成的不育昆虫因无法和自然种群争夺配偶，因而影响灭虫效果。

近年来，改用亚不育或半不育剂量处理的害虫，可提高受照射昆虫竞争配偶的能力，通过遗传将辐射导致的细胞染色体易位变化传递给下一代，使 95%以上的下一代害虫丧失生育力。如玉米雄虫经过这样的处理后，其子代可比亲代更为不育。此法虽不能在当代根除害虫，但可减少不育虫的释放量，使防治成本降低。因而在成虫期不危害作物的条件下释放半不育（其子代完全不育）雄虫，一般可比释放完全不育的雄虫取得更好的效果。

世界上约有 1/3 的国家对上百种昆虫从事辐射不育的研究，已知有 30 多种害虫进入了中间试验或应用阶段。螺旋蝇、地中海果蝇、红铃虫等一些重要害虫用不育方法防治，都取得了重大成果。

辐射食品保藏即通过辐照抑制食用产品器官的新陈代谢和生长发育，同时杀灭害虫和致病微生物，以改进食品品质，减少贮运损失，延长贮存期和货架陈放期。用于这一目的的辐照源一般包括 $^{60}Co$、$^{137}Cs$ 的 γ 射线源、X 光机发出的 X 射线、电子加速器发出的小于或等于 10 MeV 的电子射线等。辐照前处理是辐照食品的重要环节，经常采用的手段包括：严格控制食品收获、加工的条件，以降低害虫和微生物对食品的污染基数；通过适当加热，以钝化生物酶的活性；通过低温暂存和绝氧控制食品代谢的速度，以防止氧化；以及添加抗氧剂、保水剂、辐射增效剂等。

### （二）工业上的应用

在工业领域，核技术应用的快速发展已成为推进新技术、新材料、新工艺、新方法不断取得创新发展的动力之一。我们利用辐照技术改性高分子材料，使其具备低烟、耐高温、不易老化等优点；利用射线工业 CT 等无损检测装置确定产品、设备、材料中存在的缺陷，提高产品质量。目前在高分子材料改性方面应用较为广泛的辐照交联技术，可以使线性高分子在射线作用下具有绿色、高效、易控等优点。利用该技术处理的聚乙烯，其耐温等级和耐磨损性分别是普通 PVC 的 2 倍和 10 倍，已广泛应用于能源、电力、交通、通信、建筑等领域。经过辐射加工获得的高性能塑料，可以用于制造卫星器件，制造人工心脏瓣膜、人工关节、人工角膜，等等。此外核能也被广泛用于发电、核动力等其他领域。

核能发电是利用核反应堆中核裂变所释放出的热能进行发电的方式，它与火力发电极其相似，只是以核反应堆及蒸汽发生器来代替火力发电的锅炉，以核裂变能代替矿物燃料的化学能，实现链式反应是核能发电的前提。除沸水堆外，其他类型的动力堆都是一回路的冷却剂通过堆心加热，在蒸汽发生器中将热量传给二回路或三回路的水，然后形成蒸汽推动汽轮发电机。沸水堆则是一回路的冷却剂通过堆心加热变成 70 个大气压左右的饱和蒸汽，经汽水分离并干燥后直接推动汽轮发电机。

核动力是利用可控核反应来获取能量，从而得到动力、热量和电能。因为核辐射问题，且现在人类还只能控制核裂变，所以核能暂时未能得到大规模的利用。利用核反应来获取能量的原理是：当裂变材料（例如铀-235）在受人为控制的条件下发生核裂变时，核能就会以热的形式被释放出来，这些热量会被用来驱动蒸汽机。蒸汽机可以直接提供动力，也可以连接发电机来产生电能。世界各国军队中的大部分潜艇及航空母舰都以核能为动力。

### （三）核工业的组成

核工业是一个十分浩大的系统工程，其组成体系包括：铀矿勘探、铀矿开采与铀的提取、燃料元件制造、铀同位素分离、反应堆发电、乏燃料后处理、同位素应用以及与核工业相关的建筑安装、仪器仪表、设备制造与加工、安全防护及环境保护。

#### 1. 核燃料循环及其组成

核燃料循环是核工业体系中的重要组成部分。所谓核燃料循环是指核燃料的获得、使用、处理、回收利用的全过程。燃料循环通常分成两大部分，即前端和后端。前端包括铀矿开采、矿石加工（选矿、浸出、沉淀等多种工序）、铀的提取、精制、转换、浓缩、元件制造等；后端包括对反应堆辐照以后的乏燃料元件进行铀钚分离的后处理以及对放射性废物处理、贮存和处置。

#### 2. 铀矿地质勘探

铀是核工业最基本的原料。铀矿地质勘探的任务，是查明和研究铀矿床形成的地质条件，阐明铀矿床在时间上和空间上分布的规律，运用铀矿床形成和分布的规律指导普查勘探，探明地下的铀矿资源。地壳中的铀，以铀矿物、类质图像（形成含铀矿物）和吸附状态的形式存在。由于铀的化学性质活泼，所以不存在天然的纯元素，铀矿物主要是形成化合物。目前已发现的铀矿物和含铀矿物有 170 种以上，其中只有 25～30 种铀矿物具有实际的开采价值。铀矿床是铀矿物的堆积体，铀矿床是分散在地壳中的铀元素在各种地质作用下不断集中而成的，也是地壳不断演变的结果。查明铀矿床的形成过程，对有效地指导普查勘探具有十分重要的意义。

铀矿普查勘探工作的程序，包括区域地质调查、普查和详查、揭露评价、勘探等相互衔接的阶段。同时还伴随一系列的基础地质工作，如地形测量、地质填图、原始资料编录、岩石矿物鉴定、样品的化学和物理分析、矿石工艺试验等。

#### 3. 铀矿开采

铀矿开采是生产铀的第一步。它的任务是把工业品位的铀矿厂从地下矿床中开采出来，或将铀经过化学溶浸，生产出液体铀化合物。铀矿的开采与其他金属矿的开采基本相同，但是由于铀矿有放射性，能放出放射性气体（氡气），品位较低，矿体分散（单个矿体的体积小）和形态复杂，所以铀矿开采又有一些特殊的地方。铀矿开采方法主要有露天开采、地下开采和原地浸出采铀 3 种方法。露天开采是按一定程序先剥离表土和覆盖岩石，使矿石出露，然后进行采矿，这种方法一般用于埋藏较浅的矿体。地下开采是通过掘进联系地表与矿体的一系列井巷，从矿体中采出矿石，地下开采的工艺过程比较复杂，一般在矿床离地表较深的条件下采用这种方法。原地浸出采铀是通过地表钻孔将化学反应剂注入矿带，通过化学反应选择性地溶解矿石中的有用成分——铀，并将浸出液提取出地表，而不使矿石绕围岩产生位移。这种采铀方法与常规采矿相比，生产成本低，劳动强度小，但其应用有一定的局限性，只适用于具有一定地质、水文地质条件的矿床。

4. 铀提取工艺

铀提取工艺的基本任务是将开采出来的矿石加工富集成含铀量较高的中间产品，通常称为铀化学浓缩物，经过进一步强化，加工成铀氧化物作为下一步工序的原料。常规的铀提取工艺一段包括，矿石品位、磨矿、矿石浸出，母液分离、溶液纯化、沉淀等工序。矿石开采出来后，经过破碎磨细，使铀矿物充分暴露，以便于浸出，然后在一定的工艺条件下，借助一些化学试剂（即浸出剂）与其他手段将矿石中有价值的组分选择性地溶解出来。根据浸出剂配方不同，可分为酸当浸出、碱法浸出和中性浸出。浸出液中，不仅铀含量低，而且杂质种类多，含量高，必须将这些杂质去除才能达到核电要求。这一步溶液纯化过程，有两种方法可供选择，离子交换法（又称吸附法）和溶剂萃取法。沉淀出铀化学浓缩物是水冶生产的最后一道工序，沉淀物经洗涤、压滤、干燥后即得到水冶产品铀化学浓缩物，又称黄饼。

5. 浓缩铀生产技术

以同位素分离为目的，提高铀-235 浓度的处理即为浓缩，通过浓缩获得满足某些反应堆所要求的铀-235 丰度的铀燃料。现代工业上采用的浓缩方法是气体扩散法和离心分离法。浓缩处理是以六氟化铀形式进行的。此外，还有激光法、喷嘴法、电磁分离法、化学分离法等。对铀同位素进行分离，使铀-235 富集。分离后余下的尾料，即含铀-235 约 0.3%的贫化铀可作为贫铀弹的材料等。

6. 反应堆用的燃料元件

经过提纯或同位素分离后的铀，还不能直接用作核燃料，还要经过化学，物理、机械加工等复杂而又严格的过程，制成形状和品质各异的元件，才能供各种反应堆作为燃料来使用，这是保证反应堆安全运行的一个关键环节。按组分特征来分，可分为金属型、陶瓷型和弥散型 3 种；按几何形状来分，有柱状、棒状、环状、板状、条状、球状、棱柱状元件；按反应堆来分，有试验堆元件，生产堆元件，动力堆元件（包括核电站用的核燃料组件）。核燃料元件种类繁多，一般都由芯体和包壳组成。核燃料元件在核反应堆中的工作状况十分恶劣，长期处于强辐射、高温、高流速甚至高压的环境中，因此，芯体要有优良的综合性能。对包壳材料还要求有较小的热中子吸收截面（快堆除外），在使用寿期内，不能破损。因此，核燃料元件制造是一种高科技含量的技术。

7. 乏燃料的后处理

辐照过的燃料元件从堆内卸出时，无论是否达到设计的燃耗深度，总是含有一定量裂变燃料（包括未分裂和新生的）。回收这些宝贵的裂变燃料（铀-235，铀-233 和钚）以便再制造成新的燃料元件或用作核武器装料，是后处理的主要目的。此外，所产生的超铀元素以及可用作射线源的某些放射性裂变产物（如铯-137，锶-90 等）的提取，也有很大的科学和经济价值。

乏燃料后处理具有放射性强，毒性大，有发生临界事故的危险等特点，因而必须采取严格的安全防护措施。

后处理工艺可分下列几个步骤：

——冷却与首端处理：冷却，将乏燃料组件解体，脱除元件包壳，溶解燃料芯块等。

——化学分离：即净化与去污过程，将裂变产物从 U-Pu 中清除出去，然后用溶剂萃取法将铀-钚分离并分别以硝酸铀酰和硝酸钚溶液形式提取出来。

——通过化学转化还原出铀和钚。

——通过净化分别制成金属铀（或二氧化铀）及钚（或二氧化钚）。

8. 放射性废物处理与处置

在核工业生产和核科学研究过程中，会产生一些具有不同程度放射性的固态、液态和气态的废物，简称为“三废”。在放射性废物中，放射性物质的含量很低，但带来的危害较大。由于放射性不受外界条件（如物理、化学、生物方法）的影响，在放射性废物处理过程中，除了靠放射性物质的衰变使其放射性衰减外，无非是将放射性物质从废物中分离出来，使浓集放射性物质的废物体积尽量减小，并改变其存在的状态，以达安全处置的目的。区别“三废”的不同情况，采取多级净化、去污、压缩减容、焚烧、固化等措施处理、处置，这个过程称为“三废”处理与处置。例如，对放射性废液，根据其放射性水平区分为低、中、高放废液，可采用净化处理、水泥固化或沥青固化、玻璃固化，固化后存放到专用处置场或放入深地层处置库内处置，使其与生物圈隔离。

## 第二节　核能产业的发展

### 一、国外核能产业的发展

在 20 世纪 50 年代之前，人类在能源的使用只关系到物理方面的变化及化学方面的转化。第二次世界大战时期，原子弹的产生使得核能开始被广泛利用，例如军事、工业技术、航天技术等不同领域，美、俄、英、法等发展大国也逐步开始对核能进行未来式的应用探讨。从世界范围来看，核能发展的区域性差异极其的了然，由于核能对国家的技术研究及地理位置方面的要求较高，使得现阶段呈现的核电厂各自拥有者都是对能源需求度强、财政供应富足及技术水平较高的国家，这些国家大部分分布于欧洲、北美以及东南亚一带。除去地理位置上的不均衡，各核能发展国之间的差异也大多体现在核能技术的发展条件以及国家相关支持政策等方面。

欧洲的核能发电厂约占世界的 1/3 比例，非常之集中，这些核能发电厂大部分都集中在欧盟成员国。欧洲的核能发展产业已经极为完整，从研究、建设到生产环环相扣，欧洲国家对于核能发电的优势极为认同。在核能发电的电量统计中，可以看出欧洲是全球核能发电的最大利用国，然而各个国家在核能发电的相关政策上却有着比较大的差异，其中，欧盟成员国有 15 个国家对于核能发电的技术方面有着很强的发展意愿。

#### （一）法国核能产业发展状况

法国是世界上利用核能发电的第二消耗大国，到现在为止已经有近 60 台核电供能的联网机组。在2019年的核能发电统计数据中，法国以其70%的发电量占比居于榜首，成为全球中对于核能发电的使用比率最高的一员。20世纪50年代，法国就已经着手对原子能技术的开发及研究。法国的首座可供发电使用的反应堆在1956年投产，1959年和1960年又相继投产了两座反应堆。有了这些基础，原委会利用天然铀石墨开发出慢化气冷反应堆技术，这也成为法国在当时的核电厂建造中的主要技术内容。1973年10月，第四次中东战争爆发导致了石油危机，这使得法国作出了利用核能大规模进行发电的决定，并对美国的压水堆技术进行了改进，制定出一项标准化的核能发电技术发展规划。现如今，法国的核产业体系趋于完善，更为独立完整，在向其他国运输电力的同时，还能够保证自身的电力能源供应。第三代的欧洲压水堆技术现在已在法国使用，由于其核能的监管系统极其的严密、规范，至今未发生过任何重大核事故。法国的核能监管机构在20世纪中期设立，经过多次改革重组，成立了相对独立的核安全局，作为一个独立的行政组织机构，核安全局主要负责对民用核能的使用进行监管，并将核能的相关安全信息进行透明式公开。

### （二）德国核能产业发展状况

作为欧洲能源的第一消耗大国，德国的煤炭储量极为丰富，然而石油及天然气等自然资源却比较贫瘠。1973年石油危机后，德国决定开发本国的核能发电技术，1986年，由于核事故发生，德国的态度有所改变，直至三年后最后一座核能反应堆才被批准。尽管民主党派支持核电技术的发展，但是政府依旧宣布核电技术在此后的十年中将被放弃。公告一经发出，正在研究的高温气冷堆项目以及快中子堆项目也于1998年后停止，德国将修订后的《原子能法》作为相关核能利用的基本法则，其中对于核能相关设备、核燃料的反复利用以及废弃材料处理等问题都作出了详细规定，并公布了许可证的批准及担负安全责任的硬性要求。为了增加国家的电力供应，德国又开始加强对可再生资源的利用，同时，为提高核能安全管理信息的公开透明度，德国专门设置了一套较为全面的信息管理及记录系统，旨在将最新的信息提供给利益相关者。

### （三）美国核能产业发展状况

作为历史上核能产业发展的始祖，美国的核能发电技术较其他国家更加成熟，其核能相关的立法框架及安全管理制度比较完善。然而在20世纪70年代末，美国发生了历史上第一次核事故，这使得国民对于核能的恐慌度开始上升，本国的核能产业也步入了长达30年的荒废时期。之后的30年内，除去某些允许延长使用期限或者扩大装机容量的核电厂，美国的核能监管会对于新的核能发电项目都是零通过。核事故发生之后，美国决定设立一个能解决突发事件的新联邦政府，所有的突发事故例如民用核能设备发生故障等都交由联邦政府做出处置。《核废料政策法》还规定，联邦政府需要对核废料中放射性高的物质进行处理，同时在内华达州的尤卡山内设置一个深层的核废料埋藏场地。然而，由于内华达州本地居民的反对，政府不得不将尤卡山这一项目搁浅。2012年，经由美国的核能监管会全体投票决定，有关新核能反应堆的申请原则上不允通过，除非核能高放射性废物能得到有效的处置。

## （四）英国核能产业发展状况

英国的核能产业历史较长，全球首座商业类核能发电厂坐落于英国。英国对于核能反应堆技术的把控程度极其熟练，与之相关的核电厂建设规划及其运作都能得到政府的积极支持，对于核能发电相关燃料的生产、运输供应以及最后的废料处置等方面的管理较为完善。截至2020年，英国有15个运行核反应堆，本国的核能发电比例占总发电量的1/4。在节能减排方面，核能供电也对本国作出了较大的贡献。数据表明，英国二氧化碳排放量的减少，有近1/10的数量都是核能发电的作用。在选择核能产业的相关技术合作方中，英国应该是最佳选择。由于英国的核能市场极大，加上国家对于核能发展高度重视及支持，使得多数国家在其核能方面进行投资。同时，英国优秀的人才资源以及高端的核能技术使得它在核能发展中占尽优势。对核产业链的配备完善以及完整的核能后期服务体系，让英国形成了一种相对较为稳定的市场环境。

## （五）日本核能产业发展现状

日本的自然能源资源非常匮乏，80%以上的能源需要进口。日本核燃料事业团（PNC）除了从事先进堆（包括ATR和FBR）、浓缩、后处理、核燃料技术及废物管理的研究与开发外，还积极参与海外铀勘测和开采。各大电力公司所需的铀一直是从澳大利亚、加拿大、哈萨克斯坦等国采购的。一方面各大电力公司通过提前签订铀供应合同方式来保证其贮存的铀比其他国家的电力公司贮存得多；另一方面各大电力公司还与其他公司联合成立公司以参加海外铀开采项目，如日本—澳大利亚铀资源与开发公司（JAURD）和海外铀资源与开发公司（OURD）。

日本是亚太地区核能发展最早的国家，于1955年制定了“核电基本法”，1956年编制了原子能发展计划。1963年，日本原子能研究所的试验堆发电成功。1966年7月，日本向英国订购的166 MW石墨气冷堆在东海建成投产。接着1970年分别从美国通用公司和西屋公司引进的357 MW沸水堆（BWR）和340 MW压水堆（PWR）相继建成投产，为日本以后全部采用轻水堆奠定了基础。到20世纪80年代末，日本电力工业开始进入火电、水电和核电三足鼎立的时代。截至2011年3月，日本运行的商用核电机组共54座，核电约占全国发电量的30%，但由于福岛核事故，日本核电受到重创，国内核电厂曾一度全部停运。

2020年6月9日，日本原子能工业论坛（JAIF）发布声明称，5月，日本仅有的在运核电机组，即6台压水堆机组累计发电4.71 TW·h，全国机组容量因子为19.2%，较2019年同期的20.2%有所下降。

日本十分重视核能的发展，在福岛核事故后并未放弃发展核能，出于能源安全和减少二氧化碳排放等方面的需求，日本经济产业省设定了2030年核电占全国总发电量20%~22%的电力结构目标。目前，商用核电厂的重启工作徐徐展开，迄今已有9座商用核反应堆获得重启。福岛第一核电厂的退役工作也基于福岛退役中长期路线图稳步进行。在今后发展堆型的选择中，日本聚焦快堆和高温气冷堆等先进堆型，也在根据国际的发展形势制定灵活的发展战略。此外，在核技术应用中，日本核医学领域发展迅速，经济规模不断扩大。截至2019年1月，日本核电装机容量（3 804.2万kW）位列世界第四，前三位依次为美国、法国和中国。

## （六）韩国核能产业发展现状

1961年至2001年4月，韩国电力公司（KEPCO）一直是韩国唯一的一家电力公司。2000年，韩国政府决定解除电力市场管制，韩国水力和核电有限公司（KHNP）从KEPCO中剥离出来。目前KHNP拥有全部核电装机容量和少量的水电装机容量，这些电厂约占韩国电力供应的27%。截至2020年12月，KHNP运营着24座核电厂、37座水电站/小水电站、16座抽水蓄能电站、32座可再生电站，总装机容量为28 607 MW，总发电量为164 613 GW·h。

自从1978年韩国第一座机组商业运行以来，核能发电量随着机组数和装机容量增加而上升，2019年，韩国核电厂发电量为139 TW·h，占全国总发电量的26%。目前，韩国有24座核电机组，总装机容量为23.2 GW，是世界上核反应堆密度最高的国家（定义为每平方英里反应堆的数量）。

韩国核电产业发展的特点主要表现在以下几个方面：

### 1. 反应堆设计标准化和自主化步伐加快

20世纪80年代中期，韩国核工业开始着手核电产业的自主化和设计的标准化。1987年，韩国核工业选择燃烧工程公司的System80蒸汽供应系统作为标准化的基础，并与该公司签订了一项为期10年的技术转让计划以实现技术自主性。桂马3号和4号是第一批使用该系统的机组，获得了很大的成功。韩国标准核电厂（KSNP）从1984年起就采用更多的System80的设计特点，纳入了许多美国先进轻水堆设计要求，从而在标准化方面取得了丰硕的成果。20世纪90年代末，为满足不断发展的需求，韩国启动了旨在设计出改进型KSNP或KSNP+的计划。这个计划包括许多部件的设计改进，安全改善和经济竞争力提高，通过优化电厂布局并采用流水线型建造计划以降低电厂造价。KSNP+计划的首批机组——新古里1号和2号被列入最安全、最经济的世界先进型核电机组之列。2005年，KSNP/KSNP+在亚洲市场上被定位为优化动力堆（OPR—1000），尤其是在印尼和越南市场上。此外，韩国于1992年启动开发下一代反应堆（APR—1400），它借鉴System80+的一些渐进式革新，这种设计提高了机组的安全性，机组的设计寿期为60年。据韩联社2021年2月20日报道，韩国电力公社近日发布一项数据显示，2020年韩国全年国内核电发电量同比增加9.8%，为16.018 4万GW·h，时隔4年再次突破16万GW·h。核电发电量占比由前一年的25.9%增至29%，增幅在主要能源中居首。

### 2. 重视核燃料生产能力的开发

韩国是一个铀资源贫乏的国家，为了减少对核燃料的进口，就必须在核燃料工艺包括浓缩和后处理方面等达到自力更生。韩国核燃料规划的主要目的是对商用核电机组实行核燃料的全部自给。1989年韩国原子能研究院成功地开发了压水堆核燃料设计的软件技术，韩国核燃料公司（KNFC）于1987年和1990年分别开始供应Candu燃料（非富集燃料）和PWR燃料。核燃料公司生产PWR燃料的能力为550 t/a，生产Candu燃料的能力为700 t/a。这样，韩国从技术和经济效益方面均获得很多好处。

### 3. 注重国外核电市场开拓

韩国政府、企业及研究机构等上下一心，以中国、印度尼西亚以及越南等为主要输出目标，对外展开了 KSNP 的输出战略，如 KHNP 与 DOOSAN 重工业公司、建筑公司等公司组成财团竞争海外项目。目前，韩国国外市场已经取得初步成效。KHNP 已与印政府签订谅解备忘录，为建设核电厂做三年可行性研究，DOOSAN 重工业公司已向中国、美国和中国台湾地区出售了汽轮发电机。

## 二、中国核能产业的发展

### （一）中国核能产业发展历程

早在 1957 年，按照中苏两国政府协议，由苏联援助建设军民两用堆，因各种原因，这个堆的民用部分没有建起来。1966 年，上海提出建 10 MW 的实验性核动力反应堆，但这一计划也未能实现。

1970 年 2 月、7 月和 11 月，周恩来曾先后 3 次提出要搞核电建设的问题。1971—1973 年，二机部、水电部、上海市和清华大学都先后提出过建设核电厂的方案，并做了一些调查研究和论证工作，但由于“文化大革命”动乱，对发展方针、技术政策的意见未能统一起来，也未能纳入国家计划。

1974 年周恩来主持中央专委会，正式批准了由上海市与二机部联合向国务院提出建设 300 MW 压水堆核电厂的方案，即所谓的“七二八”工程。“七二八”工程虽经中央专委批准，但建设工作迟迟未能起步。经过反复调查研究和论证，1981 年 11 月，国务院再次批准了该项目。随后又于 1982 年分别批准了自主建设的秦山核电厂项目以及采用进口成套设备的大亚湾核电厂项目。

从 1966 年中国第一座军用核反应堆建成以后，经过 25 年艰苦卓绝的努力，1991 年 12 月 15 日，中国第一座自行设计和自主建设的核电厂——秦山核电厂并网发电成功，并于 1994 年 4 月投入商运。秦山核电厂的成功建成，结束了中国内地无核电的历史，它也是中国自行设计和建设的第一座原型堆。我国大陆核电厂建设情况见表 2.1。

**表 2.1　我国大陆核电厂建设情况概况表（截至 2020 年 12 月）**

| 核电厂名称 | 机组 | 装机能/MWe | 发电量/亿 kW | 能力因子/% |
|---|---|---|---|---|
| 秦山核电厂 | 1 号 | 330 | 26.82 | 92.20 |
| 秦山核电厂（二期） | 1 号 | 650 | 55.66 | 99.96 |
| | 2 号 | 650 | 52.02 | 92.34 |
| | 3 号 | 660 | 50.63 | 90.43 |
| | 4 号 | 660 | 56.24 | 99.97 |
| 秦山核电厂（三期） | 1 号 | 728 | 60.68 | 99.93 |
| | 2 号 | 728 | 50.96 | 91.04 |
| 方家山核电厂 | 1 号 | 1089 | 76.76 | 89.78 |
| | 2 号 | 1089 | 88.26 | 99.96 |

续 表

| 核电厂名称 | 机组 | 装机能/MWe | 发电量/亿 kW | 能力因子/% |
|---|---|---|---|---|
| 田湾核电厂 | 1 号 | 1060 | 79.96 | 89.57 |
| | 2 号 | 1066 | 83.70 | 98.56 |
| | 3 号 | 1126 | 77.41 | 91.28 |
| | 4 号 | 1126 | 83.37 | 95.39 |
| | 5 号 | 1118 | 30.95 | 100 |
| 福清核电厂 | 1 号 | 1089 | 89.55 | 99.30 |
| | 2 号 | 1089 | 83.78 | 92.02 |
| | 3 号 | 1089 | 78.50 | 89.69 |
| | 4 号 | 1089 | 71.71 | 92.47 |
| | 5 号 | 1150 | 1.46 | — |
| 昌江核电厂 | 1 号 | 650 | 48.92 | 90.83 |
| | 2 号 | 650 | 46.71 | 93.07 |
| 三门核电厂 | 1 号 | 1251 | 94.46 | 88.18 |
| | 2 号 | 1251 | 94.67 | 99.99 |
| 海阳核电厂 | 1 号 | 1253 | 93.62 | 86.73 |
| | 2 号 | 1253 | 96.89 | 90.05 |
| 大亚湾核电厂 | 1 号 | 984 | 87.86 | 99.99 |
| | 2 号 | 984 | 78.15 | 89.21 |
| 红沿河核电厂 | 1 号 | 1 118.79 | 84.41 | 91.09 |
| | 2 号 | 1 118.79 | 83.07 | 90.88 |
| | 3 号 | 1 118.79 | 74.33 | 99.78 |
| | 4 号 | 1 118.79 | 85.22 | 92.74 |
| 宁德核电厂 | 1 号 | 1089 | 79.61 | 91.39 |
| | 2 号 | 1089 | 86.40 | 99.99 |
| | 3 号 | 1089 | 83.59 | 96.73 |
| | 4 号 | 1089 | 77.92 | 91.22 |
| 阳江核电厂 | 1 号 | 1086 | 86.66 | 98.50 |
| | 2 号 | 1086 | 69.55 | 85.96 |
| | 3 号 | 1086 | 70.33 | 85.51 |
| | 4 号 | 1086 | 84.92 | 96.18 |
| | 5 号 | 1086 | 78.12 | 92.64 |
| | 6 号 | 1086 | 63.49 | 81.82 |

续 表

| 核电厂名称 | 机组 | 装机能/MWe | 发电量/亿 kW | 能力因子/% |
|---|---|---|---|---|
| 防城港核电厂 | 1 号 | 1086 | 84.35 | 91.20 |
| | 2 号 | 1086 | 84.03 | 91.98 |
| 台山核电厂 | 1 号 | 1750 | 97.65 | 71.56 |
| | 2 号 | 1750 | 133.53 | 97.71 |
| 岭澳核电厂 | 1 号 | 990 | 78.88 | 99.99 |
| | 2 号 | 990 | 73.21 | 89.17 |
| | 3 号 | 1086 | 80.34 | 90.71 |
| | 4 号 | 1086 | 78.09 | 92.77 |
| 合计值/整体值/平均值 | | 51 027.16 | 3 662.43 | 92.95 |

（二）中国核能产业发展现状

2006 年 3 月，温家宝总理主持召开了国务院常务会议，审议并原则通过了《核电中长期发展规划（2005—2020 年）》。会议指出，积极推进核电建设，是国家重要的能源战略，对于满足经济和社会发展不断增长的能源需求，实现能源、经济和生态环境协调发展，提升我国综合经济实力和工业技术水平，具有重要意义。

《核电中长期发展规划（2005—2020 年）》制定 2020 年核电装机容量建成 4000 万 kW，在建 1800 万 kW 的宏伟目标。为顺利实现这一目标，我国利用已经掌握的第二代及改进型核电技术，建设一批二代改进型核电机组。与此同时，我国通过引进具有国际先进水平的 AP1000 三代核电技术，建设浙江三门和山东海阳两个核电自主化依托项目。通过技术转让及依托项目的设计与建造实践，使中方逐步具备自主设计、自主制造关键设备和自主批量建造同型核电厂的能力。在自主建设和引进 AP1000 三代技术建设核电项目的同时，我国将充分依靠现有技术基础、工业基础、人才基础和研发平台，消化、吸收引进的三代核电技术，通过关键技术攻关和研发，实现自主创新，研制出具有中国自主知识产权的新一代核电品牌，建立起完整、配套、先进的核能自主创新研发平台，培养出一支高素质核电科技人才队伍，并具备继续改进、提高和自主创新能力和后劲，发展和提升我国在核电方面的创新能力，满足我国核电产业长期可持续发展的需要。

目前，截至 2020 年 12 月 31 日，我国运行核电机组共 49 台（不含台湾地区核电信息），装机容量为 51 027.16 MWe（额定装机容量），2020 年 1—12 月全国累计发电量为 74 170.40 亿 kW·h，运行核电机组累计发电量为 3 662.43 亿 kW·h，占全国累计发电量的 4.94%。

通过多年努力，我国在核电技术研发、工程设计、设备制造、工程建造、运营管理等方面，积累了相当的经验，培养了一支具有丰富实际经验的技术与管理人才队伍。在核电建设中，我国较好地解决了不同核电技术和管理方式带来的困难和问题，在吸纳国外建设经验的基础上，走出了一条适合中国国情的核电发展之路。

随着我国国民经济的快速发展，能源供应正在成为制约我国经济、社会和环境发展的一个“瓶颈”。核能在我国能源可持续供应中的重要地位逐渐形成共识，我国的核电发展战略从“适度发展”转变为“积极发展”，核电进入了快速发展新阶段。

为适应新时期核电的发展，我国将积极推进核电领域体制改革和机制创新，积极推动现有国内技术力量和设备制造企业重组，逐步建立与市场经济相适应的核电发展体制、核电法律法规体系，核电建设与运营体系、核电安全保障体系，加大政策支持和引导力度，促进核电事业健康发展。

## 三、我国核能产业高质量发展

核能是清洁低碳安全高效的优质能源，在我国构建现代能源体系、实现能源转型、保护生态环境以及应对气候变化、促进科技进步、提高国家综合实力和保障国家安全等方面发挥着重要的作用。经过 30 多年的发展，我国核能发电装机已位列全球第三，形成了完整的研发设计、设备材料制造、工程建设、运营维护、燃料保障等全产业链体系。

当前，国家正在研究编制“十四五”规划及中长期发展战略。为此，中国核能行业协会组织行业相关重要骨干企业集团及专家历时两年，开展了我国核能产业 2035 年发展战略及相关重要问题研究，提出了有关观点和建议，供政府有关管理部门参考。

### （一）我国核能产业发展的基础与条件

我国核能的开发利用始于 1955 年，经过多年努力，已取得了世人瞩目的成就。我国现已经跻身世界核电大国的行列，具备了向“核电强国”迈进的基础条件。我国目前已建成了秦山、大亚湾等 14 个核电基地，从未发生国际核事件分级（INES）二级及以上的运行事件，核电安全总体水平位居国际先进行列，具备了核电自主创新和自主设计能力，实现了核电技术由“二代”向“三代”的跨越；形成了每年 8~10 台/套核电主设备的国产化制造产能；具有同时建造 30 多台核电机组的工程施工能力。建立了较为完整、自主的核燃料循环产业链，核燃料生产与供应能力满足核电发展的需要。目前，已完成初可研阶段的核电厂址总规划容量约 4 亿 kW，其中沿海厂址超过 2 亿 kW，内陆厂址接近 2 亿 kW。

我国核电发展取得的成绩，主要得益于坚持了下列基本原则：一是始终筑牢核电安全发展的生命线；二是始终坚持创新发展，适应建立现代能源体系的发展要求；三是始终坚持以我为主、积极开展国际合作；四是始终保持核电发展战略定力，促进我国能源安全绿色发展。面向未来，核电在我国能源战略中的地位将更加突出。

### （二）我国核能产业发展面临的机遇与挑战

#### 1. 我国未来能源发展必须向清洁低碳转型

未来全球能源发展面临双重挑战，即更多的能源供应与更少的碳排放，能源结构进一步呈现清洁低碳化。我国已在《巴黎气候协定》中承诺，到 2020 年，非化石能源消费比重达到 15%，2030 年达到 20%，2050 年超过 50%。国家发布的《能源生产和消费革命战略（2016—2030）》提出了实施非化石能源跨越发展行动，到 2030 年，非化石能源发电量占全部发电量的比重力争达到 50%，电力结构将更加清洁低碳。核电作为未来新增非化石能源中最具竞争力的重要组成部分，是我国积极应对气候变化、兑现减排承诺和清洁低碳发展的必然选择。

2. 发展核电是促进我国能源安全发展的重要途径

我国是世界上最大的能源生产国和消费国，一方面，我国能源结构中石油、天然气短缺，严重依赖进口，对外依存度不断攀升；另一方面，国际局势复杂多变，对我国能源安全保障不断提出新的挑战。天然铀能量密度大，易于储存，具有准国内资源属性，有助于提高我国的能源安全保障。同时，核能还可在清洁供暖、海洋开发、空间探索、海岛及特殊偏远地区供电、海水淡化及工业供汽等诸多综合应用领域发挥重要作用。

3. 核电在我国未来发展中有着广阔的市场发展空间

在实现国家“第二个百年”奋斗目标的征程中，未来15年我国经济社会规模将持续发展壮大，人均能源消费水平将不断提高，终端能源消费由一次能源更多向以清洁高效电力为主的二次能源转变，电力需求仍有较大增长空间。据有关部门预测，预计到2025年、2035年，我国电源装机容量将分别达到26亿kW左右和35亿kW左右，增量部分将以清洁能源为主，核电等清洁能源市场前景广阔。

4. 发展核电是保障电网安全稳定运行及与可再生清洁能源协调发展的迫切需求

核电具有运行稳定、可靠、换料周期长等特点，适于承担电网的基本负荷及必要的负荷跟踪，是目前唯一可大规模替代化石能源的基荷并具备一定负荷跟踪能力的电源。核电与风电、太阳能发电等间歇性、季节性可再生能源互补发展，可为电网提供安全稳定运行和优质电能供应的重要支撑，有利于提高电网运行的稳定性和安全性，增强电网抵御严重事故的能力，降低大面积停电的风险。尤其是，核电发展对我国政治、社会、经济、生态乃至安全都具有重要战略价值，也是大国间竞争的重要领域，启动有效内需是当前推动我国经济社会发展稳中有进的紧迫手段，建设核电项目也是当前我国增加有效内需的重要措施之一。

当前，我国核能产业还存在发展不平衡不充分、自主创新能力有待提升、法规标准有待完善、产业发展不稳定、公众沟通有待加强、核电内陆建设有待稳步推进等问题，这些问题和挑战只能在保障安全基础上，通过稳步发展先进核电等措施逐步解决。

### （三）我国核能产业总体发展思路与目标

1. 总体发展思路

以习近平总书记新时代中国特色社会主义思想和党的十九大精神为指导，全面贯彻新发展理念和“四个革命、一个合作”的能源安全新战略，按照“安全、创新、开放、协调、高效”的发展原则，在确保安全的基础上，稳步发展先进核电，积极推进核能多用途开发利用，构建先进核能产业体系，提高自主创新能力、装备制造国产化能力和核燃料循环产业发展能力，带动核能全产业链实现高质量发展，加快推进我国由核电大国向核电强国转变。

安全发展。核安全是核能发展的生命线，把核安全放在高于一切的位置，落实核安全责任，加强核安全监管与核安全文化建设，持续加强核安全改进，确保核安全万无一失。

创新发展。全面突破制约我国核能产业发展的重大关键技术和卡脖子问题，持续优化三代核电经济性、先进性和适应性，提升核燃料循环产业的保障能力，积极推进新型先进核电技术研发、示范及推广。

开放发展。坚持“引进来”和“走出去”相结合，依托我国本土市场培育核能产业发展比较优势，深度融入以“一带一路”沿线国家为重点的核能国际合作，有效开发和利用海外市场和资源。

协调发展。保持安全稳定可持续的核电发展节奏，保持合理的建设规模，实现核电与其他电源、上下游产业链以及经济社会、生态环境及人才培养等相协调。

高效发展。在维持适度竞争的行业市场环境的同时，增强市场主体意识，主动适应市场化改革需要，促进核能产业链转型升级及降本增效，不断提高核能产业的市场竞争力。

2. 发展目标

（1）2025 年目标

核电大国向核电强国迈进取得重要进展。核电在我国电力供给侧占比进一步提高，基本建成具有全球竞争力的先进核能产业体系，国家核能科技创新体系进一步完善，核电关键设备全面实现国产化，自主化三代核电的竞争优势基本形成，部分新型先进核电技术示范工程建成投产，核燃料加工与供应自主化能力显著提升，核能法律法规和标准得到进一步完善。具体目标如下：

核电装机目标和经济性指标：到 2025 年，核电在运规模达到 7000 万 kW 以上，约占全国总装机容量的 3%，提高 0.5%左右；核电发电量约占全国发电量的 6%，提高 1%左右；在建规模接近 4000 万 kW。批量化建设的三代核电每千瓦建成价 15 000 元左右，核电上网标杆电价在 0.40 元/kW · h 左右，具有市场竞争的比较优势。

核安全管理：新建核电厂全部达到可实际消除大规模放射性物质释放标准；不发生国际核事件分级二级及以上的运行事件，运行安全始终保持国际先进水平；核安全管理与监管达到国际先进水平。

先进核能科技创新：20 万 kW 高温堆、60 万 kW 快堆示范工程相继建成并实现满功率运行，开展商业化推广工程深度优化设计工作；掌握小型模块化核能供热堆、海上浮动堆等关键技术和工程化设计技术，建设相关示范工程；在核电延寿、铀纯化转化、铀浓缩、耐事故燃料元件与 MOX 元件、后处理等技术领域取得关键性突破；智能化技术在核电站推广应用。

核电装备制造：三代核电主设备制造成套产能总体保持目前水平，设备制造质量稳定性达到国际先进水平；攻克核电领域“卡脖子”技术，全面实现核电关键设备的自主研发、设计和制造；核电成套装备供应具有全球竞争力。

核燃料循环保障能力：建成天然铀供应和储备体系，核燃料产品价格与国际市场基本接轨，形成具有国际竞争力的先进核燃料元件品牌；建成新的核电站低放废物处置场，基本建成高放废物地质处置库地下实验室；建成乏燃料公、海、铁联合运输体系，建成乏燃料后处理示范工程。

法律法规与标准体系：核能领域的法律法规体系进一步完善，原子能法、核损害赔偿法、核电管理条例、乏燃料管理条例等一批法律法规发布；基本形成我国三代核电技术的标准体系。

（2）2035 年目标

初步实现核电强国建设目标。核电在我国电力供给侧占比达到目前全球平均水平，建成具有全球竞争力的先进核能技术体系和产业体系，核电技术实现标准化、系列化，具备国际先进的核燃料闭式循环能力，在国际核能发展中具有较大的话语权与技术领先地位。

核电装机目标和经济性指标：到 2035 年，核电在运规模达到 1.8 亿 kW 左右，约占全国总装机容量的 5%，较当前提高 2.5%左右；核发电量约占全国发电量的 10%，提高 5%左右，接近目前全球平均水平，占一次能源比重达到 5%左右，占非化石能源比例达到 1/5 左右，相对高效燃煤发电年度可实现碳减排 10 亿 t 左右；核电在建规模达到 5000 万 kW 左右；投资成本、燃料成本和运行成本得到进一步的有效控制，核电上网电价具有更强竞争力。

核电安全管理：核电技术在应对极端自然灾害和严重事故等小概率事件方面具有更加完善的应对措施，实际做到无须公众撤离、不对生态和环境产生长期的影响；实现耐事故燃料入堆及示范应用，运行安全始终保持国际先进水平。

核能科技创新：建成先进核电、核燃料循环技术体系和实验验证体系，形成完整的先进核电技术型号系列，小堆技术实现系列化示范发展，聚变堆研发取得重大进展，MOX 燃料元件在快堆和热堆中得到应用，掌握大型后处理工程的设计技术，实现核电站智慧运营。

核能装备制造：设备制造质量稳定性达到国际领先水平，核电设备智能化制造水平显著提升，培育出具有全球竞争力的世界一流核电成套装备供应商，装备制造企业的设备制造技术、质量水平和生产效率达到国际先进水平。

核燃料循环保障能力：建成安全稳定可靠的天然铀供应与储备体系，核燃料技术与产品达到国际先进水平，建成中等深度中放废物处置库，建成高放废物地质处置地下实验室，建成商用大型后处理厂，建成满足热堆和快堆需求的 MOX 燃料元件生产线。

法律法规与标准体系：放射性废物管理法等一批法规发布，形成完善的核能法律法规体系；建立国际先进的核电及核燃料循环技术标准体系。

### （四）我国核能产业高质量发展的有关建议

#### 1. 推进先进核电安全高效可持续发展

（1）稳定核电建设节奏

基于我国核能发展已有的基础和条件，综合考虑核安全以及用电需求、节能减排、保障能力等因素，从 2020—2035 年，每年稳定开工三代核电机组 6~8 台，机型以具有自主知识产权的“华龙一号”“国和一号（CAP1400）”三代大型压水堆为主，“十四五”期间，可适当建设一批国产化 CAP1000 机组。

（2）优化核电建设布局

在坚持“先沿海后内陆”核电开发建设总体原则的同时，按区域发展的需要，“十四五”期间，在电力负荷较大、电网安全运行枢纽地位重要以及可再生能源资源匮乏且成本较高的华中地区，适时启动核电站的建设。

（3）加强厂址开发与保护

核电厂址是稀缺资源，要做好我国内陆与沿海核电厂址的开发与保护，建议由国家主管部门依法制定核电厂址管理保护制度，有效保护核能可持续发展所需的宝贵厂址资源。

(4) 开展核能多用途推广应用

依据市场需求和相关条件，逐步实施核电机组热电联产。在我国北方地区积极推进核能供热堆建设，推动多用途商业化小堆技术的优化完善及示范项目建设，加快推进海上浮动核电站、空间核动力堆等研发建设，促进我国海洋强国和航天强国战略实施。

2. 促进核能全产业链关键技术及装备创新发展

(1) 建设国家核能实验室

基于国内已有核电技术研发体系，整合相关资源，“十四五”建成具有世界先进水平的国家新型先进核能综合实验室，全面提升核能研发设计和实验验证能力。

(2) 推进先进核电技术创新发展

对“华龙一号”和“国和一号”不断持续改进和优化，在确保安全的前提下提升其经济性，推动系列化发展；推进高温堆、快堆相关优化改进，适时开展商业化工程建设推广；依据经济社会发展需求，加强新型小型模块化先进堆技术的研发及商业化推广；面向未来布局钠冷快堆、高温气冷堆、钍基熔盐堆、铅冷快堆等四代堆与聚变堆的研究，统筹示范项目建设；将新型先进核电自主化攻关与创新重点项目列入国家科技重大专项支持。

(3) 加强关键设备及原材料等自主化攻关

加大核能产业链关键设备、部件及原材料研发支持力度，尽快实现核心技术自主可控，解决“卡脖子”问题；进一步加强对核能领域关键设备材料“首台套”国产化研发与应用的政策支持；推动装备制造业改进和优化制造工艺，对标国际先进水平提升制造质量。

(4) 加强核电基础研究和关键技术研究

开展严重事故预防缓解技术研究，开展数字化反应堆关键技术研究，开展核电延寿关键技术研究，开展核电关键软件、材料、元器件的自主研发和应用，逐步实现国产化替代。

(5) 推进核燃料循环技术创新

加强深部铀资源预测评价与开采技术攻关，掌握单线6000 t/a 铀纯化转化一体化设计技术，并形成生产能力；完成新一代铀浓缩技术攻关，加快推进具有自主知识产权的先进压水堆新型燃料元件、耐事故燃料元件（ATF）、环形燃料元件、MOX 燃料元件等研发和考验，加快推进大型商用后处理厂关键技术攻关。

(6) 推进核能产业与信息技术的深度融合

推进核能产业在设计、装备制造、工程建设、运行管理、退役、核燃料加工制造、后处理等领域与人工智能、机器人、大数据、5G、区块链等信息技术深度融合，促进核能全产业链转型升级，提高管理效率和全员劳动生产率，降低成本，提升核能产业核心竞争力。

3. 建立稳定的天然铀供应保障体系

(1) 建立两个“三位一体”的天然铀供应保障体系

坚持“立足国内，开发国外”和“国内多探，国外多采”的方针，一是建立铀资源保障体系，包括国内资源开发、海外资源开发、国际铀产品贸易；二是建立天然铀产品储备体系，包括国家储备、企业集团储备与核电厂储备。实现“两个体系”互为支撑，保障我国天然铀的稳定、安全、可靠供应。加大天然铀的储备力度，研究明确天然铀储备体系、各储备端规划目标与储备库布局、运作体制、管理办法、监督检查、资源保障等措施。

（2）加大国内铀资源勘查开发及开放力度

国内铀矿勘查布局以北方砂岩型铀矿为主攻目标，兼顾南方重点硬岩型铀矿，扩大铀资源探明储量；加快千吨级可地浸砂岩型铀矿生产基地建设；进一步扩大铀资源领域开放，创新铀矿矿业权流转机制，允许按规定实行矿业权的有偿使用和流转。

（3）支持天然铀海外开发

鼓励有能力的企业“走出去”，利用多种方式参与国外铀资源开发，掌控更多的海外经济可采铀资源和铀产品份额。“十四五”期间，制定海外天然铀开发管理办法，加大财政、金融、税收多领域的配套支持政策。

4. 优化核燃料加工产业布局，完善产业政策

（1）优化核燃料加工产业布局

要充分发挥核燃料生产老基地的作用和能力，满足核电发展需求；采用多元化的投资方式，全国适时建立一套国内核燃料生产体系；按照市场化原则，建设核燃料运输的商业物流体系，确保核燃料加工各环节产品运输及时、安全、可靠。

（2）逐步推动核燃料价格与国际市场接轨

“十四五”期间要进一步完善核燃料产业政策，逐步形成核燃料一套体系、投资主体多元化、运行管理专业化、经营管理市场化的运营机制，加快改革力度，缩短管理链条，逐步推动核燃料价格和核算机制与国际市场接轨。

5. 推进核燃料循环后段产业体系建设与能力布局

（1）加快推进乏燃料公、海、铁联运体系建设

积极推进乏燃料公、海、铁联运及相关配套辅助设施等体系建设，加快形成乏燃料公、海、铁联运体系，满足不断增长的乏燃料运输需求。

（2）统筹布局乏燃料的离堆贮存设施建设

为解决乏燃料快速增长和后处理能力相对滞后的矛盾，要统筹核电厂乏燃料离堆贮存能力建设，同时在建设后处理厂配套水池的基础上，适时补充建设干式贮存设施及其他乏燃料贮存水池，满足乏燃料离堆贮存的需求。

（3）积极推进乏燃料后处理和再循环产业发展

按照从易到难、由小到大的思路，加强核燃料循环后段科技自主创新，在掌握关键技术的基础上尽快形成自主能力；加快推进落实商用后处理厂选址工作，通过引进与自主研发相结合，掌握大型乏燃料后处理及再循环工程的标准设计技术；按照产业化的要求，开展大型乏燃料后处理和商用 MOX 元件生产线一体化工程建设，促进核燃料循环经济发展。

（4）推进核电站放射性废物的区域处置和集中处置

2025 年前积极推进沿海规划低放废物处置场的场址落实及建设工作，先期建成甘肃金塔低放废物处置场；2030 年前建成深地质处置地下实验室，开展现场试验和技术开发工作；2030 年前建成中等深度中放废物处置库，2035 年左右启动我国高放废物深地质处置库建设。

6. 加强核安全保障、管理与监管

(1) 加大安全投入，提高核设施本质安全度

在核设施建设的过程中，要加大安全投入，提高核设施本质安全。对在运的核电机组，特别是对那些运行寿期过半的机组，加强老化管理。建立健全高温气冷堆、快堆、多用途小型反应堆的设计、建造、运行安全分析与评价的相关核安全法规、导则。

(2) 加强核安全管理与监管

进一步明确和强化核行业主管部门的核安全管理责任，将核安全要求作为制定相关产业和行业发展决策的重要依据。进一步增强核安全监管部门的独立性、权威性、有效性，要按照核电机组数量或发展规模，配置适当数量的监管人员，要加强在运核电厂、工程建造现场和核级设备制造厂等一线监管力量，保证能充分履行核安全监管职责。进一步加强核应急技术支持，健全核应急救援体系，推动核安保能力整体提升。

7. 完善核能法律法规体系，营造良好的政策与发展环境

(1) 完善核能法规体系

贯彻落实习近平总书记关于完善涉核法规体系的批示，积极推进原子能法、核损害赔偿法、放射性废物管理法、核电管理条例、乏燃料管理条例、核安保条例等立法工作。研究制定核电及相关配套设施厂址保护制度，积极推进核能全产业链标准体系研究，发挥国家标准、行业标准、团体标准互补优势，形成完整的核能产业标准规范。

(2) 维持适度竞争的核电健康发展市场环境

核电具有可再生清洁能源的类似属性，国家应明确所有核电项目均享受可再生能源相应电量消纳政策，确保核电承担基本发电负荷的调度地位始终得到保证，以保证核燃料资源得到充分利用。考虑核电建设周期长、一次性投资大、运行寿命长等特点，在核电还贷期内适当控制市场交易电量比例，确保核电厂的还本付息能力。采取有效措施遏制核电建设领域恶性低价竞争，进一步研究完善核电上网电价机制，扩大核电电量消纳的区域范围等，以促进资源充分利用与核电健康发展。

(3) 完善财政、金融、税收政策和补偿机制

进一步完善核设施建设和运行的税收、金融信贷和建设用地等配套政策，研究建立支持当地经济发展的税收分配、融合发展等相关的政策与机制。

(4) 加大信息公开力度，做好公众沟通工作

加大涉核项目前期、建设和运行的信息公开力度，依法落实公众参与，保证公众的知情权、参与权和监督权，有效开展科普宣传与公众沟通，提高公众对核能事业的了解、参与和接受度，更好赢得公众对核能项目的支持。

8. 提升市场竞争意识，降低建设与运行成本

核电业企业要加强核电参与电力市场改革的意识与营销方式的研究，要将电力市场竞争压力有效地传导到核电站选址设计、工程建设、运营管理、核燃料供应等各个环节。核电投资主体应依据核电厂所在区域经济发展、电力需求、电源结构、市场价格等因素变化，合理有效地降低项目建设、燃料供应与运维成本，以适应电力市场改革的要求。

# 第三节 核能产业的特征

## 一、安全性

核电厂使用特殊的核燃料，也就必然存在一种火电厂少有的潜在危害——电离辐射，这也是为什么核电厂需要辐射防护和应急的原因。早在100多年以前，法国物理学家贝克勒尔发现铀化学物质能使放在附近的照相底片感光，后来认识到这个现象是由于铀发射出某种肉眼看不见的、穿透力相当强的射线造成的。随后的10多年里，多位科学家通过实验证实了某些天然核素的原子是不稳定的，它们能自发地转变成另一种核素的原子，并发射出某种光射线或粒子。

人们把不稳定核素放出射线的这种特性叫作放射性。原子序数从84起向上的所有元素都是不稳定的，具有天然放对性。而原子序数小于84的元素主要以稳定的同位素存在，只有少量的某些同位素是不稳定的。人们把不稳定核素自发地转变成另一种核素的转变过程称为放射性衰变或蜕变，凡具有放射性的核素，称为放射性核素。这些核素的放射性衰变（或蜕变）过程，又称为核衰变。放射性核素衰变时都会因核结构的变化而发射出某些射线或粒子，这就是所谓的核辐射（严格地说为电离辐射，以区别非电离辐射，如微波、紫外线、红外线等），辐射除来源于不稳定核素外，还有其他来源，如X射线机（在医院的胸透、拍片中都会用到）、宇宙射线等。核衰变主要发射出3种类型的核辐射，即α粒子、β粒子和γ射线，因此，核衰变也分为α衰变、β衰变和γ衰变。

核衰变是放射性核素所具有的特征。衰变的速度（衰变率）由它本身的核特性决定，不受外界因素（如温度、压力、电磁场等）的影响，也不随核素的物理、化学状态的变化而改变。核电厂常见的辐射类型除包括α、β和γ三种核辐射外，在核电厂还有另一种重要的辐射（中子辐射）。α、β和γ三种核辐射主要来源于堆芯燃料核裂变反应的裂变产物以及由其产生的活化产物。中子不是由衰变产生的，而主要是由核反应产生的。核电厂中子辐射的产生机制为：（1）反应堆运行时，来自反应堆堆芯的中子，这些中子是由堆芯核燃料重同位素的裂变核反应产生的；（2）来自从反应堆卸出的用过核燃料（乏燃料）的中子，这些中子中的一部分是由乏燃料所含钚（Pu）、镅（Am）、锔（Cm）等重同位素的自发裂变产生的，另一部分是由Pu、Am、Cm等重同位素发射的粒子射在乏燃料所含氧元素核上发生（α，n）核反应产生的。虽然核电厂存在辐射风险，但其正常运行期间的辐射危害是可以忽略不计的。

核电厂主要由核岛（主要包括反应堆、蒸汽发生器）、常规岛（主要包括汽轮机、发电机）和配套设施组成。而核电厂与一般电厂的区别主要在于核岛里的反应堆，有人称它为原子炉，其工艺技术复杂，与众不同。为了防止放射性物质的泄露，核电厂在设计时采用了多道屏障，层层封隔，纵深防御。例如，反应堆有三道屏障：第一道屏障为燃料元件包壳，它能够把核燃料裂变产生的放射性物质密封起来；第二道屏障为压力容器（反应堆冷却剂压力边界），设计中有特殊措施防止一回路水泄露；第三道屏障为安全壳，能承受极限事故的内压、温度剧增和自然灾害等。通过这三道屏障，可保障放射性物质不会泄露到周围环境中去。除此之外，反应堆还依托一系列技术保障措施，可靠地控制着反应性。一旦发生系统故障，电脑不仅自动报警，而且还会显示排除故障程序，负责人员只要按照电脑指令排除故障即可。

我国自行设计建造的秦山核电厂 10 多年的运行实践和经验再一次证明，核电是安全的工业。即使万一发生重大事故，核电厂也有严密可靠的防护保障系统和应急措施，保证放射性物质不会释放到环境中，因此，核电对公众和环境的影响是很小的。

苏联的切尔诺贝利事故并不能改变“核能是安全的能源”这一结论。作为核电历史上发生的一次最大的事故，切尔诺贝利核电事故是在特定堆型和条件下发生的。由于反应堆在设计上就存在安全性缺陷，加之操作人员的安全文化素养等因素，造成了灾难性事故的发生。美国三哩岛事故中，堆芯被严重破坏，由于安全壳的良好密封性和屏蔽作用，只有微量的放射性核素释放到环境中，且附近居民受到的最大个人剂量不到 1 mSv，只与做一次 X 光胸部透视所受剂量差不多。此后，人们吸取了事故的教训，不断地改进核电厂的安全性。20 年来，核电厂的安全性有了明显的提高。核能发展方兴未艾，新一代的反应堆，将比现有反应堆的安全性更高。

我国和世界发展核电的实践表明，核电放射性废物的管理是安全的。核电产生的放射性废物没有发生过一次对环境产生明显影响的事故。我国在发展核电的初期就制定了严格的放射性废物管理政策，制定了《辐射防护规定》和《放射性废物管理》等标准，国务院发布了《中低放废物处置的方针与政策》等规章。为了阻止或减少放射性物质向环境释放，保护环境、保障公众的健康，核电厂设置了一套完善的“三废”处理系统。

废气经高效过滤后高空排放，向环境中排放的气体放射性远远低于允许排放的标准；废水处理采用化学处理、蒸发浓缩、净化等方法进行特殊处理后达标排放。经过特殊处理的放射性废气、废液在排放前还必须经过严格的监测，必须严格执行国家的排放标准。为了掌握排放对空气和环境污染的情况，核设施周围设置了许多监测点，一直进行着严密监测。放射性固体经过固化、焚烧，压缩运送到放射性废物贮存库并实施最终处置，保证这些放射性废物在其放射性消失以前与人类生活环境隔绝。核电厂在正常运行中，放射性“三废”经过特殊处理，向环境中的排放量是很少的，仅为允许排放量的 0.01%~50%，或者更少。因此，核电厂科学严格的三废治理措施可确保放射性物质的排放量低到微不足道的水平。

## 二、清洁性

火力发电厂在燃烧燃料时产生大量的灰尘和有毒有害物质，是引发酸雨和温室效应的主要原因。百万千瓦级的燃煤电厂每年要排放出近万吨的 $SO_2$ 和氮氧化物等有害气体及致癌物质，而且烟尘中还含有少量钍、镭等放射性物质。核电厂使用核燃料不排放这些有害物质，核电厂对环境的污染要比燃煤电厂小得多。而核电厂周围居民每年所受剂量大约只有天然本底的 1%，只相当于一次 X 光照射体检所接受的剂量，是毫无危险的。当然放射性废物的“后处理”是一个大难题，各国都非常重视，以确保妥善处理。

核能发电过程中，不释放常规化石能源发电产生的 $CO_2$、$SO_2$ 和 CO 等破坏环境的气体，尽管核电在发电过程中产生的废弃物及有害的辐射，但国际上一致认为，目前的技术处理手段可以使其在可以预见的时期内不会危害环境，使得核电与煤电等其他发电方式相比具有清洁无污染的特点（见表 2.2），具有很好的环境效益。从微观上看，核电经济性表现在发电成本和上网电价上，核电的电价已经具备与火电竞争的优势，远胜于其他发电形式。

**表 2.2　不同发电类型电厂对环境的影响指标**

| 电厂类型 | 周围居民受到辐射剂量/(mSv/a) | 需要燃料/(t/a) | 采矿面积/($m^2$·a) | $SO_2$ 排放量/(万 t/a) | 氮氧化物排放量/(万 t/a) | 烟尘/(t/a) | $CO_2$ 排放量/(万 t/a) |
|---|---|---|---|---|---|---|---|
| 100 万千瓦级燃煤电厂 | 0.048 | 300 万 t 煤 | 806 707 | 2.6 | 1.4 | 3500 | 600 |
| 100 万千瓦级核电厂 | 0.018 | 30 t 核燃料 | 20 001 | 0 | 0 | 0 | 0 |

燃煤电厂日益增长的二氧化碳排放量，也使发展核电等绿色新能源成为我国必然选择。一个 100 万千瓦级的核电厂，与同等规模的火电厂相比，每年可减排二氧化碳 600 万 t。发展核电不仅能解决电力供求问题，而且能调整能源结构，减少碳排放，是我国应对气候变化的重要选择之一。与燃煤发电相比，2020 年我国核能发电相当于减少燃烧标准煤 10 474.19 万 t，减少排放二氧化碳 27 442.38 万 t、二氧化硫 89.03 万 t、氮氧化物 77.51 万 t，相当于造林 77.14 万 $hm^2$。10 年来，核电发电量持续增长，为保障电力供应安全和节能减排作出了重要贡献（数据来源：央视网，2021 年 4 月 14 日）。

人类生活在天然放射性环境中，直接面对 3 个方面的放射性：宇宙射线、地面和建筑物中的放射性及人体内部的放射性。空气、食物、水中的辐射照射剂量约为 0.25 mSv/a；甚至戴夜光表每年有 0.02 mSv 的辐照；乘飞机旅行 2000 km 约 0.01 mSv；每天抽 20 支烟，一年有 0.5~1 mSv；一次 X 光检查有0.1 mSv等。核电给人们带来的放射性呢？秦山地区居民的天然放射性本底是0.24 mSv/a，而一座百万级核电厂周围的居民最多接受的放射性为 0.048 mSv/a。与每天抽一支香烟的剂量相当。核电厂有放射性物质排放，但火电厂排放的放射性物质一点也不比核电厂少，有的还大大高于一般的核电厂。秦山和大亚湾的核电厂运行十多年来，没有对周边环境造成任何放射性影响。核电在世界上发展已有近 70 年的历史，积累了 10 000 多堆 · 年的运行经验。核电发展的历史证明，核电是清洁、安全的能源。

## 三、成熟性

自从人类发现铀裂变可释放出巨大能量以来，经过半个多世纪工程技术实践的充分检验，人们已经深刻认识到核电是一种安全、清洁、经济、高效的能源。积极发展核电是实现能源及电力可持续发展的必然选择。核能发电分为两种：一种是通过一些重原子核裂变释放出的能量，即核裂变能发电，现已达到工业应用的规模；另一种是核聚变能，是由两个轻原子核结合在一起释放出的能量，目前只实现了军用，即制造氢弹。通过有控制地缓慢释放核聚变能，达到大规模和平利用的受控热核反应，迄今尚未实现工业化应用。核能反应堆按照中子能谱可分为热中子堆和快中子堆，也可以根据冷却剂的不同（水冷、气冷或液态金属冷却）和慢化剂类型不同（轻水、重水或石墨）来划分。

从苏联建成第一座核电厂至今，世界核电得到了迅速发展。特别是20世纪70年代后，核电技术的成熟和中东战争引发的石油危机，更促成了核电发展的高潮。根据国际原子能机构统计，截至2021年5月13日，全世界共有443台核电机组正在运行，核电总装机容量达到近393 068 MW，另有52座反应堆在建。经过多年的发展，西方国家的核电发展总体平缓，近期和远期核电的发展将主要集中在亚洲，在建的反应堆中，33座在亚洲。但这并不是说西方国家在核能利用上已停步不前。事实上他们在大力发展核电新技术、积极开发新一代核电厂方面是非常活跃的，其中尤以美国为代表，不仅开发了第三代核电技术，而且还领导了第四代核电技术的研发。世界核电已经走过了早期原型反应堆、标准型商用核电厂反应堆、先进轻水堆等三代技术道路。第二代核能系统是指先进沸水堆、欧洲压水堆（EPR）和美国的先进压水堆（AP1000）。尤其从20世纪90年代开始，ABWR、EPR、AP600、AP1000等三代核电技术相继问世，累计超过13 000多个堆·年的运行实践证明，核电技术已经成熟，安全性能良好，经济上有较好的竞争力。

目前，全世界正式拥有核电厂的国家和地区有32个，而美国、法国和日本三国的核电厂数量就接近全世界核电厂总数的41.1%。一方面是由于核电厂建设需要巨额的资金投入；另一方面也说明核电技术是掌握在少数国家手里的高新技术。从一个侧面说明了西方发达国家的经济和技术能力。经过多年的发展与竞争，较成熟的核电技术大体已定型。在役运行的核电厂中有93.5%是水冷却型，其中压水堆约为68.2%，沸水堆约为14.2%，重水堆为11.1%，剩下6.5%为气体冷却反应堆、石墨慢化型水冷反应堆或是快中子增殖反应堆。商业应用最为广泛的主要有轻水堆、沸水堆和重水堆三种堆型。压水堆以高压轻水作为慢化剂和冷却剂，将核裂变产生的热量导出，通过蒸汽发生器将热量传给二回路并产生蒸汽推动汽轮机发电，是现有核电厂采用最多的一种堆型。沸水堆是用沸腾轻水做慢化剂和冷却剂，但它不设置蒸汽发生器，一回路冷却剂直接在反应推中将裂变产生的热量导出并转换为蒸汽送至汽轮机发电，因蒸汽直接从堆中产生，因此有一定放射性，对汽轮机设计、运行、维修有较高要求。重水堆利用重水做慢化剂和冷却剂，同样在蒸汽发生器中产生蒸汽推动汽轮机发电。由于重水本身成本较高，使重水堆的推广应用受到一定限制。

自从20世纪50年代核电厂诞生以来，世界核电建设经历了3个阶段：实验示范阶段（1965年以前）、高速推广阶段（1966—1980年）和滞缓发展阶段（1981—2005年）。开发了三代核反应堆：第一代反应堆以原型堆的形式在20世纪五六十年代投入应用；第二代反应堆以大型商业化核电厂的形式在70年代出现并运行至今，包括美国、欧洲和日本的压水堆（PWR）与沸水堆（BWR）以及俄罗斯的轻水堆（VVEP）和加拿大开发的坎杜重水堆（CANDU），第二代反应堆已经在经济和环境等方面验证了核电的安全性能和竞争力；第三代反应堆发展于90年代，包括有美国研发的先进沸水堆（ABWR）、改进式先进压水堆（System 80+）和非能动先进压水堆（AP1000），以及法国推出的欧洲先进压水堆（EPR）。第三代反应堆将安全作为首要参考因素，主要目标是进一步提高第二代反应堆的安全性和经济性，对这些机组的改进主要是从提高安全性，改善经济性、发挥机组设计裕量，提高额定功率、延长机组寿期三方面着手进行。

通过这些改进，核电机组的可利用率从70年代初的60%左右提高到了约90%，寿命由40年延长到了60年，延寿后的发电成本降低至1188美分/（kW·h）。此外，第四代反应堆的研究工作也已经逐步展开，这一代反应堆是未来的革命性反应堆系统，反应堆和燃料循环都将有重大革新和发展。世界上主要的核能比较发达国家早已开始第四代核电技术的研究和实验，这些技术主要包括 3 种快中子堆和 3 种热中子堆。3 种快中子堆是：带有先进燃料循环的钠冷快堆（SFR，Sodium-cooled Fast Reactor）、铅冷快堆（LFR，Lead-cooled Fast Reactor）和气冷快堆（GFR，Gas-cooled Fast Reactor），3 种热中子堆：超临界水冷堆（SCWR，Supercritical Water-cooled Reactor）、超高温气冷堆（VHTR，Very-high-temperature Gas-cooled Reactor）和熔盐堆（MSR，Molten Salt Reactor）。

这些设计特点都改进了经济性，增强了安全性，使废物量最小化和防止核扩散燃料循环。与此同时，也积极开展可控核聚变利用研究，核聚变能是几乎无穷无尽、安全和无放射性的能源。全世界大体上以 3 种技术路线探索了受控核聚变的应用，即以托卡马克为代表的磁约束核聚变，以激光聚变为代表的惯性约束核聚变和以负 μ 介子连续催化聚变为代表的冷聚变。迄今磁约束核聚变研究最多，大大领先其他途径，一系列实验设备的研发使得这项技术取得了相当可观的进步。美国、日本、欧盟的大型托卡马克在短脉冲（数秒）运行条件下，取得了许多重要成果：等离子体温度达 414 亿度，脉冲聚变输出功率超过 16 MW，能量增益因子 $Q$（输出功率与输入功率之比）超过 11.25，表征聚变反应率最重要参数（聚变三乘积）已达到 $11.5\times10^{21}$ keV/（$m^3$ · s），离聚变堆的要求仅差 10 余倍，人类已经看到了实现聚变能源的曙光。随着聚变物理学、技术和材料的不断发展，核聚变发电成本将在接下来的几十年内得到进一步的优化。第一个接近商业化规模的试验反应堆——国际热核聚变实验堆（ITER）项目是一个包括了中国、欧盟、印度、日本、韩国、俄罗斯和美国在内的国际合作项目。依照核聚变项目的规划图，ITER 将花大约 10 年时间建造并且运行 20 年左右。ITER 将会产生高达 500 MW净热功率输出，从几百秒的持续脉冲直到稳定的运行。核能利用是解决能源问题的必由之路，它在能源中所占的比例将逐步加大，从而改善能源结构，并有希望在将来彻底解决人类对能源的需求。

我国核电技术装备自主化水平已显著提高，百万千瓦级压水堆核电厂关键设备的设计制造已基本实现国产。通过大规模的技术改造，我国已经形成了世界一流的核电装备研发制造基地，可为未来 20 年中国核电发展提供可靠的设备保障。我国已明确第三代核电堆型 AP1000 为推广建设的主力堆型。AP1000 通过独特的非能动安全系统设计，使反应堆设计更加简单，堆芯损毁概率可忽略不计，提高了核电厂的安全性和可靠性；实行模块化设计与建造，有利于提高核电厂建造质量和标准化程度；配备行业最先进的全数字化仪表和控制系统，使核电厂的运营更加简便。

## 四、经济性

2010 年 3 月，国际能源署与经合组织下属的核能机构（NEA）联合发布了一个名为《发电成本预期（2010 年版）的报告》。这份报告被认为是迄今为止对发电成本给出的最权威和最详尽的说法。IEA 联手 NEA 召集了来自 28 个国家的 50 多名科学家，对 21 个国家的 190 座电厂进行了研究比较。这些电厂样本中有 34 座是没有采取脱硫脱碳的燃煤电站，14 座为应用该技术的燃煤电站，还有 27 座天然气电站，20 座核电厂，18 个陆上风电场，8 个近海风电厂，14 座水电厂，17 座太阳能光伏电厂，20 座热电联产电厂及 18 座采用其他燃料和技术的电厂。该报告同时参考了我国 20 座在建电厂的相关数据。报告指出，当贴现率为5%时，需要大量投资的核电就优于煤电，成为最有竞争力的发电模式。当贴现率设定为10%时，燃煤电厂就是最经济的选择。一般情况下，5%的贴现率反映了在受到监管的市场环境中可以接受的风险；而10%的贴现率更多地体现了在一个开放的市场环境中可以接受的风险。报告显示，即使在贴现率为10%的情况下，亚太地区的核电平均成本仍要比风电低1/2左右。

核电是具有良好经济性、可规模化发展的重要绿色能源。综合考虑各种固定投资、燃料成本和运行费用等因素，我国煤电机组发电成本最低；核电发电成本其次，略低于负荷中心煤电机组发电成本。燃料成本较低是核电在全球范围内得到大规模商业化应用和推广的关键推动因素之一。一座双机组的百万千瓦级核电厂正常情况下每年的燃料消耗量（以金属铀计）仅约50 t。从发电成本看，以国内目前在建的二代加改进型机组为例，预期的换料成本约65元/（MW·h），即便再加上后端的乏燃料后处理费用约30元/（MW·h），其成本也仅为约95元/（MW·h）；而沿海地区同期建设的百万千瓦级燃煤电站的燃料成本约250元/（MW·h）。但一座同等规模的火电站每年要烧煤260万t标煤，平均每天要运煤近7000 t，而且还会排放600万t二氧化碳和7万t二氧化硫。虽然核电的一次性投资较大、建设周期较长，但是它的燃料费和运行费却很低，核电的长期成本要低于煤电，具有市场竞争优势。如果同时考虑因污染而产生的外部成本，核电的竞争优势则更为强劲。考虑未来水电开发多位于偏远地区，加上生态环境、移民等社会生态以及输电成本等因素，水电成本接近或略高于负荷中心煤电成本。天然气等发电成本远高于煤电、核电和水电，风电、太阳能、生物质能等新能源的单位能量输出需要大量的材料和劳动，需要相当大的收集系统和储存系统。

核电具有独特的后端成本。从核电厂反应堆堆芯中卸出来的乏燃料具有强放射性，因此，乏燃料的贮存、运输和处理都须有严格的监管措施。核电厂作为民用核设施，运行专业化的退役处理。从经济性角度看，目前国内的核电项目发电成本中乏燃料后处理费和退役基金都单独计列，乏燃料后处理费约30元/（MW·h），退役基金约7元/（MW·h）。

由于我国核电建设管理模式的不断进步，成熟堆型的系列化建造效应以及核电相关设备的自主化进展，在我国建造核电厂的单位投资呈逐渐下降的趋势。大亚湾核电站和岭澳核电站均属于M310堆型，岭澳二期核电厂属于CPR1000堆型，广东大亚湾核电厂为成套进口设备、准交钥匙建设模式，建成价单位投资为2000美元/kW。后来的岭澳核电厂实现国产化率30%，单位投资1800美元/kW，比大亚湾核电厂下降了10%。采用二代加改进技术的岭澳核电厂二期，建成价单位投资预期在岭澳核电厂的基础上继续下降15%以上，达到1500美元/kW的水平。

从技术类型而言，秦山第二核电厂、秦山第二核电厂扩建基本上仍属于M310堆型系列（是在M310基础上减去一个环路）。秦山第二核电站按“以我为主，中外合作”的模式建设，实现国产化率55%，单位投资1330美元/（kW·h），比大亚湾核电厂低37.8%。这主要得益于建造自主化、采购自主化，同时也体现了成熟堆型系列化建造的效应。

迄今为止，我国核电建设还处于起步阶段。随着后续大批核电厂的开工建设，核电设备开始形成批量规模，转入批量规模发展阶段，核电的经济性将随着核电建设的批量化、规模化和国产化而有较大提高，核电正在显示出其强劲的竞争力，将会给社会发展提供更多清洁的、更加经济的电力。

## 第四节　核能产业的地位和作用

### 一、核能产业的地位

在19世纪产业革命之前，人类能源消耗的增长相当缓慢。产业革命以来，由于经济的发展，能源耗量也迅速增长。近100年，世界能耗增长了20倍。20世纪50年代，世界能源年耗量为26亿t标准煤，至80年代初已超过年耗量100亿t标准煤；预计到21世纪初将达200亿t标准煤。但是，迄今为止，世界耗能的85%均来自燃烧煤、石油、天然气等有机燃料。大量燃烧有机燃料所产生的二氧化硫、二氧化碳、氧化亚氮和烟灰等物质，给人们带来深为忧虑的环境影响问题。而且，有机燃料日益增长的消耗量，使它们在地球上的储量日益面临枯竭，人类已经面临选择后续替代能源的问题。

自然界中，除有机燃料外，核能、水力、风力、太阳能、地热、潮汐能也都是可利用的能源。水力是无污染的能源，应充分开发使用，但水力资源终究有限，且受地理条件限制。水力发电量又随季节变化很大，故光靠水力替代不了有机燃料，满足不了日益增长的能源需求。风力、太阳能、地热、潮汐能等，都因受多种条件的限制，只能在一定条件下有限开发，很难大量使用。多种预测资料表明，即使做较乐观的估计，到22世纪，上述这几种能源中每种在能源总耗量中的比例，都很难超过1%。现在，技术上已较成熟，且能大规模开发使用的，唯有核能。目前，世界上正在运行发电的核电机组已有443座，总电功率为393 068 MW，核电占世界总发电量的16%，法国核电占全国总电量的比例已达70.6%。故从人类对能源要求的前景来看，发展核能将是必由之路。这是因为核能有其无法取代的优点。

核能是高度浓集的能源。1 t金属铀裂变所产生的能量，相当于270万t标准煤。按照地球上有机燃料的储量和人类耗能的情况来估算，地球上煤的储量大概还过200多年即将耗尽，石油则只够用三四十年，人类已经面临如何选择后续能源的问题。地球上已探明的核裂变燃料，即铀矿和钍矿资源，按其所含能量计算，相当于有机燃料的20倍，只要及时开发利用，便有能力替代和后续有机燃料。更进一步说，地球上还存在大量的聚变核燃料氘，能通过聚变反应产生核能。1 t氘聚变产生的能量相当于1100万t标准煤。氘即重水中的“重氢”，普通水中有1/7000为重水，故地球上存在约40万亿t氘。所以聚变反应堆成功以后，能源真可谓取之不尽，用之不竭，人类将不再为能源问题所困扰了。

大量燃烧有机燃料的后果是相当严重的。燃烧后排出大量的二氧化硫、二氧化碳、氧化亚氮等气体，不仅直接危害人体健康和农作物生长，还导致酸雨和大气层的“温室效应”，破坏生态平衡。核电站严格按照国际上公认的安全规范和卫生规范设计，对放射性三废，原则上是回收处理储存，不往环境排放。排往环境的只是处理回收后残余的一点尾水尾气，数量甚微。核电厂运行经验证明，它每发1000亿度电，放射性排放总剂量约1.2 μSv，而烧煤电站的灰渣中，也有放射性物质，其总剂量约为每发1000亿度电3.5 μSv。即使仅从放射性排放角度看，核电也比火电小，国家环保局等对秦山核电站和上海地区航空放射性监测和综合调查表明，秦山核电站对周围环境实际上没有影响。

核电的经济性优于火电。电厂每度电的成本是由建造折旧费、燃料费和运行费这3部分组成，其中主要是建造折旧费和燃料费。核电厂由于特别考虑安全和质量，建造费高于火电厂，一般要高出30%~50%，但燃料费则比火电厂低得多，火电厂的燃料费占发电成本的40%~60%，而核电厂的燃料费则只占20%~30%。国外和我国台湾地区的经验证明，总的算起来，核电厂的发电成本要比火电厂低15%~30%。

以核燃料代替煤和石油，有利于资源的合理利用。煤和石油都是化学工业和纺织工业的宝贵原料，能用它们创造出多种产品。它们在地球上的蕴藏量是很有限的，作为原料，它们要比仅作为燃料的价值高得多。所以，从合理利用资源的角度来说，也应逐步以核燃料代替有机燃料。总之，核能的优点终将为人们所确认。它的利用是解决能源问题必由之路。可以预见，在22世纪，它在能源中的比例必将逐步加大，从而改善能源结构，并将彻底解决人类对能源的需求。

## 二、核能产业的作用

发展核电可以满足电力需求、优化能源结构、保障能源安全，是促进经济持续发展的重大战略举措。核电作为一种清洁能源，技术已经成熟，安全可靠性得到了实践验证，供应能力较强，已成为国家能源电力战略的重要组成部分。加快核电发展，发挥核电在电力供应中的更大作用，是国家电力发展的必然选择，是满足经济和社会发展的重要保障。

发展核电是减少环境污染，实现经济和生态环境协调发展的有效途径。一座百万千瓦级的燃煤电厂，每年产生二氧化碳650万t、二氧化硫1700 t、氮氧化物400 t，还有大量的灰尘、固体颗粒等。核电不排放硫氧化物、氮氧化物和温室气体。2020年，全世界核发电量相应减少了89万t的二氧化硫排放。大规模发展核电，对于保护生态环境，促进能源与经济社会的可持续发展，将起到更加重要的作用。

发展核电是寓军于民、促进核科技工业发展、保持和提高国家核威慑力的主要手段。核科学技术是现代科学技术的重要组成部分，是国家科技实力的重要标志。核科技工业是国防建设的重要基石，是国家安全的重要保障，核战略是无可替代的最重要的国家战略。在和平时期特别是在禁产禁试的形势下，能够替代核武器研制生产又能完整保留一支与核大国相适应的核科技力量是非常重要的，有效的办法就是发展核电。自主地、较大规模地发展核电，有利于维护核科技工业体系的完整性，带动和促进整个核工业产业的发展，从而进一步增强国家的核威慑力量，实现核战略目标。

发展核电是促进装备制造业产业升级的重要措施。核电是高技术密集的产业，核电发展涉及材料、冶金、化工、机械、电子、仪器制造等众多行业。核电的特殊性对这些行业提出了高技术水准的要求。发展核电，有利于推动这些行业的技术改进，提高技术水平和管理水平。一座百万千瓦双堆核电厂，按比投资1500美元/kW计算，造价即达30亿美元，约合人民币250亿元。推进核电建设的自主化、本土化，有利于为国家装备制造业提供较大市场，促进整个国民经济的发展。

发展核电符合世界能源利用的趋势。世界核电发展已经走过半个世纪的历程。截至2021年5月，全世界共有443台核电机组在运行，装机容量达到3.93亿kW。核电占全世界发电总量已经连续17年稳定在16%左右。2020年有12个国家的核电比例在25%以上。核电在发达国家的电力供应中的比例，法国为70.6%，韩国为26.2%，英国

15.6%，美国19.7%，俄罗斯为19.7%。进入21世纪以来，美国公布了新的能源政策，支持核电发展，并将核电作为国家能源政策重要组成部分。俄罗斯2000年批准的核能发展战略，规划建设一批更大容量的压水堆和新型快堆机组，计划在2020年前建造40台核电机组。亚洲地区的日本、韩国和印度都有宏伟的核电发展计划。英国能源政策也发生了重大改变，计划重新发展核电。德国等西欧某些国家停止发展核电后，出现了一些深层次难以解决的问题，正在重新考虑核能发展的政策。从世界核电发展趋势看，新的核电技术正向着更安全、更经济的方向发展。西方国家开发先进核电技术的工作一直没有停止过，目前正在开发第四代核电反应堆。

作为一种成熟的低碳能源，核电在实现大幅削减二氧化碳排放以及确保可靠和经济的能源供应中能够发挥至关重要的作用。在国际能源署蓝图（该蓝图模拟了将与能源相关的二氧化碳排放量降低50%这一情景）的有关未来能源发展的各种预期情景中，核能均将发挥重要作用。在国际能源署的蓝图情景中，到2050年，核电总装机容量可达1200 GWe，提供全球约24%的电力。实现上述目标的前提是核电装机容量出现大增长，就像20世纪70—80年代第一次核电大扩张一样。

从该蓝图或有关核能发展的其他预期情景中可以明确看出，如果核电到2050年能够提供全球电力供应的约1/4，核能将对未来削减二氧化碳排放做出重大贡献。若要实现到2050年削减90%以上由电力生产产生的二氧化碳排放量，除核能大幅增长外，还需要可再生能源实现更快速的增长，化石燃料电站大规模引进碳捕获和贮存技术，以及能源效率得到大幅提高。

## 第五节　核能发展战略概述

战略核力量是保持大国国际地位的基石，核科技工业是战略核力量建设的物质和技术基础。在新的历史时期，持续推进核科技工业“科技体系先进化、产业发展全球化、治理能力现代化”发展，对持续提升大国国际地位具有不可替代的作用。

### 一、核能发展战略的概念

#### （一）关于核电发展战略目标问题

按目前已形成的核电发展条件预测，2021—2035年每年核准建设6~8台核电机组，2035年达到1.5亿~1.8亿kW（在运1.5亿kW，在建3000万kW）。按照需求占比法测算，根据国家“两个一百年”发展目标和兑现非化石能源消费目标承诺，从电力需求的角度看，受环境空间、资源条件、电力系统等多种因素制约，预计2035年电源装机规模将达35亿~41亿kW。其中，煤电装机11亿~12亿kW，常规水电4.5亿kW左右，风电、太阳能发电装机各可达5亿~6亿kW。要实现非化石能源消费目标，考虑到2030年左右我国煤电将达峰值，随后缓慢下降等情况，2035年煤电和非煤电发电量各占50%，需要规模发展核电，使得核电发电占比达到10%左右，占一次能源消费的5%。若考虑2035年煤电降至38%，非化石能源发电量56%的加速转型情景，2035年的核电占比要提高到12.3%。

当前，我国三代核电的安全要求更高、投资大、建设工期长，特别是投资效益及经济性已成为阻碍我国核电发展的重要因素。目前在建核电项目已更替到以 AP1000、EPR、“华龙一号”为代表的第三代核电技术。不同代际、不同技术路线的核电建设成本差异较大，我国新建核电（M310 机组）单位千万静态投资大约在 10 000~14 000 元，第三代核电（AP1000、“华龙一号”）首堆单位千瓦投资约在 18 000 元，批量化、国产化后将力争控制在 15 000 元以内。要解决“核能投资要有效益”的问题，发挥核能产业政策的作用十分重要，而核能产业政策的生命力在于实施。要积极借鉴国际经验，在核电批量化、规模化建设中，从项目核准规范、核电技术改造更新、降低造价、提高安全运行能力等各方面采取应对措施，在积极推进核能产业供给体系不断优化、需求体系需要持续升级的同时，进一步推进核电投资多元化，完善核能产业发展开放的投融资体系建设。要在核电项目前期工作中，充分考虑市场因素，推动核能产业高质量发展和经济性持续提升。

### （二）关于核电参与电力市场交易

核竞争力问题随着我国经济和电力供求关系进入新常态，如何最大限度地保证核电多发满发、充分发挥大型清洁高效能源的作用，提高核电市场竞争能力，解决“核电发展要有市场”的问题，已成为核能产业发展需要解决的重要问题。

我国核电与其他形式电源在电力市场的竞争激烈，市场电量比例虽逐步上升，但我国部分地区的在运核电机组，仍然面临不同程度地被要求降负荷运行、核电设备利用小时数降低、上网电价下降等问题。

2020 年全国 49 台商运核电机组继续保持安全稳定运行，我国在运核电机组累计发电量为 3 662.43 亿 kW · h，占全国累计发电量的 4.94%，比 2019 年同期上升 5.02%。2020 年累计上网电量为 3 428.54 亿 kW · h，比 2019 年同期上升了 4.89%。对比发现 2020 年我国核电发电量创新高，占比为近五年之最。

我国核电上网电价经历了“一厂一价”和“标杆上网电价”两个主要阶段。目前执行标杆上网电价机制，比较核电标杆上网电价与燃煤标杆上网电价，2017 年，有核省份中只有广东省的燃煤标杆上网电价高于核电标杆上网电价，辽宁、江苏、浙江、福建、山东、广西、海南等其他省份均低于核电标杆上网电价。

此外，影响我国核电经济性关键的因素，还有成本控制问题和国家支持核电发展的政策变化问题等。作为未来我国新增核电装机主力，目前三代核电的电价远高于水电、火电，接近风电、光伏等新能源。换言之，即使与新能源相比，核电也将不再具备价格竞争力，而将成为我国主要电源中最贵的品类。与此同时，目前和今后一段时间我国可能会面临核电经济政策局部调整的挑战。这些都给核电市场竞争及规模发展带来更大压力，也必将会影响到核电经济性的提高。

### （三）天然铀的供应保障机制问题

目前，我国许多地区，如内蒙古、新疆地区存在着铀、煤、油共（伴）生矿，存在矿业权重叠问题。现行的《矿产资源法》及相关法律并没有关于如何处理矿业权重叠的规定，这影响了我国天然铀等矿业的发展，也影响国家核能产业发展战略的落实。特别在内蒙古很多区块已具备铀资源的开发条件，且资源量较大，但由于矿权的问题没有得到妥善解决，资源得不到开发利用。“十一五”以来，由于各种原因，国内天然铀生产一直维持着每年××吨左右的产能。从 2015 年开始，国内核电运行及核燃料加工所需要的天然铀，全部依靠国外采购（部分国外生产）。从长远发展的角度看，我国核电规模不断增加，我们要掌握天然铀的供应保障的主动权，或者为了掌控市场和价格，国内天然铀产能必须要保持相当的比例。综合研究测算，到 2035 年国内天然铀供应占比至少要达到 20%（即产能要达到每年××吨规模），这是发展核电天然铀保障供应的基础。

近年来，中广核和中核集团在中亚和非洲地区已开发和拥有了部分铀资源，国家也储备了一定量的天然铀产品。2035 年前，随着我国核电快速发展对天然铀需求将急剧增加，考虑国内产能较低，国际天然铀市场价格较低和世界发展核电趋势等综合因素，我们应该未雨绸缪，建立两个"三位一体"的天然铀供应保障体系：一是铀资源开发保障体系，即国内铀资源开发、海外资源开发和国际贸易供应；二是天然铀产品储备体系，即国家储备、企业集团储备和核电厂储备。建立"两个体系"，国内已具备一定的基础和条件。两个体系互为支撑，相互结合，将成为我国抵御极端风险、应对紧急状态，保障天然铀稳定、安全、可靠供应的重要手段和平台。

### （四）进一步加强核能科技自主创新

解决核能产业发展不充分、不平衡等问题，从根本上讲还是要依靠创新。目前，我国核能科技创新体系和能力建设，与美国等发达国家依然存在较大差距，尚不能满足国内外市场发展和核电强国建设的需要和要求。特别是核电及相关配套产业部分关键材料、零部件和软件存在受制于人的风险。国内制造厂在关键零部件及设备上存在成品率不高，关键工艺不稳定等问题，批量化制造后质量依然存在不确定性，供货质量和进度仍存有潜在风险。

中美核能合作政策变化进一步放大了相关问题的影响，并可能会产生深远影响。2018 年 10 月 11 日，美国能源部发布和实施《美中民用核合作政策框架》（PF 2019—03）。该政策框架依据《联邦法规 10 章》810 条款对中国技术转让授权设置了明确的范围，包括民用核能技术、设备与零部件、材料三方面的内容，对我国民用核能合作实行新的禁令。2019 年 5 月 10 日，美国政府毫无征兆地悍然宣布，把 2000 亿美元中国输美产品加征的关税从 10%升至 25%，中美贸易战再次升级。鉴于中美贸易战升级及核能合作新政策及其可能受到的影响，需要高度重视和防范在核能产业发展中发生极端情况带来的影响和挑战，加快补齐短板，避免受制于人。

### （五）保障核安全底线

2014 年 4 月 15 日，习近平总书记在中央国家安全委员会第一次会议上首次提出了"总体国家安全观"概念，强调了国家安全的总体性，提出了"发展和安全并重、权利和义务并重、自主和协作并重、治标和治本并重"的中国核安全观，指出要秉持以发展求安全、以安全促发展的理念，坚持理性、协调、并进的核安全观，把核安全进程纳入我国核能与核技术应用事业健康持续发展轨道。我国运行核电机组一直保持良好的安全业绩，迄今未发生国际核事件分级 2 级及其以上的运行事件。多年的监测结果表明，我国核电厂周边环境辐射水平处于天然本底正常涨落范围内。

## 二、核能发展的战略

近年来，随着核电成为东南部沿海地区清洁能源的主力之一，促进了我国能源消费和生产结构向低碳化和清洁化演进。铀资源具有能量密度高、所需储存空间小、便于运输、管理和储存成本低等优点，且其化学性质稳定，能够长时间大量安全储存。利用国外铀比利用国外其他化石能源资源要安全、可靠。同时，由于今后一段时间，世界主要核电国家的核能发展需求相对低迷，为我国提高铀资源及核燃料保障能力和水平提供了良好契机。

当前，核电及核动力的开发应用在我国现代能源体系建设中已不可或缺。从中长期看，核能发展还可以向综合利用、多功能化拓展。核电热电联供技术和低温供热技术已有成熟的设计和试验，核能供热选址和工程示范工作陆续推进。核能作为替代能源，主要用于核能供热和电力供应。我国北方地区取暖季近年受雾霾困扰严重，利用核能开展清洁供暖成为解决突出环境问题的现实选择。低温供热堆可在多领域应用，除了居民供暖，还能应用在工业园区供热、偏远地区能源综合供应等，应该加快相关一线试点并逐步推行核能供热。

核能是我国清洁低碳、安全高效的现代能源体系建设的重要组成部分，可在保障国家能源安全、促进能源结构优化调整和向低碳转型升级，以及深化能源供给结构性改革等方面，担当起其应有的责任和使命。核能作为可大规模利用的替代能源，应明确其作为替代能源的地位。中长期看，核能作为替代能源，除了电力供应，还可以应用于核能供热、供汽以及制氢等领域，因此核能发展应向综合利用、多功能化方向拓展。

### （一）核科学技术创新是持续提升国际地位的战略基点

核科学技术是现代科学技术的重要组成部分，是国家综合国力的重要象征，对物理、化学、材料等行业的科技进步具有较强的带动作用。世界核强国十分重视核技术的发展和应用，凭借核技术展示国家的科技创新能力，提升本国在全球高技术领域的国际地位，美、俄等强国凭借其先进的核技术，已展开在海、陆、空、天四大疆域的战略竞争。我国必须将核科技创新摆在核工业发展全局的核心位置，抓重大、抓尖端、抓基本，形成推进核科技工业自主创新的强大合力，强化核基础科研和核应用技术研发，变发展的“追随者”为“领跑者”，以核工业的先进性领跑全球。

### （二）核电“走出去”是持续提升国际地位的战略抓手

核电项目具有投资规模大的特点，一个核电机组总投资额达百亿元，对本国经济具有较强的拉动作用。同时，核燃料具有专用性，往往随反应堆全周期配套出口。一旦核电机组出口成功，就意味着全周期的设计、建造、核燃料供应、检测检修、乏燃料管理、核电厂退役、废物处置等都离不开出口国的“影子”。俄、法、美等核电强国正是抓住了核电项目的这些特点，将核电出口作为重要外交手段。通过核电出口增进多边、双边国家的政治互信，以巩固提高我国的国际地位。

### （三）发展核能是持续提升国际地位的战略选择

发展核能产业有利于提高综合国力、推动自主创新、拉动科技和区域经济发展。核能是现代高科技密集型的国家战略性产业，涉及工业领域的技术发展基本代表了冶金、材料、机械、电子仪器等众多行业最复杂、最前沿技术，对开发设计、冶炼、铸造、热处理、精密制造等生产工艺有极高要求。

发展核能不但有利于实现自主创新能力的大幅提升，而且能有效带动高新技术产业整体发展，实现对传统产业的改造升级。特别是依托核能项目建设，大力发展核电装备制造业，实现技术和装备国产化、自主化，对于推动产业结构升级，培育和提升自主创新能力，转变工业发展方式具有重大意义。

在 2007 年 G20 气候变化峰会上，我国承诺以 2005 年单位 GDP 的二氧化碳排放强度为基准，2020 年碳强度至少减少 40%，在未来 6 年时间内，我国面临很大的减排压力。核能是非化石能源的主力能源，如果不发展核电，就很难兑现减排承诺。中国作为讲诚信的国家，通过发展核能等非化石能源，向国际社会兑现减排承诺，维护国家形象，提升了我国的国际地位。

### （四）参与核安全全球治理是持续提升国际地位的战略途径

核安全治理是全球治理的重要内容，核安全是全球性课题，各核大国在核安全的全球治理问题上，争相参与。例如，日本福岛核事故发生后，美国、法国等投入力量参与救援，展示了他们在全球核安全治理体系中的领先地位。我国作为世界经济大国及全球核能发展最快的国家，既有实力也有动力参与全球核安全治理，并以此为突破口，增强我国在全球核安全治理体系中的话语权，变国际规则的"遵循者"为"主导者"，提升我国的国际地位。

### （五）核能已成为国家生态文明建设的重要选择

按照国家生态文明建设战略部署，以及大气污染防治和应对气候变化目标及《巴黎协定》中已经承诺的减排目标，我国加快低碳清洁能源发展势在必行。然而，近年来随着清洁能源产业不断发展壮大，风电、光伏等装机和发电量比重快速提升，利用水平正逐步接近并部分超过国际公认的平均合理水平，风电、光伏发电的大规模集中并网，对电网的适应性和调频调压能力提出了更高要求。我国电力系统尚不完全适应更大规模波动性和随机性强的新能源快速接入。同时，面对国内资源环境制约日趋激化和应对气候变化减少 $CO_2$ 排放的双重挑战，考虑到后续水能、风能和太阳能等可再生能源开发的资源限制和生态环境制约，遵循能源电力绿色低碳发展要求，核能产业发展对于我国突破资源环境的瓶颈制约，保障能源安全，减少 $CO_2$ 排放，实现核能产业绿色低碳发展的不可替代作用，应该把核能作为推动绿色发展、建设美丽中国的重要选择，核能将在我国低碳清洁、安全高效的现代能源体系中扮演更加重要的角色。

核能是安全高效清洁能源，大力发展核能是优化能源结构、保障能源安全、促进经济高质量发展的重要战略举措。核的广泛应用以及国家政策和发展战略的支持为产业发展提供了有利的条件。

## 参考文献

[1] 占金美. 中国核电发展面临的机遇与挑战[J]. 科技致富向导，2011(29)：178-178.

[2] 马栩泉. 核能开发与应用[M]. 化学工业出版社, 2005.
[3] 奥斯本. 原子能在农业上的应用[M]. 原子能出版社, 1979.
[4] 段异兵. 世界核电产业的发展[J]. 中国高校科技, 2004, 000(10): 54-56.
[5] 王觉. 国外核电发展的概况与趋势[J]. 动力工程, 1993(1): 41-44, 62.
[6] 刘乙竹. 日本近期核能发展研究分析[J]. 全球科技经济瞭望, 2020, 35(6): 61-68.
[7] 邹树梁. 中国核电产业发展研究[M]. 原子能出版社, 2008.
[8] 郑明光. 推动核能高质量发展建设美丽中国[J]. 上海质量, 2019, 356(4): 20-23.
[9] 阮大伟. 核电——未来中国清洁能源之脊梁[M]. 原子能出版社, 2008.
[10] 欧阳予. 核能利用的意义及前景展望[J]. 世界科技研究与发展, 1998, 20(5): 28-31.
[11] 王政(译), 张焰(校). 核能在低碳能源末来中的作用[J]. 国外核新闻, 2012.
[12] 樊柳言, 安娴. 我国核能产业的新时代发展战略[J]. 能源, 2019(9).
[13] 闲云. 谈核工业对提升我国国际地位的战略作用[J]. 中国核工业, 2014(8): 5-5.

# 第三章 世界各国核电发展现状

## 第一节　概　述

2021 年 5 月 13 日，全球已具有核发电能力的国家中，美国、法国、中国、日本、俄罗斯和韩国在运反应堆规模居世界前 6 位，反应堆数量占全球总量的 66.4%，装机容量占全球总量的 73.2%。根据世界核协会 2020 年 5 月的报告，全球核能发电量在逐步增长，2019 年达到 2676 TW · h，比 2018 年 2563 TW · h 增加了 4.4%，核能发电占全球发电总量的 10.2%，世界各国电力结构中，核电占比超过 10%的有 20 个国家，超过 25%的有 12 个国家，超过 50%的有 3 个国家。

2021 年 4 月 20 日，国际能源署发布的《2021 年全球能源回顾》报告指出，2020 年，全球核能发电量降低约 4%，为 2011 年福岛核事故以来的最大降幅。但随着 10 台新核电机组并网，2021 年核能发电量将有所回升，其中有 4 台来自中国。

截至 2021 年 5 月 13 日，世界在建核电机组 52 台，总装机容量 54 515 MW。分布在 19 个国家或地区，世界各国在建核电净装机容量（MW）情况（见表 3.1）。在建反应堆大部分为压水堆，数量占到 84.6%。

**表 3.1　世界各国和地区在建核电机组情况**

| 国家 | 机组数量/台 | 净装机容量/MW |
|---|---|---|
| 中国 | 14 | 13 175 |
| 韩国 | 4 | 5360 |
| 阿联酋 | 3 | 4035 |
| 印度 | 6 | 4194 |
| 俄罗斯 | 3 | 3459 |
| 日本 | 2 | 2653 |
| 美国 | 2 | 2234 |
| 白俄罗斯 | 1 | 1110 |
| 孟加拉国 | 2 | 2160 |
| 乌克兰 | 2 | 2070 |
| 巴基斯坦 | 1 | 1014 |
| 法国 | 1 | 1630 |

续 表

| 国家 | 机组数量/台 | 净装机容量/MW |
|---|---|---|
| 芬兰 | 1 | 1600 |
| 巴西 | 1 | 1340 |
| 土耳其 | 3 | 3342 |
| 斯洛伐克 | 2 | 880 |
| 阿根廷 | 1 | 25 |
| 英国 | 2 | 3260 |
| 伊朗 | 1 | 974 |
| 总计 | 52 | 54 515 |

## 第二节 美国核电的发展

### 一、美国核电现状

美国是世界核电发展先驱，也是核电大国。1957 年美国建成世界第一座核电厂并投入运行，随后经历了核电大规模建造时期，以及其后漫长的停滞时期。进入 21 世纪，面对电力需求增长、保障能源安全和应对气候变化的战略需要以及核技术进步的影响，美国发展核电的兴趣和势头增加，核电重新成为美国能源结构的一个重要选项。美国国会和政府先后推出核电相关利好法案和政策计划。美国政府和产业界亦密切合作，改善制度环境，提高核监管力度及核安全水平。

奥巴马总统在 2012 年的国情咨文中表示，美国需要开发一切可获得的美国能源。在世界核电复苏氛围的烘托下，美国核电建设经过长时间准备，呈现出加速发展的态势。美国核电机组数量、总装机容量及核电生产总量均为世界第一，可谓是全球最大的核电国。美国现有 104 座运行核电反应堆，约占世界全部在运核电反应堆数量的 24%，分布在 31 个州的 65 座核电厂，由 26 家运行公司管理。这些核反应堆分为压水堆和沸水堆两种堆型。其中，压水堆 69 座，沸水堆 35 座。总装机容量约为 101 GWe，占全球核电总装机容量（370 GW）的 27%。2011 年，美国核发电量为 7902 亿 kW · h，占全美发电总量（41 057 亿 kW · h）的 19. 25%，占全球核发电量的 30%。

美国核电行业通过更新项目、改进反应堆换料、维护和保养安全系统等措施，大幅改善了核电安全和运行表现，提高了运行效率，使核电厂的平均负荷因子达到 91. 1%，居世界领先地位。另外，受规模经济和电力价格放松管制等驱动，美国核电行业也经历了重大整合，进行了一系列并购，改变了核电厂的所有权和管理状态，使核电厂业主和运营商的数量减少，并趋向于集中。

目前，美国具有核电生产能力的反应堆几乎均为 1970—1989 年间大规模建造时期所建，只有 4 座为 1990 年以后所建，最后一座于 1996 年并网发电。这些反应堆的建造都是在 1982 年之前获得批准，之后再没有批准新建核电厂。这主要是因为天然生产被认为更具有经济吸引力。另外，也由于建造计划经常遭到反对而延误致使成本上涨，加上 1979 年三哩岛核事故和 1986 年切尔诺贝利核事故后，人们更担心核安全等问题导致了许多核电订单和项目被取消或暂停。可以说，美国核电经历了 30 年的不景气。

核电反应堆的许可寿期通常为 40 年，因而，20 世纪 70 年代的核电厂在 2020 年之前将到寿期。为充分挖掘盈利潜力并继续发挥作用，许多核电厂都申请将反应堆的寿期延长 20 年。为保障核安全，申请延寿的反应堆要根据需要进行主要的整修，如更换蒸汽发生器，更新仪表控制系统等。作为历史性举措，2000 年 3 月，美国核管理委员会（Nuclear Regulatory Commission，NRC）（简称“核管会”）首次批准卡尔弗特悬崖（Calvert Ciffs）核电厂 2 座反应堆的运行时间延长 20 年。至 2011 年 3 月，核管会共批准 7 座反应堆延寿，占美国全部核电反应堆的 2/3。目前，正在审查另外 13 座反应堆的延寿申请，预计到 2013 年还会有核电厂提出类似申请。采取各种措施确保核电厂安全核安全一直是影响核电发展的重要因素。1979 年 3 月，三哩岛核事故后，美国核工业界认识到必须改进工作，确保类似事故不再发生，因此，联合成立了核电运行所（Institute of Nuclear Power Operations，INPO）。该所负责制定运行表现标准，每个成员核电厂通常每 18 至 24 个月要检查一次。

2011 年 3 月日本福岛核事故后，美国电力行业再次组织起来，核电运行所、电力研究所（Electric Power Research Institute，EPRI）和核能所（Nuclear Energy Institute，NEI）联合成立了福岛响应指导委员会，监督协调美国核工业的相关应对活动，开展核安全自我评估，确保美国核工业全行业都能认识和理解福岛事故的经验教训，以及协调和实施相关应对计划。美国核管理委员会也马上采取应对行动，三管齐下，力求吸取福岛经验教训，改善监管管理。一方面，指示其视察员根据灾害缓解指导纲要，如全场失电、地震和洪水、重大事故管理等，立即对每座核电厂的应急准备工作展开独立评估；另一方面，要求核电厂检查和报告极端事件的应对方案和灾害缓解战略，并确保战略的有效性；同时，成立工作组评估核管会自身的规章程序，以决定是否需要立刻采取措施加以改进。

经过检查评估，视察员认为：美国核电厂达到安全要求，但在应急准备方面还有所不足，核电厂自检也确信自身是安全的。工作组认为：近期没有风险，核管会可继续工作，继续从事许可活动。针对检查评估结果，美国核管理委员会出台了新的核电厂监督和评估方法，共收集 19 项关键领域的安全表现信息，并每季度向公众公布，以增加透明度和公众参与度。

## 二、美国核电政策

由于其特殊性，核工业成为美国政府介入最多的行业。美国政府通过制定国家能源目标、监管安全和环境以及资助研究开发等多种途径，在核电发展建设、反应堆研究开发、核燃料循环和防止核扩散等方面扮演重要角色。从 20 世纪 90 年代末开始，美国政府出台的政策开始转向鼓励发展核电，在国家实验室开展大量研究工作，同时，资助大学及业界的研究项目，成为先进反应堆和燃料循环研究主要的资金来源。

美国主要有 3 个机构掌握着核电的发展，分别是能源部、核管理委员会和国会。能源部负责确定美国能源战略，制定核能发展计划，开展相关研究工作并负责核废料的最终处理；核管会负责监管反应堆、核燃料循环设施、核燃料、核废料以及其他民用核材料等；国会提出制定的相关法案则左右核电发展的方向。美国能源部确立的发展战略是：通过科技进步和创新，改善反应堆技术和可持续燃料循环技术，延长核电寿期，提供安全、可靠和可负荷的电力，减少运输和工业碳排放印迹；继续减少对外国石油的依赖，建立伙伴关系，合作开展研究开发，降低核扩散的风险，重塑美国核产业的技术领导地位，促进美国的全球竞争力。

美国核电发展，近期目标是：提升反应堆功率，提高燃耗深度；2020 年中期目标是：延长反应堆寿期，开发第三代反应堆、下一代核反应堆和小型模块反应堆；2040 年长期目标是：开发第四代反应堆，实现核废物的地质处置以及实现闭合燃料循环等。美国能源部在核能计划方面的费用，主要包括研究发展和基础设施等。据世界核新闻网站 2020 年 12 月 23 日报道：2020 年 12 月 21 日，财年支出为 15 亿美元，用于核能研究、开发和示范活动，其中包括 2. 8 亿美元用于美国 2020 年 5 月宣布的先进反应堆示范计划，还包括能源部用于放射性废物处理的 2750 万美元，以实现 1982 年《核废物政策法》的目标，包括临时贮存废物。

核管会是独立的美国政府机构，负责全面监管美国核工业，保障公众健康，保护环境，防止世界范围核材料扩散。核管会的主要职能之一是为核电厂颁发许可证，如反应堆设计证书、场址许可建造许可及运行许可等。为配合和鼓励核电发展，核管会在 1989 年调整了相关许可规定。此前，公用事业公司需要先申请核电厂的建造许可证，建造完成后再申请运行许可证。由于颁发许可证前的评审工作耗费时日，因此，有时反应堆不能按计划投入运行的情况，提高了反应堆建造成本，增加了资金风险，挫伤了发展核电的积极性。调整后，将原来的建造许可证和运行许可证合并为建造和运行联合许可证，实现建造和运行两个环节的无缝衔接，加快了审批程序，公用事业公司只需要申请 1 次即可，减少了中间可能产生的延误。

核电厂场址方面的许可也有调整。现在，只要核电厂有关场地安全、环境和应急等方面符合要求，就可颁发早期场址许可，不必等待具体的反应堆设计评估结果。另外，核管会还改进了反应堆延寿申请的审批工作，将注意力主要集中在审查安全相关问题方面。为鼓励和支持核电发展，《2005 年能源政策法案》（Energy Policy Act of 2005）中有一系列涉及核电工业的激励措施，主要包括：生产税收抵免、后备支持、贷款担保及核事故责任保护法案延期等，大多数措施有利于新建核电反应堆。

由于反应堆许可证发放时有延误而导致反应堆建造成本超支，能源政策法案因此授权能源部长提供监管风险方面的后备支持，根据可获得资金的情况，帮助新建的前 6 座反应堆支付由于监管延误而产生的费用。反应堆许可证的申请费用通常约为 1 亿美元。为此，美国能源部设立了 20 亿美元的风险保险资金，帮助反应堆业主支付由于核管会在视察评估、测试分析和认定标准及程序等方面的延误或由于联邦州、部落相关司法诉讼造成的延误而产生的费用。前两座反应堆，每座最高可获得 5 亿美元的资助；后 4 座，每座最高可获得 2. 5 亿美元的资助。但反应堆业主因未遵守法律条例而造成的监管延误不在受助之列。

美国能源部可向核电建设项目提供贷款担保，支持项目开发商筹集建设资金，鼓励新的或有重大改进的能源技术的商业化应用。能源政策法案规定政府贷款担保额度，最高可达新核电建造费用的 80%。核工业界普遍认为，该项措施在帮助新核电项目寻求及获得资金方面至关重要。军工局 2021 财年预算申请额为 197. 7 亿美元，同比增加

18.4%。2021财年预算主要为下述五方面工作提供支持：第一，确保库存核武器的安全性、可靠性和有效性；第二，降低全球核威胁，使恐怖分子不能获得相关材料；第三，加强关键科研和工程能力建设，为库存核武器的认证、评价和延寿提供支持；第四，为美国海军提供安全而有效的核动力推进装置；第五，对核军工基础设施进行现代化改。

核事故责任是美国政府、公众和核电厂业主等各方共同关心的问题，也是关系核电发展的重要因素。能源政策法案将有关核赔偿责任保护的普莱斯安德森法案（Price Anderson Act）延期20年，使其覆盖范围延伸到2025年底前新建的反应堆和能源部新的核承包合同。普莱斯—安德森法案规定，核反应堆发生事故后，其业主只承担相应的有限责任。因此，其延期被认为是建造新反应堆的前提。根据该法案，商业反应堆业主必须承担影响到公众的所有核损害责任，并在特大放射性泄漏事故后，必须放弃绝大部分法律辩护权。为应对支付损害赔偿的情况，每座反应堆必须要有合理的最大限度的责任保险，通常为3亿美元。另外，功率在100 MW（电）及以上的反应堆最多还要缴纳1.119亿美元的追溯保险费。目前，美国104座商业反应堆都在普莱斯安德森保险系统覆盖范围。

核事故发生后，普莱斯安德森保险系统将总共提供大约125亿美元的公众赔偿，包括当事反应堆的保险金3亿美元，全美104座反应堆，每座1.119亿美元的追溯保险共计116亿美元，以及追溯保险5%的附加费约6亿美元。在普莱斯安德森责任系统下，核工业对一次核事故的赔偿责任最多如此。超出此责任限额的损害赔偿，则需国会专案另批。

## 三、美国地方政府及公众对核电发展的影响

虽然联邦政府在核政策事务上有主要管辖权，州政府和地方政府在核电使用和新建方面也有相当大的影响。如1976年，加州通过全民公投，禁止在能够妥善处置乏燃料之前在加州建设新的核电厂，并就此形成法律。这项措施至今仍有效，不仅影响到核电行业，而且影响到加州电力供应和价格，使加州不得不从其他地方购买电力。从2000年代早期以来，加州经历了多次缺电的痛苦。

州政府还可通过负责监管电力零售价格的州公共服务委员会，对核电行业施加影响。20世纪90年代末期，许多州解除对电力价格的监管而引起核工业的整合。大型公用事业公司在放松监管的州购买核电以降低成本，并利用较高的市场价格增加利润。州政府的作用还在核废物法案中有所体现。该法案赋予各州对在其区域内建设废物处置设施拥有否决权，除非该否决被国会参众两院投票推翻。这一条款导致尤卡山地质处置库项目经历了系列法律和政治挑战。另外，县政府在征收财产税方面的权力，也使其成为核设施选址中一个重要的因素。

对于发展核电，美国公众舆论总体上比较正面，并随能源供应安全问题上升。美国民调显示，大多数公众赞同核电，其中强烈拥护核的人数是强烈反对核的3倍，还有2/3自认环境主义者也赞同核能。

2018年5月，多年从事核电民意调查的美国比斯孔蒂研究公司主席安妮·比斯孔蒂也持类似观点。她告诉记者，美国目前正在运行的反应堆无一出现过重大安全事故，久而久之，民众自然认为核电安全。“此外，核电还有着独一无二的优势：它是零碳排放的能源，可一天24小时可靠提供大量电力。我们想要可靠电力，也想要清洁空气，

只有核电才能同时满足这两个要求”。

美国负责核废料运输的埃德洛国际公司主席杰克·埃德洛认为，核电企业主动保持信息公开非常重要。他介绍，美国每个核电站都有访客中心，公众可直接到核电站参观了解核电技术，这样他们就会知道核电的风险非常小。尽管美国一些环保组织历来反对核电，但事实上，即使是 1979 年美国三哩岛核泄漏事故，由于安全设施及时开启，对核电厂附近的环境影响很小，也无一人员伤亡。

## 四、政府在民用核能领域的研究活动

除了核工业界的研究开发活动外，美国政府在民用核能领域也开展了大量研究活动，主要集中在能源部。能源部既负责民用核能，也负责军用核能。能源部国家核安保署（NNSA）负责监察核能的军事应用，维护国家武器库以及管理核武器设计、生产和试验等。能源部核能办公室则负责民用核能，包括先进反应堆、核燃料循环技术和设施、基础结构支撑等。在美国寻求实现能源独立、减少碳排放、满足未来电力需求等目标下，能源部制定实施了多项核能研究计划。

美国能源部有关国家实验室负责从事核能研究工作，其中，爱达荷国家实验室承担了主要部分。爱达荷国家实验室由爱达荷国家工程和环境实验室（INEEL）和西部阿贡国家实验室（ANL-W）联合而成。爱达荷国家工程和环境实验室在反应堆研究方面历史悠久，作为国家核反应堆测试站，多年来一直是世界核反应堆最大的集中地，共设计和测试了 52 座不同的反应堆，包括生产电力的核反应堆。西部阿贡国家实验室是芝加哥大学的研究测试场，负责为美国宇航局开发宇宙飞船动力系统。爱达荷国家实验室现正开发美国下一代核电厂以及一些先进燃料循环项目，并牵头美国参加第四代核能系统国际论坛活动。能源部其他核研究设施还包括：田纳西州的橡树岭国家实验室、新墨西哥州的洛斯阿拉莫斯国家实验室、加州的劳伦斯利弗莫尔国家实验室、纽约州的布鲁克海文国家实验室及伊利诺伊州的阿岗国家实验室等。另外，美国能源部还资助全美 70 多所大学开展相关研究。美国能源部组织实施的主要民用核能计划，多集中在第四代核反应堆和先进燃料循环方面。

第四代核能系统计划（Generation IV Nuclear Energy Systems Initiative，Gen Ⅳ）的目标是开发未来 20 年能投入使用的新反应堆系统，通过循环燃料实现高燃耗，更有效地利用美国铀资源，使放射性废物量最小化，提高安全性和实物保护能力，防止可能的恐怖行为或核材料转移以及增强公众对核技术的信心。

下一代核电厂计划（Next Generation Nuclear Plant）以超高温堆为重点，目标是到 2021 年，开发、建造和运行超高温气冷原型堆以及相关的产电或制氢设施。研究内容包括：探索反应堆物理性能；开发验证堆芯热工水力和机械等设计分析工具；测试相关材料；评估功率转换；分析安全和风险因素；开展项目设计、系统设计与分析方法；进行燃料开发及条件分析等。

计划分两个阶段：

——第一阶段主要为规划，包括确定详细设计综合方案；制定许可证申请、反应堆建造和运行等商业计划。

——第二阶段进行详细设计，并申请获得建造和运行联合许可证，最终建造和运行该示范电厂。建造工作从 2017 年开始，至 2021 年完成并投入运行。能源部预计将在

2014 年提出反应堆建造和运行联合许可证申请。

下一代核电厂计划由美国爱达荷国家实验室牵头负责，并在 2010 年成立了包括主要反应堆供应商和潜在最终用户在内的下一代核电厂计划产业联盟。计划总费用约为 40 亿美元。

通用原子能、阿海珐和西屋等三家公司已签署 800 万美元合同开展下一代核电厂预概念设计。目前已有一些堆型设计比较符合下一代核电厂的要求。如通用原子公司的轮机模块氦冷堆（GT-MHR），阿海珐集团的高温气冷堆（Antares），西屋公司和南非球床反应堆公司的球床模块高温气冷堆（PBMR），以及中国的球床模块高温气冷堆（HTRPM）等。

核氢计划（Nuclear Hydrogen Initiative）目标是到 2017 年通过利用高温气冷堆产生的热量，进行商业规模制氢示范。目前，科研人员正在重点研究三种制氢技术，即热化学水解、高温电解和高温气冷堆制氢工艺支持系统。通过该计划，得州大学和桑迪亚国家实验室在通用原子能公司模块氦冷堆基础上建造一座高温测试堆，预计 2012 年完成测试堆能源研究设施，主要用于热化学水解制氢。核氢计划现已并入下一代核电厂计划。

小型模块反应堆计划（Small Modular Reactors）的目标是开发装机容量在 300 MW（电）以下的模块化小型反应堆。几个模块化反应堆组合起来就可形成较大的发电能力，并可共用一个控制室。一般意义上，小型反应堆具有成本低、适用于小电网、非电力应用广泛、比较适合无电网的偏远地区和易于实现模块化等特点。目前常规大型核电厂的成本不断上升，每座反应堆大约需要 60 亿美元或更多，因此小型模块反应堆概念吸引了更多的兴趣，并对核电技术越来越偏向大型堆以利用规模效应分摊建造成本的趋势形成冲击。

小型模块反应堆设计使用下一代核电厂计划中的高温冷技术和目前商业反应堆所用的轻水堆技术，虽然其电力产出较低，但可先在工厂组装，再运往发电厂现场。而且由于规模较小，安全系统也会相应较为简单。另外，模块反应堆每千瓦时的造价与常规大型反应堆相比差不多，也许稍高一些。但对公用事业公司来说，模块堆可以逐个建造，大大降低了一次性资金的投入量和风险。

燃料循环研发计划（Fuel Cycle Research and Development）的前身为先进燃料循环计划（Advanced Fuel Cycle Initiative）。自 1977 年美国出于防扩散考虑，决定无限期推迟商业核反应堆乏燃料后处理后，美国所有核电厂均采用一次通过式核燃料循环，乏燃料经过中间存储冷却后，等待送到地质处置库进行最终存储。在一次通过燃料循环模式中，大约只有 5%的燃料能源得到利用。燃料循环研发计划的目标是对商业燃料进行回收后处理，使其成为再生燃料，由此形成闭合燃料循环，更多地利用燃料能源价值。

燃料循环研发计划的重点是，通过尤勒克斯流程（UREX），开发相关分离和嬗变技术，将乏燃料中的铀、钚、裂变产物和次锕系核素等分离开来，同时，避免钚单独分离，然后将回收的铀钚转化成可重新使用的燃料。另外，通过嬗变技术将裂变产物和次锕系核素转变成危害性较小的物质以利处置。

## 五、美国第三代核反应堆和核燃料循环

目前，美国运行的核电反应堆基本属于第二代，主要是通用原子能、通用电和西屋

等公司的产品。这些公司支撑并推动了美国 20 世纪核电的大发展。在美国停止核电建设的这 30 年间，相关研究开发设计工作并没有停止，根据使用一代开发一代设计的精神，推出了第三代反应堆设计，有些还获得了核管会颁发的设计证书。

已获美国核管理委员会设计证书的堆型包括：通用电气日立公司 1300 MW（电）的先进沸水堆（ABWR）和西屋公司的 AP1000 型反应堆。沸水堆 ABWR 已在日本投入商业运行，日本又在新建且台湾地区也在新建这种反应堆，东芝公司作为该堆型建造商正在美国大力开展市场营销；AP1000 型反应堆是第一座取得设计证书的第三代反应堆，目前，正在中国建造第一座。

正向美国核管会申请设计证书的堆型包括：通用电气日立公司 1550 MWe 的经济简化型沸水堆（ESBWR）、美国渐进型压水堆（USEPR）和三菱公司 1700 MWe 的美国先进压水堆（US-APWR）。沸水堆 ESBWR 以先进沸水堆为基础，具有被动安全特点；压水堆 USEPR 是阿海珐集团欧洲压水堆（EPR）的美国版，由联合星核能公司（UniStar Nuclear Energy）负责，欧洲压水堆属第三代反应堆，现正在芬兰、法国和中国建造；压水堆 US-APWR 是三菱公司先进压水堆（APWR）的美国版。

核燃料循环是核工业的重要组成部分，也是问题较突出的部分，主要涉及燃料的获取、使用、处理及回收利用等过程。燃料循环通常分为前端和后端两部分。前端包括铀矿采冶、转化、浓缩、燃料制造等；后端包括对乏燃料进行铀钚分离后处理，以及对放射性废物进行处理、存储和处置等。其中，乏燃料管理是美国政府非常关心的问题。目前，美国商业反应堆所用铀绝大部分来自进口，其中约一半来自百万吨换百万瓦计划中的俄罗斯铀，其余来自加拿大和澳大利亚等国家，而美国内铀所占比例较小。

铀浓缩的主要副产品是以六氟化铀形式存在的贫铀。目前，美国已累积有 70 多万吨贫化六氟化铀。为提高存储、使用和处置的安全性，需要对贫化六氟化铀进行脱氟处理，即对贫化六氟化铀进行再转化。2002 年，能源部投资 5.58 亿美元，由铀处置服务公司（Uranium Disposition Services）在俄亥俄州朴次茅斯（Portsmouth）和肯塔基州帕迪尤卡（Paducah）各建一座再转化厂，年处理能力 1.35 万 t 的朴次茅斯厂和 1.8 万 t 的帕迪尤卡厂于 2010 年 9 月和 12 月先后投入运行。朴次茅斯和帕迪尤卡分别存有 25 万 t 和 44 万 t 贫化六氟化铀，橡树岭还有 7.5 万 t 将运到朴次茅斯。2010 年 12 月，巴威转化服务公司（Babcock&Wilcox Conversion Services）获得能源部 4.28 亿美元为期 5 年的合同，在朴次茅斯厂和帕迪尤卡厂进行再转化。2009 年 12 月，国际同位素公司（International Isotopes）提出许可申请，在新墨西哥州霍布斯（Hobbes）附近建造和运行年处理能力为 6500 t 的贫化六氟化铀转化和氟萃取设施，并希望 2013 年投入运行。

目前，美国有两家铀浓缩厂，即美国铀浓缩公司（USEC）在肯塔基州帕迪尤卡的设施和欧洲铀浓缩公司（Urenco）在新墨西哥州尤尼斯（Eunice）的欧洲铀浓缩公司美国设施（Urenco USA）。帕迪尤卡设施是座大型体扩散浓缩厂，由美国政府在 20 世纪 50 年代建成，主要是为军用反应堆提供燃料；从 20 世纪 60 年代开始为民用反应堆提供浓缩铀，处理能力为 800 万分离功单位（SWU）/年。尤尼斯美国设施采用 Urenco 第 6 代离心分离技术，2010 年 6 月开始商业运行，2011 年底处理能力达到 40 万分离功单位/年，预计 2017 年设计能力可达 570 万分离功单位/年，总投资约 40 亿美元。目前，全美国 93 座核电反应堆，每年需要 1270 万分离功单位。这两处设施基本能满足需要，确保燃料供应安全。

美国还在建造两座离心分离浓缩厂但进展曲折。美国铀浓缩公司在俄亥俄州派克顿（Piketon）建的美国离心分离厂（American Centrifuge Plant），使用比欧洲 Urenco 离心机大很多的 ACl00 型离心机，是美国铀浓缩公司在能源部工作基础上开发的成果，设计处理能力 350 万分离功单位/年。

2007 年 9 月，原型初步级联开始运行，原计划 2011 年投入使用，但其间几经波折，特别是 2009 年 7 月，能源部拒绝为其提供 20 亿美元贷款担保后，项目进展迟缓。目前，正寻求其他资金方案。另外，阿海珐集团在爱达荷国家实验室附近爱达荷福尔斯（Idaho Falls）建的鹰石浓缩设施（EagleRock Enrichment Facility），设计处理能力 660 万分离功单位/年。2010 年 5 月，美国能源部向其提供 20 亿美元贷款担保。计划建造工程 2012 年开始，2014 年初投入使用，初期先达到 330 万分离功单位/年，2018 年达到设计能力。但 2011 年 12 月，阿海珐集团宣布该项目暂时搁置两年。

美国还有一座规划中的激光浓缩厂。2006 年澳大利亚西勒克斯系统公司（Silex Systems）和美国通用电气公司获准在美国合作开发西勒克斯激光铀浓缩技术。2010 年 4 月，全球激光浓缩公司（Global Laser Enrichment）宣布成功完成测试第一阶段工作，并将继续进行技术和商业规模经济可行性验证。如顺利，再次定建造全尺寸的商业浓缩设施。2009 年年中，通用电气日立公司向美国核管会提出许可申请，在北卡罗来纳州威尔明顿（Wilmington）建造全球激光浓缩厂，计划处理能力在 350 万～600 万分离功单位/年。核管会处理该申请大约需要 30 个月。

阿海珐、西屋、巴威、通用电气等公司在弗吉尼亚、华盛顿、北卡罗来纳、南卡罗来纳等州有燃料制造厂，将浓缩的氧化铀制成反应堆所用的燃料元件。美国有 174 t 剩余的军用高浓铀和 61.5 t 剩余的武器级钚也都计划用于核电燃料制造。田纳西州核燃料服务公司已开始稀释这些军用高浓铀。用其制造的第一批燃料已经运往田纳西流域管理局的核电厂。

目前，美国 93 座核电反应堆每年共卸下约 2000 t 乏燃料。这些乏燃料具有高放射性，一直存储在核电厂的乏燃料水池中，等待政府运走进行最终处置。由于 1977 年美国政府出于防核扩散考虑出台无限期推迟燃料后处理的政策以及多年累积，加之政府至今还没有开始运走乏燃料，致使有些核电厂的乏燃料水池空间已经耗尽，需要将燃料转到干桶中存储，以便腾出水池空间接受新鲜乏燃料。到 2017 年，所有核电厂都需要干式存储。目前，美国已累积了 58 000 多吨乏燃料。几十年来，美国高放射性废物的存储和处置问题始终未能得到解决，这也是核能发展中备受争议的问题之一。

乏燃料管理主要有两种方式：一种是一次通过燃料循环，即一次通过燃料循环，乏燃料在水池中经过中间存储冷却后，作为高放射性废物，被送到地质处置库过程相对简单不会产生纯钚降低了核扩散风险，但废物量大且放射毒性高。另一种是闭合燃料循环，其闭合燃料循环，乏燃料经过中间存储冷却后，对其中的铀、钚、裂变产物和次锕系核素等进行分离，将回收的铀钚转化成可重新使用的燃料。另外，通过变技术降低裂变产物和次锕系核素的毒性后，再送到地质处置库进行最终存储。由于铀资源利用率较高，废物量小且毒性较低，但可产生纯钚，核扩散风险较大。

遵照美国以前的乏燃料管理政策，美国所有核电厂的乏燃料均采用一次通过燃料循环。此前，美国建过 3 座民用乏燃料后处理厂，但因经济问题及运行不成功或政策影响等原因，先后停止运行或从未投入使用。所以，美国至今还没有商业后处理厂运行。

虽然美国一直采用一次通过燃料循环，但其燃料后处理研究工作一直很活跃。现在世界通用的后处理普勒克斯流程（PUREX）就是美国所开发。在文中前述的燃料循环研发计划中，美国正开发尤勒克斯流程（UREX），在首端将占乏燃料96%的铀与仅占4%的钚、裂变产物和次锕系核素分开。分离得到的不是纯钚，而是钚、裂变产物和次锕系元素的混合物，比较能够满足防扩散要求。能源部还在探索阿海珐集团的COEX后处理技术以及其他涉及快堆的后处理技术。COEX技术已在法国、英国、俄罗斯和日本使用。另外，阿海珐集团计划在美国建造综合性循环设施，包括后处理厂和混合氧化物燃料制造厂，每年处理2500 t乏燃料，预算约250亿美元。估计该设施在获得许可证和建造方面，大约需要12~15年时间。

除了核电厂每年卸下的乏燃料，美国每年还会产生4万 $m^3$ 的低放射性废物，包括反应堆退役时拆除的受污染构件和材料等。但关键是高放射性废物的处置，美国也一直在努力设法解决这个问题。

自21世纪初，美国重新显示对核电的兴趣并指出核电有复苏趋势后，到目前，美国并未新建座核电厂。诚然，核电建设需要较长的准备时间，并受诸多因素的影响，如公众舆论、经济性、安全性、新厂资金、废物管理、防扩散、研究开发、人力资源、基础结构和政策环境等。

有些需要核工业界自身努力，有些需要政府支持。应该说，在核能问题上，政府的支持最关键。正如奥巴马总统在2012年国情咨文中所言：政府能帮助产业界，将新的能源设想付诸实施。如政府有关应对气候变化的立法和政策，可使核能比天然气具有更强的竞争力，也有利于增加政府相关贷款担保的总额；核管会新的许可规定和条例如顺利运作，对控制反应堆成本至关重要；若政府及时解决好当前和以后更加突出的废物管理问题，可帮助缓解公众对核安全的担忧，等等。如此种种，都能强力推动核电的发展。

特朗普当选美国总统后，实施以复兴化石能源与核能为核心的国内能源产业政策。特朗普2017年6月发表演讲，提出“要开始重振和扩大核能行业”，在确保技术和经济优势下继续发展核能并向海外推销，为实现“美国的能源统治地位”铺路并将对目前的政策进行“全面审查”，以确定复苏该行业的方式。2017年12月，白宫发布《国家安全战略报告》，确立了核能成为可靠并可获取的能源。报告指出：“美国将寻求确保普遍获得经济、可靠的能源，包括高效能的化石燃料、核能和可再生能源，以帮助减少贫困、促进经济增长和繁荣。美国将提高在能源领域的技术优势，包括核技术、新一代核反应堆、性能更好的电池、先进计算技术、碳捕集技术等”。

为了支持Vogtle核电站AP1000项目继续建设，2018年2月特朗普总统签署法案，准许2020年12月31日之后投运的最多6 000 MWe核电装机容量在投运第一个8年内享受1.8美分1 kW·h的税收抵免。

美国核管会直在对在运机组进行延寿与二次延寿。迄今核管会已为总计93台核电机组换发许可证，使这些机组能够将运行寿期延长至60年（其中4台机组已提前关闭）。核管会目前还在对1台机组的换发许可证电请进行评审。另外核管会正对6台核电机组的二次延寿申请进行评审，如果二次延寿获准，这些机组将能运行80年。

# 第三节 俄罗斯核电的发展

## 一、俄罗斯国内核电发展现状

2000 年，俄罗斯联邦在促进国内核电发展方面实施了许多重大举措。5 月 25 日，俄罗斯联邦政府批准了“俄罗斯在 21 世纪前 50 年的核电发展战略”。在 9 月的千年峰会上，俄罗斯总统普京发出倡议，要求发展新的核技术，以便找到解决核电安全问题和防止核武器扩散的方法。最后，在要求 20 世纪 90 年代前开始建造的核电厂最大限度地增加发电量的基础上，俄罗斯联邦政府于 11 月批准了到 2020 年的俄罗斯能源长期战略。俄罗斯核电厂的总装机容量占国内总装机容量的约 11%，发电量占国内总发电量的 15%，占俄罗斯欧洲部分总发电量的约 20%。在俄罗斯的西北部地区、中部地区以及伏尔加地区，核电发电量所占份额达到 30%~40%。在 20 世纪 90 年代中期的危机之后，俄罗斯核电发电量一直在持续增长。核电发电量在最近两年的增长主要归功于电厂负荷因子的增加。如果按目前的形势继续发展，核电发电量将会超过天然气发电量。1999 年和 2000 年，俄罗斯电力消费增长中的 50%是核电。总的安全指标——反应堆自动停堆的变化趋势——表明俄罗斯核电厂的安全水平正在稳步上升。

根据更严格的国际安全标准，对正在运行的核电厂与预期建造的核电厂在安全基本标准方面的比较表明，必须对正在运行的老式设计的核电厂进行不断改进。在有效利用现有容量方面，俄罗斯的核电厂仍然比不上国外同行。国外核电厂的平均负荷因子目前已超过 79%，而俄罗斯核电厂的平均负荷因子在 2000 年才达到约 69%。目前俄罗斯核电厂所面临的一项艰巨任务是如何更加有效地利用现有容量，使其达到全球平均水平。按照俄罗斯的能源战略，预期发电量每年将增长 2%。特别是核电厂应使其年增长率达到 5%，与此同时，核电在俄罗斯欧洲部分总发电量中的份额应达到 37%。

在安全第一的前提下，核电在 2010 年这段时间内的主要目标是：更加有效地利用现有容量，做好第一代机组的现代化改造和寿期延长工作，完成已处于施工后期的核电机组建设（加里宁 3 号机组、库尔斯克 5 号机组、罗斯托夫 2 号机组、巴拉科沃 5 号机组）以及在现有厂址上新建核电机组。到 2005 年，俄罗斯核电厂的负荷因子一定会超过 80%，同时，可利用因子必须达到全球 85%的平均水平。按照核电发展计划，俄罗斯核电发电量到 2005 年必须达到 1740 亿 kW · h 的水平。俄罗斯联邦已开始建造总装机容量为 12 GW 的核电机组。在 20 世纪 90 年代，俄罗斯平均每年有 1.3 GW 的核电容量投入运营，在某些特定的年份达到了每年 2 GW~3 GW。根据核电发展战略，到 2010 年之前，俄罗斯平均每年将有 1 GW 的核电容量投入运营，此后，每年将有2.5 GW投入运营。新的第三代反应堆将建立在对运行中的 VVER 和 BN 型反应堆设计的逐步改进上，设想达到更高安全水平。俄罗斯核电发展的一座新的里程碑将是建造 VVER-1500 型核电机组。这种机组的安全性、可靠性和经济性将超过 VVER-1000 型机组，并且不次于 EPR 和 N4 机组。

开发快堆将是一个有较好前景的发展方向。由于在别洛雅尔斯克核电厂已成功积累 20 年的 BN-600 型机组运营经验，因此为设计新的 BN-800 型机组创造了条件。设计 BN-800 型机组将是未来大规模发展核工业的第一步，并且是第四代 BREST 型新的安全快堆的开始。开发快堆的概念完全符合总统普京的倡议，即在确保燃料资源可用性、技术上安全和环境上可接受的前提下提供能源。

自2008年以来，俄罗斯国家原子能集团公司本着“安全、责任、尊重、团队、进取、效率”的价值理念，各项经营指标呈逐年增长态势。国内核能发电规模1952亿kW时，占国内发电比重18.6%，仅次于火电。海外同步建设核电站的数量居世界第1位（36台机组订单），铀浓缩能力居世界第1位（占36%的世界市场份额），铀资源储量居世界第2位（占世界总储量的13%），铀开采能力居世界第5位（占世界8%的份额），铀浓缩能占世界1/3，核燃料市场份额占世界17%，拥有世界上唯一的核动力破冰船队等等（见表3.2）。

**表3.2 俄罗斯国家原子能集团公司历年各项经营指标**

| | 2008年 | 2009年 | 2010年 | 2011年 | 2012年 | 2013年 | 2014年 | 2015年 |
|---|---|---|---|---|---|---|---|---|
| 公司净资产/亿卢布 | 7820 | 10 576 | 12 122 | 14 153 | 14 582 | 15 501 | 17 222 | 15 501 |
| 公司总收入/亿卢布 | 3615 | 4582 | 4980 | 4789 | 4738 | 5292 | 6183 | 8212 |
| 出口创汇/亿美元 | 35 | 36.5 | 45.7 | 45.84 | 49.73 | 49.7 | 52.02 | 62.6 |
| 缴税/亿卢布 | — | 508 | 789 | 644 | 824 | 990 | 1019 | 1645 |
| 在册员工人数/万人 | — | 25.95 | 27.21 | 26.01 | 25.64 | 25.53 | 25.8 | 25.66 |
| 35周岁以下专家比重/% | 25.2 | 26.5 | 27.2 | 28.5 | 29.2 | 29.7 | 32.6 | 32.5 |
| 人均工资/（万卢布/月） | 2.82 | 3.24 | 3.54 | 4.46 | 5.0 | 5.53 | 6.04 | 6.43 |
| 核能发电/（亿kW·h） | 1623 | 1633 | 1701 | 1727 | 1773 | 1722 | 1805 | 1952 |
| 功率利用因子/% | 79.5 | 80.2 | 81.3 | 81.2 | 80.9 | 77.9 | 81.6 | 86 |
| 天然铀开采量/t | 57.8 | 63.2 | 72.7 | 63.67 | 55.05 | 54.19 | 52.47 | 54.19 |
| 海外机组订单（累计，台） | — | — | — | — | 19 | 19 | 19 | 26 |
| 十年期海外订单/亿美元 | — | — | 399 | 509 | 665 | 727 | 1014 | 1103 |
| 专利数量/件 | — | — | 749 | 660 | 806 | 1076 | 1129 | 1141 |
| 用于环保支出/亿卢布 | — | 97.4 | 106.4 | 106.5 | 157 | 196 | 332 | 314 |
| 核武器国防订货完成率/% | 100 | 100 | 100 | 100 | 100 | 100 | 100 | 100 |
| 国家职能履行率/% | 100 | 100 | 100 | 100 | 100 | 100 | 100 | 100 |

俄罗斯副总理罗戈津曾评价“俄罗斯国家原子能集团公司是国家工业发展的领头羊”。俄罗斯核工业已成为本国工业，尤其是军工企业改革发展的一面重要旗帜，俄罗斯航天局参照该公司的模式进行政企改革，组建俄罗斯国家航天集团。

俄罗斯目前共有38座正在运营的反应堆，总装机容量28 578 MW，在建机组3台，装机3459 MW。2020年发电量超过2157亿kW·h，核发电比例为25%。2000年普京执政后，俄罗斯实施能源强国战略，充分利用能源资源大国优势，将其转化为经济发展的动力和国际影响力。2003年，俄罗斯就出台了《2020年能源战略》，形成了涵盖能源发展目标、科技创新、投资以及对外合作等的完整体系。2008年则进一步强化多元出口战略。2009年出台《2030年能源战略草案》，强调提高能源效率，加大对核能、太阳能以及风能的开发利用力度。2014 年出台《俄罗斯 2035 年前能源战略》，强调从监管体系、基础设施建设、投资创新等综合环节入手，加强能源改革，推进国内能源市场化竞争，深化能源公司管理。《俄罗斯 2035 年前能源战略》提出对能源生产结构做出调整，降低石油产量，提高天然气、煤炭、电能产量，优化热能供应。将核发电比重从 16%增到 22%～23%。根据 Rosatom2015 年公布的数据，俄罗斯计划在 2035 年前建造不少于 25 台总计 2683 万 kW 的新机组。但由于近几年其国内经济和用电增长不如预期，俄罗斯核能发展计划将有所延迟或缩小规模。

俄罗斯积极研发核电技术。研发的 VVER、BN 核电技术品牌已形成多种系列型号，采用最新 VVER-TOI 技术的核电厂已经开工建设，BN-800 钠冷快堆已经投运，还计划建设 BN-1200 机组，还在不断研发改进更高性能的包括铅冷快堆、高温气冷堆、聚变堆和混合堆等在内的核电技术。

## 二、俄罗斯核电海外开发主要成果

巩固传统核电市场。俄罗斯与伊朗的核电合作肇始于 20 世纪 90 年代初，当时俄罗斯从德国接收了伊朗“布舍尔”核电厂建设这一“半拉子”工程。该工程完工之后，俄伊核电合作进一步扩大。2014 年 11 月 11 日，俄伊两国政府代表签署了《俄罗斯联邦政府与伊朗伊斯兰共和国政府关于 1992 年 8 月 25 日签署的合作在伊建设核电厂的政府间协议的议定书》。根据该议定书，双方将在现有合作基础上，采用“交钥匙”模式，在“布舍尔”核电站厂址上继续合作建造 4 台 VVER-1000 型压水堆（或更大功率的堆型）核电机组，以及在伊朗其他核电厂址上另建 4 台类似的核电机组。

俄罗斯与中国的核电合作同样起步于 20 世纪 90 年代初。经过多年的合作，2007 年，田湾核电厂一期 2 台机组已建成投运。根据 2012 年 12 月 6 日中俄双方签署的《中华人民共和国政府和俄罗斯联邦政府关于在中国合作建造田湾核电厂 3、4 号机组的议定书》，双方目前正在建设田湾核电厂二期 2 台 VVER-1000/428 型压水堆核电机组，另外还正就其他核电项目进行商谈。

开拓新兴核电市场。土耳其、埃及、越南分别是俄罗斯在欧洲、非洲和东南亚地区核电市场开发的代表。土耳其长期依赖能源进口，为确保本国能源安全，时任土耳其总理 Taner Yildiz 曾对外宣布到 2023 年，土耳其将建造不少于 23 台核电机组的宏伟计划。早在 2009 年 8 月 6 日，俄土两国便签署了《俄罗斯联邦政府与土耳其共和国政府关于和平利用核能合作的协议》。根据该协议双方签署了采用“BOO”模式（“建造—拥有—运行”），在土耳其“阿库尤”核电站建造 4 台 VVER-1200 型核电机组的合同。然而，到目前为止，由于资金迟迟不能到位，致使该项目至今尚未启动。埃及近年来积极通过争取外援，发展国内核电。2015 年 11 月 19 日，俄罗斯与埃及签署了核电厂建造政府间协议，双方将在埃及建造 4 台 VVER-1200 型核电机组，俄罗斯将为此向埃及提供 250 亿美元的信贷支持，双方就合同细节进行最后磋商。越南是俄罗斯开拓东南亚核电市场的重要一环。2010 年 10 月 31 日，两国签署了关于在越南合作建造核电厂的政府间协议。根据该协议，双方将采用“交钥匙”模式，在越南“宁顺-1”核电厂建造 2 台 VVER-1200 型核电机组。2015 年 7 月，双方又签署了总框架协议。由于越南没有任何核工业基础，因此俄罗斯同意将为其提供包括核电建设、核燃料供货、核基础设施建设、人员培训、乏燃料后处理等在内的一揽子核服务，并将提供 80 亿美元的信贷支持。虽然，2016 年 11 月，越南官方宣布中止与包括俄罗斯、日本在内的核电项目合作，但此举并非俄罗斯核电技术本身所致，而是由于越南认为当前传统能源价格下跌及国内经济增长对电力需求的下降，重走传统能源发展之路。俄罗斯对此深表遗憾，俄罗斯联邦委员会主席马特维延科就表示，这是越南的单方行为，属于其主权问题，但也不排除未来越南重启该项目。

从俄罗斯国家原子能集团公司官方对外公布的各项数据看，截至 2015 年底，公司通过签署双边政府间协议和商务合同的形式，已锁定海外核电机组建设项目订单达 36 台，较 2010 年的 12 台有了大幅度的增加，以亚太地区、中亚、西亚、北非、南美、中东欧地区国家为主。正在实际洽谈和投标的核电机组建设项目 23 台，预计 2030 年前启动谈判的潜在核电机组建设项目 17 台（见表 3.3）。

**表 3.3　俄罗斯海外核电开发项目一览表**

| 序号 | 国家 | 已锁定项目 | 在谈和投标项目 | 潜在项目 |
|---|---|---|---|---|
| 亚太地区 | | | | |
| 1 | 中国 | 2 | 2 | — |
| 2 | 印度 | 4 | 10 | — |
| 3 | 孟加拉国 | 2 | — | — |
| 4 | 越南 | 2 | — | — |
| 5 | 马来西亚 | — | — | 2 |
| 6 | 印度尼西亚 | — | — | 2 |
| 中亚 | | | | |
| 7 | 哈萨克斯坦 | — | 2 | — |
| 西亚 | | | | |
| 8 | 伊朗 | 8 | — | — |
| 9 | 沙特 | — | — | 2 |
| 10 | 约旦 | 2 | — | — |
| 非洲 | | | | |
| 11 | 埃及 | 4 | — | — |
| 12 | 尼日利亚 | 2 | — | — |
| 13 | 南非 | — | 8 | — |
| 欧洲 | | | | |
| 14 | 土耳其 | 4 | — | — |
| 15 | 亚美尼亚 | 1 | — | — |
| 16 | 白俄罗斯 | 2 | — | — |
| 17 | 匈牙利 | 2 | — | — |
| 18 | 芬兰 | 1 | — | — |

续 表

| 序号 | 国家 | 已锁定项目 | 在谈和投标项目 | 潜在项目 |
| --- | --- | --- | --- | --- |
| 19 | 捷克 | — | — | 2 |
| 20 | 斯洛伐克 | — | — | 1 |
| 21 | 英国 | — | — | 4 |
| 拉丁美洲 | | | | |
| 22 | 阿根廷 | — | 1 | — |
| 23 | 巴西 | — | — | 4 |
| 合计 | | 26 | 23 | 17 |

海外核电市场的大力开发给俄罗斯带来了巨大的外汇收益。截至2016年年底，俄罗斯核电海外订单总额已超过1100亿美元，2012—2014年分别为665亿美元、737亿美元和1014亿美元。根据规划，2018年这一数字将达到1600亿美元，2020年达到1900亿美元。从海外年收入情况上看，2015年俄罗斯仅核电海外创收就高达64亿美元，较2014年增幅约25%，2012—2014年分别为45.84亿美元、49.73亿美元和52.02亿美元。根据俄罗斯国家原子能集团公司2015年年报显示，其海外收入已占到公司总收入的52%，计划2030年这一数字将达到67%。

在当前的国际、国内形势下，俄罗斯通过大力开拓海外核电市场，不仅将本国的产能带出国门，而且还给日益萎缩的俄罗斯财政收入注入了新鲜活力，为加强俄罗斯与其他国家的双边关系、争取俄罗斯在国际舞台上的话语权发挥了重要作用。

## 第四节 法国核电的发展

### 一、法国核电产业概况

法国的核电发展主要分为两个阶段：第一阶段：20世纪50~70年代是法国核电起步阶段。在此期间，法国核电以气冷堆为主。1958年，法国从美国西屋公司购买了压水反应堆技术专利，并对该技术进行创新改进和国产化。第二阶段：20世纪70年代至今，是法国核电发展成熟阶段。在这一阶段，法国完成了压水堆核电站的标准化和系列化发展过程。压水核反应堆又被称为第三代核反应堆，其发电成本比火力发电站低30%~50%。此外，压水核反应堆安全性较高，产生的放射性物质较少。

目前法国已拥有19座核电站，正在运转中的核电机组有59台，总装机容量达6300多万千瓦，占法国总装机容量的70%，核电发电量更是占到全国发电总量的80%。法国的能源自主率也从20世纪70年代中期的23.9%提高到今天的50%以上。这使得法国为世界第二核电大国。虽然论机组数量，与拥有上百台机组的美国相比，似乎差距不小。然而，美国在1980年后就再没建过一台新机组，而法国的核电机组却大多是此后才建的。因此，目前世界上新一代核电中容量最大、技术最先进的核电机组是在法国，而不是在美国。目前由法德两国共同研制的第三代核电——欧洲压水堆项目，第一台机组已在芬兰动工，第二台机组也将落户法国的弗拉芒维拉。

法国59台核电机组都是同一技术，因此投资成本大大降低，每千瓦低于1000欧元，仅相当于世界核电平均投资水平的一半。运行成本也低，法国核电站的运营成本比美国低40%。法国的电价在欧洲是最低的，法国也是世界上工业和民用电价最低的国家之一。法国核电的这种成功，除了技术标准化，与它独一无二的核电工程管理模式也是分不开的。

## 二、法国核电发展特点

法国核电布局合理，也是法国核电的一大特点。法国核电不仅分布在西部沿海，还有大量的核电机组建在内陆濒河地区，基本靠近负荷中心。在55万平方km土地上，从东到西、从南到北依次布点建设了19座核电厂。核电厂所发电量直接输送各大用户，减少了电能的损耗，也避免了长距离、大功率输送的弊端，为地区经济发展及居民生活用电提供了有效的能源保障。同时，全国形成相互连接的大电网，确保电力供应的稳定及安全。

独一无二的核电工程管理模式，是法国政府授权法国电力公司为唯一的核电厂的业主、运营商以及法国核电计划的总体工程管理单位，主要负责核电站的整体设计、工程和设备采购、总结经验并反馈。法国电力公司作为业主及运营商，直接组织管理核电设备供应商体系，保证将建设、运行中的经验反馈给设计部门、制造部门，促进设计工作的不断改进，提高核电设备质量，从而保证核电厂的安全运行。

低成本高效益。美国有上百个核电机组，技术上也是各不相同。压水堆和沸水堆技术都诞生于美国。美国的核电厂的建设由不同的公司承担的，建成后又由多家私营电力公司进行运营，因此，许多技术上和运营管理上的经验无法共享，形不成规模效应，建设和运营的成本自然很高。法国的电价在欧洲是最低的，法国也是世界上工业和民用电价最低的国家之一。据法国能源专家测算，生产同等电力，以煤为原料要占成本的40%，以天然气为原料要占成本的80%，而核电所使用的铀的成本则只有5%。如果以原油价格每桶40美元计算，核能发电就已具备了很强的竞争力，若油价达到100美元，核电利润率更是高得惊人。

管理机制完善标准化的先进技术加上研发、设备制造、生产运营及安全监督的统一协调管理是法国核电产业的特色。比如法国原子能署全面负责全国核能战略、整体规划和研究开发，阿海珐集团负责从核燃料的前端提取生产到核电站设备的研究、设计和制造，直至核废料的后处理和储存等一体化运作，而法国电力公司则作为政府授权的唯一核电运营商专门负责核电站的运营、管理、销售和售后服务。早在20世纪60年代就成立的核管理局除制定核安全规则之外，最重要的是担当核电“警察”，行使监督核设施运行安全的职责。2002年法国在核管理局的基础上又扩建成立了国家核安全与辐射防护总局，增加了对放射性废料长期监管的职能。30多年来，法国众多核电厂的运行安全得到了极大的保障，从未出过任何重大事故。

产业关联度高为了使部门更有效更协调，2001年法国对核装备供应商与核燃料循环进行了重组（见图3.1）。重组后的AREVA减少了管理层次，简化了组织机构，提高了产业关联度，该模式能够迅速针对国内国外市场制定统一的战略。

政府的长期支持，使核电项目在法国申请信用贷款、立项和审批等都能享受一系列

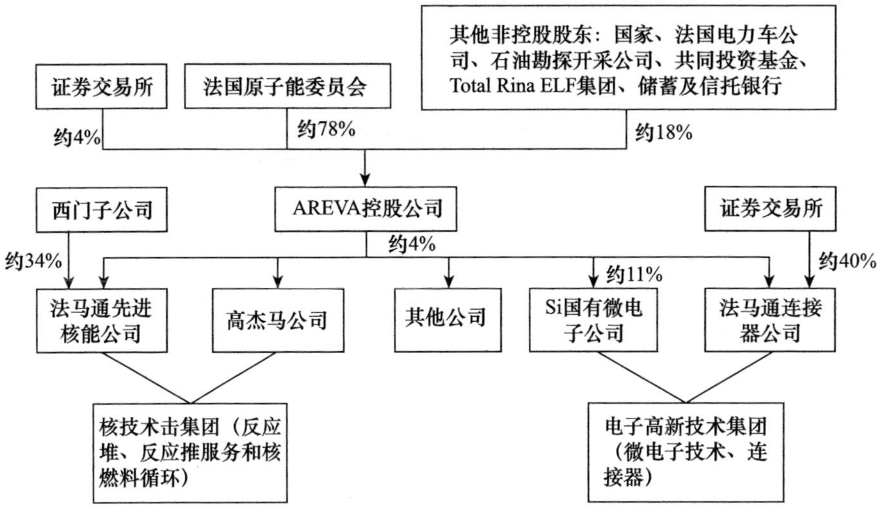


图 3.1　法国核工业重组后的组织和资本结构

数据源于：《世界产业组织模式的国际比较与借鉴》

优惠。2005 年 7 月颁布的《能源法》将这种政府支持进一步上升为法律，明确规定核电是该国电力的主要来源。在政策的倾斜和支持下，法国建立起强大的核工业体系，培养了阿海珐集团、法国电力集团等在核电方面的全球知名企业。政府支持还使得法国核电发展将长期科技进步作为一项投资重点，从而避免了企业常犯的短视错误。法国 2009 年宣布，在一项政府借贷计划中，将有 10 亿欧元投入研发第四代核反应堆，为 21 世纪本国的核电发展夯实基础。

## 三、法国核电对经济、环境的影响

发展核电为环保和减排温室气体做出了重大贡献。在世界发达国家中，法国人均二氧化碳的排放属于最低国家行列，每年仅为 1.68 t，而其邻国英国人均排放量为 2.4 t，德国为 2.8 t，美国则高达 5.36 t。

发展核电带动了经济的发展，法国核电的经济效益突出。2006 年，法国全部能源进口总额为 460 亿欧元，仅核电一项就使得法国节约了 135 亿欧元，这在没有任何一次性能源的国家中，应当说是一个了不起的成就。不仅如此，法国还向邻国大量出口富余电力，并保持了国内的低电价，为维护低通胀和贸易平衡做出了贡献。欧盟统计局的数据显示，法国工业用电的价格是欧盟成员国中最低的，且居民用电的价格比欧盟平均价格低 20%。

发展核电提高了法国的国际竞争力。20 世纪 70 年代的世界石油危机发生后，法国调整了能源发展战略，将核能作为能源发展中最重要的领域。法国核能发展战略一是要确保法国能源安全，使法国的能源进口低于 50%，二是保护环境。法国是欧盟少数几个排放温室气体最少的国家之一，保障稳定的和有竞争力的能源价格，法国的电力生产在欧洲市场中有很强的竞争力。

截至 2021 年 5 月，法国 56 台核电机组在运，10 台永久关停等待退役。2019 年核发电量 382 402.75 GW·h，核能发电占法国总发电量的 70.6%（见图 3.2），约 90%的法国电力来自低碳来源（核能和可再生能源）。其他发电品种中，水电占 12.4%、火电占7.1%、风电占5.1%、太阳能占1.8%、生物质能占1.8%等（各品种发电数据统计来自法国国家电网RTE，见图3.3）。

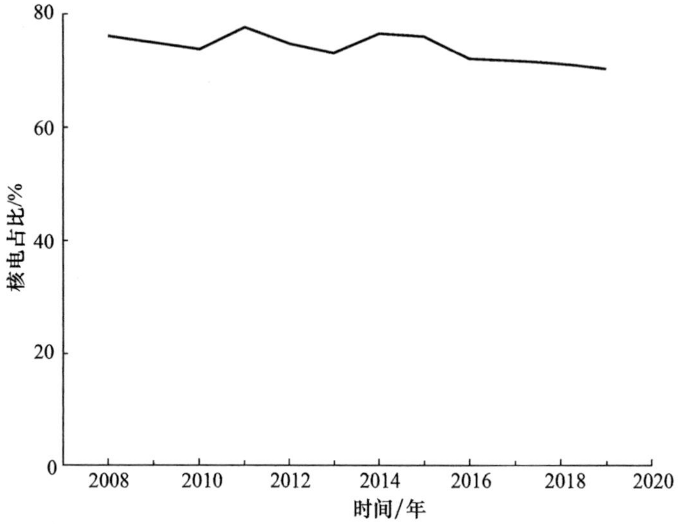


图3.2　法国核电比重变化情况

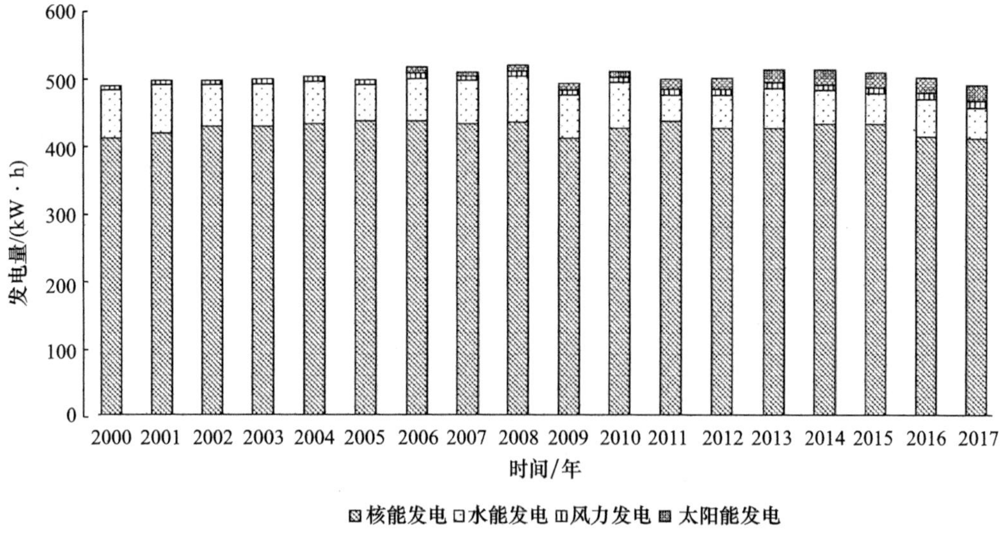


图3.3　法国2000—2017年各能源品种的发电量（按TW·h计算）

法国是世界最大的电力净出口国，每年电力出口收益超过30亿欧元。2015年8月17日法国政府通过的《绿色增长能源转型法案》提出，要实现能源结构多样化，进一步限制化石燃料使用，使发电多元化，增加可再生能源的份额。法案制定的能源和气候目标包括：温室气体（Greenhouse Gas，GHG）的排放量到2030年减少40%，到2050年下降到1/4（与1990年相比）。最终能耗到2030年下降20%，到2050年下降50%（与2012年相比）。到2030年可再生能源占最终总能耗的32%，占总发电量的40%。到2025年，核能在电力结构中的份额降至50%，限定核电装机容量在当前63.2 GW的水平（要新建反应堆，就需要关闭旧堆）。《绿色增长能源转型法》强化了国家核安全管理局的职责，提高了存储核废料的标准和核安全信息对公众的透明度。

鉴于可再生能源目前比例非常小，核能是法国未来几年内避免任何重大能源短缺的唯一选择，核电仍是法国作为能源独立国家和欧洲最大净电力出口国的最有效保障。法国 2017 年 11 月宣布延迟减核时程；12 月，法国总统表示："核能与可再生能源，是最无碳的发电方式。" 2018 年 9 月，法国总理表示："2035 年可能是核电 50%目标的达成日期，仓促减核会造成碳排放增长、电力供应安全问题以及带来失业风险。"

法国总统马克龙 2018 年 11 月表示，到 2035 年，法国目前运行的 58 座核反应堆中将有 14 座被关闭，其中 4~6 座将在 2030 年前关闭。同时强调，减小核电比重，并非放弃核电。任何现有核电厂都不会完全关闭，关闭时间取决于法国能源结构的过渡状况，包括增加可再生能源和扩大同邻国电网互联能力的实施状况等。法国无法确定 2035 年后替代现有反应堆的最具竞争力的发电形式，希望保留未来对可能的新反应堆的选择权。

## 第五节　日本核电的发展

### 一、日本核电技术的引进与发展

日本从 20 世纪 50 年代初期就着手核电的开发研究和设备制造的准备工作。于 1956 年成立日本原子能研究所，1961 年组建成日本原子能发电公司，并于 1961 年 3 月开始兴建东海核电厂。至 1966 年 7 月核电厂建成投入运行，开创了日本核电生产的新纪元。该电站采用了英国通用电气公司（GEC）的石墨气冷堆（GCR）机组，其容量为 166 MW。

日本内阁 2018 年 7 月 3 日批准第五份基础能源规划，设定了到 2030 年的电力结构发展目标。根据规划，核电仍将是一种重要能源，核发电量到 2030 年将占全国总发电量的 20%~22%。根据 2002 年 6 月通过的《基础能源政策法》，日本政府每隔 3~4 年修订一次基础能源规划。与以前的规划一样，新版规划认识到确保能源供应安全对日本这个缺乏化石燃料资源的国家的必要性。在致力于发展清洁能源的同时，新版规划强调应确保能源的稳定和安全供应。

新版规划设定的 2030 年电力结构发展目标是：核电，20%~22%；可再生能源，20%~24%；煤电，26%；液化天然气，27%；石油，3%。对于碳减排，规划设定的目标是：到 2030 年将日本的二氧化碳排放量在 2013 年基础上降低 26%，到 2050 年降低 80%。规划还表示，计划到 2030 年将能源自给率提升至约 24%，2016 年仅为 8%。

规划指出，核能到 2030 年将继续是一种重要的基荷能源，能够帮助确保长期能源供需结构的稳定性。在到 2050 年的更长时间框架内，核能也将是一项"可行的脱碳选择"。在表示日本将尽可能降低核能依赖性的同时，规划还指出，核电份额目标将通过重启核电机组并持续提升安全水平来实现。

政府认为 20%~22%的核电份额目标是能够实现的，但需要满足 3 个前提条件：30 台机组重启，2 台在建机组按计划投运，以及允许在运机组延寿 20 年，即将运行寿期从最初的 40 年延长到 60 年。这 3 个条件尤其是重启 30 台核电机组，对于当前的日本是一项严峻挑战。截至 2018 年 9 月底，虽然有 15 台机组通过了原子力规制委员会（NRA）的安全评审，确认能够满足后福岛安全标准，但仅有 8 台机组实现了重启运行。

福岛核事故后，日本所有核电机组均陆续停运。若要重启，不仅需要通过规制委的安全检查，还需要获得地方政府的认可。即使这两个条件都得到满足，核电机组还可能因地方法院的裁决而不能重启。例如，由于广岛高等法院 2017 年 12 月发布暂停令，已重启运行的伊方 3 号机组不得不停运。包括福岛第一核电厂的 6 台机组在内，日本在福岛后已宣布永久关闭总计 15 台核电机组，因此仅有 39 台机组可恢复运行。在东京电力公司（Tepco）2018 年 6 月宣布可能会永久关闭福岛第二核电厂的 4 台机组后，可恢复运行的机组数量进一步降至 35 台。据估计，未来可能还有超过 10 台机组会因各种原因（例如地质条件不好、当地居民反对）被直接关闭，不会重启。对于日本核电重启，乐观的预期是，最终有 20 台机组实现重启。这意味着实现 20%的核电份额目标不可能实现，除非启动核电建设项目。鉴于日本公众当前对于核电发展的态度，这在近期是一项几乎不可能完成的任务。

鉴于美国的轻水堆（LWR）机组经过近 10 年的运行和改进，其经济性和可靠性已基本上得到确认，日本原子能委员会在讨论“核电开发计划”时认为日本的第 2 台核电机组以采用轻水堆为宜。于是，在 70 年代初期，日本原子能发电公司为敦贺 78 核电站 1 号机从美国通用电气公司（GE）引进了 357 MW 的沸水堆（BWR）机组，于 1967 年 2 月开工建设，1970 年 3 月投入运行。接着，关西电力公司为美浜核电厂 1 号机从美国 GE 公司引进了月 340 MW 的压水堆（PWR）机组，于 1967 年 8 月开工，1970 年 11 月立中投入运行。东京电力公司则为福岛第一核电厂 1、2 号机从美国威斯汀豪斯（Westinghouse，WH）公司引进了 460 MW 和 784 MW 的沸水堆机组各 1 台。于 1971 年 3 月和 1974 年 7 月相继投入运行。接着关西电力公司为大饭核电站 1、2 号机从美国 WH 公司引进了两台 1175 MW 的压水堆机组，于 1979 年 3 月、12 月先后投入运行。

日本在这些轻水堆核电站的建设和运行中，大量吸收了美国的核电技术和实践经验，为以后提高日本核电设备国产率打下了良好的基础。日本在 70 年代后核电迅速发展的基本经验是：积极引进技术，大力消化吸收，以完全仿制到逐步改进，不断提高国产化程度。表 3.4 列出了日本核电设备国产率的提高情况。从表中可以看出在 70 年代中期以前投入运行的核电机组，以引进设备居多。至 80 年代后投入的核电机组均为日本的三菱重工、日立、东芝、石川岛播磨等公司自行制造。如表 3.4 所示。

**表 3.4　日本核电设备国产化率的变化**

| 电站名及机组号 | 设备国产率/% | 设备制造公司 | | | |
|---|---|---|---|---|---|
| | | 反应堆系统 | 压力容量 | 初装燃料 | 汽轮机发电机 |
| 东海 | 35 | GEC | GEC | BNFL | GEC |
| 敦贺 1 | 55 | GE，日立 | GE，日立 | GE | GE，东芝 |
| 敦贺 2 | 93 | 三菱 | 三菱 | MNF | 三菱 |
| 福岛 1 | 53 | GE | IHI，GE | GE | GE |
| 福岛 2 | 65 | GE，东芝 | IHI，东芝 | GE | GE，东芝 |
| 福岛 3 | 91 | 东芝 | IHI | 东芝，JNF | 东芝 |

续 表

| 电站名及机组号 | 设备国产率/% | 设备制造公司 | | | |
|---|---|---|---|---|---|
| | | 反应堆系统 | 压力容量 | 初装燃料 | 汽轮机发电机 |
| 福岛 4 | 91 | 日立 | 日立 | 日立，JNF | 日立 |
| 福岛 5 | 93 | 东芝 | INI | 东芝，JNF | 东芝 |
| 福岛 6 | 63 | GE，东芝 | 东芝，INI | GE，JNF | GE，东芝 |
| 美滨 1 | 58 | WH，三菱 | CE | WH | 三菱 |
| 美滨 2 | 72 | 三菱，WH | 三菱 | WH | 三菱 |
| 美滨 3 | 93 | 三菱 | 三菱 | WH | 三菱 |
| 大阪 1 | 67 | WH | 三菱 | WH | 三菱 |
| 大阪 2 | 77 | WH | 三菱 | WH | 三菱 |
| 大阪 3 | 93 | 三菱 | 三菱 | MNF | 三菱 |
| 大阪 4 | 93 | 三菱 | 三菱 | MNF | 三菱 |
| 高滨 1 | 61 | WH，三菱 | 三菱 | WH，MNF | 三菱 |
| 高滨 2 | 80 | 三菱 | 三菱 | WH，MNF | 三菱 |
| 高滨 3 | 93 | 三菱 | 三菱 | MNF | 三菱 |
| 高滨 4 | 93 | 三菱 | 三菱 | MNF | 三菱 |

日本最初引进的核电机组曾发生过一系列的问题，如沸水堆一次循环冷却系统的不锈钢管发生应力腐蚀，压水堆的蒸汽发生器内的换热管道损坏等。由于设备故障较多，非计划停机次数频繁，检修工期延长，致使 1973—1979 年间的核电设备利用率低到 40%～55%。随着核电技术的不断改进、运行和维修的经验积累，使核电设备利用率逐年提高，至 90 年代后，该项利用率上升到 80%～85%。

## 二、日本核电站的建设

至 1997 年底，日本公用电业已建成核电厂 17 座，共有 53 台核电机组，其装机容量共 45 248 MW。其中，压水堆机组 22 台，装机容量共 19 086 MW；沸水堆机组 28 台，装机容量共 25 551 MW；气冷堆 1 台，装机容量为 166 MW。此外，在试验电厂中还有供试验研究用的快中子增殖堆机组（280 MW）和新型转换堆机组（165 MW）各 1 台。目前，装机容量大于 3000 MW 的核电厂有 6 座，其中容量最大的是柏崎刈羽核电厂，装有 5 台 1100 MW 的 BWR 机组和 2 台 1356 MW 的 ABWR 机组，装机容量共 8212 MW。装机容量为 4000 MW 级的有大饭、福岛第一和福岛第二核电厂等 3 座。装机容量为 3000 MW 级的有浜冈、高浜核电厂等 2 座。

## 三、日本核电技术的进步

日本在 60 年代后期，确定了长期发展轻水堆核电厂的方针。为了不断提高轻水堆技术，日本在通产省的推动下，由有关电力公司和核电设备制造公司合作，曾推行了三次“轻水堆改良标准化计划”。第一次计划是在1975—1977年间实施的。这次计划的主要目标是：改进堆芯设计，增加堆芯功率密度；加大安全壳尺寸，为便于检查和维修改进通道；减少工作人员受到的辐射剂量；在维修和检查中采用自动检测系统；控制棒驱动装置采用遥控和自动系统；采用耐应力腐蚀的高强度材料等。第二次计划是在1978—1981年间实施的。这次计划的主要目标是：在第一次计划中获得改进的基础上，进一步提高设备的可靠性和可用率，提高标准化程度；进一步减少工作人员受到的辐射剂量。第三次计划是在1981—1985年间实施的。这次计划的主要目标是：在日本已建立的核电技术基础上，进行国际合作，发展新一代的轻水堆（ABWR、APWR）机组。要求实现：①提高可靠性；②提高可用率；③提高运行灵活性和自动化程度；④减少工作人员受到的辐射剂量；⑤提高选址效率；⑥缩短建设周期。

在改良计划中要求按下列方向改进设备和系统：①加强跟踪负荷的能力；②保持长期稳定运行；③提高设备效率，实现大容量化；④改善运行管理系统；⑤定期检查高效化；⑥为减少辐射改进有关设备和系统；⑦缩短建设工期。

在标准化计划方面要推进以下几项标准化：①抗震设计标准化；②与审批有关的事项标准化；③核废物处理方法标准化；④确定标准设备的基本规格。

下面分别叙述ABWR和APWR机组的技术改进情况和特点。

1. ABWR机组

ABWR机组是由日本6家电力公司（东京、东北、中部、北陆、中国和日本原子能发电）、两家设备制造公司（东芝、日立）和美国通用电气公司（GE）合作开发的。试制完成的头两台ABWR机组已用于东京电力公司的柏崎刈羽核电厂的6号、7号机组，分别于1996年11月和1997年7月投入运行。

ABWR机组的开发是在BWR机组不断改进的基础上进行的。美国的第一代BWR机组的冷却水系统采用了简单的强制循环，发生的蒸汽直接送往汽轮机。日本敦贺核电厂1号机采用的是BWR-2型机组，它采用了可控制压力的安全壳。福岛第一核电厂1号机采用的是BWR-3型机组，它采用了喷射式循环水泵。该电厂的2~5号机采用的是BWR-4型机组，它增大了堆芯功率密度，提高了燃耗，实现了系统设计标准化。此后，福岛第二核电厂1~4号机、东海核电厂2号机、柏崎刈羽核电厂1~5号机采用的都是BWR-5型机组，它增大了容量（1100 MW），修改了安全壳的抗震设计，改进了应急堆芯冷却系统。当前，柏崎刈羽核电厂的6~7号机采用的ABWR型机组正是BWR-5型机组更进一步发展的成果。ABWR型机组的主要特点如下：

（1）改进堆芯设计

为保证具有良好的运行操作性，改进了堆芯燃料棒结构和分布。将初装燃料棒分为高、中、低浓缩度棒3种，并将其均衡分布，多将低浓缩度棒布置在控制棒周围和堆芯四周区。

（2）扩大机组容量及提高热效率

ABWR机组的初装燃料棒采用了872根、控制棒205根（BWR-5型机组相应为764根和185根），使机组容量从BWR-5型机组的1100 MW扩大到ABWR机组的1356 MW，约增加20%。此外，汽轮机采用了1320 mm长的末级叶片，使排汽损失降低，采用了湿份分离加热的再热循环系统，以及加热器疏水回注系统，使机组热效率从33%提高到35%。

(3) 采用内置循环泵(RIP)

BWR 机组均采用外置循环泵，此泵与压力壳之间需用管道连接。现用 RIP 替代后，由于没有大直径的循环水管，也不需要防止此管道破裂的堆芯冷却系统。检查和维修量减少，工作人员受到的辐射剂量也减少。用 RIP 后，不存在轴密封问题，堆中水漏出的可能性极小。此外，还可减小安全壳的外形尺寸，厂房体积相应减小(从 BWR 机组厂房的高 70 m、面积 51 m×49 m 减小为 ABWR 机组的高 58 m、面积 59 m×56 m)。

(4) 采用微动型控制棒驱动机构(FMCRD)

BWR 机组的控制棒驱动机构(CRD)在正常运行和应急运行时均采用液压驱动系统。改为 FMCRD 后，在正常运行中采用电动机驱动，可同时驱动多根控制棒，使起动时间大大缩短。电动机驱动还可进行微调，从而得到良好的负荷跟踪特性。在应急状态下则可采用液压驱动。由于同时备有电动和液动两种驱动源，故在应急状态下可任选其一，从而提高了安全可靠性。

(5) 改进应急用堆芯冷却系统(ECCS)

采用内置循环泵后，虽不存在大直径循环水管破裂的问题，但中、小直径管道的故障的防止措施必须重视。为此将应急用堆芯冷却系统分为独立的三部分，每一部分中都加强了低压堆芯淹没系统。第一部分中有堆芯隔离冷却系统(RCIC)和低压堆芯淹没系统(LPFL)，第二部分中有高压堆芯淹没系统(HPCF)和 LPFL；第三部中有 HPCF 和 LPFL。此外，还设有自动卸压系统(ADS)。

(6) 采用钢筋混凝土安全壳(RCCV)

BWR 机组均采用钢制安全壳，ABWR 机组则采用了钢筋混凝土圆筒形安全壳，其钢筋混凝土结构起承压作用，其钢板内衬则起密封作用。采用 RCCV 设计，它便于自由选择安全壳的形状；便于平直布置管道和设备，安全壳内空间可有效利用；安全壳整体重心降低有利于抗震设计。安全壳和厂房可平行施工，有利于缩短建设周期。

(7) 采用数字化技术和人机对话

ABWR 机组的正常运行系统、紧急停堆系统、应急堆芯冷却系统等的测量和控制都采用了数字式控制。紧急停堆系统按 4 取 2 的冗余原则设计，可确保其操作的可靠性。中央控制盘采用了大型显示屏。在主盘上可利用屏幕显示器进行各系统的监视和操作。全体运行人员可从中央控制室的显示屏上获得全部设备和系统状态参数和有关信息。还采用了危急定型操作自动化系统，使处理事故方便而且准确。

2. APWR 机组

日本 5 家电力公司(关西、九州、四国、北海道和原子能发电)和三菱重工业公司与美国威斯汀豪斯公司合作，于 1987 年完成了 APWR 机组的基本设计和技术评价。APWR 机组的主要特点如下：

(1) 增大机组容量、提高经济性。由于改进堆芯设计，增加堆芯功率密度，加大燃耗深度，以及采用频谱移动方式，提高了核燃料的利用效率，缩短了检修工期，降低了运行费用，从而提高了机组的经济性。

(2) 提高可靠性。采用了高强度材料，蒸汽发生器的换热管道和低压汽轮机转子都有良好的抗应力腐蚀能力。

(3) 提高运行性能。采用了电液调速系统，提高了控制的可靠性。为提高跟踪负荷变化的能力，采用了反应性当量小的控制棒，这种棒就可在 95%的堆芯寿期内进行跟踪负荷运行。

(4) 减少工作人员受到的辐射剂量。为减少辐射剂量采取了多方面的措施，如设计中防止，运行中抑制，停运后清除等。将使每人年受到的辐射剂量从原来的300人·rem减少到100人·rem。

截至2021年5月13日，日本33台核电机组在运。2019年核发电量65 681.92 GW·h，年度核发电比例为7.5%。日本通过制定国家能源战略规划来确立本国一定时期的能源政策方向并推进相关工作。2018年7月3日，日本政府公布了最新制定的《第5个能源战略规划》(The 5th Strategic Energy Plan)，这是一份面向2030年以及2050年的日本能源中长期发展规划的政策指南和行动纲领，以构建多维、多元、柔性的能源供需体系为目标，强调从"低碳化"迈向"脱碳化"对于实现能源转型的重要性，积极争夺能源技术的主导权。规划强调核电作为"重要的基荷电源"是实现脱碳化目标的重要选择，将继续推进核电重启，持续改进安全性，以到2030年实现零排放电力占44%的目标（其中核电占20%~22%）。规划将地热、常规水电、核能、煤电定位为"基荷电源"(base-load power source)，可以全天候低成本稳定运行。

## 四、日本核电国际市场成果

福岛核事故后，在本国核电发展前景黯淡的情况下，日本政府和企业更加关注国际市场开拓。日本政府2014年4月表示"将为世界核能的和平利用做出贡献"。日本首相亲自出马，在各国展开首脑推销，经济产业省也以"汲取核电事故教训、向世界传播技术"的名义，表明支持出口的姿态。但由于国际市场萎缩（例如越南全面放弃核电建设计划），并且面临俄罗斯、韩国等国供应商的竞争，日本三大核电技术供应商东芝、三菱重工和日立在国际市场屡遭挫败，成果寥寥。

东芝的国际市场开拓已彻底失败。东芝曾经在市场上推销两项技术：AP1000和ABWR。由于美国两个AP1000建设项目出现严重拖期，成本超支严重，总承包商西屋不得不于2017年提出破产重组。随后东芝在2018年将其全资子公司西屋出售给了布鲁克菲尔德公司，全面放弃了之前利用AP1000在英国和印度市场取得的成果。东芝董事会2018年5月宣布决定退出拟建两台ABWR机组的美国南得克萨斯项目，意味着其已放弃过去10多年的美国市场付出。

三菱重工和日立虽然分别在土耳其和英国市场取得一定进展，但未来均面临重重阻力。三菱重工和法国电力公司的合资企业Atmea已获得土耳其锡诺普项目订单。项目协议由日土两国于2013年签署，拟建4台Atmea1压水堆机组，总装机容量4600 MWe。最初预计，三菱重工、伊藤忠和法国Engie公司将拥有该项目51%的股权，其他实体拥有另外49%的股权。但是，由于安全相关费用急剧上升，项目总造价已在2013年220亿美元的基础上翻番。因此，伊藤忠在2018年4月退出了该项目。根据最初的计划，该项目的可行性研究应于2017年年中完成。但根据2018年5月公布的信息，可行性研究还需持续几个月。

日立的英国全资子公司地平线核电公司(Horizon Nuclear Power)拟在威尔法和奥德伯里各建2台ABWR机组。对于其中的首个项目即威尔法项目，日立与英国政府在2018年6月4日正式启动磋商。日立希望由英国企业和政府组成的联合体能承担项目50%的风险，并希望英国政府能为其50%股权提供担保，以降低融资利率。此外，日立还希望英国政府能提供一个保障电价——这是建立投资者信心所必需的。但是英国政府目前正忙于应对脱欧挑战，并且因此前为欣克利 C 角核电建设项目提供的慷慨条件而饱受质疑。因此，当前的英国政府可能难以满足日立的要求。日立迄今已为威尔法项目支出了 30 亿美元，包括使 ABWR 设计通过英国监管机构评审的费用。其容量为 166 MW。因当时只有 GCR 机组有较多的运行经验。东海核电厂的建设和运行，对日本建立核安全审查体系，人才培训等做出了许多贡献。

日本曾将核电视为能源政策的基石，在积极推动国内核电发展的同时，大力开拓国际市场，并在美国、印度、英国和越南等国取得显著成绩。2011 年的福岛核事故使日本核电工业遭受重大打击，迄今仍未走出阴影，国内和国外发展前景堪忧。

在国内市场，迄今只有 8 台机组恢复运行。虽然政府在新版基础能源规划中设定了核电份额到 2030 年达到 20%~22%的目标，但实现难度很大。

在国际市场，日本政府和企业加大了开拓力度，力促墙外开花结果。但是，面对萎缩的市场和激烈的竞争，日本不但没有取得实质性成果，还不得不放弃了之前的一些成果。土耳其和英国是日本目前最有可能取得实质性突破的市场，但均面临着核电造价大幅上升、市场融资条件不佳等重大挑战。

## 第六节 韩国核电的发展

韩国可以说是核电界的后来者，但在 30 多年的发展中，韩国的核电建设从未间断过。而其他大多数国家和核电供应商，由于多种原因已经中断核电建设数年，甚至数十年。从未间断过的核电建设使韩国积累了丰富的核电项目管理和建设经验，这是韩国核电出口取得成功的一个基本要素。借助阿联酋项目，韩国将有机会将其数十年来积累的连续性建设经验推向全球，并可能为其将来获得更多海外核电项目奠定基础。

韩国唯一的电力公用事业机构是韩国电力公社（KEPCO），成立于 1982 年。KEPCO 的发电部分在 2001 年 4 月分为 6 个部分，其中一个是韩国水力原子力株式会社（KHNP），它管理韩国所有的核电能力和少量的水电，是 6 个子公司中最大的。截止到 2005 年 12 月，KHNP 管理 4 个核电厂，分别为古里、蔚珍、灵光、月城，共有 20 台商用核电机组，其中 16 个是压水堆、4 个是重水堆，总装机容量为 17 716 MW，2008 年占韩国总装机容量的 24%，同年发电量是 151 TW · h，占韩国发电总量的 36%，核能发电量在世界上排在第六位。

20 世纪 90 年代，韩国核电建设实现了自主化、国产化，在韩国后期投运的机组中有 6 台是韩国按本国标准自主建设的核电厂，目前在建 6 个机组中的 3 台是韩国自产的 OPR1000+、2 台是 APR1400。筹备建设的 6 台机组也全是韩国的 APR1400。

核电厂能力因子（capacity factor）是一个核电厂发电管理水平的重要标志，韩国该项指标逐年提高，2005 年达到 95. 5%，比世界平均水平高出 16. 2%，达到世界先进水平。韩国核电厂的出口韩国在推进核电厂事业的过程中，开发了能够反映出韩国尖端技术的标准型压水堆 OPR1000 和先进的压水堆 APR1400，并通过对它的建设和运营，获得了能够与国外竞争的核电厂技术。又通过建设运营月城核电厂掌握了 700 MW 级重水反应堆核电厂的设计、设备制造、施工和运营的技术。

韩国正在通过积累的技术和经验积极推进进军海外核电市场的计划。韩国的核设备已经出口美国和中国等国家。2009 年年底，韩国力压美国、法国等世界老牌核电出口国，成功与阿联酋签订价值 200 亿美元的核电厂建设协议，再加上核电厂后期运营、维护及为反应堆提供燃料等费用，协议总价值高达 400 多亿美元。这份历史上规模最大的核电站订单，激发了韩国迈向世界核电大国的雄心壮志。韩国政府近日表示，将继续推动国内核电出口产业化。韩国政府计划到 2030 年出口 80 座核电厂，力争将该国在世界新增核电站市场的占有率至少提高到 20%，成为继美国和法国之后的世界第三大核电出口国。

## 一、韩国发展核电的主要经验

制定和不断完善核能发展战略，培育核能作为战略出口产业。韩国 90% 以上的能源依赖进口，为保证能源供应安全，尽最大努力减少对进口能源的依赖。早期韩国就制定出核能发展的战略，且逐年不断完善。其核心为以下两点：第一，将核能作为国内电力生产的主要能源，以增强稳定的能源供应；第二，培养核能作为战略出口产业，通过核技术的进步和自主创新，获取国际竞争能力，打入国际市场。

为促进原子能科学技术的研究、和平开发利用核能，1958 年韩国制定了原子能法（AEA），并逐年根据实际情况不断修改。它的目标是规范和促进原子能的发展、保护核设施的安全和辐射防护，所有关于核安全管理和辐射防护的条款都被列入 AEA。AEA、电力事业法、环境影响评价法和其他有关法律是韩国管理原子能利用的国家法律，保证了韩国核电顺利快速的发展。

管理体系清晰，责任权利分明。在韩国，与核能相关的活动由多个组织机构计划和执行，主要有原子能委员会，科技部（后改为教育科技部），核能安全委员会，商务、产业和能源部，财政和经济部以及环境部等。在原子能法之下，原子能委员会是有关核能政策问题和利用的最高决策机构，由 9~11 名成员组成，代表了政府、学术界和产业界，总理担任主席。其主要任务是制定、贯彻、实施包括安全在内的各项有关和平利用原子能的政策，协调各部门的关系，分配国家有关和平利用原子能方面的预算，制定有关核燃料和反应堆方面的法规，确定核废物处置措施，办理主席和委员会决定的有关事宜等。

科技部全面负责韩国的核能研发、管理和准许工作。为了处理核安全方面的重要问题，1996 年 12 月在科技部之下建立了核能安全委员会，有 7~9 名成员。商务、产业和能源部负责核电站的建设和运行、核燃料供应、中低水平的放射性废物管理，核电厂建设分工明确，调动一切因素，尽快实现国产化。韩国由于国家小，在政府的协调下，其核电建设的管理采用单一体制，由 KHNP 作为唯一的核电业主，对核电项目建设进行管理和运营核电厂。每当国内企业在分工上出现重叠，政府都要干预，重新组合，以避免引起不必要的国内争斗。

韩国核电建设分为 3 个阶段：

第一阶段为交钥匙工程，韩国买了 3 台商用机组：古里 1 号、2 号和月城 1 号机组。第二阶段，韩国建了 6 台机组：古里 3 号、4 号，灵光 1 号、2 号和蔚珍 1 号、2 号机组，并在此期间逐步对整个核电工程项目进行管理，采用分项承包方式，由韩国电力公司与国内外公司或厂家签订合同。随着核电机组建造数目的增多，国内投入的技术力量也在增加，并且国内投资占总投资比例不断扩大。为了达到掌握实际本领和专门技能的目的，韩国从国内挑选了工程技术人员到国外学习。第一、二阶段韩国共建成 9 台机组，其中有6台美国技术的压水堆机组、2台法国技术的压水堆机组，1台加拿大技术的重水堆机组。第三阶段，为了统一堆型，80年代中期韩国核电产业界开始推行核电厂的标准化设计，选择了美国System80的蒸气供应系统作为标准化设计的基础。从1987—1997年与美国企业进行了10年的技术转让工作。灵光3号、4号机组第一个应用了该项技术，获得了成功。之后韩国进一步设计出“韩国标准核电厂”OPR1000，其符合美国先进轻水堆设计要求，此后韩国又建设了6台OPR1000。在此期间由于一些特殊原因，还建设了3台重水堆机组，于1997—1999年投运。

在90年代后期，韩国又开发出增强的OPR1000+，改进了许多部件的设计，提高了电厂的安全性和经济竞争力，优化了电厂布局，减少了投资成本。目前韩国正在建设4台OPR1000+机组。

System80+核电机组是1350 MWe改进型压水堆核电机组，它符合先进轻水堆用户要求文件，并在1997年获得NRC的认证。在System80+的基础上，韩国自1992—2002年花了十年时间，又开发成功APR1400先进压水堆，它有更高的安全性和60年的设计寿命。开始的造价为1400美元/kW，在随后建造的可下降到1200美元/kW，比OPR1000降低大约10%。目前韩国在建和计划建设8台APR1400，此堆型亦是韩国出口的主要堆型。这样，韩国以加快国产化为目的，依靠自己的力量实现核电国产化，尽量利用国际现有的先进技术，早日形成自己的核电品牌，供国内使用，减少不必要的重复进口。

韩国核电厂建设取得成功是与政府的正确决策与领导分不开的。首先，在经受70年代初期出现的两次石油危机的冲击后，政府决定走发展核电的道路，并制定一个可行的长期发展核电的规划。在核电厂的建设初期，政府对国内工业水平和能力作了粗略估价，制定出不同阶段技术转让所采取的政策。政府对国内投入核电厂建设的力量，给予支持和鼓励。对核设备进口给予优惠，实行减少或免收关税的政策。为了搞好技术转让，政府对本国有关工业部门预先作出安排，指定接受技术转让的对口单位。在引进外国核电厂的同时，派出相应的工程技术人员出国进修或培训，以便尽快地掌握核技术的精华。政府加强对各工业部门之间的联系与协调，国内参加核电厂建设的单位、厂家之间要加强合作与相互支持，并共同维护政府政策的严肃性与一致性。对部门之间出现的竞争，政府进行干预。对人力、物力和资金投入的重叠，政府采取措施加以纠正。

截止在2021年5月13日，韩国共有25台正在运营的反应堆，总装机容量为23 833 MW；正在建设4台，容量为5360 MW；1台永久关停等待退役。2019年核发电量为138 809. 35 GW·h，发电比例为26. 2%。韩国总统文在寅上任后，计划降低韩国对煤炭和核电的依赖，强调有必要向可再生能源转型。目标是到2030年，将可再生能源占比从目前的1. 1%增至20%。2017年6月，文在寅在出席永久关闭古里核电厂1号机组仪式时宣布，韩国将废除以核电厂为主的发电政策，走向“零核电”时代。为此，韩国全面终止了所有新建核电计划，不再延长核电站的设计寿命。正在建设的新古里核电厂5号、6号机组已投入1. 6万亿韩元，工程率达29. 5%。于是，政府做出暂时停工的决定，通过舆论调查决定是否持续进行工程建设。2017年10月20日，韩国新古里核电厂5号、6号机组公论化委员会发表舆论调查结果，决定将重启建设。新古里核电厂6号机组于2018年9月重新恢复建设。

## 二、韩国核电成功出口的经验

韩国核电企业进军世界核电市场的一个优势是其整体性。无论是在国内项目上，还是在国际项目上，以 KEPCO 为统帅的韩国团队始终是一个分工明确、指挥有序、运转协调的整体。KEPCO 在海外市场的开拓中，特别强调“一个 KEPCO”，即在对外核电项目中，KEPCO 是唯一的统帅，负责谈判和签订合同以及主导整个项目，其他企业在其带领下提供一站式核电服务。这种整体性使韩国企业能够团结一致、协同作战，从而产生最大的凝聚力和战斗力。从外部来看，KEPCO 是一个整体，但在其内部，专业化分工非常明确。KEPCO 负责总包，韩国水电核电公司（KHNP）、KEPCO 工程建设公司、KEPCO 核燃料公司、斗山重工、三星建设等下属或外部公司分别负责各专业领域的工作。这种对外整体、对内分工的模式把整体性的凝聚力和分工合作的专业性结合在一起，取得了良好的效果。

韩国打入世界核电市场并非一蹴而就。韩国在取得阿联酋项目之前，已经参与了多项海外核电项目，积累了丰富的出口经验，并最终在阿联酋项目上实现了从量变到质变的转化，获得了完整的项目。例如，KEPCOE&C 在 2008 年赢得西屋公司一份价值 300 亿韩元的设计服务合同，向西屋提供了 AP1000 核岛和辅助设施的设计服务。这是韩国首次向美国出口核电技术，具有划时代的意义。2008 年 6 月，斗山重工赢得一份为美国两台新建 AP1000 核电机组供应主要设备包括蒸汽发生器和反应堆压力容器的合同，价值 1.95 亿美元。另外，它还在为中国的 AP1000 核电项目供应主要设备。由此可见，在核电这种大型项目上，必须稳扎稳打，从小到大，逐渐积累经验，待到能力和时机成熟之时，获得成功也就顺理成章了。

# 第七节　其他地区和国家核电的发展

根据 IAEA 统计，截至 2021 年 5 月 13 日，全球共有 443 台机组在运，分布在 32 个国家，核电装机为 393 068 MW，另有 52 台机组在建，核电装机为 54 515 MW，全球核电运行堆年超过 1.8 万年。世界核协会（WNA）2020 年 8 月发布的《2020 年全球核电运行实绩报告》指出，2019 年全球核发电量为 2657 TW · h，略低于 2006 年历史峰值 2661 TW · h，实现了福岛核事故后的连续第七年增长。IAEA 专家认为，目前全球核电有 4 个趋势值得关注：一是作为清洁能源，核电是全球减碳的主要贡献者，未来可发挥更大作用；二是人类要有效应对能源需求、气候变化、环境保护挑战，核电份额需稳步提升；三是从核电发展地域和技术看，世界核电发展的中心正从欧洲、北美向亚洲转移；四是核电持续发展需要各国综合性的政策支持。

## 一、新兴核电国家核电发展情况

阿联酋：由韩国承建的 4 台机组进展顺利，首堆于 2012 年开工建设，目前已基本完工，正在等待监管当局的许可。4 台机组（单机容量 135 万 kW）建成投运后，将占全国电力供应的 25%；未来计划新建 4~8 台百万千瓦核电机组。

白俄罗斯：首台机组于 2013 年开工建设，属于内陆核电站。2021 年两台机组并网后，可占全国电力供应的 38%。中、日、韩、俄参与了竞标，最后俄罗斯原子能公司中标。

孟加拉国：全国电力装机中年天然气发电占比53%；缺少本土能源资源，核电已作为国家基荷能源来发展，2017、2018年先后开工两台俄罗斯原子能公司承建的AES—2006，计划分别于2023、2024年开始调试工作；未来20年拟陆续再建4台百万千瓦核电机组。

土耳其：全国能源72%依赖进口，近年来能源需求上升快，需要发展核电；计划2030年有3个核电基地共12台机组，核电占比达到15%。与俄罗斯合作的Akkuyu核电站计划建设两台VVERV—509机组，首台机组已于2018年4月开工；与日本合作的第二个核电站Sinop，相关工作正在推进中；第三个核电站正在选址过程中，有与中国合作的计划。

埃及：由于本土缺乏一次能源，埃及于20世纪50年代就开始计划引入核电，但由于各种原因，除了分别由俄罗斯和阿根廷援建了两台研究堆外，核电计划没有实质性进展。进入新世纪后，随着能源需求增加，核电建设再次提上日程，2007年通过原子能法，2017年明确了发展核电的国家政策；2016年与俄罗斯原子能公司签订了工程总承包合同（EPC）并于次年生效，计划在El Dabaa电站建设4台VVER—1200机组。俄罗斯将负责为该电厂提供核燃料、建造乏核燃料容器和储存设施、人才培养、前十年核电厂运营和维护支持。

波兰：目前能源供应以煤为主，占比达78%，预计该国褐煤资源将在2040年左右消耗殆尽，因此于2009年启动发展核电的计划。福岛核事故给该国推进核电发展带来了一定的阻力，但因能源需求、大气污染和$CO_2$减排的压力，目前重新推进核电的共识越来越多、呼声越来越高。“波兰核电规划（PNPP）”2013年获经济部批准，2014年经内阁会议审查通过，2018年升版后的规划被纳入波兰国家能源规划。该国计划2030年核电占比为6%，2040年达到18%，目前正在开展选址和环境影响评价等前期工作。

越南：原计划2020年建成首堆，日本福岛核事故后，公众更加关注核安全，加之国际国内经济形势的影响，推迟了核电计划。2016年经过修订的“国家电力发展计划”得到总理批准，计划到2030年建成4台百万千瓦机组，届时核电占比将达到10.1%。一期项目为俄罗斯原子能公司承建的Ninh Thuan1号两台机组，首堆计划在2028年建成；二期项目计划为日本公司承建的Ninh Thuan2号两台机组。

约旦：一次能源短缺，约96%的能源依赖进口。因此，其“2007—2020国家能源战略”以及升级版“2015—2025能源战略”中，都将核能列入国家能源战略的重要选项，包括发展百万千瓦的大型商用堆和中小反应堆，目前核电计划仍然处于初期阶段。

印尼：2016年其能源结构前三位分别是石油（37%）、煤（31%）和天然气（23%），可再生能源为7.7%，一次能源严重依赖进口。2014年通过的政府法令中，规划到2025年包括核电在内的新能源和可再生能源提高到23%，届时核电装机计划为2 GW；2050年占比将达到31%，核电装机为8 GW。近年来，印尼公众对核电的支持率上升，由2011年（福岛事故后）的49%上升到2017年的77%。

尼日利亚：1976年成立国家原子能委员会，但推进核电的工作直到2006年才开始实际运作，核电推进计划受福岛核事故影响，进展缓慢。2015年初步计划首台百万千瓦机组于2025年建成，另外还计划在2030年建成3台机组。2018年以来正在对2015年的计划进行修订和完善。

苏丹：在IAEA帮助下，自2007年开始推进核电发展计划，但由于政治、经济等各方面的原因，进展缓慢。2016年通过水利电力部部长法令，计划在2031年建设两台600 MW机组的首座核电站。

马来西亚：2008年计划引入核电，2011年1月成立马来西亚核电公司，作为推进核电计划的责任单位。福岛核事故后，核电计划推进无实质性进展，主要原因是公众接受问题和政府对核电的态度不明朗。

## 二、部分有核电国家核电发展情况

英国：目前共有15座在运机组，装机容量为892.3万kW，2台在建机组（欣克利角C1号、2号），30台永久关停。2019年核能发电量51 032.09 GW·h，核发电占比15.6%。

英国将可再生和核能领域视为能源改革的方向。为实现到2050年温室气体排放量在1990年的基础上减少80%这一目标，2015年11月，英国表示到2023年英国将严格限制境内所有燃煤电厂运行，2025年关停全部燃煤电厂，建立新的燃气发电厂，依赖核能和海上风力发电以扭转过度依赖煤炭的局面。2008年政府发布《面临能源挑战》白皮书，确认了英国走低碳经济体的发展路线，并确立了以核能作为低碳能源结构重要组成部分的战略。英国政府表示，在保证经济性和安全性的前提下，将采用政策手段来支持新核电厂的建设。随后出台和落实各项规（计）划，简化核电厂审批流程、加速规划实施、对现有技术进行评估等，确保了新建核电厂项目的顺利启动。由此，英国一度停摆的核电项目得到了重新启动。

政府认为到2025年需要60 GWe的净新增发电装机容量，其中35 GWe来自可再生能源。《国家核电政策声明草案》指出，尽管政府尚未确定核容量的固定目标，但预计剩余25 GWe中“很大一部分”将来自核能。根据政府官员表态，到2025年，英国将在五个厂址新建成总装机16 GWe的核电机组，但目标日期可能最终推迟到2030年。

巴基斯坦：目前有5台运行核电机组，装机为1318 MW，核发电占比为6.6%。首台机组为从加拿大引进、1972年建成投运的K-1机组；两台在建机组（K-2、K-3号）采用中国“华龙一号”技术，目前进展顺利；C-5项目（华龙）正在与中核集团洽谈商务合同。巴基斯坦计划到2030年核电装机达到8800 MW。

巴西：建立了较完整核燃料循环体系，有多座研究堆；首台核电机组ANGRA1号（657 MW，西屋公司提供技术）于1985年投入运行，ANGRA2号（1350 MW，由西门子等提供技术）于2001投运；目前正在推进建设ANGRA3号机组（1405 MW，由西门子/法玛通提供技术）。

亚美利亚：现有两台机组分别于1977年、1980年投运。1988年发生大地震后，尽管两台机组完好，苏联仍然下令长期停机。1993年，为克服经济危机影响，决定重启2号机组。在俄罗斯帮助下，2号机组于1995年成功恢复运行，但1号机仍处于长期停运状态。福岛事故对该国核电新机组计划带来较大影响，但老机组依然进行了延寿，2015年，该国政府决定再建设1台600 MW新机组。

乌克兰：1986年4月，苏联时代乌克兰境内发生了切尔诺贝利核事故，切尔诺贝利电厂共有4台机组，事故机组为4号机组，事故发生后即永久封存，但该厂址另外3台机组保持了持续运行，最后一台机组运行至2000年才宣布永久停机。目前，核电仍然是该国主要能源来源，现有 4 个核电厂 15 台机组在运，装机 13 835 MW，2017 年核发电占比超过 55%。2017 年 8 月内阁通过的“2035 年能源战略”中，核电仍然扮演重要角色：计划通过对现在机组延寿、功率提升（已有 9 台机组获延寿 10 年或 20 年），继续建设 KHMELNITSKI 3 号和 4 号两台百万千瓦机组（分别于 1986、1987 年开工），使其核发电占比保持在 50%左右。

伊朗：首台核电机组（Busheher 核电厂，俄罗斯提供的 VVER-1000 堆型）于 2013 年并网发电。未来计划包括建设一台 100 MW 小型反应堆（用于发电和海水淡化），建设两台俄罗斯的 VVER-1000 型号的大型机组。

印度：目前有 22 台机组在运，6 台机组在建，核电占比不高，保持在 3.2%左右，其主要能源仍然是化石能源。印度核电起步较早，具有核电设计建造能力，但其核电机组容量较小。近年来，印度与俄罗斯合作，开工建设了百万千瓦级的核电机组，部分机组已投入运行。

阿根廷：目前有 3 台机组在运行，2014 年开始的 CREAM25 MW 小堆仍在建设中，预计 2022 年完工。另外，阿根廷与中核集团合作建设“华龙一号”机组的协议已经签署，各项工作正在推进中。

捷克：20 世纪 70 年代开始建设核电基础结构，目前该国 50%的电力和大部分供热由核电提供。

匈牙利：目前有 4 台苏联提供的 440 MW 机组运行，已批准延寿 20 年，功率提升至 500 MW；另计划从俄罗斯引进建设两台 VVER—1200 机组，2017 年已获厂址许可。

罗马尼亚：目前有两台重水堆机组在运，核电占比为 18.5%，政府积极支持核电发展。2019 年 5 月 9 日与中广核签署了有关协议，拟由中广核投资建设另两台重水堆机组。该国建有干式中间储存设施，乏燃料可保存 50 年。

斯洛伐克：现有 4 台机组运行，2 台在建，3 台永久停运，核电装机容量为 688 MW，核发电占比达 53.9%，该国还有再建新机组的计划。

德国：目前还有 7 台机组在运行，按关停计划，今年将关停两台，2021 年关停 3 台，2022 年关停最后一台，但仍将保留研究堆。

瑞士：现有 5 个机组仍将运行至寿期结束，将持续保持核电研发能力，暂无新核电机组建设计划。

## 参考文献

[1] 卫之奇. 美国核电现状及发展趋势[J]. 全球科技经济瞭望，2012，27(9)：46-57.
[2] 王岩岩. 法国核电发展模式对我国的启示[J]. 价值工程，2010，29(16)：133-134.
[3] 张富强. 法国能源战略——核能先行[N]. 中国能源报，2019-03-18(7).
[4] 伍浩松，戴定，王树. 日本核电产业发展前景[J]. 国外核新闻，2018(10)：22-23.
[5] 梁木. 日本核电技术的发展[J]. 国际电力，1998(3)：14-20.
[6] 具滋允. 韩国的核能发展现状和未来的展望[J]. 低碳世界，2013，000(5)：16-17.
[7] 李颖涵，伍浩松. 2019 年世界核发电量接近历史新高[J]. 国外核新闻，2020(9)：3.
[8] 世界核电发展的四个阶段[J]. 中国核电，2019，12(1)：68.
[9] 周全之. 世界核电发展现状及前景展望[J]. 大众用电，2018，32(6)：25-26.

# 第四章 中国核能产业发展状况与前景分析

## 第一节 中国核电产业结构体系

### 一、核电产业概念的辨析

核电既是核又是电，是核与电的统一体，又是核与电的矛盾体。核电有许多优点，它是经济、气候和环境多项考虑的可持续发展的结合点。防止气候变暖是它的最大优势，安全、可靠、清洁是另一个优势，潜在的经济性是它的第三个优势。我国急需结合21世纪的能源战略和国家安全战略调整，统一对核电产业发展的认识，制定权威性的、长远的、具有可操作性的核电发展规划，以此统率核电产业的技术政策、装备政策、投资政策、区位政策、产业组织政策和对外交往战略等等。但是国内外对核电产业概念界定一直比较模糊，国外部分学者将核电站等同于核电产业，核电相关研究仅限于核电厂相关领域，对核电产业的政策研究就具有很大局限性。我国部分文献中将核工业与核电产业的概念等同，这也存在着问题，他们之间有很多重叠的部分，但是，各有偏重，核工业中的只有部分是为核电服务的，而核电还有很多非核部分部门企业，如机械、电力、化工等，所以探讨核电产业的概念很有意义。

核电是指将核能转换为商用电力的技术能力，产业在《辞海》中解释为各种生产的事业。WTO《反倾销协议》将产业定义为同种产品的生产者的总体，或者是占有该产品产量相当部分的生产者。顾名思义核电产业就是指将核能转换为商用电力的生产者的总和，是指与核电站关联的企、事业单位。在中国工程院《核电中长期发展战略》一书中对“核电产业”描述为与核电厂有关的系统设计、设备制造、施工建设、调试运营有关的产业链条中的主要环节组成的产业群，必须具备有标准化、系列化、批量生产核电站，以及改进核电站技术，研究和开发新一代核电厂的能力。即达到产业层次必须具有一定的商品化规模和设计制造能力及技术水平，而不仅仅是只搞原型试验堆或购买几个商业堆。《2004年核电行业投资分析报告》核电行业就是利用核聚变、核裂变产生的能量发电的行业，是电力行业的一部分。以上概念存在片面性，已不适应从整体研究核电发展。

核电开发目前是世界电力行业发展的重要议题，我国的核电发展，已经越来越被国家政府重视，核电是符合可持续发展战略的。传统上各国的能源政策是基于本国的经济政策和安全战略，电力政策是能源政策的核心。而核电产业在目前能源日趋重要的背景下是关系现阶段能源政策的最热门话题。从核电产业外延的角度分析，核电产业的外延应与这些企事业单位的现行隶属管理体系不存在必然的关系。核工业系统所属企、事业单位虽然掌握着核电产业核心技术，但只是核电产业的一部分。与核电有关的、除核燃料以外的原材料以及核岛、常规岛的关键设备，大都是非核工业提供的，这些产业部门也应是核电产业的不可或缺的组成部分。2004 年底，国务院为核电项目提速，做出了加快核电发展的重要决策。

核电产业的布局应从满足大规模发展的条件的角度重新考虑，核、电并重。加大核电产业电力能源功能外延，做好以下 3 点：①从宏观上将我国核电发展规划列入国家电力计划；②解决核电进入市场的渠道，通过电网的统一调度，保证核电厂按基荷稳定运行；③优化核电建设及其运营管理。从这个层次来说，核电产业既包括核工业企业，也将更广阔的属于电力企业中。

核电产业在国家战略层上的内涵是“发展核电、寓军于民、以核养核”的调整方针，肩负着保持我国核能与调整我国能源结构的战略重任。目前，我国核电还处于由起步阶段向小批量建设的过渡状态，核电产业规模较小，核电在全国装机容量中也不到 3%。核电设备制造企业相对分散，缺乏能力优势，核电技术企业专业化、一体化没有形成。核电企业大都是单一核能发电企业，跨行业、跨地区的多种电源混合电站企业没有形成。核电产业要尽快走出过渡阶段，其组织结构调整就必须要与电力管理体制改革和企业改革趋势相协调，这不仅取决于我国的技术水平和能力，更取决于今后的政策选择。

从最终产品的用途来看，核电相关的工业企业可以分为 3 个层次：一是通过军转民形成的军民兼容行业。如核燃料循环、放射性废料处理行业，既直接为军用核装置提供核材料和服务，也为民用核电厂提供动力燃料和服务。二是以民用产品为主，为军工配套的军民兼容行业。如核电设备制造业，核电设备制造企业原本是民用企业以制造民用设备为主，也接受有关军用装备（核潜艇反应堆等）的订货。三是最终产品完全是民用产品。如核能发电企业的最终产品是电力，属于民用领域。

核电是复杂的系统工程，靠一个地区、一个部门要实现较大规模的发展是不可能的。核电集团需要在国家统一领导和协调下与全国有关系统、行业紧密合作。在全国核电按相关性能划分，有如下三大体系：

1. 核电业主体系

即项目法人体系。它必须立足于市场竞争，要承担建造、营运和还贷的风险与责任。为此业主体系一方面要实现跨地区的群堆管理，资源共享，建立确保安全、不断降低成本的生产管理体系；另一方面要组建总体设计、研究开发、工程管理、人才培训等工程管理体系。最终形成包括总体设计、建造管理、调试、生产、技术改造、培训、维修等一整套综合实力较强的核电企业集团。

2. 工业体系

包括核工业、电力工业、机械制造业、冶金工业、电子电器、仪器、仪表、建筑安装、基础研究、大中专教育等多行业的全面协调，形成机制灵活、管理有效的工业协作体系，可以互相参股，互惠互利，以核电产业为纽带去实现集团化的发展。

3. 支持服务体系

包括核安全监督、研究开发、技术改造、技术后援、大修、信息、通信、应急事故处理、核燃料循环、环保监督、工程监理等，建立和完善核电支持服务体系，有些可以由国家行政协调，有些可以按合同方式实施。

核电产业是一个新兴的事物，所以其定义还在不断变化发展中，而且各个角度分析都有特点，从产品使用角度分析，核电产业是军民兼容工业，可分为燃料端、发电端、电网端三个部分，他们互相联系，涵盖核技术、机械、化工、冶金、电子等多个专业领域。

## 二、核电产业的自然垄断性结构分析

核电产业需要专用的原料供应、专门的设备制造及专门的电力上网线路。所以具有明显的自然垄断特性和网络特性。核电站发电使用的是铀-235，属于国家战略资源，整个矿藏的开采、加工及后期乏燃料处理，都关系到国家核能力的发展战略，是国家战略安全的重要影响因素，一般都由政府严格控制。所以，明显的国家垄断性，但对整个核电产业来说，核电站的这个服务网络也是很单一的，具有形成了核电垄断性质的一个基础。核电产业的显著特点是需要巨额投资，投资回报期长，投资形成的资产专用性强，规模经济和网络经济非常显著。因此，为了有效地配置和运用社会资源，在一定范围内，政府往往通过发放经营许可证来限制或阻止某些行业的进入者，由一家或极少数家企业垄断经营这些产业。研究核电产业经济性质时，多是从一个整体的角度来描述核电产业的自然垄断性。具体而言，核电产业一般具有如下经济特征：第一，固定成本占总成本的比重很大。无论是传统上的铀矿企业、核电厂，还是电网、电容建设，投资都是几十亿甚至上百亿，建设投资期也很长。例如，秦山一期从 81 年立项，到 94 年商业运行，用了 13 年；广东阳江核电厂规划总投资 80 亿美元，计划建设期 15 年至 20 年；2009 年开工的山东乳山核电厂总投资达 800 亿元。第二，沉淀成本较高。核电设施的转用性很强，不能移动，很难被用于其他用途，残值较低。第三，具有不可分割性。在系统局部得到改变的情况下，核电仍受制电力需求能力和铀矿的储备，这一特性也可看成是网络服务供给的不可分割性。所以，由于较高的固定成本、能力的不可细分性和网络产业所共有的一些经济特性，决定了核电产业中存在着大量“沉淀成本”，难于在诸多产品中分配的联合成本和较大可能的范围经济。正是由于上述的经济特性，核电产业通常被认为具有特殊成因的自然垄断的特性，因而政府必然要进行规制。

从企业行为角度分析，新企业进入核电市场将遇到的经济、技术以及法律和行政制度等障碍，也就是规制经济学中定义的进入壁垒。主要表现在以下几个方面：

1. 规模经济壁垒

在国际核电行业，要求新建核电企业必须在进入初期或进入后早期实现规模生产，才有竞争力，一般来说这比较困难。

2. 必要资本壁垒

必要资本是指企业进入市场时所需要的生产和销售的资本投入，必要资本量越大，筹资越难。如果资本专用性更强，那么投资风险和进入障碍就特别大。

3. 绝对费用和资源占有壁垒

核电行业，原有企业占有了一些难以获得的要素和资源，而购买这些要素和资源所付的费用往往很高。

4. 政府进入管制壁垒

5. 市场容量约束壁垒

相对于电源企业选择来说，核电市场容量显得较小。当需求较小时，约束作用更强。

6. 沉淀成本壁垒

综上所述，核电产业其自然垄断性质主要体现在燃料端与电网端，而中间环节的核电站依赖其提供服务的业主体系虽然具有技术壁垒，即使有垄断也只是弱垄断，而为其服务的制造工业、电力工业、信息工业等工业体系如果抛开国家战略需要来说是可以市场化运行操作的，具有一定的竞争性。核电产业可以概括为两头垄断，中间可竞争的联合体。

## 三、核电产业的规制改革的动机与基本目标

从历史发展角度分析，规制公共利益理论应当算是人们对规制动机的传统认识，也是规制理论发展的逻辑起点。在规制理论中研究为什么要进行规制，规制代表谁的利益，哪些产业易受到规制等问题越来越重要。规制动机理论的发展主要经历了规制公共利益理论、规制俘虏理论（Capture Theory of Regulation）、规制经济理论（Economic Theory of Regulation）三大阶段。规制动机理论的发展涵盖规制力量论的许多最新成果。

规制公共利益理论：规制公共利益理论产生的直接基础是市场失灵。市场经济一般会在垄断与不完全竞争、外部性、内部性等领域出现失灵情况，在此情况下，政府规制有潜在合理性。在自然垄断情况下，进入规制只允许一个企业进行生产，这符合生产效率的要求，而价格规制能约束企业制定出社会最优价格，这符合资源配置效率。所以对自然垄断的价格和进入规制有可能获得资源配置和生产双重效率。在外部性存在的情况下，增加对消极外部性的税收征收，补贴积极外部性，这都可能导致倾向社会偏好的资源配置状态。总之，当市场失灵出现时，从理论上讲，规制有可能带来社会福利的提高。如果自由市场在有效配置资源和满足消费者需求方面不能产生良好绩效，则政府将规制市场纠正这种情形。这暗示着政府是公众利益而不是某一特定部门利益的保护者，将对任何出现市场失灵的地方进行规制。欧文和布劳第根（Owen，Graentigam，1978）将规制看作是服从公共需要而提供的一种减弱市场运作风险的方式，也表达了规制体现公共利益的观点。

规制俘虏理论：对19世纪末美国规制历史的回顾，揭示规制与市场失灵并不太相关。至少到20世纪60年代，从规制的经验来看，规制是朝着有利于生产者的方向发展的，规制提高了产业内企业的利润。在电力产业，有事实表明规制对价格的作用甚小，该产业能赚取正常利润之上的经济利润。规制有利于生产者得到了经验证据的支持，这些经验观察导致规制俘虏理论的产生和发展。与规制公共利益理论完全相反，规制俘虏理论认为：规制的提供正好适应了产业对规制的需求（即立法者被规制产业所控制和俘获），而且，规制机构也逐渐被产业所控制（即规制者被产业所俘虏）。规制俘虏理论的基本观点是不管规制方案如何设计，规制机构对某个产业的规制实际是被这个产业“俘虏”，其含义是规制提高了产业利润而不是社会福利，也就是说规制的动机来自产业利润或生产者利益最大化。

规制经济理论：理论分析与规制实践表明，规制与市场失灵的存在不完全相关，与规制公共利益理论相矛盾，而且，规制不完全是支持生产者，与规制俘虏理论相冲突。从总体上看，规制公共利益理论和俘虏理论都称不上是真正的理论，而仅仅是一种假设和对规制经验的一种陈述。规制历史表明，不同利益集团的福利因规制而改善，需要一种新理论来解释这种现象。而且，这种理论必须能同时解释规制实践过程中对产业规制及放松规制的原因。1971 年，诺贝尔经济学奖获得者施蒂格勒发表《经济规制论》(The Theory of Economic Regulation)，首次尝试运用经济学的标准分析方法来分析规制的产生，开创了规制经济理论。规制经济理论从一套假设前提出发来论述假设符合逻辑推理，是规制理论的一个巨大进步，它解释了规制活动的实践过程。后来佩尔兹曼(Peltzman，1976）和贝克尔（Becket，1983）等人在其研究的基础上，进一步发展和完善了规制经济理论。

利用规制经济理论方法可得出 4 个主要结论，这些结论可预言规制将采取何种形式以及被规制产业的类型。首先，规制设计倾向于牺牲规制偏好较小的相对较大的集团而使相对较小的有强烈规制偏好的利益集团获得收益。在许多情况下，这种结论的意义在于规制会偏向生产者。其次，即使规制偏向生产者，因为消费者集团的影响，也不会出现为产业利润最大化而设置规制政策（尤其是价格规制），价格将定于利润最大化水平之下。第三个结论表现为，规制更可能存在于相对竞争性或相对垄断性产业，因为这些产业的规制会对某些集团的福利产生最大的影响。最后，市场失灵的存在使得规制更有可能，因为某些利益集团的收益相对于其他利益集团的损失而言较大，如其他情形不变，前者对立法程序具有更大的影响力。

## 四、中国核电产业组织结构及规制机构

核电产业由于其自身性质，一般都需要政府对其进行治理。而治理方式从大类上划分有固有化（内生性规制）和规制两种。我国对核电产业一开始就是从军用的角度进行管理，实行政府直接投资、垄断经营的政府规制体制。其主要特征是：企业由政府建，企业领导由政府派，资金由政府拨，价格由政府定，盈亏由政府统一负责，不存在经营风险，即实行政企高度合一的规制体例（见表 4.1）。

**表 4.1 公有制企业在核电产业中的比重**

| | 铀矿开采 | 核电设备制造 | 核电厂 | 电网 |
|---|---|---|---|---|
| 公有企业比重（国有、集体） | 100% | 96% | 75% | 100% |

在于公有型企业的经营主体中，主要是以国家寡头垄断或者独家垄断形式存在的，因而作为核电产业的规制主管部门或者地方政府与企业之间政企不分甚至政企一体化现象十分严重。例如，中国 1998 年之前，中国核产业只有一个管理部门——核工业部，所有企业的计划指标由部委摊派，在核电作为一种技术研究时，这种隶属关系对于集中大量资金投资建设核电启动曾发挥了相当大的作用。

但是，随着中国市场经济的发展和技术的进步，特别是电力市场需求的扩大，这种规制体制的弊端就日益突出。我国核电以 1984 年 4 月国务院办公厅国办发（1989）19 号为根据，核电建设必须纳入国家统筹计划，经国务院批准。核电建设必须纳入国家计

划，由能源部（现称能源局）对核电建设实行统一规划和领导，授权和委托中国核工业总公司，对核电厂的生产、经营、科研、开发和建设实行统一管理，并对核安全管理工作负直接责任，各地对有关核电建设问题不能自行决定。包括：①核电建设的国际合作，应报国务院审批。各地区、各部门可以反映情况，提出意见，但不得自行对外联系。②核电厂立项前的工作，由能源部统一领导和集中管理，具体工作委托中国核工业总公司组织进行，核电站的项目建议书由中国核工业总公司组织编写。③项目建议书批准后，由中国核工业总公司组织实施。集资建设核电项目，由能源部会商出资各方，成立董事会和项目公司。核电厂的企业组织模式与电力产业组织有关。一般来说电力行业垄断性强，电厂企业高度集中时，电厂运行、建造等相关服务环节和电厂企业高度一体化；电力产业组织相对集中，电厂企业规模较大时，电厂建造和运行企业的一体化程度较高；电力行业的企业相对分散，电厂企业规模较小时，电厂的运行、建造等相关服务业的专业化程度较高。

从20世纪70年代，我国开始筹建核电站，1985年开始立项，核工业部出资100多亿组建秦山核电公司，筹建核电站，1991年12月15日，我国第一座自行设计自主建设的秦山核电厂并网发电成功，也是完全的国家独资经营。1988年，由中国核工业集团公司、浙江省电力开发公司、申能（集团）有限公司、江苏省国信资产管理集团有限公司、国家电力公司华东公司和安徽省能源集团有限公司共同出资24亿元人民币组建核电秦山联营有限公司，负责秦山核电二期工程的建设、运营和管理。秦山第三核电有限公司是秦山核电三期工程的业主单位，负责该工程的建造、运营和管理工作，于1997年1月31日正式挂牌成立。公司由中国核工业集团公司（51%）、国家电力公司华东公司（10%）、浙江省电力开发公司（10%）、浙江省电力公司（10%）、申能（集团）有限公司（10%）和江苏省国信资产管理集团有限公司（9%）共同出资组建。公司实行董事会领导下的总经理负责制。

1985年2月，广东核电投资有限公司和香港核电投资有限公司注册资本4亿美元，组建广东核电合营有限公司，中方绝对控股75%，实行董事会领导下的经理负责制，核电产业开始进行资本多元化的试点，引进地方资金与外资进行核电建设。1994年2月开始成功投入商业运行。同年2月，国务院第23次总理办公会议决定组建中国广东核电集团，由中央管理，在国家计划中实行单列，负责广东地区核电站的统一规划和建设。中广核集团由中核电集团有限公司和16家主要成员企业组成。注册资本102亿元人民币。1995年9月成立岭澳核电有限公司，是中国广东核电集团有限公司全资下属企业，作为独立法人，负责广东岭澳核电厂的建设、运行和管理。江苏核电有限公司成立于1997年，负责田湾核电厂的建造和运营。江苏核电有限公司由中国核工业集团公司、江苏省电力公司、江苏省国际信托投资公司和华东电力公司四家国有大型企业联合投资组建，引进外资，借贷建设，售电还钱。

1985年2月，广东核电投资有限公司和香港核电投资有限公司注册资本4亿美元，组建广东核电合营有限公司，中方绝对控股75%，实行董事会领导下的经理负责制，核电产业开始进行资本多元化的试点，引进地方资金与外资进行核电建设。1994年2月开始成功投入商业运行。同年2月，国务院第23次总理办公会议决定组建中国广东核电集团，在国家计划中实行单列，负责广东地区核电站的统一规划和建设。中广核集团由中核电集团有限公司和16家主要成员企业组成。注册资本102亿元人民币。1995

年9月成立岭澳核电有限公司，是中国广东核电集团有限公司全资下属企业，作为独立法人，负责广东岭澳核电厂的建设、运行和管理。江苏核电有限公司成立于1997年，负责田湾核电厂的建造和运营。江苏核电有限公司由中国核工业集团公司、江苏省电力公司、江苏省国际信托投资公司和华东电力公司四家国有大型企业联合投资组建，引进外资，借贷建设，售电还钱。

2004年9月，6家企业合资成立山东核电有限公司，作为海阳核电项目的业主方，开展项目前期工作，国家电力投资集团有限公司占股65%，山东省国际信托有限公司占10%、烟台蓝天投资控股有限公司占10%、中国国电集团占5%、中国核工业集团有限公司占5%，华能核电开发有限公司占5%。

国家电力投资集团有限公司（简称国家电投）成立于2015年5月，由原中国电力投资集团公司与国家核电技术有限公司重组组建，是中央直接管理的特大型国有重要骨干企业，肩负保障国家能源安全的重大责任，业务涵盖电力、热力、煤炭、铝业、物流、金融、环保、光伏、电站服务等领域，拥有核电、火电、水电、风电、光伏发电等全部发电类型，是国务院国资委确定的中央企业董事会、中央企业兼并重组、国有企业信息公开、国有资本投资公司试点企业，注册资本金450亿元。

中国核工业集团公司（简称“中核集团公司”，CNNC）是在原中国核工业总公司部分企事业单位基础上组建的特大型国有企业，是国家授权投资的机构，按国家控股公司方式运行，由中央管理，由200多个工业企业、公司、科研设计院和事业单位组成。主要承担核动力、核材料、核电、核燃料、乏燃料和放射性废物的处理与处置、铀矿勘查采冶、核仪器设备、同位素、核技术应用等核能及相关领域的科研开发、建设与生产经营，对外经济合作和进出口业务。

## 五、中国核电企业产权制度改革

产权是指对个人财产行为权利的法律界定。产权的范畴是个“权束”，即由所有权、经营权、控制权、收益权及转让权等所组成的集合。根据产权理论，产权主体的行为特征集中于自身利益最大化的追求，产权拥有的剩余利润占有率是激励因素，在产权从公有转为私有的过程中，企业激励机制得到了改善，效率也会得到提高（Vicker，1996）。中国核电产业改革中的一个基础问题是国有产权主体单一，企业产权责任界定不清。核工业是国民经济中的战略性产业，现在基本是采取军工集团的产权方式。主要有以下几种：

第一种定位是行业的管理机构，负责本部门国防科研和生产的具体行业管理，如航空业的“集团”应负责对中国航空制造业的行业管理。在履行这一职能时，这些集团公司应当是国防科工委的行业管理机构的下属分支机构。

第二种定位是国防科研和生产的企业。但是集团公司要作为企业运营，就必须能够有足够的效率实行研制、生产和销售的一体化，而不应是简单地“领导”各下属单位各自独立地进行开发、生产和销售。

第三种定位是国防科研和生产的企业。但是集团公司要作为企业运营，就必须能够有足够的效率实行研制、生产和销售的一体化，而不应是简单地“领导”各下属单位各自独立地进行开发、生产和销售。

在这种协调中，中国核企业应在改革企业经营管理体制的前提下，尽量利用自己的国有资本运营机构的权力以资金组带来将各下属企业联结起来。以达到在经营的过程中下属企业逐步融合进了一个有机的研制、生产和销售的整体流程，那就再在这个整体流程的基础上将多个下属企业合并为一个企业，培养真正的竞争主题。企业本身应当实行现代企业制度，建立制度化的治理结构，由出资人任命企业领导，同时以适当的制度来保证企业的员工参与企业的经营管理。应当鼓励社会资金进入核电产业科研和生产领域，鼓励企业吸收社会资金。不但应当鼓励地方政府的资金，而且应当允许私人的资金进入核电产业科研和生产领域。

在目前情况下，最好是鼓励这些资金投入现有的核电产业设备科研和生产企业。但是吸收了社会资金的企业必须进行股份制改造，建立相应的股东大会、董事会制度，以适当的制度化运营来切实保障出资人的权益。当然，社会资金的进入应当有利于核电相关科研和生产能力的成长，但在这个过程中必须接受国防科工委和相应部门的严格监管。吸收了社会资金的企业必须严格按照股份公司的规则进行经营，运营其国有资本的现“集团公司”必须把自己的权力严格限制在自己的持股比例允许的范围内，在企业的经营决策和人事任免上充分尊重其他股东的意见。当然，这样做出的任何决策都不允许与有关机构事先规定的行业规制法律相冲突。

这样的管理体制改革应当根据现状循序渐进，逐渐地推行。国家国防科技工业局和中国核工业集团有限公司按照上述方案适当转变职能，在某些企业进行试点，允许某些主要生产民用产品或关键性的产品的企业由地方政府和电力机构参股，实行股份制改造，并考虑其他股东的意见修改和制定新的经营方针。如果新的经营方针不符合发展国防科研和生产能力的大目标，国家国防科技工业局和中国核工业集团有限公司可以行使自己进行行业管理的权限而强制做出修改。

## 第二节　中国核能产业运营规模与质量

### 一、中国核能产业运营规模

中国核能行业协会《2020 年核电运行报告》中的数据显示，截至 2020 年底，我国先后有 49 台核电机组投入商业运行，总装机容量 51 027. 16 MWe。2020 年全年，我国在役核电机组累计发电量 74 170. 40 亿 kW・h，约占全国总发电量的 4. 94%，较 2019 年同期提高 5. 02%，累计上网电量 3 428. 54 亿 kW・h，较 2019 年同期提高 4. 89%。2020 年我国商运核电机组电力生产情况如表 4. 2 所示（数据来源：北极星核电网，2021 年 1 月 27 日）。

**表 4. 2　2020 年我国商运核电机组电力生产情况统计表**

| 核电厂/机组 | | 装机容量/MWe | 发电量/（亿 kW・h） | 上网电量/（亿 kW・h） | 核电设备平均利用小时数 | 核电设备平均利用率/% |
|---|---|---|---|---|---|---|
| 秦山核电站 | | 330. 00 | 26. 82 | 24. 97 | 8 127. 27 | 92. 20 |
| 大亚湾核电厂 | 1 号机组 | 984. 00 | 87. 86 | 83. 98 | 8 928. 86 | 99. 99 |
| | 2 号机组 | 984. 00 | 78. 15 | 74. 75 | 7 942. 07 | 89. 21 |

续 表

| 核电厂/机组 | | 装机容量/MWe | 发电量/(亿 kW·h) | 上网电量/(亿 kW·h) | 核电设备平均利用小时数 | 核电设备平均利用率/% |
|---|---|---|---|---|---|---|
| 秦山第二核电厂 | 1 号机组 | 650.00 | 55.66 | 52.28 | 8 563.08 | 99.96 |
| | 2 号机组 | 650.00 | 52.02 | 48.68 | 8 003.08 | 92.34 |
| | 3 号机组 | 660.00 | 50.63 | 47.46 | 7 671.21 | 90.43 |
| | 4 号机组 | 660.00 | 56.24 | 52.66 | 8 521.21 | 99.97 |
| 秦山第三核电厂 | 1 号机组 | 728.00 | 60.68 | 56.15 | 8 335.16 | 99.93 |
| | 2 号机组 | 728.00 | 55.96 | 51.61 | 7 686.81 | 91.04 |
| 岭澳核电厂 | 1 号机组 | 990.00 | 78.88 | 75.57 | 7 967.68 | 99.99 |
| | 2 号机组 | 990.00 | 73.21 | 70.07 | 7 394.95 | 89.17 |
| | 3 号机组 | 1 086.00 | 80.34 | 75.43 | 7 397.79 | 90.71 |
| | 4 号机组 | 1 086.00 | 78.09 | 73.34 | 7 190.61 | 92.77 |
| 田湾核电厂 | 1 号机组 | 1 060.00 | 79.96 | 74.14 | 7 543.40 | 89.57 |
| | 2 号机组 | 1 060.00 | 83.70 | 77.87 | 7 896.23 | 98.56 |
| | 3 号机组 | 1 126.00 | 77.41 | 71.65 | 6 874.78 | 91.28 |
| | 4 号机组 | 1 126.00 | 83.37 | 77.00 | 7 404.09 | 95.39 |
| | 5 号机组 | 1 118.00 | 30.95 | 28.79 | 2 768.34 | 100.00 |
| 红沿河核电厂 | 1 号机组 | 1 118.79 | 84.41 | 79.04 | 7 544.76 | 91.09 |
| | 2 号机组 | 1 118.79 | 83.07 | 77.93 | 7 424.99 | 90.88 |
| | 3 号机组 | 1 118.79 | 74.33 | 69.64 | 6 643.78 | 99.78 |
| | 4 号机组 | 1 118.79 | 85.22 | 79.89 | 7 617.16 | 92.74 |
| 宁德核电厂 | 1 号机组 | 1 089.00 | 79.61 | 74.49 | 7 310.38 | 91.39 |
| | 2 号机组 | 1 089.00 | 86.40 | 80.79 | 7933.88 | 99.99 |
| | 3 号机组 | 1 089.00 | 83.59 | 78.10 | 7 675.85 | 96.73 |
| | 4 号机组 | 1 089.00 | 77.92 | 73.01 | 7 155.19 | 91.22 |
| 福清核电厂 | 1 号机组 | 1 089.00 | 89.55 | 83.30 | 8 223.14 | 99.30 |
| | 2 号机组 | 1 089.00 | 83.78 | 78.11 | 7 693.30 | 92.02 |
| | 3 号机组 | 1 089.00 | 78.50 | 73.31 | 7 208.45 | 89.69 |
| | 4 号机组 | 1 089.00 | 71.74 | 67.11 | 6 587.70 | 92.47 |
| | 5 号机组 | 1 150.00 | 1.46 | 1.27 | 126.96 | — |

续 表

| 核电厂/机组 | | 装机容量/MWe | 发电量/(亿 kW·h) | 上网电量/(亿 kW·h) | 核电设备平均利用小时数 | 核电设备平均利用率/% |
|---|---|---|---|---|---|---|
| 阳江核电厂 | 1 号机组 | 1 086.00 | 86.66 | 81.23 | 7 979.74 | 98.50 |
| | 2 号机组 | 1 086.00 | 69.55 | 65.40 | 6 404.24 | 85.96 |
| | 3 号机组 | 1 086.00 | 70.33 | 66.00 | 6 476.06 | 85.51 |
| | 4 号机组 | 1 086.00 | 84.92 | 79.55 | 7 819.52 | 96.18 |
| | 5 号机组 | 1 086.00 | 78.12 | 73.31 | 7 193.37 | 92.64 |
| | 6 号机组 | 1 086.00 | 63.49 | 67.11 | 5 846.22 | 81.82 |
| 三门核电厂 | 1 号机组 | 1 251.00 | 94.46 | 87.50 | 7 550.76 | 88.18 |
| | 2 号机组 | 1 251.00 | 94.67 | 87.95 | 7 567.55 | 99.99 |
| 海阳核电厂 | 1 号机组 | 1 253.00 | 93.62 | 87.66 | 7 471.67 | 86.73 |
| | 2 号机组 | 1 253.00 | 96.89 | 90.71 | 7 732.64 | 90.05 |
| 台山核电厂 | 1 号机组 | 1 750.00 | 97.65 | 91.18 | 5 580.00 | 71.56 |
| | 2 号机组 | 1 750.00 | 133.53 | 124.55 | 7 630.29 | 97.71 |
| 方家山核电厂 | 1 号机组 | 1 089.00 | 76.76 | 72.15 | 7 048.67 | 89.78 |
| | 2 号机组 | 1 089.00 | 88.26 | 82.83 | 8 104.68 | 99.96 |
| 昌江核电厂 | 1 号机组 | 650.00 | 48.92 | 45.20 | 7 526.15 | 90.83 |
| | 2 号机组 | 650.00 | 46.71 | 43.28 | 7 186.15 | 93.07 |
| 防城港核电厂 | 1 号机组 | 1 086.00 | 84.35 | 79.19 | 7 767.03 | 91.20 |
| | 2 号机组 | 1 086.00 | 84.03 | 79.01 | 7 737.57 | 91.98 |
| 总计 | | 51 027.16 | 3 662.43 | 3 428.54 | 7 426.98 | 92.95 |

我国商运核电机组分布在沿海 8 个省份，按照首台机组并网的时间先后排序，分别是浙江省、广东省、江苏省、福建省、辽宁省、海南省、广西壮族自治区和山东省。随着海阳核电厂 1 号机组的投运，山东省成为我国新的核能发电省份。2020 年，我国各省份的核电装机容量如图 4.1 所示，各省份核电装机容量占全国核电装机容量的比例情况如图 4.2 所示。截至 2020 年底，全国八大核电装机省份分别是：广东 1614 万 kW、浙江 911 万千瓦、福建 871 万 kW、江苏 549 万 kW、辽宁 448 万 kW、山东 250 万 kW、广西 217 万 kW 和海南 130 万 kW（数据来源：光伏头条，2021 年 4 月 7 日）。

2020 年，我国核能发电量为 3 662.43 亿 kW·h，比 2019 年同期上升了 5.02%，占全国总发电量的 4.94%。与燃煤发电相比，核能发电相当于减少燃烧标准煤约3 662.43 万 t，减少二氧化碳排放约 27 442.38 万 t、二氧化硫排放约 89.03 万 t、氮氧化物排放约 77.51 万 t（数据来源：央视新闻，2021 年 4 月 14 日）。

自 1994 年我国首台核电机组投运至 2020 年底，核能发电量已累计 2.6 万亿 kW·h（数据来源：经济日报—中国经济网，2021 年 4 月 14 日）。

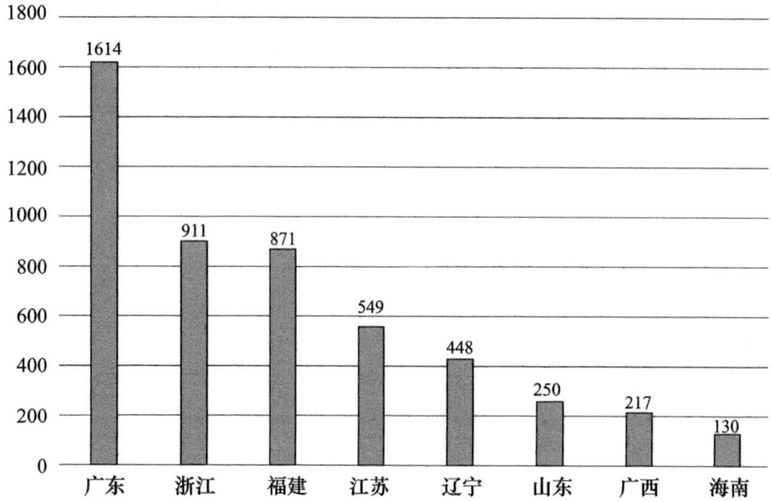


图 4.1　2020 年我国各省份核电装机容量（万 kW）

数据源于：中国电力知库

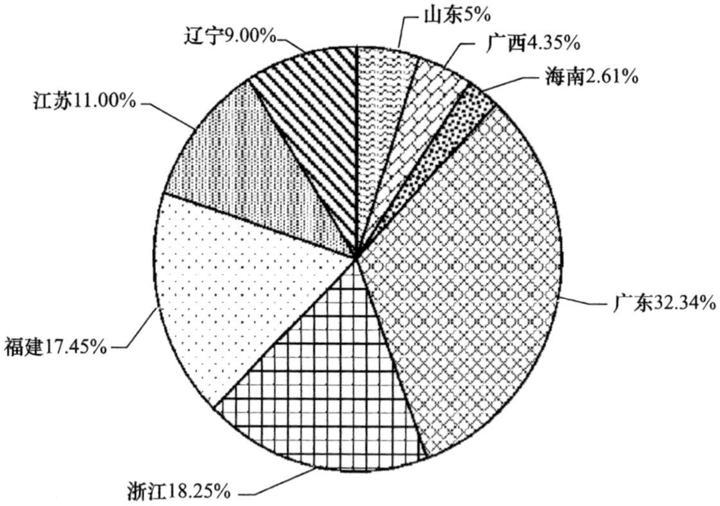


图 4.2　2020 年各省份核电装机容量在全国核电装机容量中的占比

自 2010 年我国核电机组规模化投运以来，核电发电量增加较快。截至 2020 年底，我国共投运核电机组 49 台，总装机容量 5 102.7 万 kW（数据来源：经济日报—中国经济网，2021 年 4 月 14 日）。核电在电力结构中的占比仍然较低，与核电大国以及世界电力结构中核电的占比相比，我国核电占比仍然存在较大差距。2020 年，我国各类电源发电量占比情况如图 4.3 所示。

## 二、中国核能产业运营质量

核电是国之重器，核电的安全、健康、可持续发展，有利于保障中国能源安全，有利于推进中国经济高质量发展，有利于促进节能减排和应对全球气候变化。核安全是国

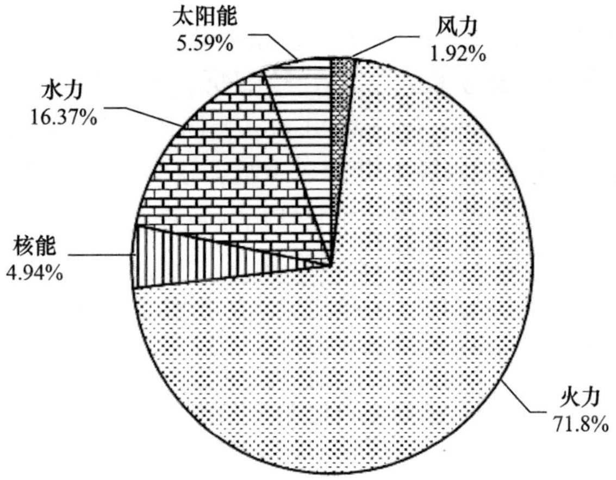


图 4.3　2020 年我国各类电源发电量占比情况

家安全的重要组成部分，是核电发展的生命线。近年来，中国核能核技术利用和核安全水平取得很大进步。

2020 年，各运行核电厂严格控制机组的运行风险，运行核电机组的 3 道安全屏障均保持完整状态，燃料元件包壳完整性、一回路压力边界完整性、安全壳完整性满足技术规范要求。49 台商运核电机组发生 1 起国际核事件分级 1 级运行事件，未发生 2 级及 2 级以上的运行事件。国际核事故分级表把核事故共分为 7 级，其中将对安全没有影响的事件统计为 0 级，影响最大的事故评定为 7 级，1 级到 3 级被称为核事件，4 级到 7 级被称为核事故。各运行核电厂未发生一般及以上辐射事故，未发生较大及以上生产安全事故，未发生一般及以上环境事件，未发生职业病危害事故及职业性超剂量照射。各运行核电厂放射性流出物的排放量低于国家标准限值，环境空气吸收剂量率被控制在当地本底辐射水平涨落范围内。环境监测结果表明，核电厂对周围环境没有带来不良影响(数据来源：中国核能行业协会，2021 年 1—12 月全国核电运行情况，2021)。

目前，世界核电运营者协会（WANO）评价核电机组关键业绩性能的指标有 14 项，分别是机组能力因子、非计划能力损失因子、强迫损失率、电网相关损失因子、临界 7000 小时非计划自动停堆次数、临界 7000 小时非计划停堆次数、高压安注系统性能、辅助给水系统性能、应急交流电系统性能、燃料可靠性、化学指标、集体辐照剂量、工业安全事故率和承包商工业安全事故率。2018 年，与 WANO 规定的性能指标对照，我国运行机组 80%的指标优于中值水平，70%达到先进值。2018 年，全球满足 WANO 综合指数计算条件的 391 台机组中，53 台机组的综合指数为满分 100 分，其中我国有 12 台获得满分（我国共有 36 台机组满足 WANO 综合指数计算条件），分别是：大亚湾核电厂 1 号、2 号机组、秦山第二核电厂 4 号机组、岭澳核电厂 2 号、4 号机组，田湾核电厂 2 号机组、方家山核电厂 1 号、2 号机组、红沿河核电厂 1 号、2 号机组、宁德核电厂 3 号机组、阳江核电厂 4 号机组。

《中国核能发展报告（2020）》显示，与世界核电运营者协会规定的性能指标对照，在全球 400 多台运行机组中，我国运行机组 83.74%的指标优于中值，72.52%达到先进值。

截至2019年12月，中国核电机组已安全稳定运行累计360堆年，未发生过国际核与放射事件分级表2级及以上的事件或事故，总体安全业绩良好。

核电板块2018上半年营业收入1 537.33亿元，同比增长25.78%；实现净利润72.95亿元，同比增长18.4%；毛利率为20.88%，同比减少0.48%。

由于2016、2017年两年没有核电新项目审批，核电供应商目前在执行的都是存量订单，因此营收增速的增长主要是公司的非核电业务带动。但截至2018年9月份，我国各核电项目陆续有了新的进展。2018年6月30日，三门核电1号机组首次并网成功，各项技术指标均符合设计要求、机组状态控制良好。2018年8月17日，海阳核电1号机组首次并网发电。海阳核电2号机组也于当日在装料反应堆首次达到临界。至此，我国AP1000首批4台机组全部实现装料。台山的EPR“全球首堆”也于2018年6月29日并网发电。以福清5号机组为代表的“华龙一号”机组建设进展顺利，2018年7月14日福清核电5号机组主管道焊接工作全部完成。

根据国家原子能机构统计，随着“华龙一号”全球首堆福清核电站5号机组于2021年1月30日正式投入商业运行，我国在运核电机数量达到49台，总装机容量5 105.816万kW，仅次于美国的94台9 655.3万kW和法国的56台6137万kW，居世界第三位。我国在建核电机组14台、总装机容量1 432.358万kW，高于在建核电机组6台、总装机容量为419.4万kW的印度，居世界首位（数据来源：中国核能行业协会、国际原子能机构）。

## 第三节　中国核能产业装备制造水平与技术创新

### 一、核电装备制造发展历程

从20世纪70年代初开始到目前为止，中国核电发展大致经历了起步、适度发展和积极快速发展三个阶段。

#### （一）起步阶段

20世纪70年代初我国从最初的试验研究开始，独立自主进行商用核电站的研发设计和建造。1991年自主研发的秦山一期30万kW核电站并网发电，结束了中国大陆无核电的历史，我国成为继美、英、法、苏联、加拿大、瑞典之后世界上第7个能够完全依靠自己力量自行设计、建造核电站的国家。1982年以进口成套设备、外方为总体技术负责方式从法国引进建设大亚湾核电站两台98万kW压水堆核电机组，1994建成投入商业运行。这一阶段建成了两个核电站共3台机组，解决了我国有无核电的问题，同时学习了技术，培养了人才，积累了经验，为后续核电建设打下了基础。

#### （二）适度发展阶段

这一阶段我国电力供应相对充裕，核能被定位为我国能源的补充，发展方针被定为适度发展。1994年我国开始建造秦山二期两台65万kW压水堆机组，主要的设计人员是在我国有多年核电装备制造的工作人员，并从西方发达国家进行相应先进技术的引入工作。这一阶段我国共有8台核电机组连续动工建设，至2004年年末，建成并网发电的核电机组装机容量为 470 万 kW，在建的有田湾 2 台机组共 220 万 kW，初步形成了广东、浙江、江苏三个核电基地。2000 年 6 月中国向巴基斯坦出口的恰希玛 30 万 kW 核电站建成投产，中国成为世界上第 8 个能出口核电站的国家。

### （三）积极快速发展阶段

依靠我国国民经济的快速成长，能源电力供应慢成为制约我国经济、社会成长的瓶颈，核能在我国能源可持续成长中的主要地位慢慢展现。其中我国早在 2005 年的“十一五”计划中就明确规定了我国未来建设核电厂的预期计划，并且明确了我国未来能源发展要依靠核能发电等全面运用核电对各行各业的发展。至此，我国的核能发电应当从刚开始的缓慢摸索发展向快速积极发展前进，我国的核电装备制造业发展进入新的历史时期。

## 二、核电装备制造国产化发展趋势

经过军用核技术与民用核电两个阶段的发展，我国逐步建立起了与压水堆核电站相匹配的核电工业体系，拥有了一批大型、专业的核电设备制造生产企业以及众多规模不一的核电厂辅助设备制造大中型生产企业。目前已形成东方电气集团、哈尔滨电厂设备集团以及上海电气集团三大核电装备制造基地，以第一、第二重型机械制造集团以及上海重型机械制造集团为重点的大型铸锻件和压力容器制造基地。具有核电厂建安工程设计资质的有核工业第四、第五、第七建筑安装设计院，具有核岛建筑安装施工资质的有中核集团中原工程公司等。核电设备主要包括核岛、常规岛以及辅助配套设施的机械、电气和控制设备，其中与核安全直接相关的核安全级设备占 50% 以上。由于核电的特殊性和安全要求，核电厂各种关键设备的设计、制造技术难度非常大，核电设备供应商必须具备相应的资质，材料和设备以及整个系统的投入运行也都必须经过核安全部门的认可。目前，已取得了我国国家核安全局颁发的核承压设备设计、制造资格证书的核电设备制造企业已有 80 余家，还有多家企业正在申请取证。

提高我国核电装备技术有利于我国各项新能源的开发和环境保护工作，总的来看，核电技术的发展是社会发展的必经之路。随着世界能源的紧张，核电作为一项合理长期发展的能源技术，是技术领域的革新和发展的必然，只有将核电技术不断发展，才有可能早日解决我国出现的能源危机，为我国成为能源大国做准备。

2013 年年底，国家能源局相继召开以核电装备国产化与自主化研制为主题的一系列相关会议，再次把核电装备“独立自主的内功建设”提上重要议事日程，国内涉核企业特别是设备制造企业悉数参加。核电装备的发展本就是我国高端装备制造业转型升级的战略需要，政府主管部门近期的密集动作以及由此释放出的种种信号，对于核电装备而言，无疑是再度提速的“助推器和加速器”。显然，这样自上而下的利好消息，为核电装备产业注入了更大的活力与机遇。在当前中国核电产业稳步推进的形势下，核电相关生产商和制造厂不缺发展机遇是不争的事实，核电国产化装备跟上国内目前的核电建设步伐也已不是大难题，但如何更好地匹配国内乃至国际市场的核电规模，不仅追求“量的生产”，也注重“质的保证”，从“做展品”变成“做产品”，从“单个制造”走向批量生产，由此对接核电建设的高标准高要求，国内核电装备企业似乎仍需破解诸多现实瓶颈。

同时，值得关切的是，随着中国核电技术及产品逐步打开国际大门，“中国牌”的核电装备理应在其中扮演重要角色，没有核电装备的“走出去”，中国核能工业“走出去”也将大打折扣。竞争势在必行且刻不容缓，在群雄并起的国际战场上立足并“打下一片江山”，国内核电装备业是否做好准备？在上述多重背景的影响下，对于急需突破的核电装备业而言，现在的这份答卷，也许不是满分，但足以让人满意。当然，谈国内核电装备业已能“纵横捭阖”打通国内国际两个市场还为时尚早，但不可否认的是，从无到有，从弱到强，在众多利好政策的扶持下，历经多年的成长，中国核电装备业付出了极大努力，也取得了值得欣喜的成就，中国核电装备制造业能力的提升以及由此创造出的价值空间，有了更为明确的时间表与更加自信的底气，而曾经的一些产业顽疾也在各大核电装备制造企业的“强身健体”中有望逐渐迎刃而解。

## 三、核电装备制造国产化发展案例

### （一）哈电与一重的“5+10”

国产首台1407 MVA核电发电机，2013年12月底正式运往三门核电2号机组现场。该电机正是由作为我国第三代核电常规岛设备自主化发展主要载体和平台的哈电集团研制，而这台机组更是哈电集团有史以来单机容量最大、生产难度最高、技术要求最精、质保体系要求最严的发电机组。其对于哈电、对于整个产业的首创意义自是不言而喻。

据一重相关负责人透露，一重目前已形成“5+10”的生产能力：在核电主要设备方面，拥有年产5台/套的能力，在核岛锻件方面，全面掌握核岛锻件的制造技术，整体技术水平达到了国际先进水平，部分制造技术处于世界领先水平，具备了年产10台/套核岛锻件的供应能力。2005年以来，中国一重开始研制二代加和三代核电设备，大力推进以核电大型铸锻件为标志的自主研制工作，目前已形成较为完善的研发制造体系，既能够承制二代加核电、三代核电大型铸锻件，又能承制核岛成套装备的企业。而时下令业界为之一振的是，2013年，中国一重又签订了国外某核电项目的两台反应堆压力容器制造及蒸发器主锻件供货合同，据了解，这是我国承制的首个百万千瓦自主品牌三代核电出口项目。

### （二）上海电气的“大数据”与二重的“唯一”

自2006年核电新一轮发展以来，上海电气累计承接包括二代改进和三代以及高温气冷堆等不同堆型的核电主设备共计232台/套（至2013年年底完成交付86台/套）。在近3年的设备制造和交付集中期中，车间在制主设备一直维持在60~70台/套水平。2013年，实际交付或完工主设备达38台/套，数量创历史新高。其中，上核公司当年完工或交付18台蒸汽发生器。从这一组数据中不难看出，在关键材料和关键设备国产化方面，上海电气已积蓄足够的批量产能。而据介绍，在核电大锻件方面，上海电气研制的AP1000压力容器、蒸汽发生器和堆内构件等大锻件已基本实现了国产化；在其他主要部件上，2013年，上海电气AP1000管子支撑板、抗振条、水室隔板、U形管和部分焊材国产化等环节均取得了决定性成果。

同时，上海电气已做到百万千瓦级堆内构件和控制棒驱动机构的关键设备国产化制造，2014年出产AP1000国产化装备将有望实现。近几年，二重的装备研制更是如火如荼。2007 年开始，二重历时两年科研攻关，自主研发突破了 AP1000 主管道制造的技术难关，于 2009 年 11 月 5 日研制成功世界首支 AP1000 主管道，成为国内唯一一家可以全套提供 AP1000 核岛主管道的企业，完成了从材料供应商到设备供应商的转变，批量化建设打下了坚实的基础。2013 年，二重首台核电设备——国核压水堆示范工程 2 号机组堆芯补水箱开工建造。中国二重已形成稳定的制造工艺和质量控制措施，具备年产 5~6 套 AP1000 主管道和成套核电锻件的生产能力。

### （三）东方电气

据相关信息显示，东方电气在二代加核电产品上的市场占有率为 70%，而且东方电气已经全面进入第三代核电技术项目核岛主设备和常规岛汽轮发电机市场。据相关人士透露，“东方电气从 2006 年后投入最多的是核电，东方电气目前中标的核电设备占国内市场的一半。”仅就最近的发展动向来看，东方电气的势头一如既往地强劲。自从 2013 年 11 月 21 日，东方电气攻克了百万千瓦级核反应堆冷却剂泵国产化的最后一个堡垒，成功制造出中国首套核电主泵轴。

### （四）宁波天生

而在诸如东方电气等大型“国字号”企业集中发力之外，民营“小企业”在核电装备研制领域也开始显山露水。2013 年 12 月，由宁波天生密封件有限公司与中国核动力研究设计院、中国一重、中广核工程有限公司联合研制的百万千瓦核电厂反应堆压力容器 RPVC 形密封环，顺利通过红沿河核电项目 3 号机组的冷态水压试验和方家山核电项目 1 号机组的热态功能试验，标志着核电站主回路压力边界的核心设备的国产化密封环，进入了实际工程应用。C 形密封环是反应堆压力容器 RPV 在运行和试验工况下不发生放射性物质泄漏的重要保证，被视为保障核电厂安全运营至关重要的基础部件，其长期被国外公司独家垄断，价格昂贵且国外政府限制购买。此次宁波天生打破了国外公司的独家垄断局面，填补了国内空白，技术水平达到了国际先进水平，部分优于国外产品，可在核电站中应用。

宁波天生只是民企入核的一个缩影，业界普遍认为，在核电市场逐渐放开的趋势下，越来越多的民企将在装备制造中寻得商机并贡献创造力。可以预见，中国核电装备制造业将迎来更为多元也愈加灵活的大发展图景。

### （五）广东核电

广东核电全名中国广东核电集团，依托广东省经济大省的特有身份，其核电技术的发展和相应设备制造在我国都有明显的地位。基于广东省的经济优势、人才优势、地域优势顺利地完成了我国包括辽宁省红沿河核电站的多项核电站的装备建立，赢得了国内专家学者和有关部门的肯定，对于我国核电装备业的发展起到明显作用。就广东目前发展情况看，预计能提前完成核电装备制造发展的国有化，其目前核电装备制造的国有化发展基本达到 70%。

## 四、中国核能产业装备中的技术创新

中核运行的设备可靠性指标包括设备管理、运行、维修、生产计划等领域与设备可靠性有关的一系列单项指标，以反映特定机组系统和设备的可靠性整体水平。中核运行以设备可靠性指标（ERI）的应用为契机，先后推动了设备缺陷分类、关键设备状态监测与系统监督、单点敏感设备管理及预防性维修优化等工作，为先进的设备管理流程的建立和设备管理工作的深入规范开展发挥了引领作用。

### （一）国内首次建立了适合中国核电厂的设备可靠性指标体系

2014 年之前，国内核电厂尚未开展设备可靠性指标相关工作。中核运行自 2014 年开始着手研究 ERI，到 2014 年下半年建立 ERI 体系和试行 ERI 管理工作。至 2015 年 1 月，ERI 模块上线，ERI 数据正式发布。目前 9 台机组的 ERI 得分和排名每月在 ERDB 中发布，在中核运行设备管理委员会及月度安全生产例会上通报，ERI 已经成为管理层使用的重要管理工具之一。另外，ERI 体系、模块及管理方式从 2016 年开始在中国核电其他运行机组（福清核电、海南核电和江苏核电）中推广，至 2017 年 8 月已有 16 台机组的 ERI 在 ERDB 系统中每月发布 ERI 指标得分情况。

中核运行 ERI 的体系设置紧紧围绕先进设备可靠性流程的 6 个模块，由 18 个单项指标组成。指标的设置体现全局的设备管理理念，即围绕设备的运行、维修、计划、技术管理等分别设置小的单项指标，每个单项指标给予不同的分值或权重。单项指标又分为过程指标和结果指标。过程指标紧贴关键敏感设备管理、系统监督与健康评价、预防性维修工作的实施和优化、长期计划执行等设备管理具体工作，反映出电厂在设备管理具体环节中的工作开展情况可以用于预警设备管理相关工作中的某些异常。结果指标则用发电、安全系统状态来反映设备管理落实到设备上最终达到的效果如何。ERI 及单项指标各有其评价标准和状态色。状态色的作用是指明管理者对该项指标的期望。ERI 状态色的含义如下：

绿色，设备可靠性整体状态良好；

黄色，设备可靠性整体状态需要改进，必须制定长期行动计划；

红色，设备可靠性整体状态急需改进，必须立即制定改进计划并行动。单项指标的状态色与以上含义类似。

电厂对于出现红色的指标项必须开展深入分析工作，找出问题存在的根本原因并采取纠正行动，并在管理层中进行通报。

### （二）开发了配套管理流程

如何使用 ERI 这个管理工具促进电厂的设备可靠性管理提升，中核运行为此开发了配套的管理流程。在管理流程中对以下环节进行了规定或规范。在管理流程中对以下环节进行了规范：

1. 电厂如何设置 ERI 年度目标。

2. 电厂如何对 ERI 数据进行采集、核实，如何计算 ERI 单项指标并评价如何计算 ERI 单项指标并评价，如何对单项指标趋势劣化进行原因分析并制定、实施纠正行动。

3. 电厂如何对预期外的 ERI 趋势开展分析。

4. 如何编制电厂及集团 ERI 报告。

5. 如何对 ERI 的结果进行通报和发布。

6. 电厂的各部门在 ERI 管理流程中的职责。

这些环节的规范促进了电厂 ERI 管理工作的有序高效开展，促进了电厂各部门围绕提升设备可靠性这一中心展开分工协作，共同为提高设备管理水平发挥作用。

（三）开发了面向多机组的智能化 ERI 管理平台

中核运行承担着开发中国核电设备可靠性系统（ERDB），在 ERDB 中建立了单独的 ERI 管理模块，用于 ERI 数据的采集、储存、计算、评价、展示及趋势跟踪，大大提高了电厂用于 ERI 数据采集、统计、计算及趋势分析上的工作效率。该模块面向中国核电所有成员电厂，与各电厂的生产管理系统进行了对接，通过自动定期抽取基础数据并计算结果，使得指标采集和计算过程简便快捷。已实现了部分数据智能化采集，自动计算及评价等功能，并可以自动生成电厂所需的报表和审批流程，方便了数据集成管理。利用该模块，中国核电各机组在 ERI 所有数据实现了集中存放和共享。

## 第四节　中国乏燃料后处理技术研究与产业前景

### 一、商用乏燃料后处理大厂设计与建造原则

乏燃料后处理工艺有两种，湿法工艺和干法工艺。早期干法流程一度被认为优于湿法流程，后来湿法工艺（Purex 流程）成为后处理技术的主流，但是干法工艺也是一种不可或缺的工艺，但目前尚未实现工业应用。

商用后处理大厂的设计原则有如下几点：确保工厂安全和经济地运行，尽量减少工作人员的辐照剂量；高度可靠的工艺和装备；尽量减少废物量；设计上必须留有更新修改余地。根据后处理大厂的设计原则，建造中必须确定以下目标：良好的运行性能、最大限度回收核材料铀和钚、运行维护工作人员受辐照低、环境影响小、废物处置得到优化、核材料实体保卫安全等。

以法国 UP3 后处理厂为例来说明商用后处理大厂设计与建造原则。UP3 后处理厂厂房布局见图 4.4，对乏燃料元件处理包括 3 个步骤：第 1 步是接收（乏燃料元件从堆芯取出存放若干年，采用特制运输容器运至后处理厂）；第 2 步是贮存（在专用水池内再存放几年）；第 3 步是处理（最重要和关键的一步）。通过后处理工艺后，铀和钚便得以与放射性裂变产物分离开来，分别进行处理、处置。UP3 后处理厂设计原则裕度很大，加之安全管理非常严格，并未给周围环境和居民、特别是其本身工作人员造成明显影响。统计数据表明，UP3 后处理厂给工作人员造成的放射性剂量照射仅为平均每人每年 0.123 mSv，周围居民所受剂量为平均每人每年 0.02 mSv（不含天然本底），而相应法国职业照射的国家标准为每人每年 50 mSv，满足了后处理大厂的设计与建造原则。

### 二、商用乏燃料后处理大厂工艺、设备以及成功应用事例

结合商用后处理大厂设计与建造原则，在选择流程时采用了下列关键工艺流程原则：尽可能选用连续流程；流程的可靠性和灵活性要高，要有足够的安全裕度，要有恰当的控制系统；对于设备的设计、制造和安装要尽量达到最高的可靠性；要确保临界安全，尽可能优先选用几何安全设备。以下结合工艺流程的相关阶段进行概要性的说明。

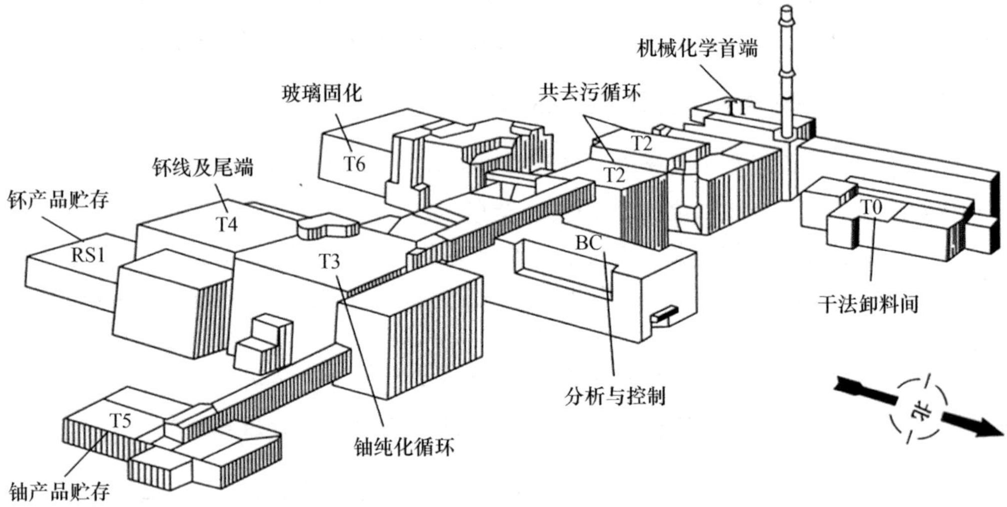


图 4.4 UP3 后处理厂厂房布局图

数据源于：我国乏燃料后处理大厂建设的几点思考

（一）首端系统

首端系统主要包括剪切、溶解、澄清、调料等工序，首端的处理能力决定着后处理工厂的生产能力，因此设备的处理能力、稳定性、连续性是各后处理工厂致力研究的课题之一。在 UP3 和 UP2-800 后处理厂以及法国设计的日本六所村后处理厂中，主要的创新技术是在首端处理。法国在 UP3 首先采用了连续流程，提高生产能力的同时满足了严格的安全要求。后处理厂的首端处理有 A、B 两条生产线，其中 UP3 的剪切机采用水平进料，整束切割，并可以进行远距离维修。法国首次开发了连续回转溶解器，通过几何等方法控制临界安全，该溶解器实现了工艺的连续溶解，每条生产线需要具有 4 t/d的生产能力，经过 UP3 和 UP2-800 厂的运行表明，连续溶解器安全、稳定，适用于大型后处理厂的运行。

英国的 THORP 厂首端采用传统的剪切进取法，系统能够处理 40 多种不同燃料，选用的立式剪切机（指刀具和加紧装置的运动都与水平送进的燃料垂直），具有减少燃料碎屑存留量、有助于实现远距离维修、采用 V 型压紧块适用多种类型燃料等优点，剪切机设计的通过能力为 7 t/d。英国对设计的 V 型溶解器进行了多年研究，然而 THORP 厂仍然适用传统的非连续溶解器，溶解过程中必须加中子毒物钆。

俄罗斯首端系统采用卧式剪切方式，剪切后的燃料短棒从溶解器顶部的锥形分配器均匀掉在 6 个分隔的小室内，装料完毕后，将溶解器与切割单元分开，进行批式溶解。溶解得到的产品溶液中含有极细的不溶性裂变产物和包壳碎屑颗粒，为了避免在后续工序中因他们集聚而带来潜在的危险，必须除去这些颗粒。THORP 厂使用悬鼓式离心机来实现澄清目标。UP3 的料液澄清采用 Robatel DPC900 悬挂式离心机，具有排堵及清洗、旋转稳定性、容易操作等优点。

## （二）化学分离工艺

### 1. 工艺概况

各后处理厂根据物料比放射性和去污要求等具体情况，在流程的组织方面有所不同。

法国 UP3 厂运行之初采用三循环的 Purex 流程，即采用一个循环用于共去污和铀钚分离，两个铀纯化循环，两个钚纯化循环。工厂的运行比预期的要好，第一循环铀的初产品几乎达到指标的要求，铀中剩余钚的含量低于产品要求，经过流程优化，铀二循环出口的铀产品中剩余的镎和 γ 污染物能达到指标要求，在 1994 年 UP3 厂停掉了铀三循环，处理燃料的燃耗也增加至 50 GWd/t，而化学分离运行的结果一直令人满意。英国 THORP 厂的化学分离工厂的运行能力为 5 t/d，原设计采用 5 个循环的 Purex 流程，经过多年的小规模热实验和大型冷实验缩减为 3 个循环。

### 2. 主要工艺流程

目前，商用乏燃料后处理工厂主工艺流程普遍采用溶剂萃取法。溶剂萃取法的主要优点是分离去污效果好、易于实现连续操作，缺点是操作步骤多、放射性废液量大、并有溶剂的辐照损伤问题。Purex 流程是目前各国普遍采用的后处理流程，该流程以磷酸三丁酯（TBP）作萃取剂，以煤油或正十二烷作稀释剂，利用铀、钚、裂变元素在硝酸水相和有机相中不同的分配系数，通过多次萃取-反萃过程达到去污、铀钚分离及进一步纯化的目的。处理高燃耗的后处理厂，法、英两国的工艺流程处于世界领先地位，日本六所村后处理厂也从法国引进了先进的工艺流程。

就 Purex 流程工艺而言，法、英、日等国的流程大同小异，具有以下几个主要特点。

1）1AF 的进料酸度为 3 mol/L，Np 大部分被萃入有机相，随后铀钚分离时 Np 主要进入铀纯化循环，然后在铀纯化循环使用适当的还原剂，精确控制操作条件将 Np 和 Pu 除去。

2）在第一循环中把锝和氚洗下来，防止锝扩散到后续流程 1BX 柱和 1BS 柱消耗还原剂四价铀，降低铀钚的分离系数。

3）采用“无盐流程”，第一循环使用四价铀和肼（肼作为 U（Ⅳ）和 Pu（Ⅲ）的稳定剂，以免其再被氧化）作还原剂，在钚纯化循环使用硝酸羟胺（HAN）作还原剂，使钚和铀、钌等分离。

4）在第一循环和钚纯化循环中铀钚分离后增加钚障槽，利用四价铀和肼进一步还原回收进入有机相的 Pu。

5）1AF 通过氮氧化物调料使 Pu 和 Np 分别为四价和五价，利用电解氧化法将 2AF 的 Pu 由 Pu（Ⅲ）调为 Pu（Ⅳ），两种调料方法有利于减少废液中盐分。

### 3. 尾端处理

UP3 厂、THORP 厂都是将经过纯化循环得到满足净化要求的铀料液和钚料液经过尾端精制（脱硝转化为氧化物的形式）分别制成 $UO_3$ 和 $PuO_2$，然后分别送入铀贮存车间和钚贮存车间，或直接送去制造 MOX 元件。UP3 厂钚尾端的日处理能力为 50 kg $PuO_2$ 形式的 Pu。

4. 有机溶剂的管理

有机溶剂在同含有铀、钚、镎和裂变产物的硝酸水溶液接触时，受到不同射线的辐照作用，在溶剂萃取过程中会生成一系列降解产物和界面污物，使溶剂质量变差，影响萃取操作。后处理厂通常一方面连续监测溶剂中 TBP 的含量，并及时加入 TBP 或稀释剂来调整其浓度；另一方面，溶剂必须洗涤，以除去它的降解产物。为了能够重复利用萃取剂和稀释剂，同时减少有机废液量，需对有机溶剂进行处理重复使用。

UP3 厂增加了溶剂处理单元，在共去污循环、铀纯化循环和钚纯化循环分别设有溶剂处理单元。对循环后的溶剂依次通过碳酸钠和苛性钠处理除去溶剂降解产物磷酸二丁酯（DBP）、磷酸一丁酯（MBP），然后通过蒸馏处理过量的溶剂，以回收纯稀释剂和浓 TBP，以便再循环。通过溶剂和稀释剂回收复用，产品的规格也很容易达到，某些结果明显好于规格的要求，残渣率低于 5%，回收的溶剂中 TBP 的含量也远高于设计值 60%，这两个结果使得送去处置的有机废物体积比预计的小。

## 三、我国乏燃料后处理大厂的建设思路

目前我国乏燃料后处理技术相对落后，不能满足未来我国核电发展的需要。国家一直支持相关的研究，用于后处理基础工艺技术研究的中国原子能科学研究院的核燃料后处理实验设施正在建设中；我国后处理中试厂的建设进度拖期，直到 2010 年 3 月开始热调实验，到 2010 年 12 月 21 日热调试成功，但是仍存在很多问题急需解决。

在乏燃料后处理科研工艺流程方面我国取得了一些成果。首先采用无盐试剂的先进后处理流程研究取得显著进展。中国原子能科学研究院从 20 世纪 90 年代中期开始研究开发先进后处理流程，集中在无盐试剂的应用上，分为还原剂和络合剂两大系列，采用无盐试剂的先进二循环 Purex 流程的优点是，在铀/钚分离段和钚纯化循环段均使用二甲基羟胺-单甲基肼还原反萃钚，在铀纯化循环段使用乙异羟肟酸同时从铀中去除钚和镎。通过模拟料液对整个化学分离流程进行了数次实验室台架规模的温实验，主要工艺参数达到了预期指标。其次，用于分离高放废液中次锕系元素 MA 和长寿命核素 LLFP 的三烷基氧膦（TRPO）萃取流程已完成热试验。

TRPO 流程是清华大学核能与新能源技术研究院在高放废液分离研究方面成功开发的具有自主知识产权的后处理流程。TRPO 流程被认为是世界上现有流程中最有前景的两个流程之一。1992—1993 年间，与德国超铀元素研究所合作，完成了动力堆后处理高放废液 TRPO 热验证实验。“八五”和“九五”期间研究成功军用高放废液全分离流程（TRPO 萃取分离超铀元素、冠醚萃取分离锶、亚铁氰化钛钾离子交换分离铯）。1996 年完成了军用高放废液全分离流程热验证实验，并取得很好效果，满足了分离要求。“九五”期间，与中核集团四〇四有限公司合作，进行了全分离流程辅助工艺研究，探明了高放废液中泥浆量和组成，进行了泥浆洗涤试验。“十五”期间，“高放废液分离技术关键设备研究”项目被列入科技部 863 计划，“高放废液分离技术设备流程台架试验研究”被列入国防科工委项目。2005 年完成了台架联动试验并取得成功，最近在中核集团四〇四有限公司完成了冷铀和热试验。最后，从 2004—2008 年动力堆燃料后处理中试厂顺利完成了水试、酸试、冷铀联动调试，于 2010 年 3 月开始热调试，并于当年 12 月 21 日取得热调试成功，标志着我国已掌握了动力堆乏燃料后处理技术。

动力堆乏燃料后处理中试厂由我国自主设计和建造，针对动力堆乏燃料放射性更

高、毒性更大、临界安全问题更突出等特点的后处理厂，我国科技与设计人员进行了长期的试验研究与技术攻关，成功设计建造了中试厂，攻克了多项技术难题，为大型核燃料后处理厂的设计与建设提供了重要参考。为了与我国核电发展配套，确保核能的可持续发展，必须进一步加大我国后处理技术研究开发力度，尽早启动乏燃料商用后处理大厂的建设。

按照2020年我国核电装机容量为7000万kW的发展目标，即核电装机容量占总发电量比重将从目前的不到2%提高到7%左右，预计我国乏燃料累积存量到2030年将达到25 000 t。到2025年我国要建成一座年处理能力为800 t的商用后处理厂。而乏燃料商用后处理厂的设计与建设是一项技术难度很大的复杂的系统工程，从设计、建造到调试、运行的时间跨度为10~15年。我国的后处理技术的水平和能力相对落后。所以我国商用后处理厂的建设非常必需，也非常紧迫，应尽早启动乏燃料商用后处理大厂的建设，到2025年保质保量地完成第一座年处理能力为800 t的商用后处理厂，同时启动后续第二座乏燃料商用后处理厂设计。

在后处理大厂的建设中我国必须依靠自主创新。我国具备了一定基础，国家配套设立乏燃料后处理基金、后处理大厂科研专项（50亿~60亿元），正在实施攻关商用后处理大厂部分关键技术；中试厂热试圆满成功，未来准备扩展为200 t，积累运行经验为后处理大厂运营做准备。在后处理大厂的建设中我国也要参与国际合作。通过国际咨询、国际交流等合作方式引进某些关键技术。但是从国外引进技术，不可控因素太强，外方会开出“天价”，引进之路比较漫长，即便能引进技术也要到2027年才能建成一座年处理量800 t的大厂。

在后处理厂的整体规划下（到2025年处理能力为1400 t），积极开展乏燃料后处理大厂研究和建设工作。首先，重点突破核心技术，系列发展相关技术。乏燃料后处理大厂不单是一个厂设计的问题，而是一个复杂的系统工程，涉及核科学技术与工程、信息技术、自动控制技术、新材料技术、动力技术、遥测/遥感技术、微电子技术、激光技术等，并且强调各学科之间的交叉互动。其次，分批分次攻关乏燃料后处理大厂一系列关键技术。从总体规划、建厂条件、厂址安全与适用性、环境影响、工艺技术路线、工艺过程分析测试与控制、设备制造、配套建设、废物管理、投资估算与经济分析等方面分批分次重点攻关，注重科技创新，要在突破关键技术和关键装备上下功夫。最后，突破国际上传统乏燃料后处理设计思路，勇于创新，实现乏燃料后处理大厂关键技术研制的可持续发展。

## 四、溶剂萃取法在乏燃料后处理中应用研究概况

溶剂萃取法是化学领域中一种古老而重要的物质分离手段，早在1842年便开始应用于硝酸铀酰的提取。第二次世界大战期间，核能工业发展迅速，核燃料需求量空前，核能工作者发现，溶剂萃取法具有生产率大、回收率高、生产成本低、操作简便、易于连续作业等一系列优点，在U、Pu分离和提纯方面比离子交换法和沉淀法优越得多，因此，溶剂萃取技术日益受到了人们的重视。核工业的发展极大地推动了溶剂萃取技术的发展。近几年来，溶剂萃取技术已广泛应用于稀有元素及放射性元素的提纯、分离方面，并已成为核工业领域中物质分离的有效方法。

目前，核电发展异常迅速，乏燃料和放射性废物量逐年增加，乏燃料后处理技术的

研究，特别是溶剂萃取技术研究已越来越受到人们的关注。溶剂萃取技术的研究（除设备外）主要包括两个方面，即工艺流程的研究和新萃取剂的研究。

### （一）工艺流程研究

早在 20 世纪 40 年代，发达国家就率先开展了乏燃料后处理研究，美国起初主要研究以异己酮为萃取剂的 Redox 流程，而英国则用以二甘醇二丁醚为萃取剂的 Butex 流程。1954 年，美国又开始使用以 TBP 为萃取剂的 Purex 流程。由于该流程具有许多优点，因此，在世界各国得以迅速推广应用。Purex 流程虽已成功应用于轻水堆乏燃料的处理，但若应用于快堆燃料的处理可能有一定的困难。近年来又开发出了两种改进的 Purex 流程，一种是将溶剂萃取和低温结晶相结合的简单操作过程，先将 U、Pu 共萃、分离，并把 Pu 氧化到六价，然后在极低温度下进行重结晶、纯化分离；另一种则是共处理流程，其具体操作过程是：先将 U、Pu 共萃，再通过调整酸度和流比除掉多余的 U，使混合物中的 U、Pu 之比符合快堆或轻水堆燃料处理的要求。其优点是，该流程不仅可以防止核扩散，而且简化了操作程序。

80 年代初期，E. P. Horwitz 提出了以正辛基-苯基-N，N-二异丁基甲酰胺甲基氧膦为萃取剂的 TRUEX 流程该流程的主要特点在于可以在较宽的酸度范围内有效萃取分离三价的锕系元素，并且具有良好的耐水解和辐解性能。但由于处理过程中易形成三相，因此，在实际操作中仍需添加部分 TBP，以消除萃取过程中三相的产生。美国的 Inaho 等后处理厂已将该流程用于实际生产。日本研究人员也对 TRUEX 流程有着浓厚的兴趣，对该工艺流程进行了多次改进，并取得了显著的效果。

随着科学技术的迅速发展，超临界萃取技术的研究取得了可喜的成果，科技工作者已将超临界萃取工艺流程试用于乏燃料后处理，并在大量的实验中取得了一定的成果。

### （二）新萃取剂的研究

萃取剂 TBP 虽已在乏燃料后处理领域得到了广泛的应用，但仍存在一些不足之处：在受热或受辐射时，容易发生部分降解，降解产物不仅影响去污能力，使锕系元素的反萃不完全，且容易在萃取过程出现三相，干扰正常的萃取过程；在硝酸浓度较高时，TBP 萃取体系也会出现三相。为了克服上述不足之处，提高现代化乏燃料后处理技术，人们一方面致力于研究新的工艺流程，另一方面则希望从根本上解决这一问题，即研究开发新类型的萃取剂。国内外科技工作者在新萃取剂研究方面做了大量的探索工作，合成了多种新萃取剂，其中，酰胺类萃取剂、磷类萃取剂、亚砜类萃取剂、吡唑啉酮类萃取剂、环芳烃类萃取剂等均得到了广泛而深入的研究。

#### 1. 酰胺类萃取剂

酰胺类萃取剂具有许多优点，如不易水解、耐辐解、辐解产物易洗除、能完全燃烧而不产生固体废物、容易合成等，被认为是一种很有开发前途的萃取剂。Gasparini 等详细研究了酰胺类萃取剂的水解和辐解情况，结果表明：酰胺萃取剂的耐水解和辐解性能可以和 TBP 相媲美，但其降解产物却不影响萃取过程，特定结构酰胺的降解产物可以用水洗除。酰胺结构影响着其辐解和水解性能。α 位的支链可以降低其辐解和水解概率，多支链的酰胺不易水解。N-二取代烷基酰胺能分离锕系和镧系元素，而且特定结构的酰胺还可用于分离四价和六价的锕系元素，被认为是乏燃料后处理中有可能取代

TBP 的新型萃取剂。近年来，具有螯合作用的四取代酰胺也引起了学者的广泛关注，但研究表明：四取代酰胺不如单酰胺稳定，而且生产和纯化处理有一定的困难。酰胺类萃取剂的缺点是：在体系酸度或铀浓度较高时，容易产生三相，脂肪烃为稀释剂时最为严重；萃取剂碳原子数的增加可以降低出现三相的趋势，不同结构的酰胺产生三相的趋势不同，其顺序为 α 支链化>β 支链化≫N 支链化长直链。类酰胺萃取剂因结构中引入杂原子（S、O、N），其萃取效率可以大大提高，如酰胺荚醚等。

2. 磷类萃取剂

磷类萃取剂包括酸性磷和中性磷两类。酸性磷萃取剂主要通过分子中的活性氢原子与水中的金属离子交换而萃取。其特点是：能对多数金属离子萃取，属于广谱萃取剂，但只有水相 pH 较高时才能进行萃取；萃取选择性较差；萃取容量有限；体系易出现乳化。中性磷萃取剂是通过分子中的 P=O 基团和金属离子配位而进行萃取，其中：三辛基氧膦（TOPO）具有很强的萃取能力，具有良好的开发应用前途，TOPO 与 TBP 或酰胺萃取体系已成功地用于物质分离科学。我国科技工作者开发研究的三烷基氧膦（TRPO 混合物）也是一种性能优良的萃取剂，能有效地萃取四价、六价的锕系元素和锆，具有和煤油混溶、负载容量高、耐辐照等特点。研究表明：该萃取剂在分离高放废液的锕系元素方面具有非常光明的应用前景。国外科学家对双官能团（包括同类和异类）磷类萃取剂进行了大量的研究，如二（二苯基膦酰甲基）苯、二膦酰亚胺、硫代二膦酰亚胺、1. ω 二（0. 0-二异丁基二硫代磷酸）烷烃、酰胺甲基磷类（CMPO）等。研究表明：这类双官能团萃取剂具有很强的萃取能力。磷类萃取剂的主要缺点是其不能完全燃烧，剩余放射性废物，产生第二次污染。

3. 亚砜类萃取剂

自 Kennedy 提出亚砜可以作为萃取剂以来，已有许多关于亚砜萃取剂的报道，Shukla 等详细地研究了亚砜对裂变产物的萃取性能，认为亚砜通过氧原子与金属离子配位，萃取性能比 TBP 更好，其辐射降解产物不活泼，对萃取几乎无不良影响。我国科技工作者周祖铭等系统地研究了石油亚砜、二（2 乙基己基亚砜）、二正辛基亚砜萃取锕系元素的热力学、动力学及耐辐照性能，总结了该类萃取剂结构与性能之间的一般规律，并通过量子力学的半经验公式计算进一步佐证。研究表明：亚砜类萃取剂在萃取锕系元素方面是很有潜力的。

4. 吡唑啉酮类萃取剂

双吡唑啉酮类螯合萃取剂的结构比较复杂，萃取剂分子中有 4 个官能团，其配位方式-（$CH_2$）$_n$-桥的长度而异：当 n≥8 时，以四齿配位；当 n≤7 时，以双齿配位。董学畅等合成了一系列的双吡唑啉酮类化合物；杜家生、刘愈松等分别研究了 4，4′癸二酰-双-（1-苯基-3-甲基-5-吡唑啉酮）对铀钍的萃取，该化合物中的 4 个氧原子同时与铀钍配位，铀酰离子萃合物的溶剂化数为 1，钍离子萃合物的溶剂化数为 2；毛家骏等研究了 1，6-双-（1′-苯基-3′-甲基-5′-氧代吡唑啉酮-4′-基）-已二酮-［1，6］和 1，4-双-（1′-苯基-3′-5′-氧代吡唑啉酮-4′-基）-丁二酮-［1，4］对铀的萃取，认为由于 n≤7，只有桥一端的 β-二酮官能团参与双齿配位，与铀形成溶剂化数为 2 的萃合物；余绍宁等还研究了硫代吡唑啉酮类萃取剂对铀钍的萃取性能。

5. 其他类型萃取剂

近来，环芳烃和冠醚类大环萃取剂的研究已有不少报道。由于该类萃取剂具有价格昂贵、合成复杂、纯化困难、在有机溶剂中溶解度不大等诸多缺点，因此，目前的许多研究工作还只是处于基础理论研究阶段，尚无实际应用价值。

新萃取剂的研究和工艺流程的研究是溶剂萃取法的两个重要方面，二者相辅相成，但溶剂萃取效率如何，萃取剂性能是关键。因此，新萃取剂的开发研究具有更加重要的现实意义。目前，萃取剂种类较多，比较而言，酰胺类萃取剂具有更多的优点，如不易水解、耐辐照、辐解产物易洗除、能完全燃烧而不产生固体废物、容易合成等，因此，具有良好的开发应用前景，有必要对该类萃取剂做进一步深入的研究。另外，研究具有不同双官能团的萃取剂，如酰胺荚醚等，即在酰胺结构中引入 S、O、N 等杂原子，进一步优化其空间结构，改善与金属离子的配位环境，其萃取综合性能则有可能大大改善。

## 五、乏燃料后处理湿法工艺技术基础研究

乏燃料湿法后处理工艺（PUREX 流程）是核武器国家为了生产武器级钚（$^{240}Pu$ 含量≤7%的 Pu）而发展起来的。随着 20 世纪 60 年代核电的发展，为了充分利用铀资源，将军用后处理技术改进和发展用于处理动力堆乏燃料，分离和回收 U 和 Pu 用于再循环，产生的高放废液经玻璃固化变成固化体，中间贮存适当时间再进行深地质处置。经过 50 多年的发展，PUREX 流程已是动力的湿法后处理工艺，首先优化 PUREX 流程的参数，从热堆乏燃料中分离出 U、Pu、Np 和 Tc，然后再从萃余液中分离出长期放射性毒性的 MA 和短期释热的 FP（$^{90}Sr$ 和 $^{137}Cs$），使产生的高放玻璃固化体所需的深地质处置库容减少，安全监管时间缩短至 1000 年。

后处理工艺经过半个多世纪的发展，技术相对比较成熟。但至今涉及一些基础科学问题没有深入研究和清楚的解释，影响到工艺运行稳定性。体现在以下几个方面。

### （一）Np 的行为和走向研究

$^{237}Np$ 是乏燃料中重要核素之一。元件在反应堆运行过程中，$^{237}Np$ 可由 $^{235}U$ 或 $^{238}U$ 通过中子俘获反应及 β 衰变而得到

$$^{235}_{92}U\ (n,\ \gamma)^{236}_{92}U\ (n,\ \gamma)^{237}_{92}U \xrightarrow{\beta} {}^{237}_{93}Np \tag{4.1}$$

$$^{235}_{92}U\ (n,\ 2\gamma)^{237}_{92}U \xrightarrow{\beta} {}^{237}_{93}Np \tag{4.2}$$

在一般的轻水堆乏燃料中，$^{237}Np$ 的生成量约为 0.5~0.7 kg/t 乏燃料，随着反应堆燃耗的不断加深，乏燃料中的 $^{237}Np$ 含量也将不断提高。

镎在水溶液中化学形态比较复杂，在一定条件下 Np 以（Ⅲ）、（Ⅳ）、（Ⅴ）、（Ⅵ）、（Ⅶ）五种价态存在。在没有络合剂存在时，前四种价态都以水合离子存在。在 Np 的各种价态中，五价镎在溶液中最稳定，此时，镎以带一个电荷的水合镎酰离子存在，形成对称的线形键（O—Np—O）。

后处理过程中 Np 价态受氧化还原剂、络合剂、温度、酸度以及自身歧化等多种因素影响，其中最主要的是氧化还原、络合以及歧化的影响。在铀钚分离过程中，使用氧化还原剂可将 Np（Ⅵ）还原到 Np（Ⅴ），或进一步还原到 Np（Ⅳ）。如采用硝酸羟胺及其衍生物如二甲基羟胺等无盐还原剂，可快速还原 Np（Ⅵ）至 Np（Ⅴ），而还原

Np（Ⅴ）到 Np（Ⅳ）的速度很慢，这样 Np 随 Pu 进入后续 Pu 纯化循环。采用 $Fe^{2+}$、U（Ⅳ）等还原剂可使 Np 从五价进一步还原到四价，从而使大部分 Np 随 U 一同进入铀纯化循环。还有一类兼顾络合性质的还原剂——羟肟酸类衍生物，如国际上研究较多的甲羟肟酸和乙羟肟酸等，该类还原剂可还原 Np（Ⅵ）至 Np（Ⅴ）、Pu（Ⅳ）至 Pu（Ⅲ），同时对于四价锕系元素具有一定的络合能力。因此，该试剂可以有效地将 Np 和 Pu 一同反萃到水相。

20 世纪 80 年代中期，Ousson 等利用 X 射线衍射的方法证实了 Np（Ⅴ）所生成的配合物晶体中阳阳离子络合物的存在。随后，锕系元素所生成的阳阳离子键在更多的晶体结构中被发现。图 4.5 和图 4.6 是已发现的两种含 Np（Ⅴ）的晶体结构模型图。从图 4.5、图 4.6 可以看出，Np（Ⅴ）通过内配位的方式相互结合形成阳阳离子络合物，并且在晶体结构中，Np（Ⅴ）离子可与更多的阳离子络合（最多 4 个）形成阳阳络合物。图 4.7 列出了 Np（Ⅴ）在晶体结构中可能存在的 8 种阳阳离子络合模式。但在后处理工艺过程中，Np（Ⅴ）的阳阳络合行为研究的较少，只有鲜亮开展过相关研究，实验证实 Np（Ⅴ）与 Np（Ⅴ）之间、Np（Ⅴ）与 U（Ⅵ）之间可以形成阳阳络合离子，从而影响到 Np 的走向。但是 Np（Ⅴ）与后处理工艺过程中其他阳离子是否形成阳阳络合物、形成络合物的稳定性以及络合物的萃取行为还不清楚。

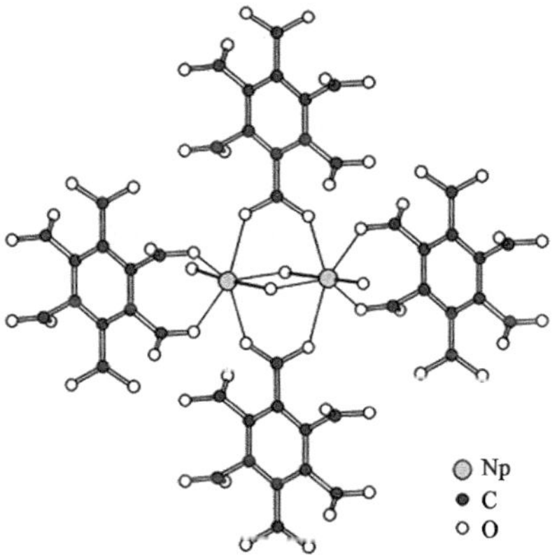


图 4.5 $Na_4[(NpO_2)_2C_6(COO)_6]\cdot 8H_2O$ 晶体中的阳阳离子络合结构图

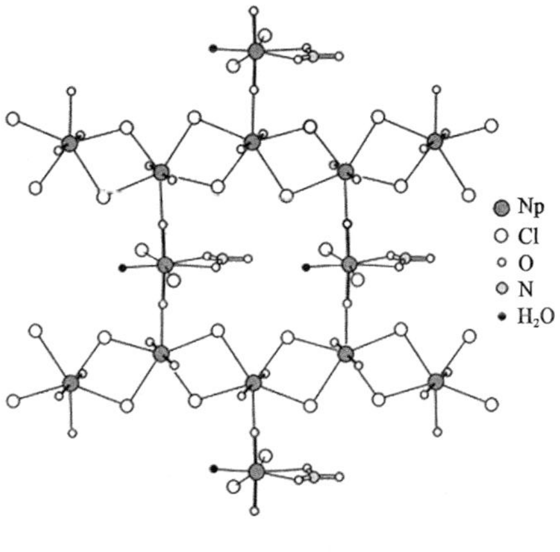


图 4.6 $Cs_4[(NpO_2)\ 2CI_4NpO_2CI_2(NO_3)(H_2O)]$ 晶体中的阳阳离子络合结构图

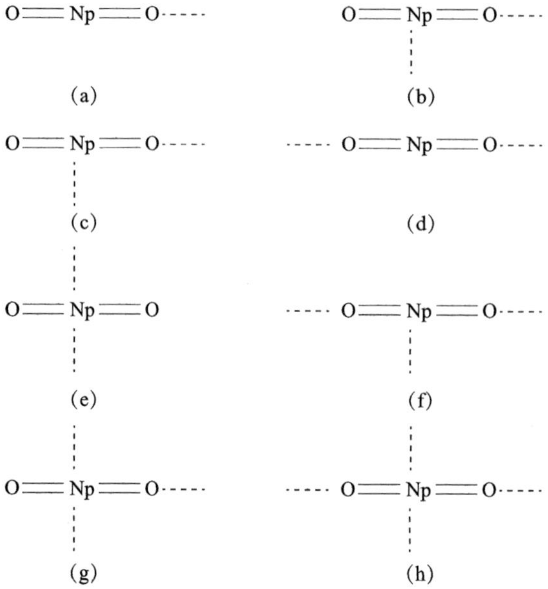

图 4.7　晶体中可能存在的阳阳离子络合模型

Np（Ⅴ）除了形成阳阳离子络合物外，在水溶液中还存在不同价态间的歧化和反歧化过程。近年来，部分学者通过量化计算手段对 An（Ⅴ）的歧化过程进行推测，认为 An（Ⅴ）的歧化先要经历阳阳离子络合这一中间过程，随后，阳阳离子中间产物将通过两次质子化过程最终生成四、六价态的锕系元素。

由于上述原因，使得 Np 的价态控制变得十分困难，因此，Np 走向相关基础问题仍是当前国际的研究热点之一。

## （二）高浓 Pu 的水解聚合研究

至今为止，已发现 Pu 的同位素共有 20 个，但在乏燃料后处理中，最为关注的 Pu 同位素是$^{239}Pu$、$^{240}Pu$、$^{241}Pu$ 以及$^{238}Pu$。Pu 属于第ⅢB 族，由于其电子壳层的结构决定，不仅可以把 7 s 轨道上电子作为价电子给出，而且也可以把 5 f 轨道上电子作为价电子给出。因此，Pu 离子在溶液中分别以 $Pu^{3+}$、$Pu^{4+}$、$PuO_2$ 和 $PuO_2^{2+}$ 离子形式存在。因为价态之间的平衡关系以及价态之间转换的动力学，所以这 4 种离子形式以明显的浓度共存于同一溶液中是可能的。关于 Pu 的水溶液化学研究开展的相对较多，但只是单一体系下相对定性的结果，有些研究结论也存在歧义。如 Pu 水合作用的一个重要特点是水解反应，水解反应程度随 pH 的增大而加重。反应方程式如图 4.8 所示。

$$Pu^{n+}+mH_2O=Pu(OH)_m^{(n-m)+}+mH_2O \qquad (4.3)$$

经单一体系实验证明，不同价态 Pu 离子 随 pH 增大的水解顺序为：

$$Pu^{4+}>PuO_2^{2+}>Pu^{3+}>PuO_2^{+}$$

Choppin 等提出了对 Pu 水合的完整描述，水合熵的顺序如式 4.4 所示：

$$Pu^{4+}>Pu^{3+}>PuO_2^{2+}>PuO_2^{+} \qquad (4.4)$$

Toth 等认为 Pu（Ⅳ）水解及其初级初始水解产物聚集作用的报道存在片面性。因为未适当地控制实验条件，所以某些早期数据的正确性可能遭到质疑。为了更精确地研究这一问题，对于这些实验体系应做进一步的考虑。研究人员感兴趣的主要领域仍然是

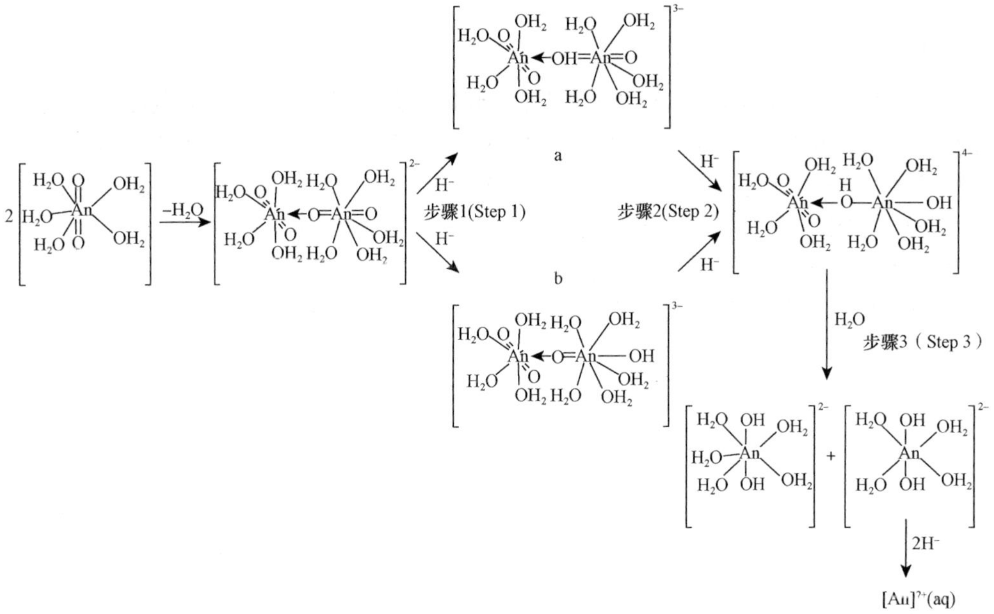


图 4.8　An（Ⅴ）的歧化反应机理

Pu（Ⅳ）的水解产物与溶液中存在其他反应物之间的相互作用。这不仅对阐明新型化学相互作用有相当价值，对于充分理解这些相互作用的程度也很需要，以确保在后处理操作中对 Pu 有完善的控制。

综上所述，Pu 的溶液化学研究还相对薄弱，特别是后处理 TBP/OK-$HNO_3$ 体系中 Pu 的基础化学研究。Pu 的基础化学研究相对薄弱的关键在于以下几个方面：①Pu 的化学毒性和辐射毒性造成研究过程的防护条件苛刻，许多实验室难以具备相关的实验防护条件；②Pu 的化学形态测试研究条件不成熟，除了 UV-Vis、拉曼、激光诱导光声光谱外，同步辐射目前不具备开展 Pu 化合物分析的条件；③致力于从事相关研究的科研队伍较少，缺乏基础研究的长远计划。中国原子能科学研究院核燃料循环后处理放化实验设施于 2015 年投入使用，具备开展 Pu 的水解聚合研究的条件。Pu 的水解聚合研究重点应围绕在后处理 TBP/OK-$HNO_3$ 体系中高浓 Pu 的水解聚合、阳阳络合物形成、歧化与价态变化规律以及对 Pu 的萃取行为影响研究方面。

### （三）高产额裂变产物化学形态和行为研究

早期生产堆乏燃料元件燃耗浅，裂变产物 Ru、Zr、Tc 等裂变产物含量相对较低，它们的行为对后处理工艺的影响并不十分明显。随着动力堆燃耗的不断增加，裂变产物 Ru、Zr、Tc 等含量增加，从而造成 Zr 和 Mo 在溶解液中形成次级沉淀，造成溶解液不稳定，甚至钚也被共沉淀而损失；元素 Tc 浓度增高，对四价铀还原反萃钚有影响；Ru、Zr 等含量增大在 U、Pu 共萃取段形成三相造成 U、Pu 的损失；燃耗增加，加剧了硝酸和溶剂的辐解，从而使工艺萃取端对 Ru 等保留增加，造成对裂变产物核素的去污较低等。因此，随着动力堆燃耗的增加，高产额裂变产物化学形态和行为研究日益引起人们的高度重视。关于高产额裂变产物元素化学性质、溶剂萃取、在后处理中走向和行为等过程，文献进行了全面的论述，但是针对这几个核素在工艺过程涉及的基础问题没有进一步说明。

1. Ru

后处理是在硝酸体系中进行 Np 和 Pu 的调价，并进行 U 和 Pu 的回收提取、裂变产物的去污。在硝酸体系中由于亚硝酸钌 $RuNO^{3+}$ 键的稳定性，形成上百种钌的亚硝酰配合物，同时不同形态的亚硝酰钌硝酸根配合物之间可以相互转化，不同亚硝酸根的配合物也会相互转化，硝酸根与亚硝酸根之间相互转化。因此，在后处理工艺过程中裂变产物钌的化学形态众多，行为比较复杂。

关于 Ru 在硝酸体系中化学行为研究的比较深入，随着动力堆乏燃料燃耗的增加，Ru 的含量也增加。因此，针对裂变产物钌还需开展以下相关基础研究：

1）后处理工艺首段高温加热除钌的机理研究；

2）Ru 的形态及其配合物相互转化及控制研究；

3）强 α 辐射条件下，萃取剂 TBP 的降解产物对 Ru 的保留研究；

4）硝酸体系下，不同形态 Ru 与 Np（Ⅴ）、U（Ⅵ）等之间是否形成阳阳络合物等等。

2. Zr

在 $^{235}U$ 热中子诱发裂变的产物中，元素 Zr 的含量最大。Zr 在硝酸中以硝酸锆（$Zr(NO_3)_4 \cdot 5H_2O$）和硝酸锆酰（$Zr(NO_3)_2 \cdot 2H_2O$）形式存在。在低酸情况下，Zr 很难以单一的 $Zr^{4+}$ 形式存在，主要是以很稳定的锆酰离子 $ZrO^{2+}$ 形式存在，硝酸锆酰实际上是硝酸锆的水解产物。在后处理工艺研究中，由于在硝酸中单核锆的配合物可被 TBP 萃取，聚合锆化合物不被 TBP 萃取。裂变产物 Zr 的化学形态相对 Ru 简单，但是由于 Zr 在后处理工艺过程中的共萃取以及盐析效应，还有一些基础问题需要深入研究：

1）乏燃料首端溶解液不稳定性以及次生沉淀产生机理研究；

2）Zr 在强辐射条件下溶剂中保留机理及方式研究；

3）Zr 在 1A 萃取器中的行为及萃取到有机相中化合物深入研究等；

4）$^{99}Tc$ 随着动力堆乏燃料燃耗的加深，$^{99}Tc$ 的含量升高，由于其半衰期长，达 $2.11 \times 10^5$ a，所以在乏燃料后处理回收铀的产品中对 $^{99}Tc$ 含量有限制。

同时在 U/Pu 分离步骤若采用四价铀作为 Pu 的还原反萃剂时，Tc 具有特殊的影响，因此 Tc 在 PUREX 流程中的走向应予以高度重视。

主要研究涉及以下几个方面：

1）Tc 与后处理工艺中的氧化还原剂作用机理及其对 Pu 的价态影响研究；

2）在硝酸体系下，Tc 的各种价态之间的变化规律及结构分析研究；

3）不同价态 Tc 与不同价态 Pu 之间的氧化还原反应机理研究；

4）$TcO^{2+}$ 与其他阳离子是否形成阳阳络合物离子及其结构分析研究等。

全球经济增长和人口增加对能源的需求不断增长，以及应对全球气候变暖要求减排 $CO_2$ 和保护环境的压力，必将推动核电较快速地发展。

发展核电，只发展热堆和实现“一次通过”的开式循环是不可行的，不仅 U 资源利用极低，而且核废物处置需要的地质处置库容积太大，与生物圈隔离时间太长（几十万年以上），这是难以接受的。因此，为了核电能可持续发展，为人类持续提供安全而又清洁的能源，在发展热堆核电的同时，也要适时地发展快堆核电，实施闭式快堆燃料循环，这样不仅可充分利用 U 资源，减少核废物体积和长期放射毒性，使地质处置库与生物圈隔离时间缩短到 1000 年以内。

热堆乏燃料后处理工艺的发展趋势是改进 PUREX 流程工艺，改进首端工艺，分离掉易挥发性 FP，优化共去污循环参数，选用高效有机无盐还原剂，在 PUREX 流程中分离 U、Pu、Np 和 Tc。在湿法后处理工艺改进中，在考虑 Np、Pu 调价的同 时，必须关注 Np 的行为和走向、高浓 Pu 的水解聚合、高产额裂变产物元素的化学行为和形态等方面的基础研究，才能完善湿法后处理工艺，提高后处理厂的安全运行。

## 六、中国乏燃料后处理的产业现状

按照国际通行做法，乏燃料经过在堆贮存、离堆贮存后送至后处理厂。目前我国早期建设的大亚湾核电站已经实现乏燃料离堆贮存，秦山核电、田湾核电以及岭澳核电在堆贮存的乏燃料水池已经接近满容，与此同时，从 2016 年起，大亚湾核电需要离堆外运的乏燃料数将成倍增加，使我国一些在运机组存在乏燃料无法外运的风险。如图 4.9 所示，从 2015—2020 年，乏燃料的产生量和累计量呈现快速上涨的趋势，预计到 2030 年，乏燃料离堆累积量将超过 2 万 tHM，因此，大力发展乏燃料后处理产业，建设后处理大厂，另外积极建设中间存储能力，解决乏燃料离堆问题，已经迫在眉睫，需与时间赛跑。

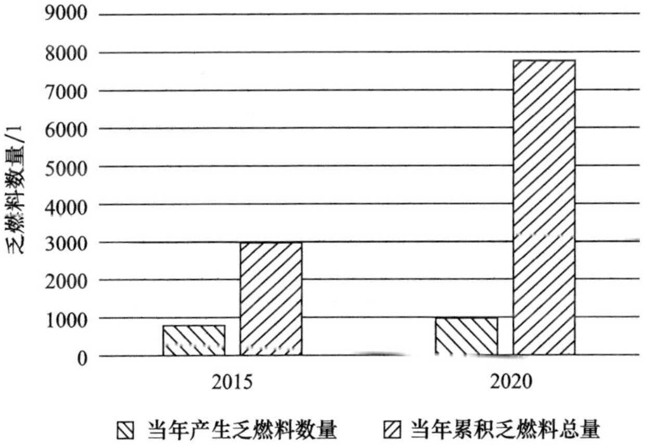


图 4.9　乏燃料增长示意图

数据源于：《乏燃料后处理产业的市场前景及发展路径》

我国于 2010 年建成第一座乏燃料后处理中间试验厂，拥有一座容量为 500 t 的乏燃料贮存水池，正在建设一座 800 t 的乏燃料贮存水池，拥有年处理 50 t 乏燃料的能力，但无法满足日益增长的处理需求。资金保证方面，2010 年我国建立了核电站乏燃料处理处置基金制度，2014 年国家原子能机构印发了《核电站乏燃料处理处置基金项目管理办法》，对运行 5 年以上核电的上网电价征收 0.026 元后处理处置基金，自我国从 2010 年开始征收乏燃料处理处置基金，截止到 2019 年底，每年基金收入分别为 6.9 亿元、24.93 亿元、17.5 亿元、26.5 亿元、14.45 亿元、10.81 亿元、15.64 亿元、18.73 亿元，21.89 亿元，23.97 亿元（数据来源：中华人民共和国财政部官网历年《中央本级政府性基金收入决算表》），基金总额已达到数百亿元，这为产业健康发展打下了基础。

## 七、乏燃料后处理产业发展的思考

### （一）密切跟踪最新的产业发展政策

自福岛核事故之后，政府和公众对核电安全发展的认识空前提升，核废料的妥善和安全处置的重要性亦被反复强调，核电后处理已明确写入“十三五”规划纲要，上升至国家战略地位。《核安全法》也再次强调核废料处理问题，同时相关产业政策的落地，也将助力产业链的崛起。2016 年 7 月，国务院印发《“十三五”国家科技创新规划》国发〔2016〕43 号提出要“稳步发展核能与核安全技术及其应用”，重点包括“后处理技术研发及应用”，并明确指出要“开展先进核燃料、乏燃料后处理、放射性废物处理”等研究。监管方面，目前我国核设施主要遵循《民用核安全设备监督管理条例》，以及同步施行的 HAF601-HAF604 四个部门规章，2014 年起，核安全局已经启动核燃料循环设施重要安全设备管理的策略研究，根据《核燃料后处理厂建（构）筑物、系统和部件的分级》（EJ/T 939—95）对设备进行分级管控。因此，各个地方主管部门，相关企业应积极服务国家战略，满足监管要求，合理运用产业扶持政策，抓住快速发展的黄金时期。

### （二）加强公众沟通

燃料循环相关设施的建设，本是顺应行业发展，利国利民的项目，其安全性毋庸置疑。法国是核燃料循环后端产业的先行者，拥有世界上规模最大、工艺最成熟、技术最先进的商业乏燃料后处理及再循环工业，年处理能力达 1600 t，不仅满足国内需求，同时能够为日本、西班牙、瑞典等他国提供服务。法国阿格核循环厂多年监测的数据表明，该工厂给产业园区附近的公众带来的辐射剂量为 0.03 mSv/a，仅相当于自然界中辐射量的 1%（数据来源：澎湃新闻，2019-09-03）。从经济方面来讲，项目投资量大，可以带动周边配套产业的快速转型升级，然而 2016 年反核的声音却不绝于耳，甚至出现了江苏连云港的示威集会事件，导致核循环项目暂停。因此核电行业从业人员更应重视公众沟通，用先进的知识和信息的透明，让公众理解、让公众信任，让公众支持。

### （三）重视后处理产业技术、装备

我国从事乏燃料领域的科研、设计单位较少，后处理经验几乎为零，此次引进消化国外先进技术任务主要落在以四〇四厂、瑞能科技、原子能院为代表的中核集团，示范项目则以法国阿海珐公司为主导。设备方面，部分产品已经基本实现国产化，进入核电市场推广阶段，如中子吸收材料、常规机械电气设备。部分产品需在现有核电基础上进行适应性开发或改进生产，如远距离操作阀门、机械手、热室等。但 PUREX 技术的工艺流程主设备技术难度较高，我国基础相对薄弱，距离国产化仍具有较长的路线要走，如剪切机、溶液反应器、离心澄清器和脉冲过滤器、萃取分离器、玻璃固化装置等。企业应结合自身的经验积累、人才储备情况，提前了解市场，进行研发攻关，在设备国产化的进程占领市场，进入附加值较高的领域，完成结构调整。

（四）关注乏燃料运输储存领域的发展

我国核电大多集中在沿海地区，乏燃料后处理体系位于我国的西北地区，随着在运电厂的数量累计，乏燃料离堆储运是一个必然的发展方向，尽早建设一个涉及水路、公路、港口的运储体系具有重要的意义。根据法国阿海珐公司的建设经验，大型乏燃料转运枢纽的建设涉及面广，周期接近十年，涉及基础设施建设、特种车辆、指挥应急等多个层面，对于各个领域的企业来说，面临挑战的同时也获得了新的发展机遇。在乏燃料运输和外储存过程中，除去中间贮存设施，储运罐成为必不可少的设备，也是相关企业业务拓展的重点领域之一。目前世界主要核电大国均形成了系列化的乏燃料运输容器，如法国 TN 系列容器、美国 NAC 系列容器等；我国已自主研发 RY-I 和 BQH 系列乏燃料运输容器，但其仅适用于实验堆和核潜艇燃料的运输，不适用于商用核电厂乏燃料的运输。因此国内尚未具备商用核电厂乏燃料运输容器的研制能力。我国采用 NAC-STC 型乏燃料运输容器，价格约 3.8 亿元；法国乏燃料运输容器制造商 Robatel Industries 公司的一台小型容器，售价也在 1 亿元左右。面对我国未来乏燃料运输数量的增加，对乏燃料运输容器的需求势必会增加（数据来源：《中国乏燃料运输容器市场调研与投资战略报告（2019 版）》）。

## 第五节　中国核废料处理技术研究与工程化前景

### 一、核废料概述

放射性废物的来源广泛，形态、组成和特性各异。为了便于管理，必须进行分类。目前，人们普遍采用按核废物的物理状态、放射性水平、来源及所含放射性核素的半衰期等的不同将核废物划分成若干类。如按核废物存在的物理状态不同，可将核废物分为固体核废物、液体核废物和气体核废物。按放射性水平不同，核废物可被划分为高放废物（HLW，High Level Wastes）、中放废物（MLW，Middle Level Wastes）和低放废物（LLW，Low Level Wastes）三大类。按半衰期不同，将放射性核素分为长寿命（或长半衰期）放射性核素、中等寿命（或中等半衰期）放射性核素和短寿命（或短半衰期）放射性核素。据核废物的来源不同，通常将核废物分为铀尾矿、退役废物、乏燃料（不予处理的）、包壳废物、军用废物和商业废物等。此外，据所含放射性核素的种类和性质还可划分出 α 废物和超铀废物及混合废物等。α 废物是指含有一种或多种能发射 α 射线的核素（通常为锕系核素）。

并且其含量超过规定限值的放射性废物。超铀废物是指含有发射 α 粒子、半衰期超过 20 年、每克废物中浓度高于 $3.7\times10^3$ Bq（即 100 nCi）的超铀元素的废物。混合废物（Mixed Wastes）是既含有化学性危险的材料又含有放射性材料的废物。

根据国际原子能机构（IAEA）的分类（见表 4.3），首先按物理形态将核废物分为液体、气体、固体三类，然后再按比活度将每类分成若干级别。例如，将放射性液体废物分成五级，其中第 1、2、3 级相当于低放废物，第 4 级相当于中放废物，第 5 级相当于高放废物；在被分为四级的固体废物中，第 1、2 级分别相当于低放废物和中放废物，第 3、4 级相当于高放废物。在该分类中还对各类核废物提出了处理、防护要求。

**表 4.3　国际原子能机构推荐的放射性废物分级标准（IAEA，1971）**

| 废物 | 分级 | 放射性比活度或浓度 | 说明 | 备注 |
| --- | --- | --- | --- | --- |
| 废液/(Bq/L) | 1 | $<37$ | 一般可不处理 | 用通常的蒸发、离子交换或化学方法进行处理 |
| | 2 | $3.7\times10^{1}\sim3.7\times10^{4}$ | 处理废液的设备不需要屏蔽 | |
| | 3 | $3.7\times10^{4}\sim3.7\times10^{6}$ | 部分设备需要屏蔽 | |
| | 4 | $3.7\times10^{6}\sim3.7\times10^{11}$ | 设备需要屏蔽 | |
| | 5 | $3.7\times10^{11}$ | 必须冷却和屏蔽 | |
| 气体/($Bq/m^3$) | 1 | $<3.7$ | 一般可不处理 | |
| | 2 | $3.7\sim3.7\times10^{4}$ | 一般用过滤法处理 | |
| | 3 | $3.7\times10^{4}$ | 一般用综合法处理 | |
| 固体/(Bq/kg) | 1 | $<1.91\times10^{6}$ | 运输中不需要特殊防护 | 主要为 β、γ 辐射体，所含 α 辐射体可忽略不计 |
| | 2 | $1.91\times10^{6}\sim1.91\times10^{7}$ | 运输中需用薄层混凝土或铅屏防护 | |
| | 3 | $>1.91\times10^{7}$ | 运输中要求特殊防护 | |
| | 4 | α 辐射体 | 要求不存在临界问题 | |

## 二、核废料处置的工作

### （一）放射性废气和废液的净化、浓缩

放射性废气和废液的净化和浓缩是指采取适当工艺措施，使其中放射性核衰变至无害水平或转入小体积气、液相中，经净化的气体、水向环境排放或被再循环使用，对浓缩物实施固化等处理。

放射性废气的净化是指将废气有控制地排入大气之前，从中分离或去除放射性成分、化学污染物的过程。废气中的放射性核素可以通过加压贮存衰变、吸附、过滤等方法被除去或基本被除去。净化处理的优劣用放射性核素的去除率表征，其含义是指气液相中被除去的放射性核素量占原总量的百分比。该值越接近 100%，表示净化效果越好。我国环保部门推荐采用贮存衰变法、活性炭吸附法去除废气中的惰性气体，采用浸渍活性炭或金属沸石吸附法去除碘，采用预过滤法和高效过滤法去除放射性微粒。

放射性废液的净化、浓缩处理一般采用蒸发、离子交换、凝聚沉淀、过滤、反渗透等技术，将废液浓缩减容，对浓缩残液进而固化、处置等，净化废水则被排入天然水体或复用。放射性废液浓缩处理效果用浓缩系数表征，指浓缩前后废液体积之比。而去污洗漱是指放射性废液净化处理前后放射性浓度之比。

### （二）放射性固体废料的压缩、焚烧

核固体废料的压缩、焚烧是目前世界各国对核固体减容的重要手段，减容的效果用减容比即处理前后废料的体积之比来表示。其中焚烧适合于可燃性废物，分为干法焚烧和湿法焚烧（尚处于开发阶段）两种。干法焚烧在焚烧炉中实现，干法焚烧炉常由焚烧系统、净化系统及控制系统三部分组成。

在对核设施进行压缩、焚烧和切割之前，常要实施去污处理，即去除或减少物体上放射性粘附物的过程，目的在于降低被污染物的辐射水平。常用的去污方法有：化学去污、机械去污和电化学去污法。

### （三）放射性废料的固化

放射性废料的固化是指将废液转化成固体的过程。该固体被称为废料固化体，固化废液的材料被称为固化基材（如玻璃、水泥、沥青等）。采用沥青作为固化基材的固化形式称为沥青固化。通常沥青固化和水泥固化是固化中低放射性废液的主要方法，玻璃固化则是固化高放射性废液的最常用工艺。

### （四）核废料的包装

核废料的包装是对核废料固化体外加容器、衬料等，使之成为最基本的处置单元的过程。包装体通常起到以下几个方面的作用：

1. 便于对废料实施贮存、运输和处置；
2. 是抗震动、抗高压、安全处置废料的机械屏障；
3. 保护废物不受地下水的过早侵蚀，是抵抗核素向外迁移的机械、化学屏障；
4. 屏蔽来自废料的辐射线；
5. 传导衰变热。

常用的包装材料主要有：金属（钛合金）、陶瓷、混凝土和玻璃钢等，核废料包装容器形式主要为圆桶状，少数中、低放射性废料容器为箱状。

### （五）核废料的暂存

核废料的暂存是指核废料最终处置前在控制条件下的各种形式可回取短期贮存。通常核废料的暂存种类包括：

1. 处理前暂存：指固化或做后处理前的就地贮存；
2. 处置前的中间贮存；
3. 等候贮存：短期积累贮存；
4. 就地封存。

核废料的暂存方式主要有两种，即湿法暂存和干法暂存；通常从核电厂中取出的乏燃料往往先采用湿法暂存，等放射性热量衰减到一定的程度后再移出水池。而干法暂存常是指干容器贮存和干地下室贮存等形式的贮存方式。

## 三、中国核废料处理的方法

### （一）低、中放废物处置现状

中国是一个地域辽阔的国家，核设施分布广泛，如果将低、中放废物集中处置，无论从运输的安全性考虑，还是从经济方面考虑都不适合。中国的废物管理专家们于1983年首次提出了中国低、中放废物处置宜采取“区域处置”的方针。所谓区域处置场就是在国家统一规划下，全面考虑安全、经济、技术，及社会诸因素和地理、交通等条件，尽可能靠近现有计划的大型核设施，在全国选择少数几个有利地点建立起面向核工业、核电站，和核技术应用的大型低、中放废物处置场。根据“区域处置”的原则，中国从1988年起开始区域性的低中放废物处置场的选址调查，调查范围集中在甘肃、广东、浙江、四川等省。位于甘肃省的西北处置场已于1999年9月开始试运行，位于广东省的北龙处置场于2000年建成，2001年开始投入使用。

中国还建设有24个城市放射性废物库，北京城市放射性废物库是我国建成的第一个收储城市放射性废物的暂存库。此外，中国辐射防护研究院（CIRP）在榆次的黄土台堰上建立了中、低放放射性废物处置实验场，开展了大量的现场试验。并与日本原子力研究所（JAERI）进行了一项长期的合作研究项目（CJ1和CJ2），CJ1为期5年（1988年1月—1993年1月），完成了“低中水平放射性废物浅地层处置安全评价方法研究”。研究内容由八部分组成：①试验场址区域环境特征调查；②试验场区土壤和地下水水质分析；③人工屏障性能研究；④实验室有关参数测定；⑤包气带水分运移规律研究；⑥水分与核素迁移实验室模拟研究；⑦野外包气带中核素迁移示踪试验研究；⑧评价模式与计算机程序开发应用研究。其主要目的，是为低、中放废物浅地层处置安全评价提供一套技术和方法，包括参数、模式和计算机程序。CJ2合作研究项目也已结束，其中一个重要的研究内容就是了解示踪核素镎、钚及锶在地下水中和黄土相互作用时的地球化学行为。

### （二）高放废物处置现状

中国于1955年初建核工业，之后，随着核设施的发展，已积累了越来越多的放射性废物。到目前为止，积累的高水平放射性废液大部分存于不锈钢罐中，等待玻璃固化处理。随着秦山和大亚湾两座核电厂的相继并网发电及我国已制订的发展核能的庞大计划，我国在不久的将来也将面临如何处置核电厂乏燃料的问题。我国的高放废物处置政策是乏燃料在最终处置之前须进行后处理，虽然这样开支较大，但可以回收大量的铀。现在国家计划在西北部北山地区建设高放射性核废料处置库。这个处置库的容量足以容纳中国核工业未来产生的所有高放射性核废料。

### （三）高放废物处置进展

自1985年开始进行高放废物地质处置研究工作以来，归纳起来主要完成以下几个方面的工作：

1. 进行国内外文献资料调研；
2. 为处置库选址，进行全国性区域地质调查，在此基础上筛选出甘肃北山地区作为今后工作重点；

3. 对北山地区进行遥感地质解译、概略的地表地质、水文地质、地球物理和地球化学调查，并在旧井地段和野马泉地段完成 4 个钻孔（孔深分别为 700 m，500 m，500 m和 500 m）和 1∶50 000 的地质填图；

4. 进行地下实验室选址调查，作为冷实验，初步选定了北京附近的阳坊和石湖峪两个场地（围岩皆为花岗岩）；根据确定的技术路线，今后将不在北京建地下实验室，最可能建在北山；

5. 进行了处置库围岩选择，经过对比研究，认为花岗岩作为处置库围岩较为合适；

6. 进行了回填/缓冲材料膨润土矿床的全国调查，筛选出内蒙古兴和县高庙子矿床作为我国高放废物处置库缓冲/回填材料的首选矿床；

7. 对高庙子矿床膨润土进行基本特性和岩土力学性质测定；

8. 对高庙子膨润土和北山花岗岩、阳坊花岗岩、石湖峪花岗岩进行模拟放射性核素的吸附和扩散实验；

9. 对锕系元素在溶液中的存在形式以及与腐殖酸和胶体的关系进行研究；

10. 将铀矿床和花岗岩岩体内外接触带中的核素迁移及古代铜的腐蚀作为天然类似物进行研究；

11. 对膨润土和花岗岩进行了热学性质研究；

12. 对处置库场地的性能评价模式进行初步探索。

## 第六节　中国核能产业发展的支撑体系

### 一、我国核电发展的战略定位

发展核电应提到战略的高度：战略必争。在全球低碳发展的趋势下，掌握先进核能技术将成为核心竞争力的标志，核能将成为战略必争的高科技领域，要形成自主创新的核工业品牌，力争取得战略竞争优势。这里有 3 层意义：首先，先进核能技术本身就是能源领域的核心竞争力；其次，将带动各行各业的先进技术，使其成为该行业的核心竞争力；最后，更深层次的意义是“寓军于民”，为了国家的安全，我国的核战略地位和核能力必须继续得到保持和提高。

国家核战略地位的两个主要标志：敏感技术的掌握和水平；核工业体系和核科技体系的完整性和水平。核工业的两大敏感技术：核燃料循环前端的铀浓缩技术；后端的乏燃料处理技术。

发展核电将带动和促进国防核力量：核电对核燃料的需求将促进核燃料循环系统的建立和发展。核电建设所带动的高端科技和工业体系将有力地支持国防工业的发展，包括国防核工业体系。

#### （一）进一步发展核电有助于我国能源安全

核电在 20 世纪 70 年代和 80 年代初期的大发展，与两次石油危机威胁一些发达国家的能源安全有密切关系。此后，发达国家视能源安全为保障国家安全的一个目标。通过发展核电，可避免过分依赖石油、煤炭、天然气等不可再生能源，实现能源供应多元化后，能源的安全性会显著提高。

中电联发布的 2020 年全社会用电量为 7.51 万亿 kW·h，同比增长 3.1%；全国全口径发电装机容量 22.0 亿 kW，同比增长 9.5%；全国电力供需总体平衡，部分地区有余，局部地区用电高峰时段电力供应偏紧；2020 年初中电联预计 2021 年全社会用电量增速前高后低，全年增长 6%~7%；2021 年底全国发电装机容量 23.7 亿 kW，同比增长 7.7%左右，预计 2021 年全国电力供需总体平衡、局部地区高峰时段电力供应偏紧甚至紧张（数据来源：中国电力企业联合会发布《2020—2021 年度全国电力供需形势分析预测报告》，2021-02-03）。

从我国能源结构的现状和趋势看，可再生能源中水电可开发的余量不大；风电、太阳能虽发展迅速，由于负荷因子不高，所占比例不大；核电所占比例相当小，远不及发达国家所占的比例，亦赶不上世界平均水平。

在制定今后的能源战略时也必须考虑到能源安全问题。长期以来，由于独特的地质资源条件，我国煤炭消费占能源消费总量的比例一直较高，但是由于煤炭的不可再生性，大量开采使我国的煤炭储采比不断下降，目前我国已成为煤炭的纯进口国。与此同时，由于石油、天然气的消费不断增加，随着国内石油、天然气供需缺口的进一步扩大，如果像一些发达国家那样形成过分依赖进口石油、天然气的格局，要保证能源安全将更加困难。

鉴于此，国内核燃料资源和生产能力能够保障一定规模核电站运行需求的状况，以及国际上核电技术日益成熟的现实，我国有必要把进一步发展核电作为推行能源多元化战略的组成部分，避免增加对煤炭、进口石油、天然气等传统能源的依赖，为保障未来的能源安全服务。

### （二）进一步发展核电有助于改善环境和应对气候变化

2009 年 9 月，胡锦涛在 20 国集团峰会上承诺：到 2020 年，我国非化石能源在次能源中所占的比重提高到 15%。2009 年 12 月，温家宝在哥本哈根世界气候大会上承诺，至 2020 年，我国单位 GDP 二氧化碳排放比 2005 年下降 40%~45%。《中国应对气候变化的政策与行动 2019 年度报告》指出，经初步核算，2018 年中国单位国内生产总值（GDP）二氧化碳排放下降 4.0%，比 2005 年累计下降 45.8%，相当于减排 52.6 亿 t 二氧化碳。2018 年，我国已经提前实现了 2020 年碳排放强度比 2005 年下降40%~45%的承诺，基本扭转了温室气体排放快速增长的局面（数据来源：生态环境部，2019 年 11 月）。实现上述承诺，关系到我国经济和社会的可持续发展，不仅需要付出艰苦卓绝的努力，除了采取一系列措施减少碳的排放和能源消耗外，还需要大力发展水电、核电、风电和太阳能等清洁能源。

与发展燃煤电站相比，核电对改善环境的贡献是明显的，核电是清洁能源，像水电一样既不排放粉尘和二氧化碳，也不排放氮氧化物和二氧化硫。燃煤电厂排出大量 PM10 和 PM2.5 的粉尘，应该指出当前困惑全国的雾霾天气与燃煤电站的烟尘排放不无关系。

煤电清洁化和气电只能减少粉尘和二氧化硫的排放，不能解决排放二氧化碳和氮氧化物的问题。随着《联合国气候发展框架公约》的进一步实施，核电与煤电、气电相比的优势将更加明显。

应该指出：在自然界煤铀经常处于共生状态，煤炭中含有微量的 $^{238}U$、$^{234}U$、

$^{230}Th$、$^{232}Th$、$^{228}Th$、$^{226}Ra$、$^{228}Ra$、$^{222}Rn$、$^{210}Pb$ 等放射性核素，在燃煤电厂中燃烧后作为烟尘排出，由于燃煤电厂燃烧的煤炭量非常巨大，在国际和国内放射性核素归一化集体剂量的统计中，电厂一般在 0.01~0.02 人·Sv/（GW·a）水平上，而燃煤电站可能要达到 1 人·Sv/（GW·a）以上。如洛河电厂（300 MW）为 1.24 人·Sv/（GW·a），早期的小型燃煤电厂释放的放射性水平更高。可见核电不仅减排温室气体，而且减少放射性核元素的排放。

相对风电，1 台百万千瓦级核电机组与平均 2 MW 风电机组相比，考虑到核电年利用率为 8000 小时，风电为 2000 小时，相当于 2000 台风机，需要占据距离输电，面临技术困难。我国七大风场中五大风场在西北、北方和东北，充分利用当地荒芜的土地发展风电是可取的；并且如果风电与核电联合发电，就能够提高供电的品质，有利于长距离输电。

太阳能发电分为热能转换和光电转换两类，热能转换比较成熟，但也需要占据大量土地面积；光伏电池还处于研发阶段，尚未形成主流能源。

确保落实节能减排“双目标”。核电只有达到相当规模才具有战略价值，适合的规模既要考虑满足国家电力供给、节能减排和能源结构调整总目标，也与核电生产建设的能力相匹配。由于福岛核事故的影响，当前我国核电发展规模的设定实际是保守的，是远低于核电产业的整体能力的。2020 年，我国核电发电量仅为总发电量的 4.94%，远远低于国际平均水平，还有很大的发展空间。

### （三）加强核能科技研究，不断创新，从核电大国进到核电强国

根据以上的分析，可以得出结论：核电作为高科技产业，是一个与国家安全息息相关、对能源安全和环境保护具有巨大作用，其发展还对相关技术发展起到引领和推动作用的战略性新兴产业。

近几年来，我国在核电的发展上有了相当大的进展。到 2015 年，我国核电的总装机容量将超过 4000 万 kW，还有 18 台机组正在建设；截至 2021 年 3 月份，我国核电总装机容量达到 5100 万 kW，已跻身世界核电大国行列（数据来源：国家能源局，2021 年 1—3 月份全国电力工业统计数据，2021-04-23）。但是我国目前核电的科技水平要求与国际先进水平和前沿发展还有相当差距，要安全、高效、规模化地发展核电，必须加强核能科技开发，不断创新，注重核科技的前沿研究，把我国从核电大国建成核电强国。

为了实现这个目标，下列问题值得很好地研究解决：

1. 核电规模化发展安全、经济性和技术路线、机型的选择；
2. 内陆核电的建设与应该关注的问题和解决措施；
3. 核燃料资源问题，如何实现核燃料的增殖和核能利用的循环经济；
4. 乏燃料后处理及核废料处置问题；
5. 开展核科技前沿研究，保持核科技上的领先地位。

## 二、核燃料的增值和核能利用的循环经济

### （一）积极安排下一代和未来核电快中子增值堆的科研开发

2000 年，美国发起了有 9 个国家参与的“第四代核能国际论坛”（GIF），并于 2002 年提出了第四代核电的六种研究开发的堆型和研究开发“路线图”。2001 年，在

俄罗斯的推动下，IAEA 发起了“创新型核反应堆和燃料循环国际合作项目”（即 INPRO），2006 年 6 月前完成了第一阶段工作，出版了有关评价指南和方法学等的 IAEA 技术文件。GIF 和 INPRO 两个计划，提供了良好的国际合作平台。我国从一开始就是 INPRO 项目的成员国；2006 年 7 月，我国就草签了参加 GIF 的协议，并将参与快堆和高温气冷堆合作项目的有关活动。第四代核电站开发的目标：具有固有安全性；充分利用核资源；提高热效率；开发核能制氢、冶金、化工等多种用途；处置核废料；防止核扩散、反恐。国际上认为下列六种堆型最可能获得成功：钠冷快中子堆；超高温气冷堆；铅冷快中子堆；超临界水堆；熔盐堆；气冷快中子堆。基于防核扩散的目的，美国于 2006 年 2 月发出“全球核能合作伙伴”（GNEP）倡议，发展具有防扩散功能的快堆核电站和闭合核燃料循环技术，中国是首批五大参与国之一。

（二）我国快堆发展的规划

在中国实验快堆建成经验的基础上，我国快堆工程技术发展的第二步是 600 MWe 的中国示范快堆 CFR600，其安全性应达到与中国实验快堆和第四代一致的目标要求安全设计特点，除与中国实验快堆同样的靠自然对流和自然循环的非能动事故余热导出系统外，还应增加非能动停堆系统，以抵消大型快堆可能出现正钠空泡系数的影响。同时作为示范堆系统和设备的可靠性应保证负荷因子不低于 85%，即正常运行后，作商用堆运行。CFR600 预计 2023 年建成运行，2028 年推广 5 座运行。

我国快堆工程技术发展的第三步是 1000~1200 MWe 中国大型高增殖示范快堆，除与中国快堆一致的安全性和可靠性的要求外，要求经济可接受性。这是因为单件生产、尚未推广，一般难以与已批量生产的商用堆型相竞争。经济性可接受是指适当改进和商用推广后，就有竞争力。同时开始应用现场燃料循环的金属燃料，避免厂外燃料运输，加强集中的实体防卫，防止核扩散。预计中国验证性快堆于 2028 年前运行，并设想我国推广的 1000~1200 MWe 商用快堆将于 2035 年左右批量运行。我国快堆发展归还设想的里程碑节点见图 4. 10。

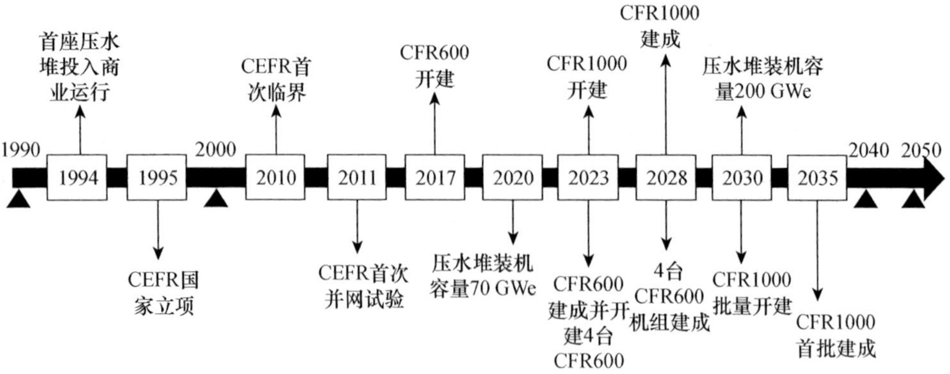


图 4. 10　快堆发展规划里程碑

（三）压水堆—快堆匹配能为国家提供核电发展的背景

在核能发展情景研究中，燃料循环参数的 4 种方案（见表 4. 4），采用 IAEA—INPRO 计划的 DESAE 分析程序得到 4 种方案的压水堆快堆匹配情景。方案 4 金属燃料高温冶金后处理获得最高核电容量和最快的核电发展，可实现大批量替代煤电，大大减少温室气体排放。

表 4.4 燃料循环参数的 4 种方案

| 方案 | 压水堆后处理时间/a | 快堆后处理及燃料制造/a | |
|---|---|---|---|
| 1 | 8（水法） | MOX | 8（水法） |
| 2 | 4（先进水法） | MOX | 4（先进水法） |
| 3 | 2（干法） | MOX | 2（干法） |
| 4 | 4（先进水法） | 金属 | 1（干法） |

### （四）重视核燃料循环建设和核废物最终处置

建立核燃料循环体系可发挥循环经济的效益，充分利用核资源，同时亦可减小核废物。核燃料闭式循环是我国发展核能的既定战略和方针，亦是高效发展核电的重要战略部署。

核燃料在热堆中“一次通过”，铀资源的利用率约为 1%；压水堆核电厂的乏燃料中大约含有 95%的 U、1%的 Pu、4%的裂变产物（FP）与次锕系元素（MA）。经后处理回收钚与铀，制成 $UO_2$或者铀钚混合氧化物（MOX）燃料，在热中子堆或快中子堆中应用，可以大大提高铀资源利用率，这样可使铀资源利用率提高 0.2~0.3 倍；若采用快中子堆增殖的闭合循环，将非裂变元素$^{238}$U 转换成人工可裂变元素 Pu，如此不断反复循环，理论上可使铀资源的利用率提高 50~60 倍。

## 三、核科技前沿研究与核科技的领先地位

国际上高温气冷堆的开发目标是探索核能高温利用，开发核电高温工艺在稠油热采、煤液化、冶金等领域应用；特别是利用水的高温裂解制氢，以及氢料电池应用，氢作为二次清洁能源，可代替汽油作为运载工具的能源，有可观的前景。高温气冷堆方面，我国已建成高温气冷堆实验堆和模块化的高温气冷堆核电厂，完成第二阶段开发计划，并制定了发展热电联产及高温制氢规划。在 20 万 kW 级高温气冷堆核电厂示范工程建设的基础上，开展高温气冷堆技术的升级和工程示范，目前我国拥有自主知识产权的世界首座高温气冷堆核电厂示范工程——华能石岛湾高温气冷堆示范工程已于 2020 年 7 月 25 日全面进入调试阶段（数据来源：澎湃新闻，2020-07-27），力争早日实现我国具有完全自主知识产权的第四代堆商业化应用。

2020 年以前，在工程建设方面，建成并运行山东荣成 20 万 kW 级高温气冷堆核电示范工程，开工建设 60 万 kW 高温气冷堆核电机组，为国际市场发电应用提供工程示范。开工建设 20 万 kW 高温气冷堆热电联产机组，为国内热电联产应用进一步推广提供经验。积极推进国际市场应用，争取在国外开工建设高温气冷堆核电机组，用于发电和热电联产。在科研方面，开展高温气冷堆核电厂技术的经验反馈、设计优化和标准化，石墨国产化，以及超临界蒸汽发生器开发等科研工作，开展 950 ℃超高温气冷堆技术研发和试运行工作。

2030 年以前，实现高温气冷堆氦气透平循环发电和高温气冷堆核能制氢的工程应用。

### （一）熔盐堆技术路线图

作为未来核技术的开发，科学院开展了熔盐堆的研究，熔盐堆研究重点着眼于核燃料增殖和钍资源利用，是核燃料增殖的另一种选择。

钍铀核燃料循环的熔盐堆称为钍基熔盐堆，钍基熔盐堆有 5 大特点：①固有安全性；②灵活的燃料循环特性；③核资源的有效利用和防止核扩散；④发电效率高达 45%~50%；⑤核废料嬗变。

作为中国科学院首批战略先导科技专项，钍基熔盐堆核能系统研究将兼顾科学研究、技术发展和工程建设。

起步阶段（2011—2015）：建立完善的研究平台体系，学习并掌握已有技术，开展关键科学技术问题的研究；工程目标是建成 2 MW 钍基熔盐堆实验堆并在零功率水平达到临界。

发展阶段（2016—2020）：建成钍基熔盐堆中试系统，全面解决相关的科学问题和技术问题，达到该领域的国际领先水平；工程目标是建成 10 MW 钍基熔盐堆并达到临界。

突破阶段（2020—2030）：建成工业示范性钍基熔盐堆核能系统，并解决相关的科学问题，发展和展望所有相关的核心技术，实现小型模块化熔盐堆的产业化；工程目标是建成示范性 100 MW 钍基熔盐堆核能系统并达到临界。

### （二）ADS（加速器驱动的次临界反应堆）

科学院开展了 ADS（加速器驱动的次临界反应堆）的研究，ADS 作为高效嬗变手段，用以嬗变次锕系元素和长寿命放射性核素——其衰变周期长达几十万年，通过嬗变将大大缩短上述放射性核素的衰变周期，以实现核废物的最少化；并使核废物的监管时间大幅缩短到几十年，减少经济和社会成本。

一座百万千瓦级核电站每年卸出乏燃料 25 t，其中可循环利用的铀 23.95 t，钚 0.25 t，中短寿命裂变产物约 0.75 t，次锕系元素 0.02 t，长寿命核素 0.03 t。利用 ADS 来嬗变次锕系元素及长寿命核素使其变废为宝，具有较高的嬗变支持比（与快堆相比为 12/5），中子能谱更硬，ADS 安全性较好。

### （三）超临界水堆

超临界水堆是四代核电中唯一的轻水冷却的反应堆，具有高效和经济等优点，常规岛可以应用火电超临界机组已有的技术基础，有热中子谱和快中子谱两种堆型。目前我国正在进行基础理论和基础材料的研究。

我国第四代核电技术和未来核能技术的研究开发应统筹规划，有所侧重。在熔盐堆和超临界水堆方面，开展基础理论、技术和基础材料等方面的研究，做好技术储备。

# 第七节　高等教育核类学科专业人才培养现状与需求

## 一、我国核类学科专业高等教育人才的培养现状

我国高等教育核科学与技术类本科专业和研究生学科，是随着20世纪50年代我国核武器事业和核科技工业的发展而建立起来的。然而，由于高等学校招生专业的调整，一段时间内我国高等学校几乎已无核科学与技术相关专业设置。以放射化学专业为例，1995年以后，在我国高校中，放射化学一般只作为应用化学专业的一个方向进行招生和培养，其他核相关专业与此类似。与此同时，我国培养核相关专业学生的高等学校也急剧下降。以放射化学专业为例，20世纪80年代以前，包括复旦大学、中国科技大学、吉林大学、南开大学、武汉大学等重点院校在内的近20所院校都曾从事放射化学专业本科的人才培养，但是目前，仅有北京大学、兰州大学、四川大学三所院校有本科生培养。研究生除上述三所院校外，还有清华大学和北京师范大学。而且各学校本科生和研究生培养的专业方向也略有差异（见表4.5）。

**表4.5　目前我国从事放射化学本科和研究生培养的主要学校**

| 本科 | | 研究生 | | |
| --- | --- | --- | --- | --- |
| 学校 | 招生专业 | 学校 | 招生专业 | 研究方向 |
| 北京大学 | 应用化学Ⅱ | 北京大学 | 化学（应用化学） | 辐射化学与工艺；<br>核药物化学；<br>核环境化学 |
| 兰州大学 | 应用化学Ⅱ<br>（放射化学） | 兰州大学 | 无机化学<br>应用化学<br>化学工程与工艺 | 环境放射化学；<br>放射化学；<br>放射化学 |
| 四川大学 | 应用化学<br>（放射化学方向） | 四川大学 | 无机化学<br>核技术及应用 | 核燃料循环与材料；<br>功能材料及在放射化学分离中的应用；<br>核药物化学与核技术在生物中的应用 |
| | | 清华大学 | 核燃料循环与材料<br>放射性废物处理处置技术 | |
| | | 北京师范大学 | 无机化学 | 放射性药物 |

存在的问题主要有：①政府对核相关教育的重视程度不够，投入甚少，没有全面的、综合性的长远规划。对核学科与技术相关专业的重视和投入程度不够；②从事核专业人才培养的高等院校以及招生人数均明显减少，师资力量萎缩，教师人数严重不足，教学水平亟待提高；③缺乏对优秀高中后备生源的吸引力，人才培养的规模和水平与社会需求有较大差距；④教学和研究经费来源狭窄有限，如专业课教材建设，高年级学生的毕业实习、毕业论文和购买专业教学所需设备等的经费严重欠缺；⑤由于高等学校招

生专业的调整、学分制全面实行及学生选课更加自由，核科学与技术相关专业基础课比重及系统性有所降低；⑥目前局部的、有限的资助经费投入，存在以下倾向：重工程（如堆工），轻基础（如核物理、放射化学等）；重科研，轻教学；重点（学术带头人），轻面（更多的一线教师，尤其是年轻教师）。

## 二、关于加强核类学科专业高等教育人才培养的建议

目前，我国核科学技术事业和人才培养面临良好的发展机遇。据了解，从2005年至今，包括兰州大学、哈尔滨工程大学、上海交通大学、西安交通大学等重点院校在内，全国相继有近10所高等院校成立了“核科学与技术（或工程）学院”，恢复了部分濒临消亡的核相关专业，这些“核学院”的成立及相关专业的恢复，标志着我国核专业高等教育的复兴。

从核科学与技术人才培养的发展出发，结合我国相关专业培养的经验教训，提出如下建议：

### （一）制定立体性政策，在财力和物力方面大力支持

通过各级政府部门应高度重视，统筹组织规划，全盘考虑，联合行动，制定长远的核人才培养战略；对发展相对缓慢、萎缩严重的核科学与技术学科实行政策倾斜、加大经费支持力度。同时，研究院所、企业大力支持，充分发挥企业优势，加强科研、教学与生产实践相结合，充分调动企业支持教育，教育回报企业，做到学校与科研院所及企业的设备共享，体现以企业为主的自主创新。学校及院系的支持，主要体现在对高中生、新生的核科学与技术宣传和高年级学生进行专业取向教育，以及在教学仪器或设备的添置和实验室维修方面给予适当的政策倾斜。

### （二）建立核科学与技术人才培养基地

建议由教育部组织，在有条件的高等学校设立“核科学与技术”类专业基础研究和人才培养基地。

### （三）加强师资队伍建设

受市场经济和出国热潮的影响，加上科研项目少、经费不足等原因，高校核专业青年教师流失严重，加之老教师陆续退休，20世纪90年代末，核专业教师严重缺员，出现青黄不接的局面，严重影响教学质量。培养优秀青年教师，吸引优秀学生留校任教，保证核专业教师队伍的稳定是一件刻不容缓的事情。一方面学校要为学科建设和青年教师培养创造良好的条件，另一方面需要政府的积极支持与投入。为各校相关专业/教研室的教师提供相对稳定的研究经费支持，以这些研究为支撑平台，教师既可以从事科研，跟踪前沿，又可以培养本科生和研究生，有利于稳定现有教师队伍，并吸引高水平人才加入这个队伍中。

### （四）充实教学和研究硬件平台

由于学校对核专业学科投入不足，建设力度不大，发展缓慢，高校核专业设施普遍陈旧，资源匮乏，已不能适应教学的基本需要，急需支持和投入，以保证基本条件的维

护和建设。因此建议以购置、借用等各种方式，逐步更新现用于本科和研究生教学/科研的实验仪器设备。

### （五）更新和完善专业培训计划

1. 更新教材，跟踪学术前沿，调整专业基础理论课和实验课内容。高校核专业教材已使用多年，很多内容都已经陈旧，需要补充和编写新的教材。与计算机类教材不同，由于核专业教材需求量很小，出版这样的书没有经济效益，因此没有专门的支持，这一工作是难以进行的。

2. 强化毕业实习和毕业论文教学环节。设立一定的奖学金或训练津贴，鼓励优秀高年级本科生提前接触有关研究工作，并为他们提供与研究院所中的教授和其他资深研究人员一道工作的机会。

3. 聘请核事业中卓有成就的专家进校讲学，或做兼职教授直接参加教学活动，做专题讲座，指导研究生等。

4. 暑期培训计划等。

### （六）继续探索其他有效培养模式

核专业人才的培养数量和人才的层次、质量与核事业和核科技工业的发展不相适应：

1. 核专业人才培养规模不能完全满足核科技工业发展的需要

据统计，虽然目前高校核科学与技术类专业学生的培养规模与核科技工业的发展需求大体相当。但由于目前输送尚不到四成，核专业人才总量上不能适应需求。其中部分专业方向人才培养的基数严重不足，如核燃料工程和核化工专业方向，目前每年的毕业生输送只能满足 1/4 的需求。如不采取特殊措施，该专业人才断档的情况将进一步加剧。

2. 核专业人才的层次和质量不能适应核科技工业发展的需要

我国核事业和核科技工业之所以取得辉煌成就，关键是有一批优秀学科带头人和科技骨干。但在相当长一段时间内这些单位的骨干人才流失严重，加之由于核专业的特殊性和科技人员长期待遇偏低、地域偏远等因素，核科技工业单位缺乏吸引人才的竞争力，一流高校毕业生以及硕士以上研究生补充不足，面临人才青黄不接的严重局面。据统计，20 世纪 90 年代几乎没有清华、北大的毕业生到中西部的核科技单位工作。1999 年中国工程物理研究院硕士以上科技人员仅占科技人员的 5%，而美国这一数字为 70%。这种现象在核科技单位很普遍，高层次人才无论从数量还是质量来说都很难适应未来国防核事业和核科技工业的发展。

高校人才培养除了考虑整体规模外，还需结合用人单位的需要，注意输送人才的层次和质量。为了解决核单位骨干人才断档的问题，中核集团、中国工程物理研究院和高校一起，探索了定向生培养、第二学士学位培养、工程硕士培养和在职人员的教育培训以及在职培养、联合培养等多种人才培养方式，有效地缓解了国防核科技工业对骨干人才的迫切需求。这些实践证明，成功的核人才培养的特殊方式，需要在政府的指导和支持下，结合政府、企业、高校的力量，进一步推动和发展。因此，建议继续并扩大定向生培养计划，增强对优秀高中后备生源的吸引力，为培养高层次人才提供良好的人力资源。

综上所述，只要各级政府、相关高校高度重视，从我国国防和国民经济发展对核专业人才的需求出发，针对我国核专业人才培养现状，采取有力措施，统筹组织，合理规划，全盘考虑，联合行动，就一定能够重振我国核专业人才培养的辉煌。

## 参考文献

[1] 杨光. 低碳发展模式下中国核电产业及核电经济性研究[D]. 华北电力大学(北京), 2010.

[2] 赵成昆. 中国核电发展现状与展望[J]. 核动力工程，2018，39(5)：1-3.

[3] 高阳，邹树梁. 我国核电产业的垄断性分析及规制改革模式刍议[J]. 南华大学学报：社会科学版，2005，6(6)：7.

[4] 张华祝. 第三代核电技术与中国核能行业的发展[J]. 国防科技工业，2007(6)：22-23.

[5] 孙浩. 中国广东核电集团核电产业发展战略研究[D]. 山东大学，2013.

[6] 任军华. 中国广东核电集团核电产业发展战略研究[D]. 北京交通大学，2008.

[7] 2020 第十四届中国国际核电工业及装备展览会中国(烟台)核能安全及 2020 核电产业链高峰论坛[J]. 中国核电，2019，12(6)：653.

[8] 张安运，肖成梁，柴之芳. 硅基超分子识别材料在乏燃料后处理中的研究进展[J]. 化学进展，2011，23(7)：1355-1365.

[9] 王英. 加速中国核能全产业链“走出去”[J]. 中国电力企业管理，2018(22)：30-31.

[10] 李金英，石磊，胡彦涛. 我国乏燃料后处理大厂建设的几点思考[J]. 核化学与放射化学，2011，33(4)：204-210.

[11] 张林. 中国核电产业国际竞争力研究[D]. 华北电力大学(北京)，2017.

[12] 郝卿. 核废料处理方法及管理策略研究[D]. 华北电力大学，2013.

[13] 姜昊. 中国核电企业核废料安全管理及处置方案评价研究[D]. 华北电力大学(北京)，2018.

[14] 杨兴存，包伯荣，周芳，等. 溶剂萃取法在乏燃料后处理中应用研究概况[J]. 原子能科学技术，2001(S1)：50-55.

[15] 李想，张宏韬. 乏燃料后处理产业的市场前景及发展路径[J]. 南方能源建设，2017，4(3)：35-38.

[16] 李玉忠，吴王锁. 我国高等学校核科学与技术类专业人才培养的现状、问题和建议[J]. 高等理科教育，2008(4)：24-27.

[17] 刘永阔，吴国华，谢春丽. 高校核科学与技术专业硕士培养模式现状分析[J]. 黑龙江教育(高教研究与评估)，2015(2)：61-62.

# 第五章 核电技术发展历程

## 第一节　核电技术简介

### 一、核能利用简要回顾

1938 年物理学家实验时首次发现，受到中子轰击的不少重原子核可发生分裂（核裂变）。1942 年费米和他领导的研究小组，在他们建造的以铀作燃料、石墨为慢化剂的反应堆上，实现了世界上第一次核裂变自持链式反应。1945 年美国在新墨西哥州（New Mexico）的 Alamagordo 进行了世界上第一次核武器试验，并在第二次世界大战中向日本的广岛和长崎分别扔下了一颗原子弹，核爆中心方圆 2 km 内所有建筑物全部被夷为平地。

1947 年，英国建成了第一座石墨低功率实验性反应堆 GLEEP，它也是欧洲第一座反应堆。1951 年 12 月，美国利用 Idaho 国家反应堆试验站的 EBR－1（Experimental Breeder Reactor）反应堆首次发电（100 kWe）。1953 年美国总统艾森豪威尔发表原子能和平利用的讲话。1954 年 6 月 26 日，苏联位于 Obninsk（靠近莫斯科）的全世界首座核电厂（5 MWe）第一次并网发电，核能才跨越了仅限于军事用途的壁垒，真正进入了以原子能发电为标志的核能和平利用的新时代。1956 年 10 月，英国建成卡尔德霍尔（Calder Hall A）产钚、发电两用的石墨气冷堆核电厂。1957 年 12 月，美国建成希平港压水堆核电厂。1960 年 7 月，美国建成德累斯顿（Dresden－1）沸水堆核电厂，为轻水堆核电的发展开辟了道路。1962 年，加拿大建成 NPD 天然铀重水堆核电厂。20 世纪 60 年代开始，广泛应用第二代核电技术，如压水堆（PWR）、沸水堆（BWR）、重水堆（CANDU）和石墨水冷堆（RBMK）。

1979 年和 1986 年分别发生在美国三哩岛和苏联切尔诺贝利核电厂的严重事故使社会公众增大了对核电安全性的顾虑，使核电发展进入低潮，第三代核电技术的研发正是基于这一背景。针对公众对核电安全性的疑虑，在开发第一代的核电时，对新建核电厂的安全性、经济性和先进性提出了要求。第三代核电技术就是指满足《美国用户（URD）》或《欧洲用户要求文件（EUR）》，具有更好安全性的新一代先进核电厂技术。20 世纪 80 年代开始，第三代核电技术得到发展并在 90 年代投入市场，典型的第三代核电技术包括：美国西屋电气公司的非能动先进压水堆（AP1000、AP600）、美国通用电气公司开发的先进沸水堆（ABWR）、法国 AREVA 开发的欧洲压水堆 EPR、中国中核集团与中广核集团联合开发的“华龙一号”，国电投集团开发的 CAP1400，俄罗斯的 VVER-1200，韩国的 APR-1400，日本的 APWR。其中最具代表性的就是 AP1000 和 EPR。第三代核电技术与第二代核电技术最根本的一个差别，就是第三代核电技术把设置、预防和缓解严重事故作为设计核电厂必须满足的要求。目前，第三代核电技术是世界核电发展的主流。

1999 年 11 月，在召开的美国核学会冬季年会上，美国进一步明确了发展第四代核能系统的设想。2000 年 5 月，由美国能源部主持，在华盛顿召开了美国第四代先进核能系统发展目标的专家研讨会。如今，第四代核电技术也进入了人们的视野，多个国家都在进行第四代核电技术的研究和开发，其主要特征是防止核扩散，具有更好的经济性，安全性高和废物产生量更少。

## 二、核电主要堆型

核反应堆的堆型根据燃料类型分为天然气铀堆、浓缩铀堆、钍堆；根据中子能量分为快中子堆和热中子堆；根据冷却剂（载热剂）材料分为水冷堆、气冷堆、有机液冷堆、液态金属冷堆；根据慢化剂（减速剂）分为石墨堆、重水堆、压水堆、沸水堆、有机堆、熔盐堆、铍堆；根据中子能量分为高通量堆和一般能量堆；根据热工状态分为沸腾堆、非沸腾堆、压水堆；根据运行方式分为脉冲堆和稳态堆。核反应堆概念上可有 900 多种设计，但现实上非常有限。截至 2019 年年底，全球在运核电机组 443 台（数据来源：国际原子能机构 2019 年报），其中占绝大多数是轻水堆（LWR），其余为重水堆（PHWR）和高温气冷堆（AGR）。轻水堆主要是压水堆（PWR）和沸水堆（BWR）两种类型，其中绝大部分为压水堆。在运行反应堆中，压水堆、沸水堆和重水堆是 3 种主要的堆型，分别占总数的 65%、17%、11%。

### 1. 压水堆

核电厂的发展历史表明，用普通水（轻水）为慢化剂和冷却剂的轻水堆（Light Water Reactor，LWR）是当代最具有竞争力的堆型。压水堆（Pressurized Water Reactor，PWR）是指使用轻水（即普通净化水）作冷却剂和慢化剂，且水在反应堆内保持液态的核反应堆。主要由核蒸汽供应系统（即二回路系统）及其他辅助系统组成。其原理为：冷却剂在堆芯吸收核燃料裂变释放的热能后，通过蒸汽发生器再把能量传递给二回路产生蒸汽，然后进入汽轮机做功，带动发电机发电。这是由于：①水具有优越的慢化性能和热物理特性（比热容和密度高，黏度低），纯水同堆芯及回路结构材料的化学相容性好，水又是以低廉价格到处可以获得的物质；②轻水堆的很大的反应性负温度系数提供一定的“内在安全性”；③堆芯紧凑因而容易做到最经济；④充分利用了常规蒸汽动力装置的水介质工艺技术基础，可大大减小研究开发工作量；⑤$UO_2$ 陶瓷燃料和锆合金包壳材料的成功。

水作为慢化剂和冷却剂的主要缺点是：热中子吸收截面较大，因而不可能使用天然铀作燃料，轻水堆必须使用富集铀；水的蒸汽压力高，使反应堆必须在高压下运行。通常所称的轻水堆包括压水堆（含西方压水堆 Pressurized Water Reactor，PWR 及俄罗斯水水堆 Water-Water Energetic Reactor，VVER 或 WWER）和沸水堆（Boiling Water Reactor，BWR）。

压水堆的特点是堆内的水经常保持液态，因此，驱动汽轮发电机组的蒸汽必须在反应堆以外产生，这是借助于蒸汽发生器实现的。来自反应堆的冷却剂即回路水流过蒸汽发生器传热管的一侧，将热量传给传热管另侧的二回路水，使后者转变为蒸汽。为了获得较高的热效率，二回路蒸汽及一回路水的温度越高越好。

但受到结构材料强度的限制而不得不折中的选择。现代压水堆核电厂的二回路蒸汽压力约 6~7 MPa，蒸汽温度约 275°~290°，一回路工作压力约 15.5 MPa，热段工作温度约 325°，此时冷却剂尚有 20°~25°的欠热度（沸腾裕度）。全厂热效率约33%~34%，意味着有 66%~67%的废热要排入环境。

压水堆整个堆芯置于厚重的压力容器内，靠反应堆冷却剂泵（主泵）使一回路水在反应堆压力容器与蒸汽发生器之间不断循环流动，将堆芯产生的热能带出来，反应堆冷却剂系统即一回路通常包含 2~4 条并联的环路，每条环路由 1 台蒸汽发生器、1~2 台主泵和连接管道构成。由于水的不可压缩性，少许体积变化就会引起很大的压力变化，压力过高或过低都会产生不利的影响。设想冷却剂体积减小，压力降低，堆内的水就会部分汽化，使传热恶化，而导致部分燃料元件烧毁。为此需在其中一条环路上安装 1 台保持整个一回路稳定压力的稳压器。

压水堆作为一种技术十分成熟的堆型，与其他堆型相比，结构紧凑，经济上基建费用低、建设周期短、轻水价格便宜；有放射性的一回路与二回路分开，带有放射性的冷却剂不会进入二回路污染汽轮机，机组运行、维护方便。压水堆电厂是目前世界上运行最多的核电厂，国内外的三代核电大多为压水堆，如 EPR、AP1000、“华龙一号”等。

2. 沸水堆

早期曾经担心如果让水在堆内沸腾，由于气泡的生成和运动都不是均匀的，会引起严重的功率振荡。20 世纪 50 年代在美国进行的一系列 BORAX 沸水堆实验证明，只要提高压力，沸腾就变得稳定，反应堆也成为可控制了。此后沸水堆经过 EBWR 和 VBWR 实验堆 180 MW 的德累斯顿（Dresden-1）原型堆阶段，蓬勃地发展起来，成为压水堆的强劲竞争对于沸水堆和压水堆同属于轻水堆。所不同者，沸水堆在堆芯中产生的蒸汽直接进入汽轮机发电，而无须经过蒸汽发生器（这是压水堆中的一个薄弱环节），也没有一回路与二回路之分，系统特别简单。其次，传给冷却剂的热量在压水堆中仅使水温升高（显热），而在沸水堆主要使水汽化（潜热），因此，对于同样的热功率，通过沸水堆堆芯的冷却剂流量小于压水堆。然而，沸水堆的蒸汽带有放射性，需将蒸汽给水系统的设备加以屏蔽和把汽轮机大厅划入放射性控制区，增加了检查和维修的困难，并需采取措施减少放射性气体的逸出和防止凝汽器渗漏。沸水堆由于气泡的负反应性效应能自动限制功率猝增，具有很大的内在安全性。

基于在热效率与总投资之间的最佳权衡的沸水堆工作压力约为 7 MPa，相当于压水堆的一半。因此，沸水堆压力容器的壁厚小于压水堆。但沸水堆的功率密度低于压水堆，这使得沸水堆所用压力容器的尺寸（1300 MW 沸水堆压力容器的内径约为6.5 m，高度 23 m）要比同样功率压水堆的大很多。这两个互相抵消的因素使两种堆型的压力容器的制造成本大致相当。但运输条件会使沸水堆压力容器不得不分成几个大构件，运到工地后，在那里拼焊成为整体。

沸水堆（Boiling Water Reactor，BWR）是轻水堆的一种，利用轻水作慢化剂和冷却剂。其原理为：冷却水从反应堆底部流进堆芯，对燃料棒进行冷却，带走裂变产生的热能，冷却水温度升高并逐渐气化，最终形成蒸汽和水的混合物，经过汽水分离器和蒸汽干燥器，利用分离出的蒸汽汽轮进行发电。与压水堆相比，沸水堆工作压力低；由于减少了一个回路，其设备成本也比压水堆低；但这样可能使汽轮机等设备受到放射性污染，给设计、运行和维修带来不便。日本的福岛核电站采用的就是沸水堆。

沸水堆核电厂的工艺流程可以采用自然循环或强制循环。随着堆芯功率密度增长到大约 25 kW/L 以上，自然循环不能提供足够的冷却剂流量以避免出现膜态沸腾，而必须靠泵来迫使冷却剂循环流动。早期由于对堆内沸腾过程中的水力—中子相关稳定性无把握，曾采用带二次蒸汽发生器的双回路（即直接回路+间接回路）系统。自从 20 世纪 60 年代中期牡蛎湾（Oyster Creek）BWR-2 成功运行以来，沸水堆核电厂均采用完全省去蒸汽发生器的强制循环直接回路。

关于驱使冷却剂循环流动的动力，欧洲厂家早就采用装在压力容器内、泵轴穿出容器底部的叶轮泵，实现全内部循环，泵效率高达 65%。美国厂家起初把全部循环泵装在压力容器外，后改为部分内部循环系统，把通过堆芯的 1/3 流量抽出压力容器，用两台外部循环泵将其压力提高后，重新注入压力容器内，驱动 18~24 台内部喷射泵以抽吸其余 2/3 的流量，两股水流合并通过扩散器增压而达到所需的压头，其总效率较低，约为 35%。利用功率对堆芯流量的敏感性，可借助于流量控制来调节反应堆功率。例如加大外部循环回路的流量调节阀开度，使内部喷射泵流量增加，堆芯气泡减少，反应性增大，功率上升，这导致气泡增多又使得功率回落，直至达到新的平衡，反之同理。

3. 重水堆

重水堆（Pressurized Heavy Water Reactor，PHWR）是以重水（氘和氧组成的化合物）作慢化剂的反应堆。其主要优点是可以直接利用天然铀作核燃料，同时采用不停堆燃料方式；但体积比轻水堆大，建造费用高，重水昂贵、发电成本也比较高。重水堆核电站是发展较早的核电站，已实现工业规模推广的只有加拿大发展起来的坎杜型（CANDU 型）压力管式重水堆核电站。

重水堆核电站的核反应堆是利用天然铀作燃料，燃料产生的裂变热量传输给流过燃料通道的加压重水冷却剂，冷却剂通过闭合回路将热量带到蒸汽发生器，将热量传输给轻水。轻水沸腾产生蒸汽，驱动汽轮机和与其相连的发电机，使发电机发电。蒸汽离开汽轮机后冷凝成水，并返回到蒸汽发生器进行再循环。重水堆核电站不用浓缩铀，而用天然铀作燃料，比压水堆的燃料成本低，但用作慢化剂和冷却剂的重水则十分昂贵。

重水堆与石墨气冷堆、轻水堆一起成为商用发电的三大主力堆型。一旦发生事故，重水反应堆通过专设安全系统把关键安全参数控制在阈值以内，保证反应堆安全。反应堆安全设计采用纵深防御体系，亦即反应性控制，余热排出和放射性包容三道纵深防御体系。事故后，反应堆紧急停堆，由二次侧热浆或者应急堆芯冷却系统排出余热和衰变热，并由安全壳系统防止从反应堆逸出的放射性物质释放到环境中。

反应性控制装置由两套独立的停堆系统组成并完成实施。两套系统都可以单独停闭反应堆并使之处于次临界状态。利用固体停堆棒插入堆芯实施停堆。利用硝酸钆溶液毒物直接注射慢化剂。为满足单一故障准则要求，两套系统原理独立，实体独立，功能独立。事故情况下，如果二次侧给水可用，余热主要通过由二次侧给水排出。如果给水不可用，系统向热传输系统注入冷却水，以补偿失水事故损失的重水冷却剂，并循环和冷却从反应堆地坑收集的重水轻水混合物送入反应堆集管以保持燃料的长期冷却。安全壳系统提供包容所释放的放射性物质的密封外壳，能承受最大假想失水情况下的最大压力。当安全壳内出现压力过高信号时，安全壳喷淋系统启动将喷淋水喷入厂房使蒸汽冷却。

从反应堆安全角度而言，重水堆和轻水堆各有特点。反应性方面，重水堆采用两套独立的停堆系统，不可能发生像轻水堆那样的弹棒事故。余热排出方面，在二次侧失效的情况下，重水堆主要采用最终热阱服务水系统。即使上述热阱失效，燃料棒束塌陷，慢化剂可以提供缓冲热阱。轻水堆采用安注系统。大破口情况下，轻水堆从破口带出热量至安全壳，而重水堆必须依赖反应堆停堆系统的成功。放射性包容方面，安全壳压力达到限值，两者都采用喷淋系统进行降温降压。

4. 快中子堆

快中子堆（Faster Breeder Reactor，FBR）全称应为快中子核反应堆，也叫快速核反应堆，简称快堆。快中子堆是由快中子引起原子核裂变链式反应，并可实现核燃料增殖的核反应堆，能够使铀资源得到充分利用，还能处理热堆核电站生产的长寿命放射性废弃物。快中子堆一般采用氧化铀和氧化钚混合燃料（或采用碳化铀-碳化钚混合物），快堆堆芯与一般的热中子堆堆芯不同，它分为燃料区和增殖再生区两部分。燃料区由几百个六角形燃料组件盒组成。每个燃料盒的中部式混合物核燃料芯块制成的燃料棒，两端是由天然（或贫化）二氧化铀束棒组成的增殖再生区，燃料区的四周是由二氧化铀束组成的增殖再生区。

反应堆的链式反应由插入核燃料区的控制棒进行控制。控制棒插入到堆芯燃料组件位置上的六角形套管中，通过顶部的传动机构带动。由于堆内要求的中子能力较强，所以快堆中无须特别添加慢化中子的材料，即快堆中无慢化剂。快中子堆从短期来看解决了核废料处理问题，提高了核原料的利用率，减少了废料的生产，增加使用周期，可以解决人类长期对裂变性核原料的需求。

截至 2020 年 2 月为止，世界上大约有 20 座快中子堆（数据来源：世界核协会，https://www.world-nuclear.org/information-library/current-and-future-generation/fast-neutron-reactors.aspx），美国、俄罗斯、日本、法国等都建有快中子堆，我国也于 2011 年建立中国实验快堆工程。

5. 气冷堆

气冷堆（Gas-Cooled Reactor，GCR）是指用石墨慢化、二氧化碳或氦气冷却的反应堆。目前关于气冷堆的研究，越来越集中在用氦气冷却的高温气冷堆上。利用气体作冷却剂来传送反应堆内热量的一种核反应堆堆型。迄今世界上典型的气冷堆是使用石墨作慢化剂的石墨气冷堆。它经历了 3 个发展阶段，产生了天然铀气冷堆、改进型气冷堆和高温气冷堆 3 种。全世界的气冷堆主要是位于英国和法国。第一座天然铀气冷堆电站是 1956 年开始运行的英国卡德蒙尔核电厂，由于热功率仅为 30%左右，因此在 20 世纪 60 年代末便不再建造此天然铀气冷堆。对于高温气冷堆我国以清华大学核研院为主的研究单位已于 20 世纪 70 年代中期开始开展研究工作。

6. 石墨堆

石墨反应堆（Graphite reactor，GR）是核裂变反应堆中的一种，也是最常用、最早使用的一种。石墨具有良好的中子减速性能，最早作为减速剂用于原子反应堆中，铀-石墨反应堆是目前应用较多的一种原子反应堆。作为动力用的原子能反应堆中的减速材料应当具有高熔点、稳定、耐腐蚀的性能，石墨完全可以满足上述要求。作为原子反应堆用的石墨纯度要求很高，杂质含量不应超过几十个 ppm（ppm 为百万分之一）。

在石墨与中子的相互作用下发生的各种过程，如吸收、散射、扩散、反射等所遵循的规律以及中子辐照诱发的石墨性能的各种变化的总称。在原子反应堆内，在强烈的中子辐照下，石墨的物理力学性能、热学性能、电磁学性能均发生不同程度的变化，石墨体的尺寸也有显著的改变。了解这些变化的规律，对石墨反应堆的设计及反应堆的安全运行至关重要。

20 世纪 40 年代之后，各国都相继制订了庞大而翔实的规划，对石墨的核性能进行研究，投入了巨大的人力物力，并以国家的力量组织实施，五六十年代达到顶峰，迄今不衰。50 年代末，各种研究报告相继解密，公之于世，世人对石墨的认识大为深入。关于大量中子在石墨中的平均行为，在石墨中运行的中子所服从的一般规律，即所谓宏观中子物理，是中子与石墨相互作用的基本原理。关于这种平均行为和一般规律（见石墨的宏观中子物理）。任何核反应过程，常用反应截面来加以定量的描述。

石墨对中子的吸收截面、散射截面、宏观截面等见石墨的中子截面。由于历史的原因，中子辐照剂量的单位和表示方法多种多样，常易造成混乱甚至错误（见中子注量）。石墨经中子辐照后，石墨性能发生种种变化，石墨体尺寸亦有所改变，这就是辐照对石墨的作用或对石墨的损伤。对于石墨反应堆的设计和运行，了解石墨的辐照损伤至关重要。1986 年 4 月 26 日，位于乌克兰切尔诺贝利的切尔诺贝利核电厂石墨慢化大功率管式反应堆由于功率剧增而发生熔毁，使大量危险放射性物质被释放到环境中。切尔诺贝利核事故中国际核事件分级表中第一项被分类为第七级（最严重）的事故。2007 年该反应堆因六方会谈达成的国际核裁军协议被关闭，如表 5.1 所示。

**表 5.1　世界核电主要堆型一览表**

| 堆型 | 特点 |
| --- | --- |
| 压水堆（PWR） | 轻水反应堆的一种，利用普通水作冷却剂和慢化剂 |
| 沸水堆（BWR） | 以沸腾水为慢化剂和冷却剂，并在反应堆压力容器内直接产生饱和蒸汽的动力堆。与压水堆同属轻水堆 |
| 重水堆（PHWR） | 以重水作慢化剂，用轻水或重水作冷却剂，可以直接利用天然铀作核燃料 |
| 快中子堆（FBR） | 快中子堆在运行中既消耗裂变材料，又生产新裂变材料，能实现核裂变材料的增殖。其主要冷却剂为液态金属钠 |
| 气冷堆（GCR） | 以石墨作慢化材料，二氧化碳作冷却剂 |
| 石墨堆（GR） | 以石墨作慢化材料，以轻水为冷却剂。切尔诺贝利事故后，即废止此堆型的建设 |

## 三、核电技术划代

根据美国能源部（DOE）提议，且在核能界获得共识，把核电技术的发展分为 4 个阶段。将 20 世纪 50~60 年代建的原型堆称为第一代，70~90 年代建的商用动力堆称为第二代，90 年代至今正在开发的先进轻水堆称为第三代，将未来（2020—2030 年起）要大规模采用的新型动力堆称为第四代。各代反应堆之间存在着本质的区别，对反应堆进行分析和划代的属性主要集中在：①成本效益，核电要做到可持续发展必须具有经济竞争力；②安全性，核电技术的安全性应不断提高；③安全与防扩散，核电系统必须尽量降低核盗窃和恐怖主义的风险，提高核安保；④电网的适应性，能够很好地符合地方和国家的要求，成果并网；⑤商业化路线图，该技术是否能够替代其他技术，获得较好的商业支持；⑥燃料循环，具体的燃料循环流程使影响核安全、核安保以及保障风险水平的关键因素。如图 5.1 所示。

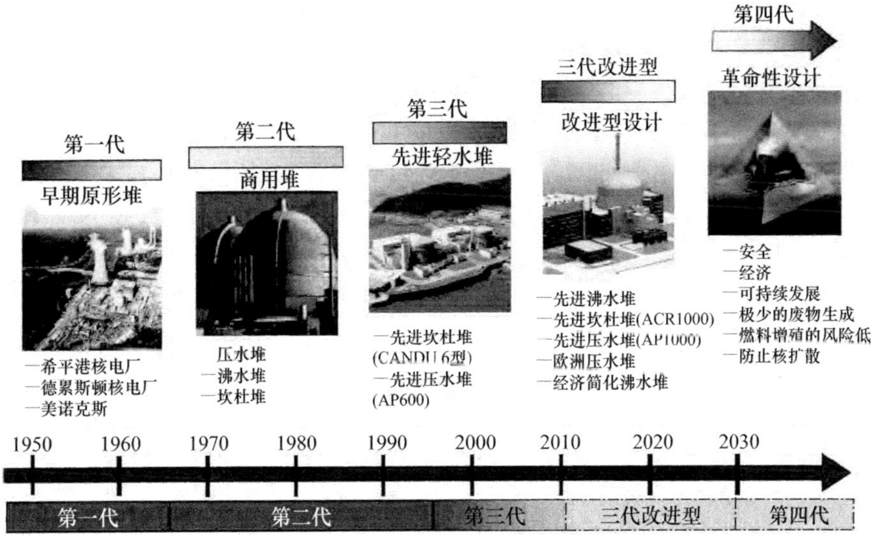


图 5.1　核能技术划代

第一代核电技术主要是验证性的，如希平港核电厂、德累斯顿核电厂、美诺克斯等，属于早期原型堆。

第二代是标准化、系列化、批量建设的核电厂，主要有压水堆、沸水堆、坎杜堆等堆型，属于商用堆。目前全球的在运核电机组大部分采用的是第二代核电反应堆技术。

第三代（含三代加）是指满足美国“先进轻水堆型用户要求”（URD）和“欧洲用户对轻水堆型核电站的要求”（EUR）的压水堆型技术核电机组，是具有更高安全性、更高功率的新一代先进核电厂。第三代先进压水堆型核电厂主要有先进沸水堆（ABWR）、先进坎杜堆（ACR1000）、先进压水堆（AP1000）、欧洲压水堆（EPR）、经济简化沸水堆（ESBWR）等技术类型，其中具有代表性的是美国的 AP1000 和法国的 EPR。

第四代是由第四代核能系统国际论坛（GIF）会员国共同研究的下一代核电技术，仍处于开发阶段，预计可在 2030 年左右投入应用。第四代核能系统将满足安全、经济、可持续发展、极少的废物生成、燃料增殖的风险低、防止核扩散等基本要求。

## 第二节　第一代核电技术

核电的开发与建设始于 20 世纪 50 年代，1954 年苏联建成电功率为 5 MW 的奥布涅斯克实验性核电厂；1956 年英国建成卡德豪尔石墨冷气堆原型核电厂，是世界上第一个投入商业运营的核反应堆，有 4 个镁诺克斯反应堆，每堆电功率为 60 MW，1973 年将功率降为 50 MW；1957 年美国建成电功率为 90 MW 的希平港原型核电厂，耗资

1.214 亿美元，希平港压水堆（Pressurized-water Reactor，PWR）也是压水堆的原型堆；1960 年美国建成德累斯顿沸水堆原型核电站，是沸水堆的原型堆；1962 年法国建成舒兹（Chooz）核电厂。加拿大有丰富的天然铀资源、一定的技术力量和工业基础，由于第二次世界大战加拿大加入了美英加三国的核能研究的合作计划，1947 年建成了重水为慢化剂天然铀研究反应堆 NRX 和 NRU，奠定了核反应堆技术的研究基础。第二次世界大战以后，加拿大致力于核动力反应堆的研究，当时加拿大拥有研究重水堆的技术、人才和经验，以及丰富的天然铀资源，但尚不具备发展浓缩铀的能力和条件，重工业基础相对美国、英国薄弱，因此加拿大确定了开发重水为慢化剂天然铀反应堆的方向。1962 年，加拿大在安大略省罗尔佛顿（Rolphton）建成 20 MW 天然铀重水堆原型堆 NPD。该计划的延续是第一代 200 MW 反应堆，第一座位于休伦（Huron）湖畔的道格拉斯角（Douglas Point），1967 年调试运行。以后容量逐步增大到皮克林（Pickering）的 515 MW，根蒂利（Gentilly）的 640 MW，最后到达林顿的 800 MW。这些成就证明了利用核能发电的技术是可行的。国际上把这类实验性和原型核电机组称为第一代核电机组，如表 5.2 所示。

**表 5.2 “第一代”核电厂**

| 国家 | 核电厂 | 电功率/MWe | 堆型 | 建成时间/年 |
|---|---|---|---|---|
| 苏联 | 奥布涅斯克核电厂 | 5 | 石墨沸水堆 | 1954 |
| 英国 | 卡德豪尔核电厂 | 45 | 天然铀石墨气冷堆 | 1956 |
| 美国 | 希平港原型核电厂 | 90 | 压水堆 | 1957 |
| 美国 | 德累斯顿核电厂 | 200 | 沸水堆 | 1960 |
| 法国 | 舒兹（Chooz）核电厂 | 60 | 天然铀石墨气冷堆 | 1962 |
| 加拿大 | 皮克林核电厂 | 20 | 天然铀重水堆 | 1962 |

## 第三节 第二代核电技术

### 一、第二代核电技术的界定

第一代核电厂的设计、建造、运行为核电发展积累了宝贵经验。经过技术的积累与改进，早期研发的第一代核电厂的部分堆型成为第二代核电厂重点发展的堆型比如轻水堆（PWR，BWR）、改进型气冷堆（AGR）、高温气冷堆（HTGR）、CANDU 重水堆和液态金属冷却快中子增殖（LMFBR）。20 世纪 70 年代，因石油涨价引发的能源危机促进了核电的发展，各国先后建成了 400 多台第二代核电反应堆。目前在役的绝大部分商用核电反应堆为第二代核电反应堆，但部分建设时期较早的第二代核电反应堆经过了几十年的运行，即将面临退役或延寿申请。

实际上，第一代核电技术与第二代核电技术是难以严格区分的，目前按照时间进行划分方式只是一种相对的概念。第二代核反应堆在技术上是部分第一代核反应堆（如 PWR、BWR、CANDU）的传承与改进，也与现在的第三代核反应堆的设计概念也有交义，特别是三哩岛核事故、切尔诺贝利核事故后设计的很多第二代核反应堆厂在部分技术上已进行了不少本质上的改进，考虑了许多严重事故的对策，也引入了一些非能动安全设计。

第二代核电技术被广泛应用于20世纪70年代至今仍在运行的大部分商业核电厂，它们大部分已实现标准化、系列化和批量建设，主要种类有压水堆（PWR）、沸水堆（BWR）、重水堆（CANDU）和苏联设计的压水堆（VVER）和石墨水冷堆（RBMK）等。目前运行和在建的第二代核电厂中最主要的堆型是PWR、BWR和CANDU系列，分别占目前世界总机组数的65%、23%和6%。第二代核反应堆的主要共同点：①设计、建造、运行具有比较完备的核安全法规和标准，安全性较好；②对于安全性主要采用确定论分析方法，考虑设计基准事故；③具有较大的单堆功率（400~1000 MWe），经济性较好。

## 二、第二代核电技术堆型及特征

### 1. 压水堆（PWR）

第二代核电压水堆堆型从20世纪70年代以来得到大力发展，经过一系列的重大改进，已经成为技术上最成熟的一种堆型。当前，压水堆核电厂在核能领域中占有独特的统治地位工程技术成熟，积累了丰富的运行经验。

二代压水堆核电厂用的轻水沸点低，根据热力学原理，要使热力系统有较高的热能转换效率，核反应堆应有高的堆芯出口温度参数。而要获得高的温度参数，就必须增加冷却剂的系统压力使其处于液相状态。所以压水堆是一种使冷却剂处于高压状态的轻水堆。二代压水堆核电厂的主要特点有：

1）结构紧凑，堆芯的功率密度大。因此，在体积相同的情况下，热堆中压水堆的功率最大。

2）基于上述特点，再加上轻水的价格便宜，导致压水堆的基建费用低和建设周期短。

3）必须采用有一定富集度的核燃料。

4）反应堆堆芯置于承压的压力容器内，高压导致压力容器的制作难度和制作费用的提高。

世界其他国家相继引进压水核电机组，并在此基础上进行开发和研究，实现了其他国家二代对于压水堆的改进。法国从20世纪70年代初引进美国西屋公司的压水堆核电厂。在保持堆芯设计不做变化的同时，对总体布局、系统配置等方面作了较多的调校，将其开发成为法国的标准的90万kW的三环路核电术，即CPY型压水堆方案，并使之系列化即M310机组。20世纪80年代，法国在P4的基础上开始开发N4型四环路150万千瓦级核电机组。

我国核电技术是从秦山一期开始的，并于1991年12月首次实现并网发电。秦山一期核电厂采用了当时国际上成熟的压水型反应堆技术，建设单台30万kW发电机组，并由中国自主承担整个电站的设计、建造、设备提供和运营管理工作。大亚湾核电厂是中国大陆建成的第二座核电厂，也是大陆第一座大型商用核电厂。大亚湾核电厂引进的是法国的M310堆型。在引进法国M310的基础上，我国开展了百万千瓦级大型商用核电技术的消化、吸收和创新工作，形成了中国自主设计的，并可以独立设计建造的

CNP650、CPR1000 二代核反应堆。

2. 沸水堆（BWR）

沸水堆是20世纪50年代中期由美国爱达荷国家实验室和通用电气公司开发成功的。目前的主要供应商是通用日立核能公司（专业进行沸水堆的设计与建造）。沸水堆和压水堆同属轻水堆，不同之处在于，沸水堆在堆芯中产生的蒸汽直接进入汽轮机发电，无须经过蒸汽发生器，没有一回路与二回路之分，系统特别简单。沸水堆结构图解如图5.2所示。

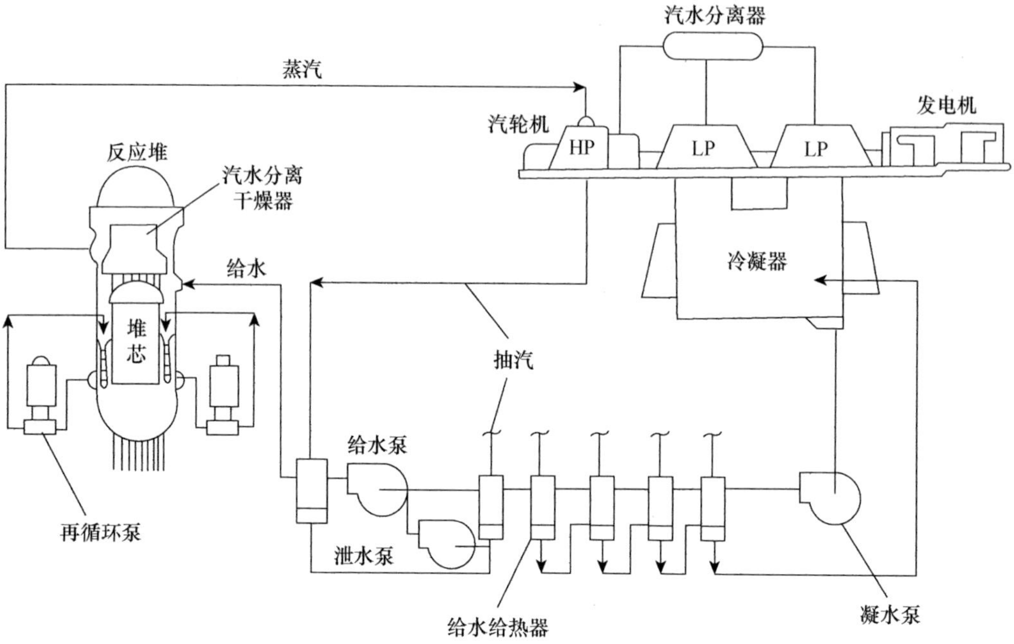


图5.2　沸水堆结构图

第二代沸水堆包括BWR-3、BWR-4、BWR-5以及采用马克Ⅱ型安全壳结构的BWR-6。沸水堆的主要技术特点有：

（1）直接循环

反应堆产生的蒸汽被直接引入蒸汽轮机，推动汽轮发电机组发电，这是沸水堆核电厂与压水堆核电厂的最大区别。沸水堆核电厂少了一个回路，因而不再需要昂贵的、压水堆核电厂中易出事故的蒸汽发生器和稳压器，减少了大量回路设备。

（2）堆芯工作压力低

冷却水在堆芯沸腾，直接推动蒸汽轮机的技术方案可以有效降低堆芯工作压力。为了获得与压水堆同样的蒸汽温度，沸水堆堆芯只需加压到约7 MPa左右，降到了压水堆堆芯工作压力的一半，使系统得到极大地简化，投资显著地降低。

（3）堆芯出现空泡

与压水堆相比，沸水堆最大的特点是堆内有气泡，堆芯处于两相流状态。在任何工况下慢化剂反应性空泡系数均为负值，可以使反应堆运行更稳定，自动展平径向功率分布，具有较好的控制调节性能。

（4）功率密度低

水沸腾后密度降低，慢化能力减弱，因此沸水堆需要的核燃料比相同功率的压水堆多，堆芯及压力壳体积都比相同功率的压水堆大。这是沸水堆核电厂的主要缺点之一。

（5）辐射防护和废物处理较复杂（见表 5.3）

**表 5.3　二代沸水堆发展**

| 类型 | 首台机组商运时间 | 代表型电厂及其特征 |
|---|---|---|
| BWR-3 | 1971 | 美国 Dresden2 号机组首次采用堆内喷射泵，改进了 ECCS 系统，增加堆芯喷淋和堆芯淹没功能 |
| BWR-4 | 1972 | 美国 VermontYankee 电厂功率密度较 BWR-3 提高 20% |
| BWR-5 | 1977 | 日本 Tokai2 号机组改进 ECCS 系统 |
| BWR-6 | 1978 | 美国 Confrentes 电厂紧凑型主控室设计，更加可靠的核保护系统等 |

3. 重水堆（PWHR）

重水堆是以 CANDU 系列堆型为代表的加压重水堆。CANDU 堆型是加拿大根据本国国情开发的重水慢化重水冷却压力管式重水堆核电技术。天然铀重水栅格物理设计、小过剩反应性、长瞬发中子寿命、大容积低温慢化剂和独特堆芯结构等特点加大了 CANDU 堆的固有安全性。不停堆换料提高了 CANDU 核电厂的容量因子和可利用因子。同时，在改善铀资源利用率方面表现出很大的灵活性。但是，反应堆堆芯功率密度低，失水事故时会出现反应性正反馈（称为反应性正汽泡效应）（轻水反应堆恰好相反，失水事故时为反应性负反馈）。标准化的 CANDU-6 核电厂仅能达到 700 MWe 量级的机组容量。到目前为止，CANDU 核反应堆没有严重事故记录。如图 5.3 所示。

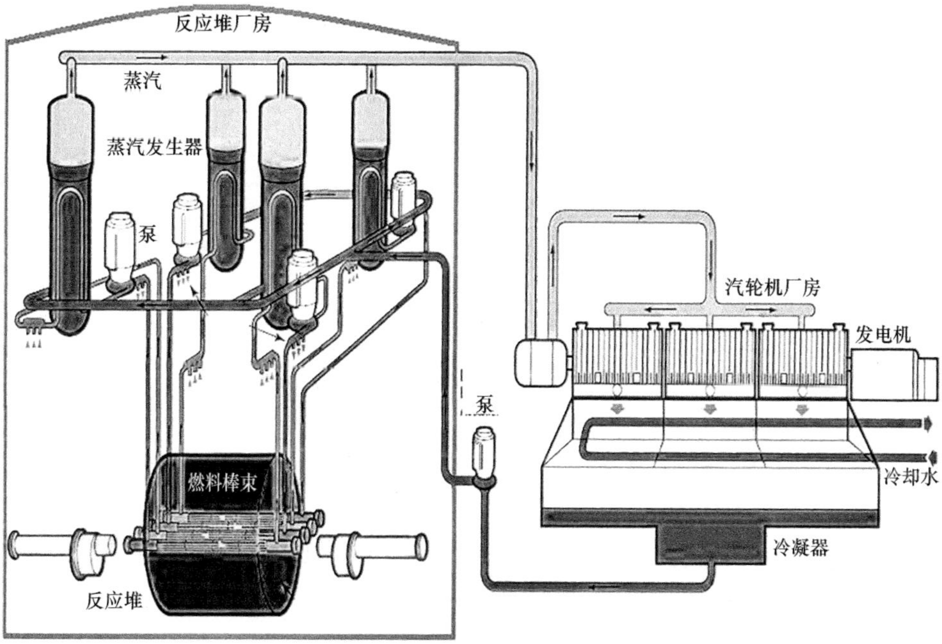


图 5.3　CANDU 机组示意图

CANDU 堆型可以归纳为 4 个基本特点：单独分开的低温、低压重水慢化剂系统；水平燃料通道，模块式堆芯；简单短小的燃料组件；带功率不停堆换料。该堆型的主要优点有：

——因为使用的是重水慢化和天然铀，提高中子利用的经济型。

——铀燃料循环的灵活性，可以使用钍-铀（Th-U）循环和压水堆的乏燃料。

——堆芯功率密度低，给操作员处理事故增加时间裕度。

——不停堆换料，提高了核电厂可利用因子。

——可以附带用于同位素生产。

该堆型的主要弱点有：

——失水事故引发正反应性系数。

——换料和系统泄漏会损失大量珍贵的重水。

——放射性氚的危害。

——堆芯功率密度低，体积庞大。

4. VVER

VVER 是苏联开发的壳式压水堆核电厂，也称苏联设计压水堆核电厂。目前，VVER 是俄罗斯和东欧国家运行核电厂的主要类型，共有三代 VVER 机型，VVER440/230、VVER440/213 和 VVER-1000。原来的 VVER 的核电厂没有采用“纵深防御”原则，也没有采用钢内衬、预应力混凝土结、能够承受压力的密封安全壳设计，仅有反应堆厂房，对于冷却剂系统大型破口失水事故（LOCA）不具备防范和缓解能力。VVER 历史上没有严重事故发生的记录。VVER 机组如图 5.4 所示。

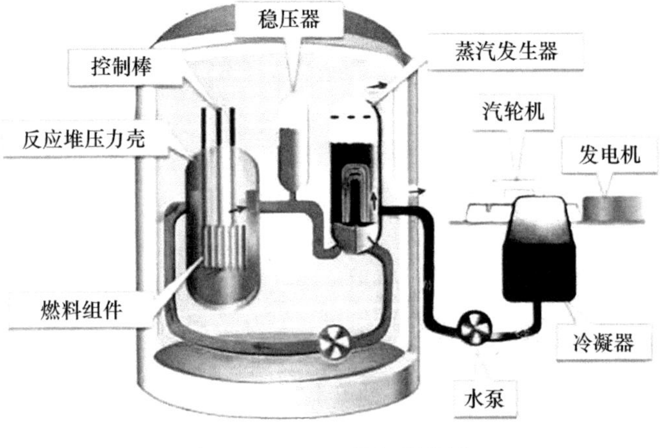


图 5.4　VVER 机组示意图

VVER 核电机组的主要优点有：

——提升了认定的事故系统位置，可以和某些西方核电厂相比较，采用了称为“汽泡凝聚塔”的汽泡结构。

——堆芯的低功率密度和大的主冷却剂装量，在发生燃料破损时，会提供给操纵员比西方 PWR 更多的时间去操作。

——附加了应急堆芯冷却系统和辅助给水系统。

——具有不锈钢衬里的反应堆压力容器，降低了压力容器脆化的可能性。

——改善了冷却剂泵和 6 条主冷却剂环路，提供多途径冷却反应堆，每条环路有一个水平蒸汽发生器，有较好的热交换效果，同时可以提供大冷却剂容量。在某些方面，这种设计优于西方核电厂各自具有 2、3、4 个大的竖式蒸汽发生器的主冷却剂环路。

——核电厂部件标准化，大部分部件在提供深层运行经验基础上，尽可能多地进行部件磨合和改进。

VVER 核电机组的主要弱点有：

——核电厂仪表控制系统落后于西方标准。

——需要核电厂保护系统与控制系统分离，以便保证一个系统故障事件将不会影响其他系统运行但总体上低于西方标准，核电厂密封、防漏性能差。

我国部分二代核电厂相关概况以及世界各国二代核电堆型和数量如表 5.4 和表 5.5 所示。

**表 5.4 我国部分二代核电厂一览表**

| 状态 | 核电厂名称 | | 机组号 | 堆型 | 额定电功率/MWe | 开工时间 | 首次并网时间 | 商业运行时间 |
|---|---|---|---|---|---|---|---|---|
| 运行中 | 秦山核电厂 | | CN-01 | 压水堆 CNP-300 | 310 | 1985 | 1991 | 1994 |
| | 大亚湾核电厂 | 1 号机组 | CN-02 | 压水堆 M310 | 2×984 | 1987 | 1993 | 1994 |
| | | 2 号机组 | CN-03 | | | 1988 | 1994 | 1994 |
| | 秦山第二核电厂 | 1 号机组 | CN-04 | 压水堆 CNP-650 | 2×650 | 1996 | 2002 | 2002 |
| | | 2 号机组 | CN-05 | | | 1997 | 2004 | 2004 |
| | | 3 号机组 | CN-14 | | 2×660 | 2006 | 2010 | 2010 |
| | | 4 号机组 | CN-15 | | | 2007 | 2011 | 2011 |
| | 岭澳核电厂 | 1 号机组 | CN-06 | 压水堆 M310 | 2×990 | 1997 | 2002 | 2002 |
| | | 2 号机组 | CN-07 | | | 1997 | 2002 | 2003 |
| | | 3 号机组 | CN-12 | 压水堆 CPR-1000 | 2×1086 | 2005 | 2010 | 2010 |
| | | 4 号机组 | CN-13 | | | 2006 | 2011 | 2011 |
| | 秦山第三核电厂 | 1 号机组 | CN-08 | 重水堆 CANDU6 | 2×728 | 1998 | 2002 | 2002 |
| | | 2 号机组 | CN-09 | | | 1998 | 2003 | 2003 |
| | 田湾核电厂 | 1 号机组 | CN-10 | 压水堆 VVER | 2×1060 | 1999 | 2006 | 2007 |
| | | 2 号机组 | CN-11 | | | 2000 | 2007 | 2007 |
| | 红沿河核电厂 | 1 号机组 | CN-16 | 压水堆 CPR-1000 | 3×1119 | 2007 | 2013 | 2013 |
| | | 2 号机组 | CN-17 | | | 2008 | 2013 | 2014 |
| | | 3 号机组 | CN-26 | | | 2009 | 2015 | 2015 |
| | | 4 号机组 | CN-27 | | | 2009 | 2016 | 2016 |

续 表

| 状态 | 核电厂名称 | | 机组号 | 堆型 | 额定电功率/MWe | 开工时间 | 首次并网时间 | 商业运行时间 |
|---|---|---|---|---|---|---|---|---|
| 运行中 | 宁德核电厂 | 1 号机组<br>2 号机组<br>3 号机组<br>4 号机组 | CN-18<br>CN-19<br>CN-34<br>CN-35 | 压水堆<br>CPR-1000 | 3×1089 | 2008<br>2008<br>2010 | 2012<br>2014<br>2015 | 2013<br>2014<br>2015 |
| | 福清核电厂 | 1 号机组<br>2 号机组<br>3 号机组 | CN-20<br>CN-21 | 压水堆<br>CPR-1000 | 2×1089 | 2008<br>2009 | 2014<br>2015 | 2014<br>2015 |
| | 阳江核电厂 | 1 号机组<br>2 号机组 | CN-22<br>CN-23 | 压水堆<br>CPR-1000 | 2×1086 | 2008<br>2009 | 2013<br>2015 | 2014<br>2015 |
| | 方家山核电厂 | 1 号机组<br>2 号机组 | CN-24<br>CN-25 | 压水堆<br>CPR-1000 | 2×1089 | 2008<br>2009 | 2014<br>2015 | 2014<br>2015 |
| | 昌江核电厂 | 1 号机组<br>2 号机组 | CN-36 | 压水堆<br>CNP-650 | 2×650 | 2010 | 2015 | 2015 |
| | 防城港核电厂 | 1 号机组<br>2 号机组 | CN-38<br>CN-39 | 压水堆<br>CPR-1000 | 2×1000 | 2010 | 2015 | 2016 |
| | 阳江核电厂 | 1 号机组<br>2 号机组 | CN-22<br>CN-23 | 压水堆<br>CPR-1000 | 2×1000 | 2008 | 2014 | 2014 |

**表 5.5 世界各国二代核电堆型和数量**

| 国家 | 堆型 | 机组数量/个 | 装机总容量/MWe |
|---|---|---|---|
| 美国 | PWR | 65 | 64 275 |
| | BWR | 34 | 34 313 |
| 法国 | PWR | 58 | 55 050 |
| 加拿大 | PHWR | 19 | 13 524 |
| 俄罗斯 | PWR | 18 | 14 604 |
| | GMLWR | 15 | 10 219 |
| 韩国 | PWR | 21 | 20 426 |
| | PHWR | 4 | 2620 |
| 日本 | PWR | 20 | 17 427 |
| | BWR | 22 | 22 325 |
| 乌克兰 | PWR | 15 | 13 107 |

续 表

| 国家 | 堆型 | 机组数量/个 | 装机总容量/MWe |
|---|---|---|---|
| 印度 | PWR | 2 | 4091 |
| | BWR | 2 | 300 |
| | PHWR | 18 | 1834 |
| 其他国家 | PWR | 55 | 64 007 |
| | BWR | 18 | 17 274 |
| | PHWR | 6 | 5195 |

## 第四节 第三代核电技术

### 一、第三代核电技术的界定

1979 年和 1986 年分别发生在美国三哩岛和苏联切尔诺贝利核电站的严重事故使社会公众增大了对核电安全性的顾虑，使核电发展进入低潮，第三代核电技术的研发正是基于这一背景。一方面，现有核电厂已是一个高度复杂的系统。随着运行经验的积累、安全分析的深入和一些新技术的发展，核电厂一直在进行着大小不同的安全改进，如未能紧急停堆的预期瞬态缓解系统、低功率和停堆状态下安全性的改进、对付全厂断电的改进等。另一方面，能源领域的竞争要求核电厂进一步改善经济性，因为缺乏经济竞争力的核电厂再安全也不会被电力工业所接受。

第三代核电机组是在第二代核电机组已积累的技术储备和运行经验的基础上，针对其不足之处进一步采用经过开发验证的可行的新技术，以显著改善其安全性和经济性。1990 年 EPRI 根据主要电力公司意见出版了“电力公司要求文件（URD）”共三卷，1994 年欧洲联盟出版了“欧洲电力公司要求（EUR）”共四卷，文件对未来压水堆和沸水堆核电厂提出了电力公司明确和完整的要求，更高的安全要求和经济要求，涉及各个技术和经济领域。

1. 第三代核电机组有更高的安全目标

——堆芯热工安全裕量>15%；

——堆芯熔化概率<$1\times10^{-5}$/堆·年；

——大量放射性外泄<$1\times10^{-6}$/堆·年。

2. 第三代核电机组有更好的经济性

——机组额定功率 1000~1500 MWe；

——可利用因子>87%；

——换料周期 18~24 个月；

——电站寿命 60 年；

——建设周期 48~52 个月；

——能与联合循环的天然气电厂相竞争。

3. 第三代核电机组技术上更先进

虽然，第三代核电技术在能源转换系统方面大量采用了二代的成熟技术，但安全性方面大大提高了。三代核电和二代最根本的差别在于，第三代核电技术把设置、预防和缓解严重事故作为设计核电厂必须满足的要求。目前我们所说的第三代核电技术分为三代（Generation Ⅲ）和三代加（Generation Ⅲ+），国内外主要三代和三代加堆型有：ABWR（GE-Hitachi；Toshiba BWR）、ACR1000（AECL CANDU PHWR）、AP1000（Westinghouse-Toshiba PWR）、APR-1400（KHNP PWR）、APWR（Mitsubishi PWR）、Atmea-1（Areva NP-Mitsubishi PWR）、CANDU 6（AECL PHWR）、EPR（AREVA NP PWR）、ESBWR（GE-Hitachi BWR）、Small Modeler Reactors（B&W Power PWR、CNEA CAREM PWR、India DAE AHWR、KAERI SMART PWR、NuScale PWR、OKBM KLT-450 PWR）、VVER-1200（Gidropress PWR）。北美、日本、欧洲、俄罗斯等地的核电供应商有一些新的核反应堆设计处于拟建或在建状态，另外还有一些处于研发状态。

## 二、三代核电技术堆型及特征

目前被国内外认可、具有较高安全性和经济性的三代核电技术主要是欧洲先进压水反应堆（EPR）、美国 AP1000、“华龙一号”、CAP1400 等，这些堆型已经在国内外处于在建或建成状态。

1. AP1000

目前，AP1000 技术作为第三代核电技术的代表，是在第二代的基础上研发的先进轻水堆核电厂，实际上是在第二代技术的基础上沿着提高安全性和经济性的方向不断改进的结果。AP1000 是由美国西屋公司开发的一种双环路的第三代先进型非能动的压水堆，主要特征是高水平非能动安全系统的设计，并通过提高功率输出水平和设备的简化降低发电成本。AP1000 为单堆布置两环路机组，电功率 1250 MWe，设计寿命 60 年，主要安全系统采用非能动设计，布置在安全壳内，安全壳为双层结构，外层为预应力混凝土，内层为钢板结构。

AP1000 具有以下一些设计特点：

——采用了既先进又成熟的技术，如反应堆采用 Model 314 技术和 IFBA 燃料组件，反应堆冷却剂泵采用全密封泵（屏蔽泵）等；

——采用非能动的安全系统，如非能动的堆芯冷却系统、非能动的安全壳冷却系统、主控室可滞留系统和安全壳隔离系统也通过非能动安全设计和设施实现其功能；

——采用了先进的全数字化仪控系统设计；

——设计改进大大简化了 AP1000 核电厂，预计建造周期只需 36 个月；

——安全系统是非能动的，在没有交流电源和操纵员操作情况下堆芯和安全壳冷却持续 72 小时；

——概率风险评价预示，堆芯损坏频率 $1.7\times10^{-7}/a$，NRC 目标是 $10^{-4}/a$；放射性大量释放频率是 $1.8\times10^{-8}/a$，NRC 目标是 $1\times10^{-6}/a$；

——与常规压水堆相比，大大简化了电厂建造、运行、维修，使用较少的安全级和非安全级设备、较简单的设备和较好的材料；

——电厂设计寿命 60 年，无须更换核反应堆压力壳。

AP1000 主要安全系统如余热排出系统、安注系统、安全壳冷却系统等均采用非能动设计，系统简单，无须能动设备即可长期保持核电站安全，非能动式冷却显著提高安全壳的可靠性。安全系统设计采用加压气体、重力、自然循环以及对流等自然驱动力，不使用泵、风机或柴油发电机等能动部件，可以在没有交流电源、设备冷却水、厂用水以及 HVAC（供暖、通风和空调）等安全级支持系统的条件下保证反应堆安全。其反应堆堆芯损伤频率（CDF）和大量放射性释放频率（LRF）分别为 $5.081\times10^{-7}$/堆·年和 $5.98\times10^{-8}$/堆·年，比第二代压水堆核电厂低一百到一千倍。发生事故后 72 小时内，不需要操作员采取任何手动干预动作。

为防止堆芯熔融物熔穿压力容器和混凝土底板发生反应，AP1000 采用了将堆芯熔融物保持在压力容器内设计（IVR）。针对高压熔堆事故，AP1000 主回路设置了 4 列可控的自动卸压系统（ADS），其中 3 列卸压管线通向安全壳内换料水储存箱，1 列卸压管线通向安全壳大气，能可靠的降低回路压力。对于由于丧失安全壳热量排出引起的安全壳超压事故，AP1000 非能动安全壳冷却系统的两路取水管线的排水阀在失控时处于故障安全位置，同时设置一路管线从消防水源取水，确保冷却的可靠性，有效防止安全壳超压。

AP1000 在设计上针对目前核电厂严重事故，采取了先进的预防和缓解措施。非能动安全相关系统设计采用了非能动安全系统来预防和缓解事故，依靠重力和储能等自然力来执行它的安全功能相关部件，不需要交流电源来运行或控制，开启后也不需要支持系统。与当前运行的核电厂相比，它在很大程度上降低了失去厂外电源和发生全厂断电事故时的风险。此外，采用非能动系统消除了能动系统泵、柴油机发电机等发生故障引发的事故，并减少了对操作员缓解事故动作的依赖性。

2. 欧洲压水堆（EPR）

EPR 是法马通公司和西门子公司于 1991 年共同开发的，属于第三代改进型 PWR，它的性能设计目标是基于或高于法国和德国现有大型 PWR 核电厂所达到的最高水平，且遵循 EUR 的相关要求，因此既有成熟性，也具有先进性。EPR 在设计上全面考虑了严重事故的预防和缓解，在堆芯设计、系统设计、保护和控制系统优化和安全壳设计方面做出了大量的改进工作，提高了核电厂抵御内部和外部灾害以及防止和缓解严重事故的能力，EPR 的堆芯损坏频率（CDF）大大降低。PSA 分析结果表明：在所有的电厂运行工况下，内部事件及部分外部事件导致的 CDF 约为 $1.24\times10^{-6}$/堆·年。EPR 的仪控系统采用了标准成熟的 DCS 系统 TXS 和 TXP。这是比较先进的数字化仪控系统，因而系统的功能强大，数字化和智能化水平高。同时从仪控系统体系结构的设计方面也更好地体现了纵深防御的思想。欧洲先进压水堆 EPR 的设计特点有：

1）EPR 为单堆布置四环路机组，电功率 1525 MWe，设计寿命 60 年，双层安全壳设计，外层采用加强型的混凝土抵御外部灾害，内层为预应力混凝土。

2）安全性和经济性高。EPR 通过主要安全系统 4 列布置，分别位于安全厂房 4 个隔开的区域，简化系统设计，扩大主回路设备储水能力，改进人机接口，系统地考虑停堆工况，来提高纵深防御的设计安全水平。设计了严重事故的应对措施，保证安全壳短期和长期功能，将堆芯熔融物稳定在安全壳内，避免放射性释放。EPR 考虑内部事件

的堆芯熔化概率 $6.3\times10^{-7}$/堆·年，在电站寿期内可用率平均达到 90%，正常停堆换料和检修时间 16 天，运行维护成本运行的电站低 10%，经济性高。建造 EPR 的投资费用低于 1300 欧元/kW，发电成本低于 3 欧分/kW·h。

3）仪控系统和主控室设计。EPR 的仪控系统和主控室采用成熟的设计，充分吸取已运行电站数字化仪控系统、人机接口等经验反馈，吸取先进技术设备的优点。仪控系统采用 4 列布置，分别位于安全厂房的不同区域，避免发生共模失效。主控室与 N4 机组的高度计算机化控制室相同，专门设有用于维护和诊断工作的人机接口。

EPR 在纵深防御上的特点是充分吸取了在役核电厂的经验，特别注重对严重事故的预防和缓解措施的设计，将在实际上消除早期放射性大剂量释放的风险，把现场外的应急措施限制在电站十分有限的范围内。EPR 在考虑严重事故预防和缓解措施时，将事故分成两类：一类是可能造成堆熔的超设计基准事故（RRA），根据一级 PSA 的分析结果，针对最有可能造成堆熔的一些主导事故序列制定了专门的应对措施，防止事故发生或消除事故后果；一类是可能造成放射性大量释放的严重事故（RRB），考虑了所有的严重事故现象，针对每一严重事故现象均有对应的缓解措施。

（1）严重事故的预防措施

EPR 在严重事故的预防方面采用的措施主要有：增大主设备（压力容器、稳压器、蒸汽发生器等）的水装量，增大主系统的热惯性；安全系统 4 列冗余，并完全实体分隔，提高安全系统可靠性；设置四台应急柴油发电机，并增设两台非安全级柴油发电机作为备用，降低全厂断电的可能性；延长事故情况下操纵员的可不干预时间，减少人因失误；通过稳压器卸压阀实现一回路 Bleed and Feed 等。

（2）严重事故的缓解措施

EPR 以防止和缓解氢的产生及其后果、防止高压下的压力容器失效、稳定压力容器外的堆芯熔融物、防止安全壳超压、限制放射性物质外泄等方面的考虑作为缓解严重事故后果的总体策略，制定对抗这些严重事故现象的保护方法和缓解措施，确定堆芯融化后对安全壳的主要威胁，采取必要的设计措施确保安全壳的完整性。EPR 具体采用的严重事故缓解措施包括：采用大的安全壳容积（约 8000 $m^3$），并在安全壳内安装非能动的氢气复合器，降低氢气爆炸风险。利用高度可靠的稳压器卸压系统，避免发生堆芯熔融物的高压熔喷，并降低由此导致的安全壳直接加热的风险。

采用干式堆腔设计，避免大量的水直接与堆芯熔融物接触，防止压力容器外的蒸汽爆炸。利用 RPV 失效后堆芯熔融物在堆坑暂时停留、堆芯熔融物在 170 $m^2$ 的展开区展开、在堆坑和展开区安装牺牲材料、用来自 IRWST 的水淹没滞留区内的熔融物等措施，实现熔融物的降温和冷却、通过能动的冷却系统（CHRS 包括喷淋系统和底板冷却系统）实现熔融物和安全壳的长期冷却。

EPR 是改进型的核电厂，总体上采用传统的设计理念和思路。EPR 主回路、主设备、安全系统、辅助系统及其他主要系统的设计都是参考成熟的有运行经验的设计。在 EPR 核电厂设计中，法马通公司和西门子公司根据多年压水堆设计的经验反馈，在传统设计的基础上对系统的设计、布置和运行进行了适当的改进和优化。通过这些改进和优化，EPR 核电厂的瞬态特性以及抵御事故和灾害的能力得到了显著改善和提高。此外，EPR 核电厂在设计中全面考虑了严重事故的预防和缓解措施。

根据多年严重事故预防和缓解研究的成果，EPR 核电厂针对“消除高压堆熔、控制氢气风险、稳定安全壳内的堆芯熔融物、保证安全壳热量去除和完整性，以及限制放射性物质外泄”等严重事后果的总体策略，在设计上做了全面的考虑和深入的分析。EPR 总体设计目标达到了 EUR 的相应要求。EPR 的建造成本受到两方面因素的影响。一方面主要安全系统和相关系统配置增加使 EPR 的总建造成本相应提高；另一方面通过提高输出功率，利用规模效应和适当压缩建设工期降低单位造价。此外，EPR 还通过采用如下措施使发电成本得以下降：压缩大修工期，发展在线维修，提高可用率；提高蒸汽参数，提高汽轮发电机组出力；实行长周期燃料循环，提高核燃料燃耗深度，减少乏燃料的产出降低核燃料成本；减低核废物存放、处置成本等。

3. 先进沸水堆（ABWR）

日本先进沸水堆 ABWR 作为最先有运行电厂和经过运行考验的第三代先进型核电厂。除了具有沸水堆的特点和优点，如直接循环、大的负空泡反应性系数、采用流量+控制棒调节功率的方便、快捷外，还具有以下总体特征：

1）将原 GE 公司 ABWR 安装在压力容器外侧的反应堆冷却剂再循环泵改为安装在压力容器内部的内置泵，实现了核蒸汽供应系统的一体化设计，大大降低了堆芯熔化概率。

2）ABWR 采用并改进了经验证的电机驱动和水力驱动相结合的电动-水力微动控制棒驱动系统（FMCRD），提高了正常运行反应性控制的精度和紧急停堆的快速、可靠性。

3）ABWR 的应急堆芯冷却系统（ECCS）分 3 个区设置了 3 套独立的、冗余的、符合多样性要求的子系统，各区子系统配备独立的供电、控制保护以及其他支持系统，保证了事故条件下应急堆芯冷却系统抑制和缓解事故后果的可靠性和有效性。

4）ABWR 带有弛压水池的抑压式安全壳设计，能保证在发生失水事故或严重事故时，通过弛压水池的非能动式设计有效抑制安全壳内压力的上升，洗涤破口流量中夹带的裂变产物，并为 ECCS 系统提供重要的可靠水源。ABWR 安全壳设计为缓解严重事故及减轻放射性释放后果提供了重要的有效保障。

5）ABWR 的仪表和控制系统（I&C）采用全数字化技术和容错结构，有助于 ABWR 电厂安全、高效、可靠运行。

6）ABWR 采用控制栅元堆芯设计和运行方案，即在 ABWR 运行期间，仅由少部分固定的控制棒（一般少于总控制棒数的 1/10）组成的一个控制棒组在堆芯内移动来补偿整个运行寿期内的反应性变化。该设计简化了运行，提高了运行的可靠性和安全性。

7）ABWR 可采用通过改变流量的谱移控制运行方式，从而增加燃料利用率。

先进沸水堆为了保证堆芯不发生熔化，设置了反应堆应急冷却剂（ECCS）；为了防止核废料物质超标释放到环境中，设置了反应堆安全壳系统。由应急堆芯冷却系统和安全壳系统组成了先进沸水堆安全系统，可有效冷却堆芯和堆内构件，避免发生堆芯碎片及裂变产物泄漏到环境系统。先进沸水堆安全系统主要由应急堆芯冷却系统（ECCS）和安全壳系统组成。

应急堆芯冷却系统基本功能是：当先进沸水堆的一回路系统管道破裂后，引起失水事故时为先进沸水堆提供冷却剂，能确保堆芯始终处于淹没状态，维持堆芯冷却。应急堆芯冷却系统由堆芯隔离冷却系统（RCIC）、高压堆芯注水系统（HPCF）、余热排出系统（RHR）的低压注水运行模型（LPFL）组成，自动降压系统（ADS）作为备用。

应急堆芯冷却系统分为3个功能区域：区域Ⅰ由堆芯隔离冷却系统（RCIC）、1个余热排出系统（RHR）的低压注水运行模型（LPFL）、自动降压系统（ADS）组成；区域Ⅱ由1个高压堆芯注水系统（HPCF）、1个余热排出系统（RHR）的低压注水运行模型（LPFL）、自动降压系统（ADS）组成；区域Ⅲ由1个高压堆芯注水系统（HPCF）、1个余热排出系统（RHR）的低压注水运行模型（LPFL）、自动降压系统（ADS）组成。

当先进沸水堆出现事故，发出信息，应急堆芯冷却系统各系统触发信号，相互配合共同完成应急堆芯冷却系统功能。安全壳系统主要由安全壳、安全壳排热系统、安全壳隔离系统、安全壳内可燃性气体控制系统等组成。其中先进沸水堆安全壳采用可拆卸钢封头的压力抑制型钢筋混凝土结构；当先进沸水堆发生失水事故时，由安全壳排热系统（CHRS）防止安全壳超温、超压，保证先进沸水堆完整性。

4. VVER-1000

20世纪七八十年代，苏联主要建设的二代压水堆核电机型，是VVER-1000。90年代初，苏联解体以后，俄罗斯跟世界各核电机组供应商一起，进行更安全更经济的新机型的改进研发，先后推出了AES-91（V-428）和AES-92（V-412）两种机型。两种机型都保持了VVER-1000的基本型式，两者基本相同。设置了堆芯熔化收集装置，能承受5.7 t重的飞机以100 m/s的速度撞击，30千巴冲击波，0.12 g的地震动加速度。AES-91型的抗地震能力更强一些，AES-92型较多的采用了非能动的安全系统，称为非能动的机型。从核电厂业主角度考虑，两者相比较，AES-91型更实惠一些，AES-92型更时尚一些。两种机型，分别在中国的田湾核电厂和印度的库达库拉姆核电厂，各建设两台。

在AES-91和AES-92两种机型建设实践的基础上，吸收反馈经验，进行了综合改进、挖潜和标准化，推出了名义功率为120万kW的AES-2006型，属三代加的机型。VVER-1000的主要优点有：①类似西方核电厂的钢衬里、预应力和大容积混凝土安全壳；②超越VVER-440 Model V123核电厂，包括安全改进的“革命性设计”；③采用苏联的方式，在早期核电厂连续使用性能优良部件基础上的标准化；④苏联设计者认为采用4条冷却剂环路和水平蒸汽发生器是一个改进；⑤重新设计燃料组件使得冷却剂的冷却性能更好，改进了控制棒；⑥根据报告，因为材料选择、高容量冷却剂净化系统和水化学控制等原因，核电站工人受辐照水平比西方核电站低。

5. “华龙一号”

科技创新对我国核工业的发展具有重要意义，对建设核科技强国战略起着重要的推动作用。经过科技创新，我国在先进核电反应堆及系统的技术研发和示范工程建设方面取得了重要成就。大型先进压水堆CA14及高温气冷堆核电厂重大科技专项取得重要成果，“华龙一号”示范工程在国内外顺利推进，小型反应堆在不同应用领域的技术研发取得了实质性进展，60 We的钠冷快堆示范工程实现土建工程开工，第四代核能系统及行波堆的科技创新正在逐步开展，聚变堆技术科技创新取得一定成果。

“华龙一号”核电技术是中核ACP1000和中广核ACPR1000+两种技术融合而成的、我国自主研发的第三代核电技术，现已通过国家能源局和国家核安全局的审查。ACP1000技术是中核集团自主研发的具备完整自主知识产权的先进压水堆核电技术，它是在中核集团完成设计的CP1000核反应堆的基础上，消化吸收引进的三代核电技术AP1000，借鉴国际先进核电技术的先进理念，充分考虑福岛核事故后最新的经验反馈，按照国际最先进法规的标准要求研制的一种拥有自主知识产权的第三代压水堆核电厂。CPR1000是中广核推出的中国改进型百万千瓦级压水堆核电技术方案，是源于法国引进的百万千瓦级堆型——M310堆型。而ACPR1000+是中广核在推进CPR1000核电技术标准化、系列化、规模化建设的同时，研发出的拥有自主知识产权的百万千瓦级三代核电技术。

“华龙一号”从顶层设计开始，遵循设计逻辑开展技术方案的论证评价，通过对电厂总体功能要求的分解来确定构筑物、系统和设备的功能要求，系统性地提升了型号的安全性、可靠性，运行灵活性，保证了技术方案的均衡性，在二代压水堆的基础上有效避免了“补丁式改进”带来的“先天不足”。反应堆堆芯采用AFA-3G燃料组件，结合18个月换料策略和低泄漏燃料装载方案。自主先进燃料组件；17×17排列；优秀的热工水力性能；先进的相合金包壳；优秀的抗弯曲能力；可更换的管座以便于维修和检查；优秀的防异物能力。

反应堆压力容器：60年设计寿命；取消了压力容器下封头贯穿件提高了下封头的可靠性。能动加非能动设计：采用了能动的中、低压安注系统和非能动安注箱注入系统，在失水事故时向堆芯提供应急冷却。采用了能动的辅助给水系统非能动的二次侧余热排出系统，从蒸汽发生器的二次侧导出堆芯余热。采用了能动堆腔注水冷却系统和非能动堆腔注水冷却系统等堆腔淹没和冷却技术冷却压力容器下封头，保持其完整性，实现堆芯熔融物滞留。采用了能动安全壳喷淋系统和非能动安全壳热量导出系统，实现了事故情况下安全壳热出，降低安全壳内的温度和压力。通过双层安全壳设计以及非能动氢复合器、氢点火器，安全壳热量导出系统和安全壳卸压过滤排放系统、一回路快速卸压系统、全厂失电（SBO）电源及移动电源配置等多方案实现了对放射性物质的包容。

研发设计上实现完全的自主知识产权。为打造具有自主知识产权的堆型、消除“走出去”知识产权制约，“华龙一号”在设计技术、关键设备设计、燃料设计与制造、运行维护技术和专用设计软件等方面进行了自主创新研发，实现了完全自主知识产权。两个示范项目的研发设计已经获得多项专利授权，同时形成技术秘密若干，相关设计均不存在侵权风险。截至2017年底，中广核集团在“华龙一号”研发设计及应用过程中，形成知识产权成果2036项，申请中国专利1741项，申请英国、美国、法国等国外专利41项，软件著作权254个。中核集团在对新设计、反应堆压力容器、蒸汽发生器、稳压器、驱动机构、堆内构件、反应堆一体化堆顶结构、主管道设计等方面获得了多项专利授权，形成了软件著作权125项。

研发设计上追求先进性和成熟性的统一。在先进性方面，“华龙一号”是中国30多年核电自主化创新基础上的集成创新成果，它充分借鉴了国际同行先进的核电设计理念，充分考虑了福岛核事故后国内外同行的经验反馈，全面落实了最新核安全监管要求，在能动安全的基础上采取了有效的非能动安全措施，兼顾了能动的成熟和非能动的优势，采取了完善的严重事故预防和缓解措施，提高了对外部事件的防护能力和应急响应能力，满足最新的核安全法规要求及三代核电用户要求文件的指标要求，是当前核电市场上接受度最高的三代核电机型之一。

同时，在成熟性方面，它充分利用我国近30年核电站设计、建设、运营所积累的宝贵经验、技术和人才优势，充分依托现已成熟的我国核电装备制造业体系和能力，采用经验证的成熟技术，采取了经过长期运行验证的蒸汽供应系统、经过运行验证的成熟的能动安全系统、经过分析验证和实验验证的非能动安全系统成熟的设备制造和施工技术，具有高成熟度和高可靠性。中核集团利用其已有设施和补充新建的试验台架开展了系列验证试验，中广核集团投资 8 亿元新建综合热工水力与安全实验室，新建、改建试验台架 20 个。

“华龙一号”设置了堆腔注水冷却系统验证试验、非能动安全壳冷却系统性能综合试验、蒸汽发生器二次侧非能动试验、堆芯熔融物堆内滞留试验、反应堆堆内构件流致振动试验、控制棒驱动线冷态落棒试验、热态寿命考验及抗震试验、反应堆整体水力模拟试验、反应堆旁流试验、反应堆下空腔交混试验、蒸汽发生器验证试验、管板水力学试验、汽水分离装置性能试验、蒸汽发生器传热管束流致振动试验、整体水力学试验等多个试验验证环节，设计方案的安全性得到了试验验证，为“华龙一号”示范项目顺利开工提供了技术验证支撑。

研发设计上追求安全性和经济性的平衡。在安全性方面，“华龙一号”从顶层设计出发，采取了切实有效的提高安全性的措施，满足中国政府对“十三五”及以后新建核电机组，从设计上实际消除大量放射性物质释放的可能性的 2020 年远景目标，完全具备应对类似福岛核事故极端工况的能力，设计概率安全指标比传统压水堆提高 1 个量级。在经济性方面，“华龙一号”采取了长周期换料（18 个月换料），设计核电厂可利用率高于 90%，60 年的电厂设计寿命。此外，经过 30 年发展，我国核电规模和全产业链能力都有了跨越式提升，在工程建设、生产运营等领域形成了比较优势，国内装备制造体系和产能已成熟并形成完整配套的能力，初步形成了“走出去”的供应链优势，并为“华龙一号”的经济性提供了保障，降低了风险。与当前国际订单最多的俄罗斯核电技术产品相比，“华龙一号”已具有竞争力，与 AP1000、EPR 等同等安全水平的先进压水堆机组相比，“华龙一号”也具有了明显的经济竞争力。

6. CAP1400

CAP1400 核电站是我国建设创新型国家的标志性工程之一，是我国在消化吸收引进的三代核电技术的基础上，通过再创新形成的具有自主知识产权的大型核电技术品牌。CAP1400 核电站概念设计于 2010 年底通过国家审查；初步设计于 2011 年完成，于 2014 年 1 月通过了国家能源局组织的专家审查。2020 年 9 月国家电力投资集团宣布，我国具有完全自主知识产权的三代核电技术 CAP1400 完成研发（数据来源：央视网，2020 年 9 月 28 日）。

这个代号为 CAP1400 的核电技术，代表我国装机容量达 140 万千瓦级以上的先进非能动核电技术。CAP1400 核电设计的特点有：

1）CAP1400 采用了非能动堆芯冷却系统、非能动安全壳冷却系统的组合设计。其安全性比二代核电提高两个量级。同时，CAP1400 采用简化设计，与传统压水堆相比部件数量显著减少。这样维修检查的压力减少，故障概率大幅降低。

2）对于反应堆安全保障的重中之重——钢制安全壳，CAP1400 在设计中扩大了安全壳尺寸，获得了较大的自由容积、优化布置和更大的安全壳内压分析裕量。在屏蔽厂房的设计上，采用钢板混凝土结构，具备抗大型商用飞机恶意撞击能力，并优化了空间布置，以提高人员可到达性和设备可维修性。

3）经济方面，CAP1400 较二代核电的经济性主要体现在性能参数和建造成本上。CAP1400 具有更优的经济性；设计使用寿命为 60 年，较二代核电增加 20 年寿命。基于 AP1000 的模块化技术，CAP1400 优化了模块设计，模块化建造缩短了建造周期，示范工程一号机组建造周期 56 个月，2 号机组 50 个月。模块化设计的同时，进行了简化设计，系统和部件数量大幅减少，降低了建造成本和运维成本。同时，随着我国装备制造能力的提高，CAP1400 对关键设备均进行了标准化和批量化设计，减少了建造成本。

CAP1400 按照最新法规标准要求进行自主设计，进一步提升电厂容量、优化总体参数、平衡电厂设计、重新设计关键设备，提高其经济性。CAP1400 主要创新点如下：

1）CAP1400 基于电厂容量需求，对主系统和主设备、核岛以及常规岛厂房布置等进行重新设计，开展系统性的创新和优化：①堆芯采用 193 盒高性能燃料组件，降低线功率密度，并具备 MOX（铀钚混合）燃料装载能力。②采用具有自主知识产权的干燥器，提高蒸汽品质。③反应堆冷却剂泵采用国产屏蔽泵（湿绕组泵备用），同时频率采用 50 Hz，避免变频器长期运行。④优化主系统和辅助系统设计参数，提高整体性能。⑤进一步提升钢制安全壳承压能力和安全裕量，更好地满足设计基准事故下安全壳内质能释放的相关要求。⑥重新设计核岛厂房，确保抗震能力、提升抗震裕度，充分考虑设备维修空间和可达性。⑦充自主设计钢板混凝土（SC）结构屏蔽厂，具备抗大型商用飞机恶意撞击能力。⑧采用基于 FPGA 现场可编程房，增加机组运行可靠性。⑨使用自主开发门阵列技术的反应堆保护系统的国产 100 W 级大型半速洋光轮发电机。⑩根据废物最小化原则以及满足 GB 6249—2011 排放限值要求，在放射性废液系统增设絮凝序列，在通风系统设置除碘过滤器。

2）为满足电厂实际消除大量放射性物质的安全目标，增强机组应对极端外部自然事件的能力，CAP1400 采取了一系列自主设计创新措施：①增强核电厂抵御极端洪水的能力：采用“干厂地”设计，厂址标高高于厂址设计基准洪水位并留有较大裕量。②应急补水与移动电源及相关移动设备：增设 PCAWST 抗震接口，POCs 循环管线抗震能力加强；增设移动泵和移动电源加强事故 72 h 后长期冷却能力。③正常余热排出系统等冷链系统抗震能力加强，提高冷链可靠性和可用性要求，降低“低水平地震”后非能动系统触发的频率。④增设自动停堆系统，进一步提升地震事件下电厂的安全性。⑤多样化驱动系统的机柜按照抗震 I 类进行设计或进行整体抗震试验，提升 DAS 系统的抗震能力。⑥一回路低温超压保护设计加强，RNS 增设一台容量相同的安全阀，确保低温超压（LTOP）工况措施的冗余性。⑦对原有从 RNS 到乏燃料池排放管线进行改进，增设高位排气管线，实现安全壳超压排放。⑧增强氢点火器与监测仪表的供电能力，加强其抗震能力，并在安全壳内增设 6 台非能动氢复合器（PAR）。⑨在乏燃料厂房增设手动释放面板，进一步消除乏燃料池氧气聚集风险。⑩对电厂烟囱辐射监测系统进行冗余设计。

作为国家大型先进压水堆重大专项，CAP1400 的总体目标是在 AP1000 技术引进和自主化依托项目建设的基础上，通过国产化 AP1000 自主设计，实现对 AP1000 技术的消化、吸收，全面掌握非能动第三代核电技术；并在此基础上进一步研发具有我国自主知识产权的大型先进压水堆核电技术，建成 CAP1400 示范工程，形成具有国际先进水平的枝电技术研发体系、先进核电试验验证体系、关键设备制造技术体系和先进核电标准体系，推动我国核电设计、制造、建造和运行技术由第二代到第三代的升级。

7. 高温气冷堆

我国高温气冷堆技术研发始于20世纪70年代，1986年被正式列入国家“863”高技术计划。1995年6月，10 MW高温气冷实验堆HTR-10项目正式动工建造，2000年12月HTR-10项目首次达到临界，实现了预期目标。2003年1月，HTR-10实现满功率并网发电运行。在HTR-10的基础上，我国将建成电功率为200 MW的高温气冷堆核电厂示范工程准备工作提上日程。2004年3月，华能集团、中国核工业建设集团、清华大学签署合作建设高温气冷堆核电站示范工程的框架协议，启动项目筹备工作，进行厂址选择，并开始了示范工程的标准设计工作。2004年8月，国家发改委发文表示支持高温气冷堆核电站示范工程项目，原国防科工委将该项目列入核能开发计划，科技部也表示给予科研经费支持。2008年2月，国务院常务会议批准了《高温气冷堆核电站重大专项总体实施方案》，高温气冷堆重大专项正式启动实施，周期为2009—2020年，共11年。

高温气冷堆具有固有安全性、系统简单、发电效率高、用途广泛、经济竞争性强等优势，其主要的技术创新点如下：

1）采用包覆颗粒燃料（TRISO）构成的“全陶瓷型”球形燃料元件，它具有在不高于1620 ℃的高温下阻留放射性裂变产物释放的能力。

2）采用单区球床堆芯设计，球形燃料元件自上向下流动。

3）堆芯设计保证在任何运行工况和事故情况下，燃料元件最高温度不超过其安全限值1620 ℃。

4）采用燃料元件连续装卸、多次循环的燃料管理模式，即燃料元件从堆芯顶部装入，从堆芯底部卸料管卸出，卸出的燃料元件逐个进行燃耗测量，已达到卸料燃耗的元件被排出堆外贮存，未达到卸料燃耗的元件则被重新装入堆芯，实现燃料元件多次循环，使反应堆燃耗分布更为均匀。

5）设置两套独立的停堆系统：控制棒系统和吸收小球停堆系统，控制棒和吸收小球都依靠重力下落实现停堆功能，提高了停堆系统的可靠性。

6）反应堆堆芯周围全部由石墨和碳砖材料构成，该区域内没有金属部件，使堆芯结构部件能承受高温。

7）反应堆堆芯和蒸汽发生器分别设置在两个壳体内，并由热气导管壳体相连接，构成一回路压力边界。3个壳体组成的压力边界均通以冷氦气进行冷却，使壳体不承受高温。

8）反应堆压力容器、蒸汽发生器壳体和连接二者的热气导管壳体，均包容在混凝土结构的一回路舱室内，一回路舱室具有“包容性”功能，是阻止放射性释放的第三道安全屏障。

高温气冷堆重大专项的目标和任务是，以我国已经建成运行的10 MW高温气冷实验堆为基础，攻克高温气冷堆工业放大与工程实验验证技术、高性能燃料元件批量制备技术，建成具有自主知识产权的200 MW级模块式高温气冷堆商业化示范电站，开展氦气透平直接循环发电及高温堆制氢等技术研究，为发展第四代核电技术奠定基础。课题研究任务分为三大类别：一是示范工程关键运维技术研发及装备优化。加快完成蒸汽发生器、燃料装卸系统等关键设备研制，固化工艺，开展高温堆特有的运行维护技术研究，确保高温气冷堆示范工程顺利建成并稳定运行。二是高温气冷堆产业化推广的基础共性技术研发。开展工程设计优化定型、多模块电站控制技术等研发，促进专项成果产业化推广应用。三是超高温气冷堆技术预研。推动高温气冷堆向更高温度、更广泛应用领域发展，保持高温气冷堆技术国际领先地位。

8. 小型反应堆

鉴于小型堆安全可靠、应用场景灵活，是符合我国能源发展战略的技术选项，我国政府积极支持该技术的开发应用。早在“十二五”之初，模块化小型堆示范工程（主要是陆上小堆）就被列入了国家《能源发展“十二五”规划》和《国家能源科技“十二五”规划》，并在资金保障、关键技术研究、示范工程配套科研等方面得到了国家核安全局、国防科工局、国家能源局等相关部委的有力支持。2014—2015 年，海上小堆发展推动力度加大，国家能源局批复中广核研究院等四家单位成立“国家能源海洋核动力平台技术研发中心”；国家发改委批复将海上核动力平台纳入能源科技创新“十三五”规划，并同意中船重工和中广核开展示范工程、实验堆建设。此外，国家核安全局一直在积极组织策划小型堆安全评审工作，进一步完善小型堆开发应用的法律法规体系。目前，我国多家核能开发单位在全力推进小型堆研发和工程实施。在陆上小堆方面，中核、中广核和国家电投均在研发多用途小型堆。其中，中核的 ACP100 和中广核的 ACPR100 采用了一体化布置的设计方案，将蒸发器、稳压器和冷却剂泵包容到反应堆压力容器中，简化了反应堆冷却剂系统，消除了冷却剂系统内的大尺寸管道连接和大量压力贯穿件，从根本上消除了发生大破口失水事故的可能性，并由于采用非动能安全系统，进一步提升了安全性。国家电投的 CAP150/200 采用了紧凑式的设计方案，采用非动能安全理念，全面吸收了大型先进非能动压水堆重大专项研发成果、CAP1400 研发和 AP1000 依托项目工程建设的经验反馈，能够简化很多系统、设备和构筑物。

## 第五节　第四代核能系统

### 一、第四代核电技术的界定

第四代核能系统国际论坛（GIF）于 2000 年 1 月由美国、英国、韩国、南非、日本、法国、加拿大、巴西、阿根廷 9 个国家共同创建，9 个创始成员国在 2001 年 7 月签署了 GIF 宪章。随后，瑞士于 2002 年，欧洲原子能共同体于 2003 年，中国和俄罗斯于 2006 年，澳大利亚于 2016 年签署了 GIF 宪章。目前 GIF 共有 14 个成员国。

2011 年 12 月 10 日，由中国科学院核能安全技术研究所承办的“第十六届第四代核能系统国际论坛（GIF）铅冷快堆临时系统指导委员会会议”在合肥召开。来自中国、美国、俄罗斯、欧洲原子能共同体、韩国、日本的 GIF 铅冷快堆临时系统指导委员会成员国代表和观察员国代表约 20 名国内外专家参加了会议。

会议从安全角度提出第四代先进核能系统必须具备的特征：①必须具备极低的堆芯破损概率，堆芯熔化概率小于 $10^{-6}$/堆·年；②能够通过对核电厂的整体实验向公众证明核电的安全性；③在事故条件下无厂外放射性物质的释放，不需要场外应急；④初始投资低于 1000 美元/kW；⑤建设周期小于 3 年；⑥电力生产成本每度电低于 3 美分，能够与其他电力生产方式竞争。

GIF 为下一代（第四代）先进核能系统的研究和发展建立了国际合作框架。2002 年 GIF 发布了《第四代核能系统技术路线图》，并于 2014 年进行了更新。路线图中定义了第四代核能系统的系统目标，还定义和计划了实现这些目标所需的研究开发以及2030以后第四代核能系统部署的考虑。第四代核能源系统包括核反应堆及其能量转换系统，以及必要的燃料循环技术。

2014年更新发布的《第四代核能系统技术路线图》中定义了第四代核能系统的4个系统目标：可持续性、经济性、安全性和可靠性、防扩散与实体保护。

1. 可持续性

第四代核能系统将为全世界提供长期可靠的、清洁安全的、可高效利用的可持续能源，第四代核能系统将产生极少量的核废物料，采用的核废物料管理方式既能妥善地对核废物料进行安全处置，又能显著减少工作人员的辐射剂量，从而改进对公众健康和环境的保护。

2. 经济性

第四代核能系统在全寿期内比其他能源系统具有明显的生命周期成本优势，第四代核能系统的财务风险水平与其他能源项目的财务风险水平相当。

3. 安全性和可靠性

第四代核能系统在安全、可靠运行方面将明显优于其他核能系统；第四代核能系统堆芯损坏的可能性极低，即使损坏，程度也很轻；第四代核能系统不需要厂外应急。

4. 防扩散与实体保护

第四代核能系统将提高这种信心，把核燃料被转化、武器级核燃料被转化或被盗窃核武器可用材料的可能性限定在最低程度。同时，加强实体保护以防止恐怖活动核能系统的损害。

## 二、第四代核能系统介绍

2002年，GIF从近100个概念中选出了6个系统作为第四代核能系统技术：气冷快堆（GFR）、铅冷快堆（LFR）、熔盐反应器（MSR）、钠冷快堆（SFR）、超临界水冷堆（SCWR）、超高温气冷堆（VHTR），如表5.6所示。

**表5.6 第四代核能系统**

| 核能系统 | 中子能谱 | 冷却剂 | 温度/℃ | 燃料循环 | 功率规模/MWe | 用途 |
|---|---|---|---|---|---|---|
| 气冷快堆（GFR） | 快 | 氦气 | 850 | 闭式 | 1200 | 发电、产氢、锕系元素管理 |
| 铅冷快堆（LFR） | 快 | 铅 | 480~570 | 闭式 | 20~180<br>300~1200<br>600~1000 | 发电、产氢 |
| 熔盐堆（MSR） | 快/热 | 氟化盐 | 700~800 | 闭式 | 1000 | 发电、产氢、锕系元素管理 |
| 钠冷快堆（SFR） | 快 | 钠 | 550 | 闭式 | 50~150<br>300~1500<br>600~1500 | 发电、锕系元素管理 |

续 表

| 核能系统 | 中子能谱 | 冷却剂 | 温度/℃ | 燃料循环 | 功率规模/MWe | 用途 |
|---|---|---|---|---|---|---|
| 超临界水冷堆（SCWR） | 热/快 | 水 | 510～625 | 开式/闭式 | 300～700<br>1000～1500 | 发电 |
| 超高温气冷堆（VHTR） | 热 | 氦气 | 900～1000 | 开式 | 250～300 | 发电、产氢、工艺用热 |

1. 气冷快堆（GFR）

气冷快堆结合了快中子堆芯和氦气冷却的优势，它需要耐高温燃料元件和合适的安全结构，高密度燃料例如碳化物或液氮的使用，能够实现钚的增值和少数锕系元素的燃烧，关键技术的示范反应堆预计在 2020 年运行。气冷快堆系统（如图 5.5 所示）具有封闭燃料循环的高温氦冷却快速光谱反应器，它结合了铀资源长期可持续性和废物最小化（通过燃料多重后处理和长寿命锕系分解）的快速系统的优点，以及高温系统（高热循环效率和工业用途产生的热量，类似于超高温气冷堆）。

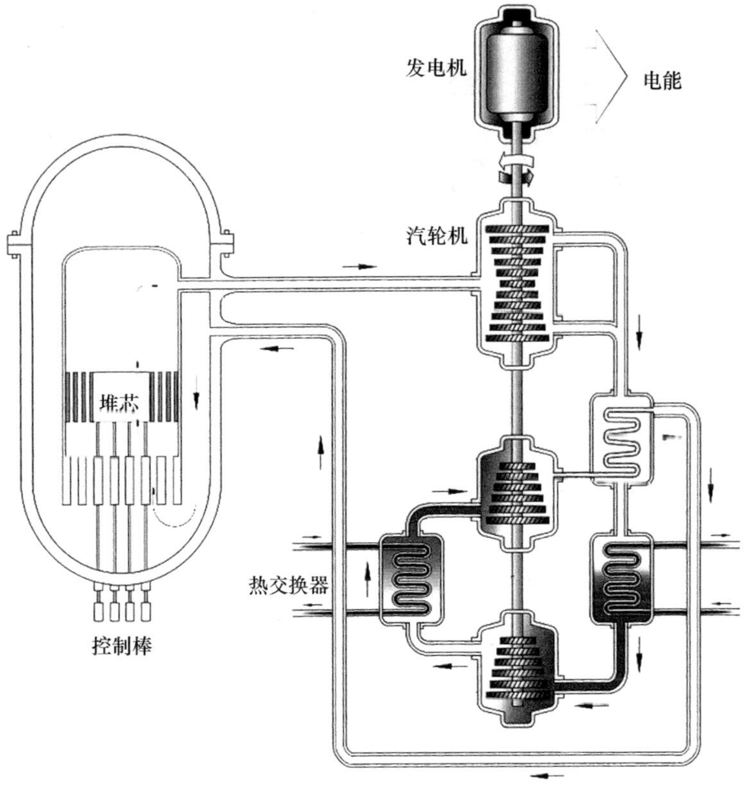


图 5.5　气冷快堆系统图

气体冷却剂的优点在于它具有化学惰性（允许高温操作，无腐蚀和冷却剂放射性毒性）和单相（消除沸腾），并且具有低的中子调节（反应性的空隙系数小）。然而，在没有使用的高温气冷堆系统中，例如常见的石墨的气体冷却剂中存在一些技术挑战，其低热惯性导致强制冷却失去后反应堆核心快速升温。气冷快堆的功率密度很高，因此高温气冷堆型“导通冷却”对于去除热衰退不起作用，必须考虑其他解决方案。此外，气体冷却剂密度太低而不能实现足够的自然对流来冷却堆芯，并且鼓风机的功率要求在低压下是重要的。在没有核心调节（石墨调节剂为高温气冷堆系统提供保护）的情况下，还需要考虑到快中子剂量对反应堆压力容器的影响。

2. 铅冷快堆（LFR）

铅冷快堆系统采用快中子能谱，闭式燃料循环，完全锕系再循环燃料，设于子地区燃料循环支持中心，其冷却剂可能是铅（更适合）或者铅/铋共晶。铅冷快堆（如图 5. 6 所示）可以运行为增殖堆，使用惰性燃料从乏燃料中燃烧锕系元素或用钍矩阵作为燃烧堆或增殖堆。两种反应堆尺寸可供选择：50~150 MWe 小容量系统有较长的堆芯寿期；300~600 MWe 中等系统，长期来看更大的 1200 MWe 系统可能被采用。铅冷快堆系统预计应用的时间为 2025 年。

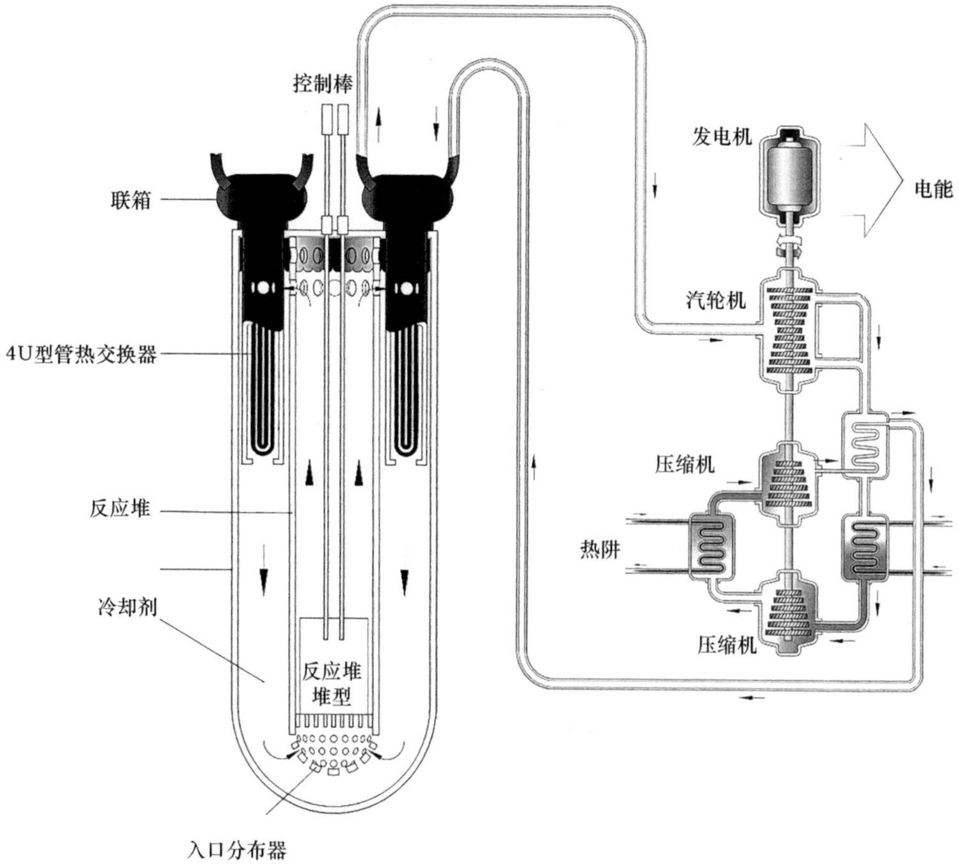


图 5. 6　铅冷快堆系统图

3. 熔盐堆（MSR）

熔盐堆是一种特殊的液态燃料反应堆，可以从轻水堆的乏燃料中燃烧超铀元素，并且对从热中子谱（钍燃料循环）和快中子谱（铀-钚燃料循环）都具有增值能力，无论是燃烧或增值，熔盐堆都能最优化处理放射性核废物料。熔盐堆（如图 5. 7 所示）研发始于美国20世纪40年代末，橡树岭国家实验室于1965年建成液态燃料熔盐实验堆，这是迄今世界上唯一建成并运行的液态燃料反应堆，也是唯一成功实现钍基核燃料运行的反应堆。但由于“冷战”的考虑，侧重民用的熔盐堆计划下马，美国熔盐堆研发中止。20世纪70年代初，中国曾选择钍基熔盐堆作为发展民用核能的起点，上海“728工程”于1971年建成了零功率冷态熔盐堆并达到临界。但限于当时的科技、工业和经济水平，“728工程”转为建设轻水反应堆，之后停止了很长时间。2011年中科院开展了“未来先进核裂变能——钍基熔盐堆核能系统（TMSR）”的工程研究，完成了10 MW固态燃料熔盐实验堆和2 MW液态燃料熔盐实验堆的概念设计，开始了JOAW固态燃料熔盐实验堆的工程设计；研制了部分关键设备的原理样机以及个别设备的工程样机，计划用20年左右的时间，在国际上首先实现钍基熔盐堆的应用，同时建立钍基熔盐堆产业链和相应的科技队伍。

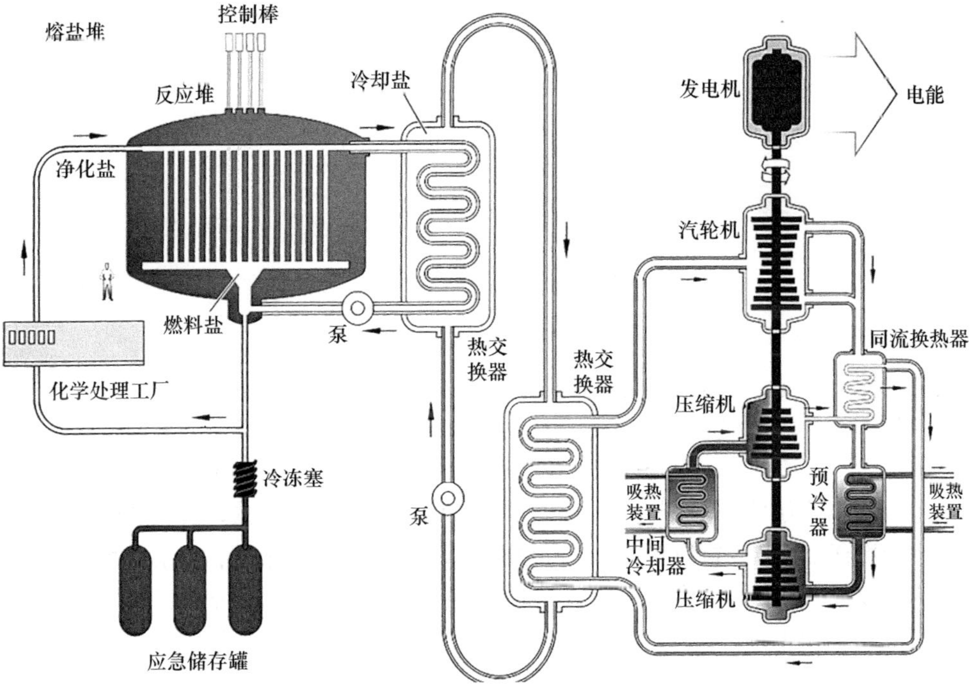


图5.7 MSR系统图

4. 钠冷快堆（SFR）

钠冷快堆系统（见图5.8）用液态钠作为反应堆的冷却剂，允许高热量密度和低冷却剂体积含量，它具备一个闭式燃料循环进行燃料增值和管理锕系元素。反应堆可以设计成池式或回路式。

反应堆的尺寸选择从小规模反应堆（50～150 MWe）到大规模反应堆（300～1500 MWe）。二回路燃料循环技术选项是先进水处理和冶金处理，钠冷快堆考虑采用多样性燃料，混合氧化物优于先进水循环，并且混合金属合金优于冶金处理。鉴于钠冷快堆在一些国家前期积累的重要经验，该系统预计在2020年实现。

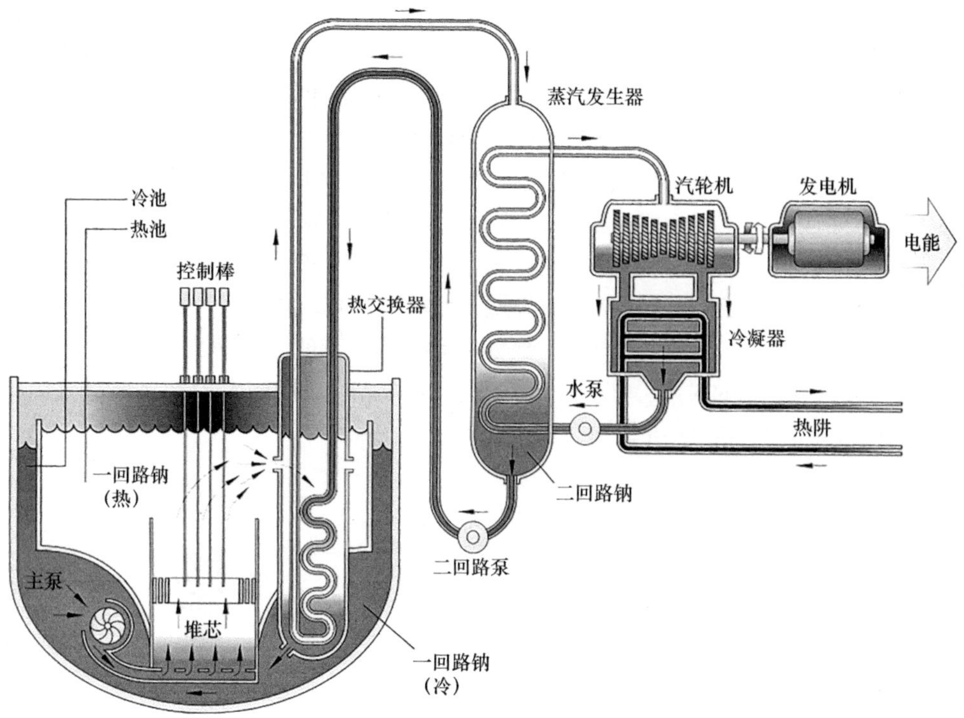


图 5.8 钠冷快堆系统图

5. 超临界水冷堆（SCWR）

超临界水冷堆是一类运行在水的热工超临界点（374 ℃，22.1 MPa）以上，有一个直接能量转换循环的高温高压水冷堆。高温单相的冷却剂使反应堆具有较高的热效率，同时简化装置，提高经济性。目前考虑的多样性有：热中子能谱和快中子能谱同时考虑、压力容器和压力管结构同时考虑。30~150 MWe 技术的示范反应堆预计 2022 年运行。超临界水冷堆存在对结构材料要求高、汽轮机等设备受放射性影响等，超临界水冷堆系统主要是为高效发电设计的，在堆芯设计的两个选择方案中提供了一种管理锕系元素的方案，SCWR 可以是热中子或快中子能谱。因此，该系统（见图 5.9）提供了两种燃料循环选择：第一种是具有热中子能谱反应堆的开放式循环；第二种是具有快中子能谱反应堆的闭合式循环，而且是地处中心位置的基于先进水法处理的全部锕系元素再循环。

6. 超高温气冷堆（VHTR）

超高温气冷堆是高温气冷堆的进一步发展，利用氦气冷却，石墨慢化，热中子能谱的反应堆，堆芯出口温度高于 900 ℃，且目标是 1000 ℃，通过热化学过程产氢的高温处理。参考堆的热功率被设定在允许被动衰变热排出的水平，目前估计在 600 MWth 左右。超高温气冷堆（见图 5.10）可用于发电和制氢，同时也可为其他热应用过程提供工艺热。超高温气冷堆还可通过热化学，电化学或混合方法从水中制成氢气，同时减少 $CO_2$ 气体的排放。2021 年 12 月 20 日，全球首座球床模块式高温气冷堆核电站——石岛湾高温气冷堆核电站示范工程送电成功。这是全球首个并网发电的第四代高温气冷堆核电项目，标志着中国成为世界少数几个掌握第四代核电技术的国家之一（数据来源：央视网，2021-12-21）。

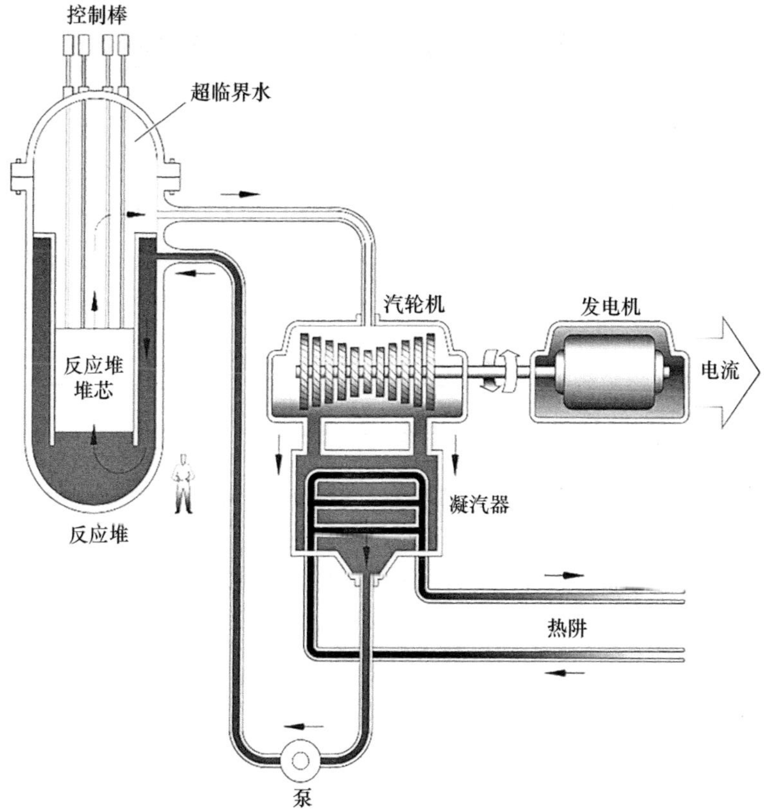


图 5.9　SCWR 系统图

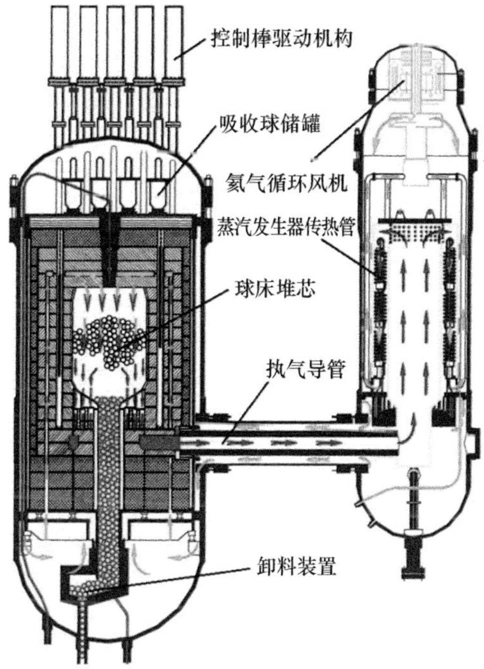


图 5.10　VHTR 系统图

# 第六节 核电技术安全性比较分析

## 一、第三代核电技术安全性比较分析

第三代核电机组有更高的安全目标：堆芯热工安全裕量大于 15%；堆芯熔化概率小于$1\times10^{-5}$/堆·年；大量放射性外泄小于 $1\times10^{-6}$/堆·年。第三代核电堆型通过不同的安全系统设置来提高安全性，如表 5.7 所示。

**表 5.7 三代核电堆型安全系统**

| 三代核电堆型 | 安全系统特点 |
| --- | --- |
| EPR | 多重冗余安全系统；安全壳系统、应急堆芯冷却系统、应急给水系统；4×100%的配置，全面考虑了严重事故的预防和缓解措施；简化系统设计，改进人机接口 |
| AP1000 | 非能动安全系统，降低人因错误的可能性；安全级与非安全级系统之间提供隔离，保证安全设计的可靠性；非能动堆芯冷却系统、非能动安全壳冷却系统、非能动安全壳裂变产物去除系统、安全壳隔离系统、非能动主控制室可居留系统 |
| AES-2006 | 结合非能动与能动机理的先进安全系统，每个系统都可以独立地完成基本安全功能；蒸汽发生器采用非能动余热排除系统 |
| APR1400 | 通过采用更加严格的抗震设计与改善重大事故缓解应对设备，比现有核机组具有更强化的安全性 |
| “华龙一号” | 能动和非能动相结合；完善的严重事故预防和缓解措施；先进堆芯测试系统、反应堆冷却剂系统设计和系统设计 |
| CAP1400 | 非能动压水堆；非能动堆芯冷却系统、非能动安全壳冷却系统；事故发生 72 h 内无须人工干预，72 h 后具备补给能力 |
| ABWR | 核蒸汽供应系统的一体化设计；电动—水力微动控制棒驱动系统（FMCRD）；应急堆芯冷却系统（ECCS） |
| ACR1000 | 非能动安全设计，包括用于在堆芯周围注满轻水的反应堆坑室及 2 套独立的非能动安全停堆系统；ACR1000 的安全壳可以抵御如地震、龙卷风、洪水、飞机失事和恶意行为等外部事件的破坏 |

三代核电技术在二代核电技术的基础上通过增加专设安全系统、堆芯熔融物捕集系统实现严重事故的预防和缓解，提高机组容量用于缓解，由于增加系统而带来的经济性方面的影响，使用“非能动”理念，巧妙利用自然力（如重力，对流等），建立非能动安全系统，执行预想事故下的核安全功能。AP1000 和 EPR 采用了不同的设计理念来提高安全性，通过不同方式实现了可操作性、可维修性和高利用率，严重事故预防和缓解措施不同，通过不同方式控制发电成本，提高经济性。

APR1400 改善了事故环节应对安全设备，安全壳厂房内安装了内置换料水箱（IRWST），确保冷却水的持续性；4 系列的反应堆直接注入方式（DVI），改善安全注入系统性能；采用性能优化的非能动驱动原理，有效使用安全注入冷却水，进一步增强安全余量；除掉大容量低压安全注入泵，改善运行余量；为防止安全壳厂房直接加热（DCH）采用了被动型氢气复合器与氢气点火器设备的过流通道设计；为缓解事故影响，改进反应堆共有结构设计，大幅度强化了安全性。如表 5.8 所示。

**表 5.8　AP1000 与 EPR 严重事故预防和缓解措施**

| 安全要求 | AP1000 | EPR |
| --- | --- | --- |
| 卸压，防止高压融化堆 | 安全系统设有 4 级自动卸压系统，当发生严重事故时，可实现快速卸压 | 设有专用卸压装置，其具有每小时900 t 的卸压能力，在严重事故下，可快速卸压 |
| 氢浓度控制 | 设有两个非能动复合器、64 个点火器，分别用于设计基准事故下、严重事故下氢浓度控制 | 设有 47 个氢复合器，用于控制氢浓度 |
| 堆芯融化 | 当发生严重事故时，利用换料水箱的水淹没反应堆堆腔，冷却堆芯熔融物，防止熔融物扩散到堆外，熔穿混凝土底板 | 采用堆芯捕集器和 170 $m^2$ 的展开室，捕集和冷却堆芯熔融物，防止基础底板被熔穿 |
| 安全壳超压 | 设有非能动冷却系统，在需要时可以把安全壳热量排至大气，防止安全壳超压 | 设有安全壳余热排出系统以及安全壳喷淋装备，可以降低安全壳的热量，防止安全壳超压 |

概率风险评价（PRA）是最典型、应用最广的定量风险评价方法，主要针对复杂系统进行风险评价，在核工业、化工、航天领域的安全性工作中有着重要的地位。作为电站整合设计过程的一部分，PRA 对于达到该估计的低风险是非常重要的。2004 年 7 月 20 日“反应堆安全咨询委员会”主席给美国 NRC 主席的信函，该信函就西屋电气公司申请非能动电站设计证书时就安全方面进行论证的反应堆安全报告给出了如下评价：AP1000 设计证书申请包括了符合管理要求的 PRA。EPR 设计满足先进压水堆的安全要求。EPR 的共因失效在 CDF 中的贡献为 94%，而 AP1000 为 57%，主要原因是 EPR 系统多重性的增加，虽然可以显著降低系统的随机失效概率，但不能提高抗共因失效的能力。EPR 安全系统的设计是改良型的设计。AP1000 和 EPR 的安全系统比较与概率安全分析，如表 5.9 和表 5.10 所示。

**表 5.9　AP1000 与 EPR 安全特性比较**

| 特性 | AP1000 | EPR |
| --- | --- | --- |
| 系统设计 | 非能动型 | 能动型 |
| 先进性 | 创新型 | 改进型 |
| 成熟程度 | 成熟技术 | 成熟技术 |
| 系统简化 | 设计简化、减少了设备以及部件数量，减少了安全壳贯穿件 | 采用 4 个安全系列的配置，增加电源、设备和相应的支持系统以及安全壳贯穿件 |
| 系统可靠性 | 提高 | 提高 |
| 操纵员宽限时间 | 72 h | 30 min |

**表 5.10　AP1000 与 EPR 概率安全分析结果比较**

| 失效形式 \ 机组型号 | | AP1000 | | EPR | |
|---|---|---|---|---|---|
| | | CDF | LRF | CDF | LRF |
| 满功率 | 内部事件（含内部水淹/火灾） | $2.97\times10^{-7}$ | $2.41\times10^{-8}$ | $1.1\times10^{-6}$ | $6.3\times10^{-8}$ |
| | 人因失误（HRA）占 CDF 份额/% | 7.74 | | 29 | |
| | 共因失效（CCF）占 CDF 份额/% | 57 | | 94 | |
| | 安全壳旁通的 LRF | | $1.05\times10^{-8}$ | | $2.35\times10^{-8}$ |
| LPS | 内部事件（含内部水淹/火灾） | $2.11\times10^{-7}$ | $3.53\times10^{-8}$ | $8.2\times10^{-8}$ | $3.3\times10^{-8}$ |
| 总计 | 内部事件（含内部水淹/火灾） | $5.08\times10^{-7}$ | $5.94\times10^{-8}$ | $1.18\times10^{-6}$ | $9.6\times10^{-8}$ |

注：CDF（Core Damage Frequency）堆芯熔化频率；
LRF（Large Release Frequecy）大量放射性释放频率；
LPS（Low Power and Shutdown）低功率和停堆状态。

## 二、第四代核电系统安全性分析

### （一）小型轻水堆

#### 1. 固有安全特性

1）整个系统的负反应性系数。由于燃料温度上升，$^{238}U$ 吸收中子的份额增加，多普勒效应使反应性有很大的下降；轻水慢化剂温度升高，其密度变小，中子慢化剂效果降低，反应性减少。防止瞬发临界，发生基准事故时把反应堆带入亚临界状态。

2）随着压力容器高度的增加，冷热芯的高度差增大，使反应堆具有较高的自然循环能力，从而减少失水事故造成的危害。在压力容器中设计较大的水装量，可以使反应堆在外部水注入不足或余热排放能力不足的情况下维持较长时间的堆芯淹没。

3）取消了独立稳压器，压力容器的上部空间通过带孔的隔板与主冷却剂隔离，形成一个稳定的压力空间。由于一体化反应堆设计有较大稳定的压力空间，依靠冷却剂的蒸发和凝结，在一定程度上实现了压力自稳能力。同时，稳定的压力空间通常配备加热装置，以帮助稳定压力。有效调整主回路压力变化。

4）出于安全考虑，内置控制棒驱动机构的设计使得压力容器减少了整个部件的开口数量，有利于压力容器的完整性。同时，由于整个控制棒位于压力容器内，不再承受内外巨大的压差，从而避免了弹棒事故。

#### 2. 工程安全设计

小型轻水堆工程安全设施主要包括非能动余热排出系统、安全喷淋系统、安全注射系统等，如表 5.11 所示。用于反应堆正常或事故停堆后的堆芯冷却，发生事故时淹没并冷却堆芯，防止第三道安全屏障的完整性遭到破坏，限制事故的发展，减轻事故的后果。

**表 5.11　小型轻水堆工程安全设施**

| 安全设施 | 安全功能 |
| --- | --- |
| 能承受高压的蒸汽发生器系统 | 一回路不会导致二回路超压；主给水/主蒸汽管道设计能承受一回路压力，降低管道失效概率 |
| 余热排出等非能动安全系统 | 非能动设计是保障小堆安全性的另一方面，与大型反应堆相比 SMR 其功率较小，事故工况下需要排放的余热也按比例降低。因此，余热排出系统对散热要求较低。这不仅简化了余热排出系统的设计，而且使完全依靠非能动实现余热排放成为可能 |
| 安全喷淋系统 | 在发生失水事故或主蒸汽管道破裂时，高温高压的冷却剂或蒸汽进入安全壳，当安全壳内温度压力超过允许值时，向安全壳内喷淋冷却水，使压力和温度降到正常值 |
| 安全注射系统 | 发生失水事故或蒸汽管道破裂时向反应堆冷却剂系统应急注水，以维持反应堆冷却剂系统的水装量，防止堆芯烧毁 |
| 地下蓄水池 | 地下蓄水池水装量充足，能实现一定时间内无人工干预，持续冷却堆芯 |
| 长期重力补给系统 | 确保 LOCA 后堆芯完全淹没 |

## （二）小型高温气冷堆

### 1. 固有安全特性

1）小型高温气冷堆是一种新型的反应器，其堆芯熔化概率低于 $10^{-7}$/堆·年，远远低于先进轻水反应堆对堆芯熔化概率的要求。

2）包覆颗粒燃料的固有安全性。高温气冷堆采用的优良涂覆颗粒燃料，是其良好安全性的基础。包覆层涂覆颗粒产生的裂变产物在包覆层内完全被阻留，实验结果表明，1600 ℃的高温下加热数百小时的包覆燃料颗粒仍能保持其完整性、裂变气体释放率仍低于 $10^{-4}$。包覆颗粒破损率如图 5.11 所示。

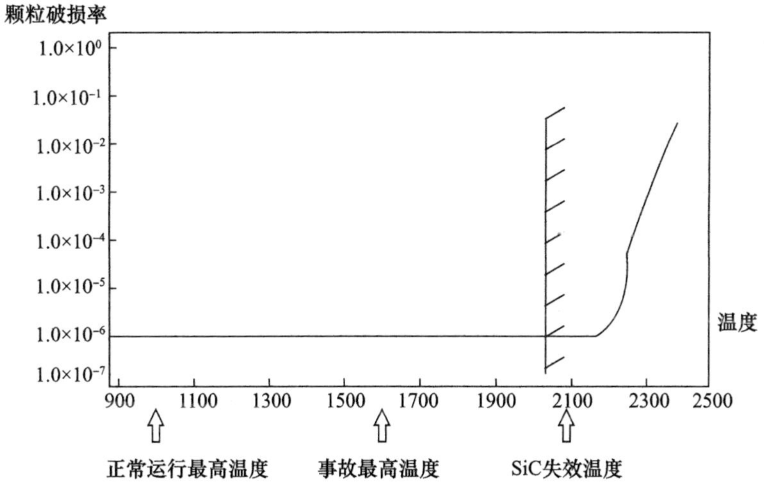


图 5.11　包覆颗粒燃料在高温下的破损率

3）反应性瞬变的固有安全性。在整个温度范围内，高温气冷堆堆芯反应性温度系数（燃料和慢化剂温度系数之和）均为负，具有瞬发效应的燃料温度系数也为负。因此，在引入正反应性引起的任何事故中，堆芯可以依靠其固有的反应性反馈补偿能力实现自动停堆。如表 5. 12 所示。

**表 5.12　高温气冷堆的反应瞬变安全性**

| 事故 | 安全性特点 |
|---|---|
| 功率运行工况下一根控制棒失控提升 | 在反应堆功率状态下，一根控制棒失控提升，堆芯中子通量过高和反应堆出口氦气温的度过高而触发反应堆紧急停堆。燃料元件最高温度和系统压力均低于安全限值，能保证包覆燃料和一回路压力边界的完整性，不会发生堆芯熔化 |
| 水进入堆芯事故 | 在发生蒸气发生器一根传热管双端断裂迭加蒸气发生器事故排放系统失效情况下，由于进水引起燃料元件最高温度峰值为 972 ℃，低于事故规定的限值，石墨腐蚀为总量的 0.7%，不会发生包覆燃料颗粒裸露和意外的燃料元件破损 |
| 主氦风机误加速事故 | 在事故过程中，燃料最高温度为 856 ℃，远低于事故限值；一回路最高压力为 7.7MPa，低于安全阀开启压力，能保持一回路压力边界的完整性 |

2. 工程安全设计

高温气冷堆除了利用其固有安全性外，还通过余热排出系统等非能动安全系统、独立的停堆系统等工程安全设施共同保证反应堆的安全，如表 5. 13 所示。

**表 5.13　小型高温气冷堆工程安全设施**

| 安全设计 | 安全功能 |
|---|---|
| 独特的堆芯尺寸 | 使堆芯燃料元件的最高温度限制在 1600 ℃的温度限值内 |
| 设置了控制棒和吸收小球两套独立停堆系统 | 两套独立的、不同运行原理的停堆系统，任何一套系统都能保证安全停堆 |
| 反应堆压力容器与蒸汽发生器采用并排布置，堆芯的位置高于蒸汽发生器的换热管 | 预防二回路的水通过蒸汽发生器换热管进入堆芯 |
| 设置了一回路水含量监测和蒸汽发生器事故排放系统 | 保证在发生事故时将蒸汽发生器内全部的水排入专门的贮罐，而不会进入堆芯 |
| 设置了余热排出等非能动安全系统 | 事故紧急停堆情况下，利用自然循环的方式将堆芯内的衰变热排出，实现安全停堆 |

### （三）小型液态金属反应堆

小型液态金属反应堆的主要特征是选取钠、铅等金属的液态形式作为一回路的冷却剂。因此根据金属的类型液态金属反应堆主要分成钠冷快堆、铅冷快堆等。使用液态金属作为冷却剂主要有以下优点：燃料利用率高、导热率等热工特性优良、将长寿命的锕系元素转化成短寿命的裂变产物等。目前在第四代核能系统堆型中，其中技术最成熟的是钠冷快堆。美、俄、法等国家已经建造过功率 10~1200 MW 的试验堆和原型堆。由于各国对钠冷快堆的运行经验约达 300 堆·年，因此在发展小型液态金属反应堆优先发展模块化钠冷快堆。对于快堆而言，Na 具有中子吸收截面小和散射慢化能力不强等快堆的性能。钠冷快堆是我国研发的另一种第四代核电技术，主要堆型是中国实验快堆，其热功率为 65 MW，电功率 20 MW 一体化池式结构的小型反应堆。

本节选择中国实验快堆作为小型液态金属反应堆的代表进行安全性分析。CEFR 部分参数如表 5.14 所示。

**表 5.14　CEFR 部分参数**

| 参数 | 设计值 | 参数 | 设计值 |
|---|---|---|---|
| 堆型结构 | 池式 | 堆内燃料组件数 | 81 |
| 给水温度/℃ | 190 | 控制棒组件数 | 8 |
| 蒸汽流量/（kg/s） | 13.36×2 | 两次换料间连续运行时间/d | 80 |
| 池内液态钠容量/t | 260 | 补偿棒 | 3 |
| 堆芯运行时堆气腔压力/MPa | 0.05 | 安全棒 | 3 |
| 热功率/MW | 65 | 电功率/MW | 20 |
| 换料时堆气腔压力/MPa | 0.05 | 换料时保护腔气体压力/MPa | 0.003 |
| 堆芯融化概率/（堆·年） | $1\times10^{-6}$ | 冷却剂 | 液态钠 |

1. 固有安全特性

（1）液态金属导热性能好

液态金属钠有较大的热导率，在快堆堆芯平均温度（约 450 ℃）下热导率是压水堆运行工况下水热导率的百倍以上，堆芯和燃料不易过热，当一次侧冷却系统断电时，堆芯事故余热迅速导入到液态金属中。一回路液态金属冷却剂成为最初热阱，对导出事故余热有利。

（2）设计、堆芯等的固有安全性

例如在 CEFR 中，其温度反应性效应、功率反应性效应、钠空泡反应性效应均为负值（见表 5.15），当出现温度升高、钠沸腾时无须人工干预，CEFR 可通过负反应效应抑制这些事故的发生。

**表 5.15　CEFR 设计的固有安全特征**

| 反应性效应 | 设计值/pcm | 测量值/pcm |
|---|---|---|
| 温度反应性效应（250~360 ℃） | -457 | -465 |
| 功率反应性效应（360 ℃，0~100%功率） | -458 | -468 |
| 钠空泡反应性效应（燃料区） | -3644 | -3159 |

(3) 低压力的冷却剂

由于液态金属的熔点低，沸点高等特点，所以一回路不需要加压就能获得更高的出口温度。在高压系统中更易发生管道或容器破裂时，液态金属反应堆无喷射更可能发生堆芯裸露。

2. 工程安全设计

在小型钠冷快堆中除了利用固有安全性增强反应堆安全外，还通过一系列的工程安全设计共同保证钠冷快堆的安全。表 5.16 总结了小型钠冷快堆的工程安全设计，及其实现的安全功能。

**表 5.16　钠冷快堆工程安全设施**

| 安全设计 | 安全功能 |
|---|---|
| 直径约 8 m 的主容器外设保护容器 | 防止一回路钠向外界泄露 |
| 池式钠冷快堆中的一回路有大量的金属钠 | 提供大的热容，提供快堆更大的热惰性。在事故的早期阶段，它将成为初始的热阱，接收从堆芯内排出的余热，这对缓解事故状态有很大的帮助 |
| 两套相互独立的非能动余热排出系统 | 在全场断电和主热传输系统失效时，无须借助泵的驱动力，单纯依靠自然循环力及时有效排出堆内余热，保证快堆系统的安全停堆 |
| 两套停堆系统，第一个停堆系统由两根调节棒和三根补偿棒组成。第二次停堆系统由三根安全棒组成 | 在最大效率棒卡住的情况下，每个停堆系统仍然可以关闭运行的反应堆，并有足够的停堆深度。同时，两个独立的传热和核蒸汽供应系统，以确保反应堆的正常运行 |
| 多种非能动安全工程措施 | 如大量的钠泄漏时的接钠盘，可以使 93%~97% 的钠泄漏不燃烧，如反应堆容器 Ar 气自动超压保护和预防一回路钠净化系统由于大量的虹吸而破坏系统 |

(四) 小型熔盐堆

1. 固有安全特性

1) 熔盐堆采用高温熔盐作核燃料，兼作载热剂，不需专门制作燃料组件，从设计上避免了严重事故，例如堆芯融化事故的发生，即使堆芯丧失冷却剂，也不会造成反应堆的严重后果；熔盐蒸气压低，减少了破口事故的发生，即使发生破口事故，高温熔盐在环境温度下也会迅速凝固，防止事故的进一步蔓延。

2) 反应堆的设计具有较强的负温度系数和空泡系数，允许自动负荷跟踪。温度升高导致熔盐膨胀而溢出堆芯，降低反应性。燃料本身是流动的，没有熔化堆芯的可能性。当熔盐温度过高时，预先设计好的冷冻盐塞将燃料盐自动排入预先准备好的、非动态的冷却、临界和安全的储罐中。熔盐反应堆中的裂变物质浓度也可以不断调整，以消除过度的反应性，而不添加可燃毒物。

3) 可在近大气压下运行，不需要高压容器，采用低压容器和管道，便于安装、制造和焊接，而且降低了成本。在大气压下运行也不会出现一回路破口以至断裂而产生的严重后果。如果反应堆容器、泵或管道破裂，熔盐溢出迅速冷却、凝固和停止反应。

2. 工程安全设计

由于小型熔盐堆与其他堆型相比在原理上和结构布置上有着较大的区别，但其同样通过工程安全设施用以反应堆正常或事故停堆后的堆芯冷却，限制事故的发展并减轻其后果。表 5. 17 总结了小型熔盐堆的安全工程设计及其实现的安全功能。

**表 5. 17　小型熔盐堆工程安全设施**

| 安全设计 | 安全功能 |
|---|---|
| 燃料的排出系统 | 燃料溶盐从堆芯中间部分的底部自由流向顶部，燃料流动一个周期仅需 3～4 s，反射层和排水系统相连，使得堆芯燃料可在计划停堆或紧急停堆时及时排出，以避免造成堆芯过热 |
| 自动防故障排水装置 | 被动冷却剂系统以及燃料仅含少量挥发性裂变产物等因素保障其固有安全 |
| 循环外的非临界熔盐存储装置 | 打开反应器底部的反应堆下部，可在几秒钟内将反应堆内的燃料/冷却剂排空，并通过重力将熔盐排到外部专门设置的储罐中 |
| 熔盐堆中燃料与冷却剂均是混合的熔融盐 | 如果 MSR 中出现冷却剂中有空泡的情况，则燃料中也会产生空泡，从而导致核反应的终止 |
| 停堆后非能动堆芯余热排出系统 | 熔盐堆事故余热排出系统采用非能动设计，仅依靠非能动余热排出系统停堆后能使燃料最高温度小于 1600 ℃，不会发生堆芯融化现象 |

## 第七节　核电技术经济性比较分析

### 一、第三代核电技术经济性比较分析

三代核电相比二代核电，在提高安全性的前提下，对系统的设计、布置、建造等方面都进行了简化，降低燃料和建设成本，提高效率，改善经济性，提高经济竞争力。第三代核电堆型主要设计参数比较如表 5. 18 所示。

**表 5. 18　三代核电堆型主要设计参数比较**

| 参数单位 | AP1000 | EPR | ACR1000 | ABWR | APR1400 | CAP1400 |
|---|---|---|---|---|---|---|
| 设计寿命 | 60 | 60 | 60 | 60 | 60 | 60 |
| 机组容量/MWe | 1117 | 1600 | 1200 | 1356 | 1450 | 1500 |
| 热功率/MWe | 3415 | 4250～4500 | 3187 | 3926 | 4000 | 4040 |
| 电功率/MWe | 1250 | 1500～1600 | 1165 | 1350 | 1450 | 1500 |
| 换料周期/月 | 18 | 12～24 | 18 | 18 | 18 | 18 |
| 建设周期/月 | 60 | 48～60 | 42 | 48 | 48 | 48 |
| 堆芯熔化概率/(堆·年) | $5.9\times10^{-7}$ | $6.3\times10^{-7}$ | — | $1.6\times10^{-7}$ | $1\times10^{-5}$ | $1\times10^{-7}$ |

续 表

| 参数单位 | AP1000 | EPR | ACR1000 | ABWR | APR1400 | CAP1400 |
|---|---|---|---|---|---|---|
| 大量放射性释放频率/（堆·年） | $5.92\times10^{-8}$ | $9.6\times10^{-8}$ | — | — | $1\times10^{-6}$ | — |
| 抗震设计标准/g | 0.3 | 0.25 | 0.3 | 0.3 | 0.3 | 0.3 |

建造 EPR 的投资费用低于 1300 欧元/kW，发电成本低于 3 欧分/kW·h。根据国际核能公司公布的最新数字，新型 EPR 核电站发电成本将比燃气电厂低 22%，比燃煤电厂低 6%。目前 EPR 最优化阶段的目标是将 EPR 每千瓦时的成本降到燃气发电成本曲线的最低点即 2.9 美分。

AP1000 具有更经济的运营（更少的混凝土和钢铁，更少零部件和系统，意味着更少的安装、检测和维护）。简化电厂布置后，占地面积更小。简化核电厂，与二代压水堆比：阀门减少了 50%，泵减少了 35%，管道减少 20%，加热通风和冷却设备减少 20%，抗震建筑物体积减小 45%，电缆减少 30%。AP1000 的首项工程，基础价 324.07 亿元，建成价 401 亿元，单位造价 1.6 万元/kW，按照 56 个月的建造工期，2×1250 MW的功率，经校准后建成价比投资为 2346 美元/kW，其中隔夜价为 1983 美元/kW，涨价预备费为 39 美元/kW，建设期财务费用为 324 美元/kW。

而二代半的红沿河一期 4 台机组，总投资 487 亿元，单位投资 1.1 万元/ kW，比依托项目造价低大约 5000 元/kW。国外 AP1000 双机组电厂隔夜价平均值 4390 美元/kW，标准差为 662 美元/kW，离散系数为 0.15，建成价平均值为 6521 美元/kW，标准差为 1111 美元/kW，离散系数为 0.17。

AP1000 设计寿命 60 年，比我国在役核电站设计寿命长 20 年，核电站一般运行 15 年左右折旧就可全部提完、贷款全部还清，此后运行只发生燃料成本和少量的维护成本。假设核电站运行 15 年后每千瓦时纯利润 0.29 元，按 80%的负荷因子、8%的厂用电来计算，一台 100 万 kW 机组年上网电量约 65 亿 kW·h，一年可以形成利润 18.8 亿元，AP1000 由于寿期增加了 20 年，则可以增加利润 376 亿元此外，AP1000 的设计换料周期是 18 个月，与现在运行的机组相比延长了 6 个月，而通常情况下换料和机组大修在一起，换料一次时间为 45 天、AP1000 一个换料周期就可多运行 45 天，仍然按上述参数测算，45 天可以发电 8 亿 kW·h，60 年的设计寿命，AP1000 比现在运行的核电站要多运行 900 天，多发电 160 亿 kW·h，可增加利润 46 亿元。

APR1400 最大可达到 1450 MWe 功率的大容量 APR1400，其建设成本比现有 1000 MWe级韩国标准型核电 149 万韩币/kW（约 1500 美元/kW）降低 19%，降到 121 万韩币/kW（约 1230 美元/kW）。计划发电成本比现有 1000 MWe 级韩国标准型核电约 39 韩币/kW·h（约人民币 0.317 元/kW·h）降低 13%，降到约 34 韩币/kW·h（约人民币 0.276 元/kW·h）。

“华龙一号”与同为三代机型的 AP1000 和 EPR 相比，“华龙一号”单位千瓦造价要低 10%~18%，与国内二代加机型相比，“华龙一号”单位千瓦造价要高 30%，主要是由于“华龙一号”有更高的安全性要求及 60 年运行寿命期要求，这导致其设备管道数量增多、建构筑物体量增大以及材料标准提高，进而带来了设计、设备制造及建筑安装等成本的增加。

CAP1400 示范工程电价预计为 0.41 元/kW·h，后续 CAP1400 项目约为 0.380~0.396 元/kW·h。ABWR 建造费用约 2000 美元/kW，发电成本约为 7 美分/kW·h。将来的 ABWR 机组的建造费用预计为 1700 美元/kW。

ABWR 的 K6 和 K7 机组分别于 1996 和 1997 年投入商业运行，预计寿期 60 年，建造费用约 2000 美元/kW，发电成本约为 7 美分/kW·h。还有更多的 ABWR 也正在申请建造。将来的 ABWR 机组的建造费用预计为 1700 美元/kW。

三代主要堆型“华龙一号”、AP1000、EPR 与二代加机型工程造价的对比如表 5.19 所示。与同为三代机型的 AP1000 和 EPR 相比，“华龙一号”单位千瓦造价要低 10%~18%，说明“华龙一号”在三代核电项目中经济性具有竞争力，因为相对于 AP1000 和 EPR，“华龙一号”是在中国核电三十年的设计、建造和运行经验的基础上研发的，应用能动与非能动相结合的设计理念，采用经过长期运行验证的核蒸汽供应系统与安全系统，以及成熟的设备制造和施工技术，供应链比较稳定，工期比较可控，导致其造价相对较低。

**表 5.19 “华龙一号”与 AP1000、EPR 及二代加机型工程造价对比**

| 工程或费用名称 | “华龙一号” | | AP1000 | | EPR | | 二代加 | |
|---|---|---|---|---|---|---|---|---|
| | 元/kW | 比例/% | 元/kW | 比例/% | 元/kW | 比例/% | 元/kW | 比例/% |
| 建筑工程费 | 2396 | 15.3 | 2730 | 14.8 | 2936 | 17.4 | 1646 | 13.8 |
| 设备购置费 | 6036 | 38.6 | 6801 | 36.9 | 5848 | 34.7 | 4672 | 39.3 |
| 安装工程费 | 1991 | 12.7 | 1356 | 7.4 | 1784 | 10.6 | 1469 | 12.3 |
| 工程其他费 | 2461 | 15.7 | 4240 | 23.0 | 3883 | 23.0 | 1941 | 16.3 |
| 2/3 首炉燃料费 | 632 | 4.1 | 636 | 3.4 | 668 | 4.0 | 542 | 4.6 |
| 基本预备费 | 795 | 5.1 | 566 | 3.1 | 401 | 2.4 | 380 | 3.2 |
| 扣减国内增值税 | -916 | -5.9 | -767 | -4.2 | -248 | -1.5 | -534 | -4.5 |
| 工程基础价 | 13 395 | 85.6 | 15 562 | 84.4 | 15 272 | 90.6 | 10 116 | 85.0 |
| 价差预备费 | 26 | 0.2 | 171 | 0.9 | 182 | 1.1 | 24 | 0.2 |
| 工程固定价 | 13 421 | 85.8 | 15 733 | 85.3 | 15 454 | 91.7 | 10 140 | 85.2 |
| 建设期贷款利息 | 2215 | 14.2 | 2705 | 14.7 | 1406 | 8.3 | 1755 | 14.8 |
| 工程建成价 | 15 636 | 100.0 | 18 438 | 100.0 | 16 860 | 100.0 | 11 895 | 100.0 |

与国内二代加机型相比，“华龙一号”单位千瓦造价要高 30%，主要是由于“华龙一号”有更高的安全性要求及 60 年运行寿命期要求，这导致其设备管道数量增多、建构筑物体量增大以及材料标准提高，进而带来了设计、设备制造及建筑安装等成本的增加。由于掌握先进核电技术的发达国家人工成本、材料成本较高，加之对中国实施技术垄断，从国外进口设备费用很高。因此，核电机组是全进口还是实现国产化（部分国产化）对机组的造价影响很大，对比大亚湾核电站（全进口）和岭澳核电站（部分国产化），岭澳核电站总设计费用、设备采购费用和建造费用较大亚湾核电站分别降低

50%、36%和30%左右，“华龙一号”是我国自主研发的核电技术，国产化将达到更高比例，工程造价将可进一步降低。

第三代压水堆技术的主要努力方向在于：

1）在安全方面，进一步强化纵深防御体系，将设计加强工况（包括全厂断电、商用飞机撞击和预期未能停堆的瞬态等）纳入设计考虑的范畴；设置预防和缓解严重事故的措施；考虑极端外部事件设防（包括地震和洪水等）。再者，对非能动安全与能动安全两者之间的关系定位、相互衔接进行优化设置，从而更好地保障核安全。此外，严重事故下设备和仪表的可用性成为福岛核事故后需要特别关注的问题。

2）从经济性的角度讲，加强设计简化和标准化，及时将EPR、AES2006以及CAP1400的首台组的建造经验反馈到后续机组，改进可建造性和模块化从而确保经济性和缩短建造周期。

3）从运行的角度讲，考虑国内核电装机容量的增加、较长的设计寿命以及其他可再生能源的并网，核电设计需强化负荷跟踪的能力。长期来看，需要考虑可能的气候变化，从而确保核电站（沿海和内陆）具有较强的应对极端气候以及较高环境温度和冷却水升温的能力。

## 二、第四代核电系统经济性分析

### 1. 气冷快堆系统的经济性

气冷快堆是一种采取闭式循环的高温氦气冷却快中子能谱堆，其经济性主要表现在以下两个方面：一方面是工艺热的广泛应用，气冷快堆使用的是一种直接循环氦气涡轮机发电，其热效率大于45%，可以产生大量的过程热，过程热可用来进行热化学产氢以及其他工艺热的应用，提高其经济性；另一方面为核资源的利用率提高。气冷快堆的快中子谱可以利用裂变材料和可转换材料（包括贫铀），提高它的核资源利用率。目前世界上普遍采用的压水堆的铀资源利用率只有1%左右，铀资源利用率的提高，使其具有非常可观的经济性。

### 2. 铅冷快堆系统的经济性

铅冷快堆系统是一种采用闭式燃料循环的快中子谱铅（或铅/铋共晶）液态金属的反应堆，它的经济性主要表现为以下两个方面：一方面是在小型电网的应用，铅冷快堆具有能量密度高的特点，这种独特的特点使其可以满足小型电网的需求，并且为不希望在本土部署核燃料设施或者电力需求小的国家和地区提供一种比较适合的选择方案，具有非常好的发展前景；另一方面为热化学制氢的应用。当前国际市场上氢的需求量以每年超过8%的速度增长，并且未来将会有更加大规模的应用。铅冷快堆在较高温度运行时，可利用其过程热来生产氢，带来较好的经济性。

### 3. 钠冷快堆系统的经济性

钠冷快堆系统的冷却剂是液态钠，是由快中子引起核裂变并且维持链式反应的反应堆系统。相比压水堆而言，钠冷快堆具有如下两个方面经济优势：一方面，钠冷快堆具有跟气冷快堆和铅冷快堆一样的快堆的优势，快堆可以大幅度地提高铀资源地利用率，并且可以将核工业发展累计下来的大量的贫铀进行消耗，在发电的同时增殖燃料，具有极高的利用价值；另一方面，快堆中的剩余的快中子可以将长寿命的锕系核素（Np、Am、Cm）焚烧，从而转化成短寿命的裂变产物，这样一来就非常便于核废物的最终处理和处置。减小了核电站的维护、运营成本和核废物处置成本，提高了它的利用率。

4. 熔盐堆系统的经济性

熔盐反应堆系统是超热中子谱堆，燃料是钠、锆和氟化铀的循环液体混合物。

在材料方面，熔盐堆的运行在大气压环境下，对压力容器的抗压能力要求不高，它只需要外加紧贴的压力容器就可避免破口事故造成的泄露，但是压水堆的运行环境要求其必须具有能够足够抗压的厚钢板，没有了昂贵的厚钢板，熔盐堆的设备成本有了大幅度的降低，提高了其经济性。

在运行寿命方面，因为中子辐照导致压力容器脆化的缘故，目前世界上大部分的压水堆电站使用寿命在 50~60 年，但是熔盐堆在这方面具有良好的特性，其氟化盐的沸点远高于反应堆的运行温度，可以在一定程度上避免这一问题，所以熔盐堆核电战具有更长的寿命，更长寿命的服役年限也意味着核电站将拥有更优越的经济表现，并且可以以此吸引投资者。

在商业用途方面，熔盐堆的高温堆热转换效率高，可达 45%，而目前压水堆仅为 33%左右，除发电外，熔盐堆在制氢或供热方面都有广泛的应用前景，有着与快中子堆一样的经济优势。

在核废料处理和核资源供给方面，熔盐堆与其他堆型不同的是，它没有固体的燃料芯块，其产生的核废物的放射性可以在大约 500 年的时间降到自然矿石的水平，所以它的废物可以不用深埋地下，就在近地面进行处置，不仅有利于生态环境，并且可以减少大量的辅助设备的造价和后处置费用，据估计，其费用大约可节省一半以上。除此之外，熔盐堆是将$^{235}U$和$^{239}Pu$作为其裂变燃料，它可以在中子的作用下产生一种新的裂变燃料$^{233}U$，这就意味着我们可以利用一座熔盐反应堆运行所产生的新燃料在几年后重新提供给一座新的反应堆。同时解决了核废料处理和核资源供给两个难题。

5. 超临界水冷堆系统的经济性

超临界水冷堆是一类运行在水的热工超临界点（374 ℃，22.1 MPa）以上，有一个直接能量转换循环的高温高压水冷堆。高温单相的冷却剂使反应堆系统的热效率达到约 44%或更高，同时简化装置，提高经济性。

根据 GIF（第四代核能系统国际论坛）估算，两台百万千瓦级别的超临界核电站的比投资大约为 9000 元/kW。目前我国正在建设中的高温气冷堆核电厂的比投资为 16 000元/kW，方家山改进型压水堆 2×100 万 kW 为 13 000 元/kW。超临界水核电厂比上述核电厂分别便宜 70%和 44%。可见，超临界水冷堆具有良好的经济性，符合我国核能可持续发展的要求。

6. 超高温气冷堆系统的经济性

高温气冷堆的冷却剂是氦气，其出口温度非常高。高温气冷堆采用涂敷颗粒燃料，以石墨为慢化剂。堆芯出口温度为 850~1000 ℃，甚至更高。由于其出口温度高，美国安特吉电力公司在 2009 年做了一次实验，发现高温气冷堆除发电外在制氢和提供工艺热方面具有更广泛的应用，并且用高温气冷堆进行工艺热生产的经济性高于用其制氢和发电。所以用高温气冷堆设施来替代天然气等其他燃料来进行工艺热生产具有非常高的经济价值。

除此之外，由于高温气冷堆系统具有固有安全性，不需要辅助安全系统，其系统大为简化，投资和维护费用可大幅降低。

# 参考文献

[1] 邹树梁. 核电厂安全评价与分析[M]. 原子能出版社.
[2] 张廷克，李闽榕，潘启龙. 中国核能发展报告[M]. 社会科学文献出版社.
[3] 伍赛特. 核动力装置应用于民用商船的可行性分析研究[J]. 中国水运(下半月)，2018，18(10)：97-98.
[4] 李涛. 堆芯热电偶密封结构失效机理分析[J]. 中国核电，2013，6(3)：275-279.
[5] 胡亚蕾. 核电先进堆型与我国核电发展[J]. 中国工程科学，2005(11)：102-106.
[6] 高杨帆，叶温丹. 核能和平利用的伦理评估初探[J]. 洛阳师范学院学报，2018，37(6)：8-12.
[7] 未永飞，李颖，谢晨江. AP1000 与二代压水堆核电厂的严重事故预防与缓解策略比较[J]. 核安全，2009(4)：46-50.
[8] 舟丹. 世界核电发展历程[J]. 中外能源，2013(3)：95-95.
[9] 黄彦平，臧金光. 气冷快堆概述[J]. 现代物理知识，2018，30(4)：40-43.
[10] 陶舒畅，赖建永，秦婧，等. 美国铅冷快堆研究进展[J]. 科技视界，2020(17)：231-234.
[11] 何佳闰，郭正荣. 钠冷快堆发展综述[J]. 东方电气评论，2013，27(3)：36-43.
[12] 王晨香. 超临界水冷堆：举旗国际前沿[J]. 中国核工业，2018(2)：18-21.
[13] 张作义，吴宗鑫，王大中，等. 我国高温气冷堆发展战略研究[J]. 中国工程科学，2019，21(1)：12-19.
[14] 邹树梁，黄斌海. 小型反应堆安全特性比较分析[J]. 南华大学学报(社会科学版)，2019，20(3)：1-8.
[15] 杨林，刘兵，邵友林，等. 高温气冷堆包覆燃料颗粒破损机制及失效模型[J]. 核科学与工程，2010，30(3)：210-215.
[16] 王东辉，张亚平，钟志民，等. AP1000 反应堆压力容器承压热冲击下结构完整性分析[J]. 核技术，2013，36(4)：154-161.
[17] 张仕玉. 核电厂蒸汽发生器传热管破裂事故处理策略分析[J]. 河南科技，2019(7)：49-50.
[18] 谢雪松. 一体化小型氟盐冷却高温堆自然循环研究[D]. 中国科学院研究生院(上海应用物理研究所)，2017.
[19] 周科源，喻宏，胡赟，等. CEFR 钠空泡反应性效应试验测量与计算分析[J]. 原子能科学技术，2013，47(S1)：70-74.
[20] 熊国华，秦余新，张强，等. 压水堆核电厂冷停堆状态下防止堆芯裸露的措施[J]. 核动力工程，2012，33(6)：96-100.

# 第六章 核能可持续发展的关键因素

## 第一节 核电的安全性

### 一、核电安全事故

我国核电安全标准与当前国际核电最高安全标准接轨，并持续改进，不断提高；我国核电自秦山一期机组投运20年来，在运机组安全水平进一步提升，未发生二级及以上运行事件（事故）；运行业绩良好，主要运行指标高于世界平均值，部分指标处于国际前列，核电厂工作人员照射剂量低于国家容许标准，核电厂周围环境辐射水平保持在天然本底范围内，没有对公众造成不良影响。

我国自主开发的“华龙一号”和CAP1400压水堆机型，采用先进的三代核电技术，有完善的严重事故预防和缓解措施，全面贯彻纵深防御原则，设置多道实体安全屏障，实现放射性物质包容。三代压水堆核电机组采用双层安全壳，外层安全壳能够承受强地震、龙卷风等外部自然灾害，以及火灾、爆炸等人为事故的破坏与袭击，包括大型商用飞机恶意撞击，内层安全壳能耐受严重事故情况下所产生的内部高温高压、高辐射等环境条件，安全壳的完整性保障了实际消除大量放射性物质的释放。

诚然核电历史上发生过3次重大核事故。1979年的三哩岛核事故：该核电厂系美国早期的压水堆机型，事故起因是操作员误操作及设备故障，导致堆芯熔化。由于安全壳保持完好，有效包容了事故所产生的放射性物质，并未对周围环境及公众造成严重后果。

1986年的切尔诺贝利核事故：该核电厂的反应堆系石墨慢化水冷堆，没有安全壳作为放射性屏障，加上设计缺陷，存在瞬发超临界的潜在风险，事故起因是违反操作规程人为误操作导致瞬发超临界，造成大量放射性物质外逸。

2011年的日本福岛核事故：日本福岛处于欧亚板块与太平洋板块“俯冲带”附近，历史上大地震和海啸频发，事故起因是极端外部自然灾害，超强地震和随即引起的大海啸叠加造成核电厂失去全部厂用电源，反应堆余热无法导出，致使堆芯熔化，最终导致氢爆和大量放射性释放。福岛第一核电厂是早期设计的沸水堆核电厂，其安全壳容积远小于压水堆，且堆内产生的蒸汽直接通向汽轮发电机组，因此三道屏障并不完整，一旦堆芯发生熔融事故，放射性物质有可能穿过第二、第三道屏障进入常规岛厂房，导致大量放射性物质外逸。事实上，地震后反应堆立即停闭，专设安全系统和应急柴油发电机迅速启动，保证了反应堆的余热导出。但是，1 小时后随即而来的 14 m 海啸越过挡浪堤，淹没了应急柴油发电机房和所有厂用电设施，导致事故发生。

以上 3 次核安全事故对核安全理念的树立和核安全保障技术的提升均起到了很大程度的促进作用，推动了核能技术进步核产业健康发展。福岛核事故后，各国组织了核电安全检查，国际原子能机构等国际组织推出了福岛核事故后的核安全行动计划，我国核安全局制定并全面实施了核电厂安全改进行动通用技术要求及新建核电厂安全要求等，且在核安全规划上提出新建核电厂应从设计上实际消除大规模放射性释放，调整完善了核电发展中长期规划，从根本上保障核电安全，消除核事故对环境和公众的危害。

我国核电采用压水堆技术路线，无论从堆型、自然灾害发生条件和安全保障方面来看，可以坚信中国不会出现类似福岛和切尔诺贝利核事故。

## 二、主要能源安全性比较

核能的和平利用伴随着潜在放射性释放的风险，其安全性尤为重要。核电产业的安全性问题主要表现在核电厂运行过程中产生的各种放射性裂变产物，及放射性产物释放的放射线射线。自核能利用以来，特别是 1979 年三哩岛和 1986 年切尔诺贝利核事故之后，各国和有关国际组织都十分重视核安全问题。

核电厂的运行过程中，除核安全以外，还有诸如防火、交通、辐射防护、坠落等一系列其他潜在安全问题。重大核事故一旦发生，其影响范围之广和持续时间之长以及可能造成的人财物损失之大，远非其他工业事故所能比拟。常规的工业安全事故，影响的范围通常是几人、几十人之内，带来的经济损失在几万、几十万，在持续时间方面，包括善后处理在内，也不会超过几个月。而核事故影响的地域范围却以几公里、几十公里计，涉及上万人，甚至会跨越国界，造成国际影响，造成的经济损失数以亿计，甚至可能到上百亿、上千亿。核事故影响的持续时间也比较久远，遗患长达几十、上百年。基于核电技术发展存在的潜在风险，世界各国的民用核设施建设及运行始终将保障核安全置于最高的优先位置，为核能的和平利用提供了有效保障。

目前，我国核电厂按照国家环境保护法规和环境辐射监测标准以及国家核安全局批准的排放限值对放射性流出物的排放进行了严格控制，并对核电厂周围辐射环境进行了有效监测。中国核能行业协会发布的 2021 年 1—12 月全国核电运行情况表明，我国运行核电厂 2021 年 1—12 月放射性流出物的排放量均低于国家核安全局批准限值，各运行核电基地外围监督性监测自动站测出的环境空气吸收剂量率在当地本底辐射水平正常范围内，未监测到因核电机组运行引起的异常。

大量的研究和调查数据表明，核电厂对公众健康影响远小于公众日常生活中经常遇到的一些健康风险，如吸烟和大气污染等。几十年运行经验表明，现有核电机组的设计与运行是足够安全的。核安全固然是公众关心的重大问题，但从技术上来说它已不是核电发展的主要障碍。关于能源对人类健康的影响，科学界经过反复研究，已得出较为一致的结论，核电是较其他能源更为安全的能源，如表 6.1 所示。

表 6.1 几种主要能源引发事故统计对比

| 燃料 | 突发事故数（1970—1992 年） | 受害者 | 相关的死亡人数/TWa |
|---|---|---|---|
| 煤 | 6400 | 工作人员 | 342 |
| 天然气 | 1200 | 工作人员、公众 | 85 |
| 水电 | 4000 | 公众 | 883 |
| 核电 | 31 | 工作人员 | 8 |

注：TWa—太瓦年，以上结论基于历史数据，不代表当前安全水平，并且不包括建设时期事故。结论公布于 2001 年，但是与 1996—1997 年事实相符。来源于 Ball Roberts & Simpson，Severe Accidents in the Energy Sector，Paul Scherrer Institut，2001。

## 三、核电安全性

核安全的最终目标就是建立并保持对辐射危害的有效防御，使放射性释放的潜在风险可行可控，符合和满足核安全管理政策和法规要求，保护区域内人员和环境的健康和安全。核电产业一般从技术和管理两个方面来保证安全。从结构上来看，核电反应堆采用低浓度的易裂变物质作燃料，任何情况下都不会像原子弹那样发生爆炸；从设计上来看，核电厂设置了三道安全保护屏障，只要其中有一道屏障是完整的，放射性物质就不会泄漏到厂房以外。核电的安全特性表现在：

1. 全局性

核电厂的配置和瞬态过程都非常复杂，其性能和业绩与设计、建造、运行和管理等各方面密切相关，只有把握住有机的整体，才能保证核安全，这是它的全局性。

2. 纵深防御性

目前在设计核电站时，广泛采用的安全设计原则就是纵深防御性原则，即不将安全依附在某一道单独的防线，而是采用多道防御措施，确保防御的有效性，达到安全的最终目标。一是通过保守的设计、高质量的设备和严格的运行，防止核电厂偏离正常运行程序；二是通过检测、自动触发的控制和保护系统以及运行人员的干预，纠正可能对正常运行的偏离，防止这些偏离升级为事故工况；三是基于尽管极少可能、但是某些偏离仍可能升级为事故工况的假设，使用附加的设备和规程来控制事故的后果。

3. 多样性

为了减少共因故障，对执行统一安全功能的冗余系统中的设备，采用不同的工作原理、不同的运行条件或不同生产厂家的产品。

4. 独立性

冗余系统中的不同系列，放置在不同的厂房内，防止一个系列的故障影响到另外一个系列。

5. 多重性

在实际设计中，还采用了多重防御思想来提高核电厂的可靠性和安全性。对承担安全功能的系统，采用多套冗余的系统和设备来保证安全性。

6. 动态性

核安全要求是在不断完善的，核设施状况也是在不断变化着的，对待核安全问题应当从实际出发，历史地和发展地看待，进行必要的利益和代价分析。

7. 均衡性

核安全与其他工业活动的风险控制，应从社会总风险的层次上把握，有一个适当比例的风险接受准则。

8. 适度性

安全措施应当以当前社会经济和心理承受能力为限，并非要求越高，核安全表现就会越好。核安全要求必须是适度的，它对社会产生的风险，以远小于其他替代能源可能产生的社会风险为限。根据计算，一座核电厂所造成的社会风险，低于同类工业活动风险的几个数量级，是完全可以接受的。

## 四、设计安全裕量

核安全管理是一个全过程，核安全的持续改进应当从设计阶段开始。在设计未来核电站的安全时，有两个基本估计：（1）当前对核电厂风险水平的评估有一定的不确定性，因而要为核电厂留有更大的裕度；（2）由于机组数在不断增加，所以对单个机组的安全要求必须提高，才能使社会承受的总风险不再增加。

对反应堆设计来说，能够满足反应堆设计验收准则要求的设计就是安全的设计，所以反应堆安全的标志就是要满足反应堆设计的安全验收准则。一个核电厂由若干设备和部件组成，不同的设备和部件有不同的相关标准和验收准则。一般来说，与反应堆堆芯安全和经济相关的两个最重要的验收准则，即 DNBR 验收准则和 LOCA 事故时的燃料峰值包壳温度验收准则。

对于未来新建核电机组，业主和核安全管理部门都关心如何赋予它更高的安全性。目前急需解决的两个核安全问题是，一要真正地认识和掌握一些较为现实可靠的模型分析评价技术；二要从社会总风险的角度认识核电，坦然接受那些可接受的风险。但是，三哩岛事故以后，为了保护核电投资者利益，“用户需求文件（URD）”被国际上普遍认可，以减小因执照申请所带来的经营风险。美国核管会的许可证申请一步法模式的出现，为减小业主的投资风险提出了安全方面的一系列新要求。然而，核安全的要求又是均衡的，由于资源有限，应当把有限的资源分派到最能提高核电站总体安全水平的方向和项目上，而不能过多地侧重关注某一具体的参数或设备。

## 五、核安全监管

核安全是综合多种核科学的边缘学科，它既是全局性的，又是动态的。核安全管理必须贯穿全过程，从“预防为主”的策略出发，不能只管后果，不问过程。核安全监管包括核设施安全监管、核安全设备质量监管、辐射安全监管和放射性环境监测。

目前，国际核电界对核电运行者的监督，有从单纯的法规符合型向风险指引型过渡的趋势。风险指引监督集中了传统的确定论和正在发展的概率论方法的优点，强调这两种方法是安全管理的两大支柱，是一种均衡风险确保机组处于良好状态的管理。风险指引监督的目的在于，强化安全决策；有效使用安全当局和业主的资源，使之更集中到对风险有重要贡献的设备和事件上来；减轻业主负担。风险指引型监督承认业主更有动力和资格推动改进，而不要把他们视为企图逃避管理者，这并不是使核安全管理更加保守，而是更加科学。对于不同的核电厂设计来说，风险指引型监督可能会允许减少不必要的保守性，放松那些过于苛刻的要求，但它能通过概率风险评价（PRA）技术，发现过去没有监管到的薄弱环节，从而在某些方面提高监管力度。

我国历来高度重视核与辐射安全监管工作，设立独立于核能发展部门的核安全监管机构——国家核安全局，对核设施选址、设计、建造、运行和退役等活动实施独立的核安全监管，我国核安全监管方法与国际实践保持一致。在监管硬件建设方面，《核安全与放射性污染防治“十三五”规划及2025年远景目标》主要考虑三点：一是依托建成国家核与辐射安全监管技术研发基地，提高独立校核计算和试验验证能力；二是完善地区核与辐射安全监督站和省级监管机构仪器装备，提高现场监督执法能力；三是完善国家辐射环境质量监测网，按照中央、省级和重点地市级分级开展能力建设，强化重点港口、边境地区监测能力建设，确保核安全监管和核能与核技术利用事业同步发展，力争到2025年实现核安全监管体系和监管能力现代化。

### 六、中国发展核电的安全性与必要性

福岛核事故后，我国社会公众对于内陆核电的质疑声增加。其中，较多的关注点集中在内陆核电厂建设和运行是否会影响水资源的安全。通过分析国内外内陆核电厂相关运行经验，从厂址特征、放射性物质迁移、受纳水体与冷却水源和热阱安全4个方面，讨论了我国内陆核电厂安全需要考虑的若干问题，说明了发展内陆核电的安全性和必要性。

第一，我国有严格的选址法规要求以及良好的选址条件，像福岛核事故那样的由地震、海啸引起的灾难性事件，在我国内陆核电厂是极不可能发生的。

第二，我国内陆核电采用三代核电技术，有完善的严重事故预防和缓解措施，并且已经采取了福岛核事故后提出的各种改进行动要求，因此，我国内陆核电厂的安全是有保障的。

第三，我国内陆核电厂址均将核岛厂房布置在基岩上，放射性液体经地下水途径到达最近地表水需要数年甚至更长的时间，因此，氚泄漏事件不会影响到厂外环境。

第四，从核电的可持续发展来看，内陆核电的发展有利于减少长距离电力传输的损耗，从核电的安全性来看，内陆核电可确保放射性物质不外泄，从而保证生态环境和公众安全。

## 第二节 核电的经济性

核电产业发展速度的快慢主要取决于核电与其他能源相比的经济竞争力，核电的经

济性是通过对不同发电技术经济性的比较而得。由于核电厂融资成本高和工期长的特点，考虑价差和利息等影响必然造成建成价和资金风险高。在推进我国核电发展的进程中，迫切需要拓展核电发展的融资渠道和规避资金风险。当前对于我国核电发展的认识存在偏差，过分强调技术安全，把技术安全绝对化了，忽视了运行能力与运行管理水平、安全监管与国家应急能力对核电安全的重要作用。对于核电发展而言，是否具有足够的市场竞争力是其得以生存和发展的基础。目前，对核电经济性的分析国际上广泛采用的是“全寿期平准化发电成本方法（Lifetime Levelised Generation Cost Method）”，而国内对于发电厂的经济性分析，主要关注电厂的单位千瓦建设投资（又称比投资）和电厂建成后的上网电价这两个指标。

## 一、核电的技术经济性评价方法

### （一）全寿期平准化发电成本方法

所谓全寿期平准化发电方法就是考虑资金的时间价值来估算全寿期的发电成本，对于在建设期发生的投资费用和运行期发生的费用，以及业主的自有资金和资本市场的贷款。都以确定的贴现率计算限制，求得一个在经济寿期内每年发电总成本的现值和等于建设期与运行期隔年投入费用的现值和。该方法于 20 世纪 70 年代由国际发供电联盟专家组提出，随后在国际上得到了广泛应用。该方法一般被用于拟建的发电项目，通过估算预期的平准化发电成本，对不同的备选机组进行经济性比较。

设 $EGC$ 表示为平准化单位电量发电成本，$I(t)$、$O(t)$，$F(t)$ 和 $E(t)$ 分别表示为第 $t$ 年的建设投资、运行维护费、燃料费和净发电费，$d$ 为贴现率，则用公式表示为：

$$\sum_t EGC \times E(t)/(1+d)^t = \sum_t [I(t)+O(t)+F(t)]/(1+d)^t \tag{6.1}$$

在估算核电厂的平准化发电成本时，核电厂退役费用一般被归为发电成本中的投资成本部分，核电厂的乏燃料后处理费用被计入燃料成本。此外，在对不同机组进行平准化发电成本的相互比较时，贴现率的大小会影响比较结果，通常当贴现率高于 10%时，核电厂的发电成本可能高于煤电站，而当贴现率低于 5%时，核电厂的发电成本低于煤电站。

### （二）电厂项目的建设期投资计算方法

对于大中型电厂建设项目，由于其包括前期准备在内的建设周期厂，除气电项目外，一般都在 5 年以上，建设期的物价浮动率和贷款利率对于总建成价的影响极大。而且，各国的浮动率与利率以及一个国家不同时期的浮动率和利率都会有较大差别。所以，对于不同发电项目的建设投资首先应关注在统一价格条件下的基础价投资；再按相同的物价浮动率估算出所谓的固定价投资，最后加上建设时期的贷款利息就得到了各项目建成时的总投资。这 3 种投资之间的关系可以简单地用公式加以表示：

$$\text{固定价投资} = \text{基础价投资} + \text{建设期物价浮动} \tag{6.2}$$

$$建成价投资=固定价投资+建设期贷款利息 \tag{6.3}$$

其中的固定投资就是工程项目整个建设期按合同所累计支付的账面投资额，包括业主的资本金和贷款本金。

国际上用平准化发电成本方法计算投资成本时，多数国家把核电厂的退役费用包括在建设投资中，而核电厂的首炉核燃料费用则全部作为燃料成本。在中国，压水堆核电厂首炉核燃料费用的 2/3 包括在建设投资之中，但核电厂的退役费用在运行维护成本中计算，不进入建设投资。

### （三）上网电价估算方法

发电企业向电网（或用户）供电时的电价，不仅取决于发电成本，还受到企业本身的还贷需求（在还贷期）、国家的税收政策以及企业业主预期的利润回报的影响。按照国家目前的企业财务制度，发电企业的售电收入可按如下公式分解：

$$售电收入=上网电量\times(不含增值税)上网电价 \tag{6.4}$$

$$售电收入=发电成本+销售税金+企业所得税+企业两金+还贷利润+科分配利润 \tag{6.5}$$

一个电厂在运行期各年的发电成本和需要用税后利润偿付的建设贷款额是变动的，因此发电企业难以使上网电价在整个运行期保持不变。在进行电厂建设项目的经济性分析时，通常考虑还贷期和整个寿期内的平均上网电价。在对多个发电项目作经济性比较评价时，可以按相同的投资收益率标准来测算各个项目的上网电价。

## 二、国际核电经济性分析

### （一）核电与其他发电方式的经济性比较

核电是否具有竞争力取决于它自身的成本和竞争对手两个因素。核电产业的传统竞争者是燃煤电站与燃气电站。因为化石燃料电站有可能征收碳排放税，全球变暖的严重性可能有助于核电更好地参与竞争，但是核电的竞争性不应依赖于政治斗争的结果，而应取决于自身经济性的不断改善。

核电厂的费用估算通常包括乏燃料管理、电厂退役和最终废物处置。这些费用对于其他电站通常是外部费用，而对于核电则是内部费用。退役费用估计为核电厂初始投资费用的 9%~15%，在美国只占其发电成本的 5%。燃料循环的后端，包括乏燃料贮存或在废物处置库中的处置，其费用占每千瓦时总成本的 10%，如果乏燃料不经后处理直接处置，则占到的比例更小。在投资 180 亿美元的美国乏燃料计划中，向核电厂征收的费用为 0.1 美分/（kW·h）。

世界核协会根据国际原子能机构和经济合作与发展组织核能机构早期研究成果进行分析，结果表明美国近年来核电的竞争性在电力市场中显著提高，见表 6.2。从世界平均值来看，在 7%贴现率条件下，核电与煤电和气电相比，竞争性显著；在 10%贴现率条件下，核电与煤电和气电相比仍具有强劲的竞争力。

表 6.2 美国核电、煤电、气电的平均生产成本 美元/（MW·h）

| | 7%贴现率 | 10%贴现率 |
|---|---|---|
| 核电 | 71.25 | 98.56 |
| 煤电 | 128.01 | 148.76 |
| 天然气电 | 44.98 | 80.21 |

注：来源于 IAEA&OECD NEA（2020）。

总体来说，核发电成本在过去 10 年中一直在下降，这是因为燃料（包括富集）、运行和维护的费用在下降，建造周期缩短，同时所涉电厂已经赢利或至少正在收回成本。

## （二）国际核电经济性的变化趋势

从世界核电发展的历程来看，安全性和经济性是制约核电发展的两个关键因素。以美国为例，在核电发展初期，随着核电技术进步、单机容量增大以及批量化建设，其核电的发电成本迅速下降。美国原子能协会（NEI）公布了电力公用事业成本集团（EUCG）归纳的核电成本数据。2017 年美国核电平均发电成本低于 34 美元/（MW·h）。输出功率小的单套装置成本高一些，约为 43 美元/（MW·h），但多套构成的核电装置在 31 美元/（MW·h）以下。若用燃气透平组合循环火力发电替代的准化成本核算约为 48 美元/（MW·h）。美国核电发电成本变化，从 2002 年开始逐步上升，2012 年达到峰值的 41.35 美元/（MW·h）后，出现下降趋势，2017 年比 2012 年下降 19%，低至 2008 年的水平。核电平均发电成本包括资本、燃料、运营各项成本，2017 年资本成本（核电维持费等）53.4 亿美元，比 2016 年 55 亿美元减少 1.6 亿美元。从历史发展看，从 2003 年转为上升后，2012 年达到峰值（90.2 亿美元），其后又转为减少。2017 年运营成本 20.43 美元/（MW·h），比创纪录的 2011 年减少 9.8%。2019 年运营成本为 18.55 美元/（MW·h），2014—2019 年美国核电平均发电成本如表 6.3 所示。

表 6.3 2014—2019 年美国核电平均发电成本 美元/（MW·h）

| | 2014 年 | 2015 年 | 2016 年 | 2017 年 | 2018 年 | 2019 年 |
|---|---|---|---|---|---|---|
| 燃料 | 7.47 | 7.10 | 6.90 | 6.44 | 6.47 | 6.15 |
| 资本 | 8.47 | 8.24 | 6.89 | 6.64 | 6.32 | 5.72 |
| 运营 | 21.67 | 21.56 | 20.87 | 20.43 | 20.12 | 18.55 |

OECD 预期新的核电厂投资费用不会上升，因为先进的反应堆设计已实现标准化。核电将来的竞争力将主要取决于煤电厂的追加费用。满足减少二氧化硫和温室气体排放物的目标的实际费用仍不确定将如何归结到化石燃料电厂中。根据最近 OECD 的研究，随着核电容量因子的提高以及天然气价格的上升，核电的经济竞争性有了提高。OECD 在不考虑化石燃料用于减少温室气体排放的费用情况下，到 2020 年一些国家的核电、

煤电和气电的发电成本，见表 6.4。

**表 6.4 到 2020 年一些国家的发电成本** 美元/（MW·h）

| 国家 | 核电 | 煤电 | 气电 |
|---|---|---|---|
| 澳大利亚 | | 91.10 | 112.27 |
| 法国 | 71.10 | | |
| 印度 | 66.06 | 100.24 | |
| 瑞士 | 33.53 | | |
| 俄罗斯 | 42.02 | | |
| 斯洛伐克 | 101.84 | | |
| 日本 | 86.67 | 99.84 | 92.52 |
| 韩国 | 53.30 | 75.59 | 95.89 |
| 美国 | 71.25 | 128.01 | |

注：来源于 OECD/IEA NEA 2020。

总体说来，在目前的监管措施下，核电的经济性能与化石燃料发电相竞争，但在可直接获取低成本化石燃料的地区除外。例如，在澳大利亚，燃煤电厂靠近煤矿和主要的居民点，大量的天然气可长期并低价地获得。

## 三、中国核电经济性分析

目前，中国共有 48 台机组运行，所有在役机组都取得了良好的运行业绩。在中国核电厂运行实绩逐步攀升以及核电产业规模扩大的现实背景下，为了培育和提升核电在电力市场的竞争力，有必要对中国的核电经济性进行比较分析。

### （一）秦山一期经济性分析

秦山一期 300 MW 核电厂，工程建造期为 81 个月，设备国产化率达到 70%。工程建设总投资略超过人民币 13 亿元，把建设期内的贷款利息以及必要的配套建设费用包括在内，该核电厂的总建成价为 17.5 亿元。建成价比投资为 5900 元/（kW·h），相当于当时国内煤电站比投资的 1.2~1.4 倍。通过对全寿期的发电成本分析，其年发电成本包括折旧费、运行维护费、核燃料费、乏燃料处理费（为保证还贷，从投运后第 6 年提取）和退役基金等。上网电价，税前为 0.359 元/（kW·h），税后为 0.42 元/（kW·h）；同期进口煤电机组上网电价税前为 0.39~0.49 元/（kW·h），税后为 0.536 元/（kW·h）。因此，秦山一期核电厂核电生产的经济性较好。

### （二）广东大亚湾核电厂

广东大亚湾核电厂的设备分别由法国、英国进口，其中核岛系统各项设备配套及首炉核燃料组件由法国法马通（FRA）等厂商提供，常规岛系统设备由英国通用电气公司（GEC）供应。且电厂的设计、建造、安装和调试等大多由外方主承包，所以其造价远高于同容量煤电厂的造价。大亚湾核电厂建成价约 40 亿美元，建成价比投资为 2033 美元/（kW·h）。1994—1998 年大亚湾核电厂平均发电成本为 4.66 美分/（kW·h），平均上网电价为 6.14 美分/（kW·h）。

### （三）“九五”期间投建核电项目的经济性

“九五”期间投建了 4 个核电项目，即秦山二期核电厂、广东岭澳核电厂、江苏田湾核电厂和秦山三期核电厂。表 6.5 列举了 4 个核电项目投资预算。

**表 6.5 “九五”期间投建核电厂的经济性比较**

| 项目名称 | 装机容量/MW | 1996.7 基础价/（美元/kW） | 建成价/（美元/kW） | 含税上网电价（美分/kW） | |
|---|---|---|---|---|---|
| | | | | 还贷期 | 计算期 |
| 秦山二期 | 2×642 | 960 | 1330 | 6.86 | 6.11 |
| 岭澳核电厂 | 2×984 | 1398 | 2043 | 7.50 | 6.65 |
| 秦山三期 | 2×728 | 1361 | 1978 | 6.40 | |
| 田湾核电厂 | 2×1060 | 1073 | 1539 | 6.37 | 5.83 |

由表 6.5 可以看出：

第一，成套进口设备建设的核电项目建成价比投资一般约为 2000 美元/kW。秦山二期是“以我为主，中外合作”建设，设备国产化率相对较高，进口设备采用自主设计分包采购的方式建成价比投资比较低。由于俄罗斯的机组价格较低，田湾核电厂的造价为 1500 美元/kW 左右。而秦山三期和岭澳的造价基本超过 2000 美元/kW。

第二，各核电厂的还贷期含税上网电价一般约为 6~7 美分/（kW·h），只有岭澳核电厂超过 7 美分/（kW·h），原因是其建成价比投资高。秦山三期尽管比投资高，但上网电价相对较低，主要是由于重水堆用天然铀作为燃料和不停堆换料，负荷因子高，燃料费便宜。

第三，秦山二期比投资上优越性强，上网电价也比较经济。

### （四）核电与煤电的经济性比较

#### 1. “九五”期间新建核电厂与同期建设的燃煤电站基建投资比较

在可比条件下（设备进口、工程承包等），对中国“九五”期间投建的四座核电厂与引进的燃煤电厂的建成价和平均建成价进行了比较。表 6.6 表明，核电厂平均建成价比投资为 1742 美元/kW，燃煤电站平均建成价比投资为 899 美元/kW，核电与煤电建成价比投资之比为 1.94。中国的核/煤建成价投资比处在国际上核/煤建成价投资比的高值区域，这主要是因为中国核电产业尚处于起步阶段，国产化程度低，没有形成规模效益。

表 6.6 “九五”期间投建的核电厂与同期燃煤电厂基建投资比较

| 项目名称 | 装机容量/MW | 建成价 | 建成比投资/［（美元/kW·h）］ |
|---|---|---|---|
| 一、核电厂 | | | |
| 秦山二期 | 2×642 | 150 亿元人民币 | 1407 |
| 岭奥核电厂 | 2×984 | 40.2 亿元人民币 | 2043 |
| 秦山三期 | 2×728 | 28.8 亿元人民币 | 1978 |
| 田湾核电厂 | 2×1060 | 32.62 亿元人民币 | 1539 |
| 核电厂平均建成价比投资 | | | 1742 |
| 二、燃煤电站 | | | |
| 合肥二电厂 | 2×350 | 46.39 亿元人民币 | 798 |
| 九江三期 | 2×350 | 6.02 亿元人民币 | 960 |
| 广东沙角 C | 2×660 | | 940 |
| 广西来宾 B 厂 | 2×350 | 6 亿元人民币 | 857 |
| 湄洲湾一期 | 2×350 | 6.25 亿元人民币 | 893 |
| 山东日照电厂 | 2×350 | 6.6 亿元人民币 | 943 |
| 燃煤电厂平均建成价比投资 | | | 899 |
| 核/煤投资比 | | | 1.94 |

2. 国内核电价与煤电价的比较

核电与煤电经济性相比，具有建成价比投资高和燃料成本低的特点。核电厂所需的铀资源能高度集中，可容易和廉价地运输，且市场需求量远低于煤或石油。一般来说核电厂的燃料费用在总发电成本中只占较小比例，大约为煤电厂燃料费用的 1/3。因此，即使燃料价格大幅上升，核电价所受的影响仍较小。燃煤电厂则不同，一个百万级电厂每年需要燃烧几百万吨的原煤，如一个 4×600 MW 燃煤机组的内陆电厂，每年需燃煤在 500~600 万 t，每天约需 5~7 班列车进厂卸煤，从煤矿到电厂要占用更多车皮，这造成了铁路运输压力。中国煤电长期受国家控制，其价格低于市场平均价格，煤价放开后，沿海地区煤价快速上升。据有关研究表明，凡煤价超过 400 元/t 的地区核电价比煤电价具有经济竞争力。

总的来说，与国外核电与煤电投资比相比，国内核电与煤电投资比处于高值范围；与国内燃煤电厂相比，中国核电厂的相对经济性还不明显；与国内电网电价比较，核电比较优势微弱。这主要是因为：一是国内燃煤机组目前没有安装脱硫降氮设施，相应的环境排放控制成本（包括这些设施的建设投资和运行维护成本）没有考虑；二是成套引进国外的核电厂的建造价比国产或引进的燃煤电站高，这是导致核电厂不经济的关键因素；三是中国核电产业尚处于起步阶段，没有形成规模效益，国产化和批量化程度有待提高。目前，煤价高涨，核电的经济性已经突显出来。

### （五）实现国产化、标准化及批量生产后核电机组的经济性分析

在引进国外先进技术和加强自主开发的基础上，实现核电建设国产化、标准化和批量生产，努力降低核电厂造价，使核电厂在经济发达、能源短缺和运输紧张的地区可与煤电、气电相竞争，这是加速中国核电发展的根本出路。

参考中国已建成和在建的核电厂的经济分析，考虑到国产化后设备费用可大幅度降低这一事实，且由于在核电工程中，设备费用约占总投资的1/2，于是可推算出双堆百万千瓦级国产核电厂的建成价约为1500美元/kW。其发电成本可与建在远离煤炭产地的东南沿海地区带脱硫装置的进口燃煤机组竞争。

根据美国、韩国和法国等国的分析研究，在实现标准化和模块化的设计和建造以后，核电厂的基础价可降低15%。在标准化的基础上，实行批量生产，一次订货4~6台机组，由设备制造厂统筹安排，可节省材料、节省工时和降低设备造价。此外，如能实行一站多机和连续施工，可收到更好的经济效果。预计实现国产化、标准化、批量生产后核电机组的建成价可降到1300美元/kW以下。其发电成本可与建在远离煤炭产地的东南沿海地区带脱硫装置的燃煤和燃气机组相竞争。

根据OECD专家组对不同发电成本的研究来看，对于拥有天然气资源或进口运输距离短的国家，气电在近期内最具竞争性，但对于日本和韩国这样的依靠远距离运输进口LNG的国家，气电成本均比煤电和核电高或基本持平。中国东南部地区的情况与日本和韩国相类似。因此，早日实现核电国产化，作为基荷电厂应是中国电力中长期发展的重要选择之一。

## 第三节　核燃料循环分析

### 一、核燃料循环技术现状

核能一直是全球关注的焦点，乏燃料（SNF）的处理周期长并且涉及后代。因此，不管核能的前景如何，SNF的处置必须得到有效的解决。为此，了解乏燃料的处理技术以及它们的优缺点以及哪种方案更适合自身环境的使用也就变得非常的重要。

通常使用的核燃料循环策略主要有两种：一次循环和二次循环。一次循环策略认为SNF是高放废物，因此，SNF将在处置库中存放数百年，直到其放射毒性达到天然水平。二次循环策略认为SNF是一种可循环利用的高放废物，SNF经过一系列的化学过程提取了其中的铀和钚，提取的铀和钚再作为新鲜的核燃料进入可使用的反应堆或作为原料直接出售。下述对核燃料的每种循环策略及经济性加以分析。

#### （一）一次循环

直接处置方案主要包括临时储存和最终处置两个过程，中间阶段还涉及到封装和运输等。首先，从反应堆中卸出的核燃料在冷却池内冷却至少5~10年，这一阶段对于每个核燃料循环战略都是必须的。之后，SNF可以转移到干燥的临时储存库中，该储存库既可以位于核电现场，也可以是位于其他地方的集中处理场所。最后，经过十至几十年的临时储存期，SNF必须转移到最终处置库。

### （二）二次循环

SNF 在冷却池中冷却以后将通过 PUREX 等工艺实现 U 和 Pu 的分离，之后剩余的次锕系元素（MA）和裂变产物（FP）再通过玻璃固化等方式储存于地址库中。由于 SNF 由超过 96%的 U 和 Pu 组成，最终剩余的废物体积减少了约 80%，其辐射毒性降低了约 90%，其衰变热也比一次性循环降低。因此，最终的废物处置成本大约是一次处置成本的 25%。

### （三）先进循环

不同类型的先进循环最终目的都是通过进一步减少最终废物的体积和放射性，提高资源利用率，同时保持其经济性，从而实现核能的可持续发展性。它们的共同点基本都是基于嬗变缩短 SNF 中长寿命核素的半衰期。现阶段最受关注的先进核反应堆技术是第四代快速增殖反应堆（FBR）和加速器驱动次临界系统（ADS）。FBR 能使 U、Pu 和 MA 等完全反应，这使得它们能够从核燃料中释放更多的能量，并减少最终高放废物的体积及其放射性毒性。ADS 由连接到粒子加速器的次临界反应器组成，具有很大的灵活性，不仅可以燃烧 Pu 和 MA，而且还可以燃烧 FP。

## 二、核燃料循环步骤

核电厂的运行必须考虑燃料供应和乏燃料处理等问题，核电的建设和发展更需要配套的核燃料循环设施来支持。因此，我们在大力建设核电厂的同时，应高度重视相关的核燃料循环问题的研究。核燃料问题是未来反应堆的关键环节。未来的燃料循环应能够解决天然铀资源管理和减少放射性废物产生这两个问题。

核燃料循环构成了核能工业的基础，其步骤包括：

1. 铀勘探和开采

如采煤一样，铀矿也需要先探勘，再进行相应的开采。开采出的铀矿石一般需经过物理选矿并筛选掉相当一部分废石，以提高待处理的矿石纯度（也称为矿石品位）。

2. 铀加工和精制

铀加工和精制主要包括铀矿石预处理、铀矿石浸出、铀的浓缩与纯化以及铀的精制与转化等步骤，这些过程统称为冶炼。简言之，通过物理化学处理等方法，提取铀矿石中的铀元素，通常得到纯净的铀氧化物。

3. 铀转化与富集

铀元素在自然界中由三种同位素组成，$^{234}U$、$^{235}U$、$^{238}U$。在天然铀中，二者的比例是一定的。$^{235}U$ 通常仅占 0.7%，但世界上绝大多数核电厂都使用$^{235}U$ 含量为 2%～5%的低富集铀作为核燃料。因此，铀加工和精制得到的铀氧化物产品需要进一步富集得到含$^{235}U$ 较高的铀的产品。这个过程通常称为铀富集或同位素分离。铀同位素分离是核燃料循环中十分重要、十分敏感的技术。$^{235}U$ 与$^{238}U$ 的物理性质和化学性质相同，原子核的质量数相差 3。铀同位素分离就是利用这个微小的质量数差采用物理或化学方法分离富集的，分离需要庞大的设备，消耗大量的能量。现在普遍采用的工艺是：将铀加工和精致得到的铀氧化物通过化学方法转移成 $UF_6$，随后通过扩散或离心分离，得到含$^{235}U$ 核

素较高的 $UF_6$。

4. 核燃料元件生产

达到富集度要求的 $UF_6$，即可通过化学工艺再转化为 $UO_2$ 等固体化合物，制造成固体核燃料。如同煤有时候也须制作成蜂窝煤状，核燃料通常以燃料元件的形式出现，便于燃烧与控制。燃料元件的主要作用是作为核燃料的基本单元，导出链式裂变反应产生的热量，防止强放射性裂变产物的外逸。

5. 核电厂

核燃料制品在核电厂反应堆中发生原子核反应，产生核能。通过相关控制与转换，将核能转换成热能，并最终转换成电能供人类使用。

6. 后处理厂

反应堆使用过的核燃料，称为乏燃料，经冷却后可送往后处理厂进行进一步处理，其目的是回收乏燃料中残留的铀和钚，把裂变产物变成有利于长期储存的形式，同时获取原子核反应后产生的镎、镅等次要锕系元素和其他有用的放射性同位素。

## 三、核燃料循环经济性分析

与直接处置方案相比，再循环的优势来自于减少了天然铀的需求量以及最终高放废物的体积、辐射毒性和衰变热，只需要对循环后的核燃料进行单独处理。因此，最终的存储库容量减少了，这也降低了地质处置成本。

图 6.1 显示了不同国际研究机构的核燃料循环成本随时间的演变，费用已折算至 2019 年。从图 6.1 中可以看出，一次循环比再处理方案更经济。此外，两种成本的趋势都有递减的规律，这意味着由于技术的成熟，这些成本随时间的推移而降低。然而，降低的斜率在二次循环中稍微明显，这意味着，由于技术的发展，再循环策略可能会变得比一次循环更经济。

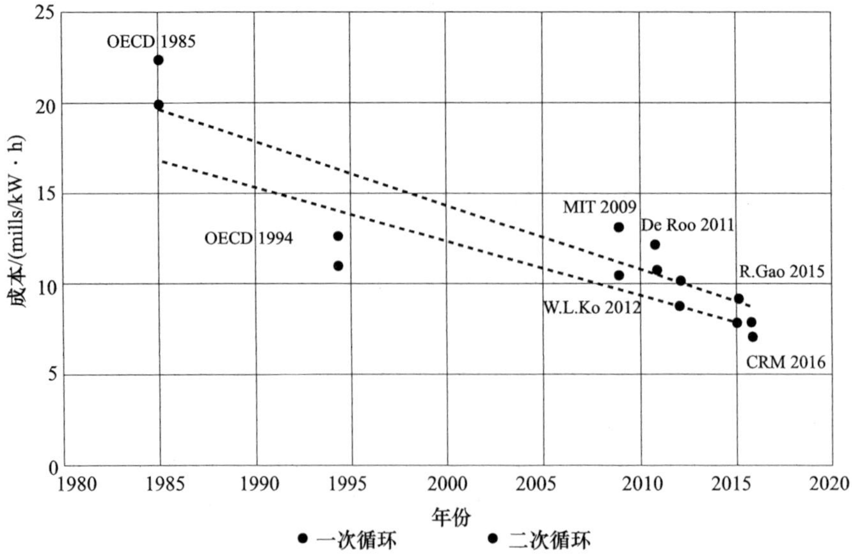


图 6.1 核燃料循环成本的演变

如图 6.2 所示，由于技术的成熟，再加工成本一直随时间的推移而降低。然而，当涉及到深地址处置（DGR）成本时，情况正好相反，主要是因为 DGR 还处于探索未经真正测试阶段。直接处置方案的后端成本主要是 DGR 成本，而二次循环的后端最重要的成本是再加工成本。因此，这就解释了为什么二次循环成本比一次循环成本下降得更快。

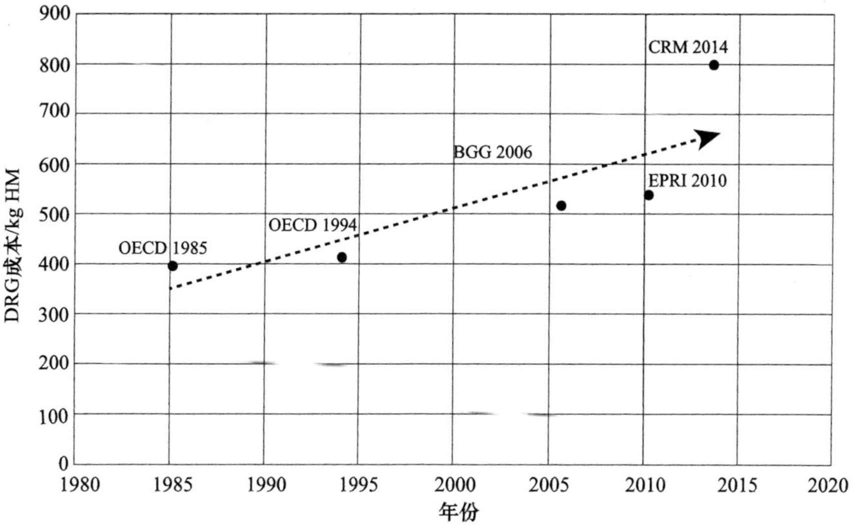


图 6.2　深地质处置成本随时间的变化

先进循环由于提高了可持续性，与目前的核燃料循环战略相比，具有许多优势。然而，由于这些新技术缺乏成熟度，先进循环的成本比一次循环策略高。如图 6.3 所示，先进循环的斜率略有增加。但随着技术的发展，先进循环的成本最终可能比直接处置更经济。

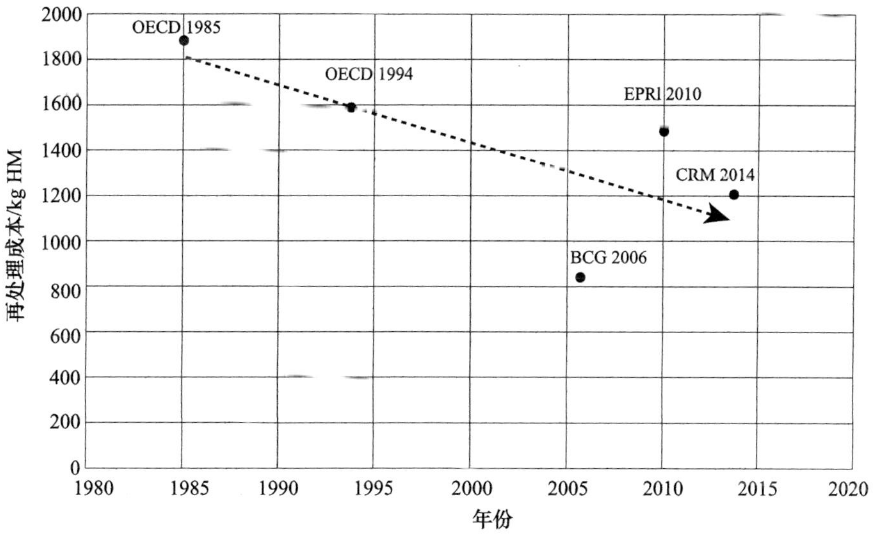


图 6.3　再处理成本随时间的变化

概述核燃料循环的常见策略及对应的经济性趋势，结果表明在现有的技术条件下一次循环的经济性优于二次循环，但是随着新技术的出现以及处理流程的完善，未来核燃料的再处理将更具优势。目前正在研究的先进技术具有解决核能关键问题——废物管理的潜力。先进循环进一步提高了核燃料的可持续性，与直接处置相比优势较多，但是由于目前新技术还不成熟，成本较高。

## 四、国际核燃料循环概况

根据红皮书的数据，全球可经济开采的铀资源仅在 700 万 t 左右。按 1 座百万千瓦压水堆 60 年寿期需 10 000 t 天然铀计算，目前全球总装机容量约为 390 GW，全部铀资源仅可供约 100 年使用。考虑到中国等国家的新增核电容量，该时间还会更短。不断增长的能源需求，要求世界各国更广泛地利用可靠且环境友好的能源，21 世纪中叶之前全球需要大量部署新的能源。为保障能源绿色、环保、可持续发展，核大国均在积极部署未来 10 年乃至 30 年内新的核能技术。其中，以快堆为首选堆型的第 4 代核电是核能发展的方向。

俄罗斯政府 2000 年发布《俄罗斯 2050 核电发展战略》，明确未来核能方向是发展快堆及其闭式燃料循环。为此，俄罗斯国家原子能公司（ROSATOM）2011 年制定了长期发展战略，通过“突破”（PRORYV）项目计划，发展快堆封闭燃料循环，实现核能可持续发展。俄政府计划到 2050 年，大幅增加快堆数量，实现核电占比 45%~50%，到 21 世纪末实现核电占比 70%~80%。

美国先进反应堆技术开发愿景是在 2050 年之前，先进反应堆在美国以及全球的能源结构中发挥显著作用，且其作用不断增强。考虑到新核电技术的部署可能需要 15~20 年的时间，美国能源部（DOE）已经为先进反应堆开发和部署制定了专门的目标。其先进反应堆技术开发目标为在 21 世纪 30 年代初期，至少有两座先进非轻水堆实现技术成熟，并完成安全性、经济性验证和许可评估。

欧盟委员会认为新型反应堆以及先进核燃料循环技术是清洁、安全、高效的能源系统的关键，需对其进行持续的研发投资。2007 年，欧盟委员会提出了旨在保证欧盟能源技术领导地位，实现 2020—2050 年能源及气候目标的战略能源技术计划（SET Plan）。该计划于 2014 发布的整体路线中提出了“支持核能系统的安全高效运行，开发新型反应堆、研究裂变材料及放射性废料管理的可持续解决方案”。研发投资的重点领域为延长反应堆的运行寿命以及论证未来的闭式核燃料循环系统的安全性。重点行动包括：开发高优先级的 4 代快堆论证装置，测试各种核燃料循环方案，包括裂变材料的回收及次锕系元素的转化、论证核燃料制造及后处理、地质处置、乏燃料及高放废物的临时贮存、研发在 4 代反应堆工作条件下使用的核材料以及可提高核厂安全及效益的新型核材料。

由国际原子能机构组织 30 个成员国参与的新核反应堆和燃料循环国际项目（INPRO）已经定义了一套评估创新型核能系统可持续性的原则和要求，基于闭式核燃料循环和快堆的核能系统（CNFC-FR）是其评估的重点内容之一。

此外，日本、韩国、印度等也都制定了本国的快堆及核燃料循环发展规划。钠冷快堆具有可增殖核燃料、嬗变长寿命放射性废物、固有安全性高及经济性前景好等特征，一直作为国际上先进核能系统的主要研究方向，是第 4 代先进反应堆中发展最快、最为成熟的反应堆堆型。世界上开展钠冷快堆研发的国家主要有俄罗斯、法国、印度、中国、日本、美国、韩国、瑞士等。包括中国实验快堆在内，目前世界上已建成 23 座钠冷快堆，积累了约 400 堆年的运行经验，具有较好的商用推广基础。俄罗斯、法国、日本、印度和中国开展了示范快堆甚至商用快堆的建设，以法国、日本、美国为代表的其他国家虽暂缓开展钠冷快堆的工程建设，但也都在积极开展钠冷快堆的研发。

## 五、中国先进核燃料循环体系建设

我国核能发展的总体战略是“热堆→快堆→聚变堆”三步走。其中，热堆以压水堆为主，主要解决以东部地区为代表的能源短缺问题，主要利用$^{235}U$；快堆以钠冷快堆为主，可支撑核能大规模可持续发展，同时嬗变压水堆乏燃料中的长寿命锕系元素，减少废物量，主要利用$^{238}U$，远期可利用$^{232}Th$；聚变堆原则上可利用海水中大量存在的氘，解决人类的终极能源问题，但由于氘-氘聚变的难度大，在前期将主要采用氘-氚聚变，而氚则主要来源于锂，其总量受到锂资源的限制。为实现核能从$^{235}U$到$^{238}U$的跨越，需从快堆、燃料、后处理等方面综合考虑，突破技术和商用型号开发，达到商用推广的目的。

### （一）快堆

快堆或快中子装置担负两个方面的使命：增殖和嬗变。其中，从增殖性能、成熟性、经济性等多方面综合考虑，钠冷快堆是大型增殖快堆的最佳选择。中型钠冷快堆和铅基冷却快堆的加速器驱动系统（ADS）则比较适合于嬗变。多用途的小、微型快堆则有更大的堆型选择范围，包括气冷堆、熔盐快堆等。

综合考虑技术、风险、经济、时间等因素，我国快堆的发展采用“实验快堆→示范快堆→商用快堆”三步走战略。为提高技术的一致性，从实验快堆开始即选择基本相同的解决方案，如：冷却剂采用热工特性、中子特性和材料相容性等各方面综合性能最好的液态金属钠；堆型方面，考虑到经济性以及固有安全性，一回路采用了一体化池式结构；主热传输系统采用钠—钠—水三回路，在初期阶段为提高机组的可利用率，蒸汽发生器采用多模块设计；安全性上采用负反馈设计、非能动余热排出系统和低压安全壳。

我国快堆核能系统发展总体目标设想为：

1. 第1阶段（2020年前）

以CEFR、后处理中试厂和MOX实验线为平台，实现中试规模循环研究。

2. 第2阶段（2025年前）

以CFR600、200 t/a后处理厂和20 t/a MOX厂为平台，实现工程规模循环。

3. 第3阶段（2035年前）

以CFR1000、大型商用后处理厂和大型商用金属燃料厂为平台，实现商业规模循环。

4. 第4阶段（2040年前）

建成快堆乏燃料后处理厂，进入快堆全循环。表6.7列出了快堆发展各阶段的技术延续性。

表 6.7 快堆发展各阶段的技术延续性

| 参数 | 各阶段发展数值 | | |
|---|---|---|---|
| | 实验快堆（CEFR） | 示范快堆（CFR600） | 商用快堆（CFR1000） |
| 功率/MWe | 20 | 600 | 1000 |
| 冷却剂 | 钠 | 钠 | 钠 |
| 型式 | 池式 | 池式 | 池式 |
| 燃料 | $UO_2$/MOX | $UO_2$/MOX | MOX/金属燃料 |
| 包壳材料 | 奥氏体不锈钢 | 奥氏体不锈钢（1515） | 奥氏体不锈钢（ODS） |
| 堆芯出口温度/℃ | 530 | 540 | 550 |
| 燃料线功率/（W/cm） | 430 | 430 | 480 |
| 最大燃耗/（MW · d/kg） | 60~100 | 90~120 | 120~150 |
| 乏燃料贮存 | 堆内+水池 | 堆内+堆外+水池 | 堆内+堆外+水池 |
| 停堆系统 | 2套能动 | 2套能动，1套非能动 | 2套能动，1套非能动 |
| 事故余热排出系统 | 非能动 | 非能动 | 非能动 |
| 放射性包容系统 | 密封性厂房结构 | 安全壳 | 安全壳 |

（二）燃料

燃料是决定快堆安全性和经济性的核心。由于快堆燃料的燃耗深、工作温度高、快中子通量高，所以对材料和工艺的要求非常高。在初期阶段，为解决有无问题，降低燃料制造难度，大多国家均采用氧化物燃料（$UO_2$ 或 MOX），但因其能谱较软，快堆的增殖比往往不高。在快堆发展的中后期，各国均在进一步研究高致密度燃料，主要包括金属燃料或氮化物燃料。同时，鉴于服役环境的要求高，快堆元件包壳材料需采用低肿胀、耐高温的材料，初期大多采用$^{316}$Ti 不锈钢，后期主要向$^{1515}$Ti、$HT_9$ 以及 ODS 等材料过渡。

由于$^{239}Pu$ 平均裂变中子数要显著高于$^{235}U$，因此含钚的燃料对快堆更加适合。在可能的情况下，铀燃料要尽快过渡到钚燃料。

（三）后处理

为配合快堆发展需要，后处理总体上分为 3 个阶段：第 1 阶段，水法处理压水堆乏燃料组件，用以给快堆提供 MOX 燃料初装料所需要的工业钚；第 2 阶段，干法处理快堆乏 MOX 燃料，实现快堆增殖燃料的闭式循环；第 3 阶段，高温冶金干法处理乏金属燃料，实现快速高增殖目标。

对于后处理技术，鉴于快堆乏燃料组件的高燃耗以及乏组件内易裂变材料含量高，干法后处理是必然选择。特别是对于金属燃料，由于燃料棒内含有金属钠，从根本上排除了采用水法处理的可能性。另外，由于在中后期要实现在快堆内对长寿命次锕系元素（MA）的嬗变，在后处理工艺中应考虑对 MA 的提取或共沉淀。研究的后处理流程可分为两类：即全分离和部分分离。全分离技术的要点是改进 Purex 流程，除了分离铀、钚外，同时分离镎、锝、碘，然后进一步分离高放废液中剩余的铀、钚、次锕系元素以及锶、铯。分别得到上述元素的单个产品。部分分离是得到铀和钚/超铀的混合产品，由于得到的是锕系混合物，可用于均匀嬗变。部分分离由于不能得到“纯钚”，可防扩散，因而近年来国际上较为热门。

## 第四节　核电科普知识普及宣传

### 一、福岛核事故引发的核电信任危机

2011 年 3 月 11 日的福岛核事故令全球为之震撼，核电的信任危机犹如次生灾害波及世界每个角落。面对这场信任危机，人类必须勇敢地去应对、去平息。中国是在建核电最多的国家，进行核科普公众宣传，是义务更是责任。

2011 年 4 月 12 日，日本政府宣布将福岛核电厂事故等级提高至与切尔诺贝利事故等同的最高级 7 级。此时还差 14 天就是切尔诺贝利核事故 25 周年纪念日。福岛核事故，又一次引发了核电公众信任危机。

在中国成为全世界在建核电项目数量之最的今天，危机程度可想而知。福岛再也不像三哩岛、切尔诺贝利那样离我们那么遥远。为了还核电以客观面目，为了无可推卸的社会责任，政府部门、核电企业、行业协会等纷纷踏上了核科普公众宣传之路。

2011 年 3 月 12 日福岛核电厂 1 号机组氢气爆炸，3 月 15 日，2 号~4 号反应堆发生爆炸，一址多堆的每一个机组都没能亮出震后安全信号，核电危机不断升级，公众对核电的信任危机也随之升级。事故后，网上论坛中陆续出现“强烈反对在当地建设核电厂”之类的帖子。一位网民评论：业内人士常常用坐飞机和坐汽车来比喻核电和煤电的事故发生概率。飞机的出事概率远低于汽车。换句话说，核电的事故发生概率比煤电要低得多。不过，从心理层面来讲，人们坐飞机时远比坐汽车更为紧张，对于核电亦然。毕竟公众对核电知之甚少，为数不多的印象多来自于画册和电视上的“蘑菇云”。

《科学时报》的一位记者在他的文章中描述：情况并不乐观，福岛核事故以来，核电产业在全球范围内备受质疑。各国政府、核电业内人士的态度与民众、媒体及环保组织的声音针锋相对。核电舆论危机的背后，有着生存与发展的矛盾，有着企业利益与民意向背的纠结。舆论的压力甚至直接来自于核从业人员的身边。一位核行业内从事新闻宣传的工作人员说，福岛核事故后，父母告诉她，如果在家乡建核电厂，他们会投反对票。而这位工作人员最终也没能说服家人。

对核电的具体认识，更多普通民众感到的仍然是神秘和不可知。事实上，除了普通民众，不同的声音也在其他层面多有发出。

中科院院士何祚庥就不赞同国内相关人士的乐观态度。他认为，核电发展不能搞“大跃进”，仅从国内现有的技术和自然条件去论述中国核电比日本安全，没有说服力。

核能是天使还是恶魔？“潘多拉魔盒”是否会永远紧闭？百姓在恐慌中质疑，媒体在质疑中否定。显然，中国核电安全运行 20 年的良好实践经验，没能缓解福岛核事故带来的核电信任危机。

地震发生后，中广核和国家核电技术公司也通过媒体引导社会公众了解中国核电厂的固有安全性。中广核组织香港媒体记者团到大亚湾核电基地参观采访；国家核电技术

公司的专家们在电台、电视台、网络电视的直播间和会议室里开展了“接力赛”和“车轮战”，以科学严谨的态度对事故本身进行了深入浅出的讲解。这些专家们要阐明的是，核电安全是在人类不断总结经验的基础上不断完善的，核电的安全尚有提升空间，确保核电安全是我们的使命和责任。专家们要表明的是，国家需要核能，因为它依旧不可替代，它让一切的经济复苏乃至发展不会成为纸上谈兵。

在“以人为本”的今天，对于核电安全问题，公众立场尤为重要。它是政府决策的基础，也是核电事业生存的先决条件。世间的事情永远是一分为二的。在国内对核电安全的认识逐步演进的行程中，福岛核事故使决策方更理性地倾听公众意见。提高公众的认知水平和参与意识也迎来了它的最佳时机。

“还记得秦山核电站开工的时候，我曾经很担心与核为邻是否安全的问题，可是这么多年的实践证明了核电的安全。但福岛核事故让此前的一些疑虑又回来了，我一定要亲眼看看核电厂，看看它是否真的安全。”2012 年 5 月 5 日，70 岁的嘉兴市居民平幼泉带着自己的疑虑，在中核集团举办的公众开放日的活动中，走进了秦山核电基地。按照国际核电发展通例，发展核电要征询当地公众意见。再加上核电本身的神秘性和特殊性，核电的公众宣传成为各国政府和核电企业要长期开展的一项工作。

法国是开展核电公众宣传和核信息公开最为深入和广泛的国家之一。在这个核电比例超过总发电量 80%的国家，公众可以登录核安全局或其他监管机构网站查到核电站建设、运行的各种文件、资料，也可以很容易地从报亭上购买到当月出版的《核安全监督》月刊。法国的种种做法构建了一个较为健全的核电公众宣传体系。

自核电发展以来，我国政府和核电企业也都十分重视核电公众宣传。作为中国核电发展的主力军，中核集团的公众宣传活动更是贯穿到各项工作中。从一年一次的核电展览，到各种科普产品，从集团门户网站到自办媒体，核电科普内容占据了重要位置。然而，福岛核事故的发生，让我们反思到，在公众宣传上，我们还可以更有作为。抓住时机进行公众宣传。日本是唯一遭受核武器危害的国家，日本民众对核的敏感，应该远超别国。但令我们惊叹的是，对于福岛核事故，日本国民并没有我们想像的那么恐慌。反观以往，他们多次利用事故发生节点，加强与公众的沟通。

1999 年 9 月 30 日，日本东海镇燃料后处理公司发生核泄漏，造成两人死亡。这次事故使得日本核能的公众支持率从 81. 9%猛降到 32. 2%。针对这种形势，日本政府并未放弃，而是不断加强沟通力度，发放调查表，细致入微、深入民众做公关活动，在其网站上实时通报机组运行状况。

与之相反的是，2010 年 7 月 16 日，中石化辽宁大连新港发生输油管道爆炸事故，原油泄漏进入渤海湾。事件发生之后，事故的责任方之一中石化一直保持沉默，连续多次缺席大连市政府召开的新闻发布会，也极少用其他方式与公众沟通，被公众称为“沉默的危机公关”，备受公众指责。

当“不可回避”摆在了危机者面前时，抓准时机，借势而为，变被动为主动是“公关”的经验所在。语言是“公关”能力的体现。“公关”是以“对话”为态势的，要运用语言的技巧而最终达到掌握话语权的目的。在危机管理的艺术中，“公关”是“对话”能力的体现。

中国原子能科学研究院副院长刘森林在接受《科学时报》记者采访时，曾向媒体讲述了他的经历。在他眼中，日本核电厂的接待人员训练有素，针对专业人员有一套介绍词，针对普通民众又有另一套通俗易懂的介绍。

在尚不明朗的风险面前，科学、理性的语言并不足以消除恐惧和压力下民众的心理诉求。究其原因，一方面是人性使然，不过更重要的，可能还是沟通理念和方式出了问题。

“目前核电厂发生可能释放出大量放射性物质的极限事故的频率可以控制在 $10^{-4}$/堆·年至 $10^{-6}$/堆·年。”这是我们常用的宣传语言，但是，在公众心目中，“概率很小”与“概率为零”是两回事。

美国核管会员工的培训资料上写明，工作人员与一般群众就核电风险进行交流时应该注意的事项：无论回答什么样的问题都要始终诚实地回答，可以用“知道的只有这些；在我们所讲述的内容中，如果有不确实的部分，只要一经得到新的信息，我们就会更新”这样的语言来回答。

对待政府官员要站在他们的立场思考问题；对待学生更是要讲究“小听众”的心理，生动、形象的语言必不可少。

突发事件发生后，整个社会及民众的心理往往比较脆弱，此时的企业如果准确地把握社会心理，积极引导，有力监督，说出民众想说的话，做到民众没有想到却应该做的事，民众就会信赖，企业的社会公信力才能构建起来。

沟通远比宣传重要。公众宣传和公众沟通是有区别的，前者为“我要讲给你听”，后者重在接受方的感受和双向交流。

日本东北电力公司除开展一般性宣传外，宣传活动计划中还有一种宣传方式为“能源交流活动”，重点实施内容包括：宣传企业为实现低碳社会所做出的努力；加强对下一代能源教育的支援活动；重点开展对带孩子的女性的宣传工作，间接达到对下一代的宣传目的。其中，对下一代能源教育的支援活动主要从 4 个方面开展：艺术文化、体育比赛、社会接收体验工作活动、科学选秀和能源上门讲座等。福岛核事故之后，核电回归理性发展。在确保核电安全的进程中，将公众宣传纳入核电发展的重点之一，是此次福岛核事故带给我们的启示之一。一个与公众沟通的新时期正向我们走来。

## 二、国内核电科普公共宣传

### （一）中国核工业集团有限公司

举办核电公众开放日。2011 年 5 月 5 日、6 日两天，秦山核电基地迎来了浙江省省级机关嘉兴市民海盐县居民、学生代表共 40 余人的一次“深度参观”。这是秦山核电基地首度允许民众进入核电厂的“保护区”参观，也是核电公众与核电的亲密接触。参观过后，民众代表普遍表示对与核为邻感到“放心了”。

走进校园说安全。2011 年 5 月初开始，核电秦山联营有限公司组织了相关专家到元济中学开展了一场讲座，与中学生面对面地交流了核电安全知识；秦山核电有限公司给秦山中学师生举办讲座，并建设了一条核电科普走廊，以便让学生把核电“看透”；作为福清核电公众宣传之一的校园核电科普活动走进了福清市三山中学；海南核电科普知识讲座走进海南琼山中学。

多批次接待参观团。2011 年 3—5 月的两个月间，三门核电有限公司先后接待了三门县人大代表团、三门县人大机关干部、台州市人大代表团和机关离退休干部近 200

人，通过参观现场、座谈等形式开展科普宣传活动。2011 年 6 月 1 日下午，三门核电公司迎来了浙江省三门县实验小学的 130 多名小学生。

地方科普系列深入。2011 年 5 月 12 日，海南核电有限公司走进海南省政府机关，这已是海南核电科普系列活动的第三站。海南核电公司送科普下乡，送科普进县委理论中心学习组、进省电力行业协会。一个让海南公众真正认识核电、接受核电、支持核电的系列科普活动，“行走”在国际旅游岛内。

同时，中核集团积极配合国家有关部门和中国核能行业协会进行核电安全宣传工作；还在浙江地区开展浙江省省委、省政府相关领导干部的集体学习和院士专家报告会、开展 2011 年科普宣传周活动；在福建地区举办两个中等规模的核电科普报告会。

### （二）中国广核集团有限公司

日本福岛大地震发生后，中国广核集团有限公司（简称中广核）及时向我国政府部门、媒体、核电站周边社区居民、合作单位以及公司员工做好信息沟通工作，释疑解惑，让大家正确了解我国核电站的安全性，充分履行了中央企业的社会责任。2014 年 3 月 18 日，中广核运营公司在大鹏街道办策划安排了大亚湾核电安全通报会。来自大鹏街道办机关、中小学校、企业、社区和居民代表，以及 10 家新闻媒体记者共 100 余人参加了通报会。2014 年 3 月 24 日，中广核通过中联办策划安排了香港记者团参观大亚湾核电基地。来自香港文汇报、大公报、香港商报、凤凰卫视等 29 家媒体的 40 余名记者参加了此次参观、交流活动。2014 年 4 月 2 日，中广核和广东省委机关报《南方日报》联合推出《核安全知识手册》，并及时向公众发放，受众超过 100 万人。2014 年 5 月 19 日，结合“大鹏街道 2011 年全国科技活动周”活动，中广核在大鹏街道组织开展了核能知识讲座，讲座包括“为什么建设核电站”“核电基础知识”和“三废处理”等三个方面的内容。大鹏街道机关团员青年，社区代表和驻大鹏街道相关单位代表约 300 人参加了讲座。

### （三）国家电力投资集团有限公司

日本福岛核事故后，国家核电技术公司通过媒体宣传、展览展会等形式，开展了一系列核电科普知识公众宣传工作，并以此为契机，初步建立了核科普公众宣传的常态机制。

2011 年 3 月 12 日，国家核电技术公司陆续接到中央电视台、中央人民广播电台和新华社等主流媒体的采访邀请，称社会公众非常关注日本福岛核事故，亟需协助做好对公众的解答。之后，国家核电技术公司的 4 位专家参与到相关新闻报道工作中。他们根据掌握的最新信息作客观分析，通过沸水堆的原理讲解进行核事故成因可能性分析，就事故本身发表专业见解。同时，结合公众对核电的认知误区进行解释，减消民众不必要的恐慌心理。

2011 年 3 月 18 日，国家核电技术公司发表声明提出，消除民众的核恐惧感，增强民众对核电的心理安全，是核安全文化的重要组成部分，公司将与核电相关企业一道，通过多种渠道和方式，向社会公众普及核电知识，提高核电信息透明度。

2011 年 4 月 6 日，第九届中国国际核电工业展览会在深圳开幕。日本福岛核电厂事故后举办的这次展会，吸引了全球核能界和相关行业人士的普遍关注。公司派出 4 名专家和核能专业博士组成专家讲解团，现场答疑解惑，进行核电知识科普讲解。

2011 年 4 月中旬，公司与人民日报合作开展核电科普宣传。同时，公司还参与到《中国能源报》组织的全国核电安全知识竞赛活动中去。

2011 年 5 月 14 日，主题为“携手建设创新型国家”的“2011 年科技活动周”在北京奥林匹克森林公园主会场开幕，公司在科技体验区组织了核电科普活动。

2015 年 3 月 5 日，山东核电组织志愿者走上山东海阳街头向公众发放核电科普宣传册 600 余册。

2015 年 4 月 22 日，山东核电组织海阳市一中 135 名优秀学生代表参观了海阳核电工程现场，向学生发放了核电科普知识宣传页，并结合工程现场就 AP1000 技术及相关科普知识进行了详细的讲解，同时，积极倡导学生作为核电的宣传使者，向周边公众宣传核电科普知识。

吉林核电编制了《吉林核电问与答》宣传册，围绕吉林核电项目，全面介绍了 AP1000 三代技术特点。中电投集团还将组织专家论坛、核电知识讲座、核电科普展等活动，制作核电科普知识公益广告，进一步加强核电科普宣传教育活动开展的广度及针对性。

## 三、国外核电科普公共宣传

法国是全球人均利用核能最多的国家，是民众对核能支持度最高的国家之一。从 20 世纪 70 年代起，法国政府就确定了重点发展核能的方针，以实现能源独立的长远目标。

法国在核能发展方面的宣传一直以“保证信息透明，提高安全性能”为宗旨，力求建立民众与核能发展之间的默契，强化民众与涉核企业之间的信任。在 2006 年 6 月 13 日，法国政府颁布了《涉核领域的透明和安保法令》，其中提到，民众对核信息具有知情权，各涉核部门必须保证信息透明可靠。

法国核能的成功发展是世界的楷模，法国具有针对性、高效的核能宣传政策功不可没，其中，法国阿海珐集团的公共宣传策略更是具有实践性、执行性。

为力求科学理性，法国阿海珐集团（简称“阿海珐”）研究出了一套从选择重点对象到确定宣传路线的公共宣传策划流程（见图 6.4），对民众立场进行不间断观测，动态掌握社会各界就核能发展的立场。从阿海珐的实践来看，其成熟的公共宣传策划流程可操作性强、适用范围广，对其在国内国际开辟市场起到了事半功倍的效果。

阿海珐公共宣传策划流程的步骤如下：

第一步就是识别社会各界对核能发展的立场和预期（见图 6.4）。核能的发展影响着社会的方方面面，如政府、媒体、反对派和邻国；虽然社会各界对核能发展的立场不尽相同，但是每一方都有可能在某一时段成为对核能发展起到关键性作用的决定者。

第二步是根据社会各界的立场和影响范围，对目前核能发展的形势进行初步的综合性总结，为高层决策提供宏观概念。

第三步是确定公共宣传的重点目标，主要是在当前社会形势（第二步结论）的基础上，确定宣传活动的优先目标。阿海珐希望通过理性分析，从重要性的角度出发，对所有被调研的相关团体进行筛选。

第四步是对重点宣传目标进行优先排序。

第五步是根据重要宣传对象的优先次序实施不同的宣传活动，保证在一个关注点

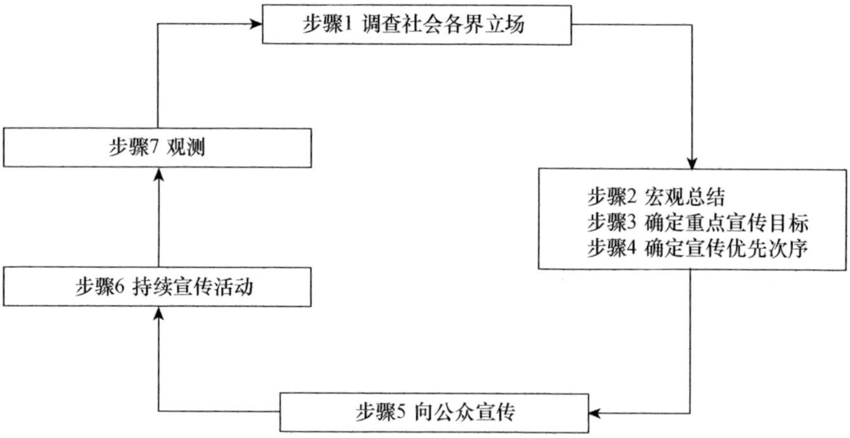


图 6.4　阿海珐的公共宣传策划流程

上，有力地发出统一的回答。

第六步是阿海珐还非常注重公共宣传的持续性。

第七步是对民众态度的随时观测。如果发现情况变化，阿海珐会立刻启动公共宣传的新一轮策划。

由此对我国未来涉核项目公共宣传产生了更多的思考和建议：

龙湾核燃料工业园项目因当地民众反对而中止，对我国未来涉核项目在选址、建设、运行等各个阶段的公共宣传起到了警示作用。因为信息不对称使沟通主体缺位，导致民众对项目产生误解和担忧。在“不知道”“不了解”项目相关信息的情况下，当地民众不能真正有效地参与沟通、更不会支持项目的开展。因此，在未来涉核项目中，公共宣传工作应及早被给予足够的重视，策划开展广泛的、有效的、长期的公共宣传活动，获取民众信任。

1. 根据核能产业链各领域的特点，广泛开展公共宣传的研究

我国核电经过多年的发展，公共宣传经过不断探索，摸索出了一些适合我国国情的方法，取得了一些成功的经验。特别是在福岛核事故之后，我国相关机构和主流媒体迅速开展了广泛、深入的核电公共宣传活动，核电公共宣传工作更是得到重视和加强。在未来的涉核项目中，可以在借鉴参考我国核电公共宣传成功经验的基础上，结合核能产业链各个阶段的实际特点，开展公共宣传研究，探讨每个核能领域所适合的公共宣传策略和途径，建立有效的、科学的公共宣传策划方法。

2. 与政府加强合作，主动与民众对话，使民众获得更多的知情权

信息公开是民众参与的基础；没有信息的公开，民众就无法参与其中。和核电信息相比，核能产业链的具体领域专业性强、敏感度高，民众了解核能产业链信息的渠道和平台相对缺乏，不清楚核电站、核燃料、后处理、乏燃料等涉核信息，缺乏认知，从而产生疑虑和担忧。通过开展核能产业链知识科普的宣传活动，召开项目周边及外围民众座谈会，组织民众参观相关核设施，利用网络媒体平台宣传等形式多样、内容丰富的民众宣传活动，消除恐核心理，获取民众信任。

3. 加强公共宣传国际交流，借鉴国外先进经验

法国、美国、日本等国家在核能公共宣传方面有着较长的发展历史、深入的研究和

先进的经验，应大大加强与这些核能发达国家在公共宣传方面的交流。此外，加强与国际原子能机构等国际组织的交流，拓展视野和思路，分享国际上先进的公共宣传成果。

提高民众对核能发展的认可是一项非常复杂的工作，需要强大的信心和耐心。法国政府和涉核企业持续开展多种宣传活动，以加深民众对核能的正确认识，特别是阿海珐集团把科学的公共宣传策划和创新的公共宣传活动结合起来，将核能知识的普及融入到民众的生活中，取得了民众的信任。民众的广泛支持为法国长久发展核能打下了基础。

随着我国核能的发展，我国核能产业链已进入新的高速发展时期。虽然有些涉核项目具有政治性、敏感性，但相关企业也必须重视公共宣传工作，有必要借鉴国外先进的公共宣传理念和机制，总结国内现有核电公共宣传的成功经验，建立科学的公共宣传策划方法，开展创新型的公共宣传活动，促进我国核能产业的健康发展。

## 四、核电科普教育学校的意义

核电知识的科普与宣传，最为行之有效的方式就是从教育入手将核电知识科普工作从青少年抓起，从根源上消除“谈核色变”的心理。

核电作为一门新兴专业，目前仅有数十所高校开设了这一专业，而几乎每所理工类大学都开设了与火电相关的能动专业，这足以显示核电专业的冷僻及并未受到足够的重视。即便是开设了核电专业的一些高校也仅在该专业内部开展了一定的核电科普活动，其余专业的学生对“核”依然知之甚少，更别说占据了极大数量优势的尚未开设核电专业的高校。而除了高校之外，无论小学、初中还是高中，只有极少部分附近建有核电厂的学校才会进行核电方面的宣传，如广东省陆丰市林启恩中学和湖南省赫山实验学校等，并且开课形式仅为适当的核电教材讲授和核电专家答疑等，学生们对核电也只是一知半解。学校对核电的科普宣传现状亟待改变。

据调查，大多数民众都认可核电在经济方面的优势并且认为核电不会发生污染和爆炸，但是担心核电站会释放出足以危害周围居民健康的大量核辐射。这反映了民众对核电方面基本知识的匮乏以及“核恐慌”现象普遍存在的现状。在大多数人看来，大学生作为高级知识分子，对核电的认知水平应该明显高于普通民众，然而现状是大部分大学生缺乏对核电相关知识的认知，并且“核恐惧”心理普遍存在。

核电的科普宣传方式除了前文所述的课堂教学之外，还有科普知识竞赛、课外实践等，目前已经成功举办过的竞赛有中国核学会举办的“魅力之光”杯全国中学生核电科普知识竞赛、中核集团主办的全国高校学生课外“核+X”创意大赛等，但总体数量较少且影响范围有限，难以在大范围内普及核电科学知识，起到弘扬核文化、引导公众树立正确的核安全观的目的。

绝大多数学生从义务教育阶段开始就几乎与核电毫无交集，且这一状况将延续并覆盖他们的整个学生生涯，这实在是极大地浪费了科普宣传核电的绝佳时段。而且，在高等教育阶段，学生们接触核电科普宣传的渠道也较为单一，效果较为有限。同时应该积极组织核电方面的竞赛，多角度宣传核电。

针对上文所提出的核电科普宣传方式的单一和宣传效果的有限，从政府帮扶、各教育阶段等方面提出了一系列宣传措施。

第一，政府部门作为统筹国家大局的一方，在全力支持核电发展的同时应积极为核电项目的落地保驾护航，积极加强核电科普和宣传力度，为核电事业的发展打好民众基础。例如设立国家“核科学日”，向学生乃至全民普及核能知识，向社会公众打开核科学技术世界的窗口，让公众了解核、认识核、接受核；其次，核电知识应该纳入义务教育阶段的必修内容，了解核电从娃娃抓起。

第二，开设核专业的高校应在学校内部成立与核电知识相关的社团，以核专业教师团队为技术指导，让校园内有兴趣的同学有组织地参与活动，从而在增强他们的交际和创新能力的同时深入了解核电。在此基础上，联络其他开设核电专业的高校，以社团和学院为联系进行交流，进而组建核电专业联盟。联盟设立组委会，以管理联盟各项事务。联盟每年推选出作为轮值主席的学校，在每学年的固定时间，于东道主学校举办核电知识和项目展示、推广的展览会，号召联盟内所有学校参加展览，从而相互学习、借鉴，给老师、学生们提供更多的交流机会和更优秀的学习平台。同时高校联盟可以与核电相关企业联系，企业可以在高校展览会这个平台上更好地宣传它们的先进项目和企业文化。联盟可与核电企业建立固定合作关系，每年举办核电方面的竞赛，可极大调动联盟内高校的科研、学习等的积极性。

第三，在义务教育阶段就将核电相关知识加入自然科学类课程中，让学生们从小接触了解核电，并且开设与核电相关的第二课堂，以课间活动、校外实践等更有趣的方式增加学生们对核电的好奇心和信任度。将核电的科普与宣传从小抓起，最终从根本上解决民众对核电认知偏差和不信任的问题。

第四，各高校应与各个已建成或规划中的核电厂建立对接，安排核专业学生通过实习等形式尽早接触核电行业，切身体会，了解核电的各项优势；同时可安排对核电感兴趣的其他专业学生以参观实践的形式增加对核电行业的了解。

第五，现阶段自媒体已经进入民众们的生产与生活中，手机、网络已成为生活的“必需品”。几乎每一所大学的每个专业都有其独有的微信、微博平台，这些平台都具有一定的影响力，拥有较为庞大的关注人群。并且，在大众看来，高校更具有专业性、权威性，借助这样的媒体平台，可以更好地宣传相关的核电常识，开展一系列更富趣味性的科普活动，让枯燥的专业知识更加生动，形式也更为多样。

第六，校企合作，开展以核知识为基础的各项竞赛，以大学生的创新能力为纽带将核专业和其他专业知识相结合，激发在校大学生对核与关联学科学习探索的兴趣，传播核科学，弘扬核文化，带动社会公众理性、客观地认识核、了解核，引导公众树立正确的核安全观。以“核+X”创意大赛为例，它是由中核集团与各高校联合举办的核宣传竞赛，要求核专业同学与其他专业同学相互合作，展现核科技发展在能源、环境、生态、经济等相关领域中的影响与应用，并锻炼学生创新宣传模式、运用相关软件制作宣传短片的能力，进而增强同学们对于核知识的好奇心，为我国核科普的事业贡献自己的一份微薄之力。

## 第五节　核电建设的公众沟通

### 一、核电公众沟通的必要性

我国大力发展核电事业，核电发展速度不断加快，核能对于国家安全与国家发展的重要性日益凸显，中国正在实现由“核大国”向“核强国”的身份转变。但与此同时，随着公众权利意识的持续增强，公众对于核电发展的敏感程度也愈发强烈。公众是否支持核电建设、是否能够正确客观的认识核电，直接决定了我国核电发展是否具有坚实的社会基础，同时也是维护社会安稳、保障核电安全健康发展、预防涉核事件发生的关键要素。

新时代核电发展，公众沟通不容忽视。公众的态度，将在很大程度上决定核电项目能否最终落地。必须看到，经过科学规划、多轮论证、谨慎决策的合法合规涉核项目因为群体性事件而不能落地，这不仅影响到项目目标的实现，更是严重损害了党和政府的公信力。新时代、新机遇、新发展，如何让社会公众放下恐惧，拥抱核电是核能发展的关键所在。因此，必须走出一条符合中国国情、高效管用的公众沟通新路子。

核电公众沟通是在政府主导下，政府各级组织、涉核企事业单位与社会公众之间就涉核事件交换信息与交流看法，是参与各方相互作用的一个过程，有效的核电公众沟通能够化解矛盾、获取信任、达成共识。开展核电公众沟通，是贯彻落实国家总体发展战略和维护核电安全健康发展的必然要求。面对新形势和新要求，广大核电工作者要以《核安全法》为指导，为核电公众沟通更好地服务于国家安全与核电发展作出积极探索。

自中国发展核电以来，各级政府管理组织始终围绕核电发展的战略部署，致力于更好地服务于核电发展大局，通过多种形式向社会各界宣传核电，取得了良好成效。但我们也必须看到中国核电发展仍然受到很多因素的限制，核电公众沟通工作近年来成为制约核电发展的突出问题。“邻避情绪”、反核人士的“不想听”“不愿懂”的消极态度以及核事故的负面影响等原因，导致公众沟通常难有成效。

内陆三大核电之一的彭泽核电项目受到质疑，为我们敲响了警钟。核电公众沟通模式滞后、沟通机制不完善、信息披露不规范、公众涉核信息获取动力不足、对核电认识和了解有限、心存疑虑等问题，使得核电公众沟通问题成为制约中国核电发展的重要因素之一。

公众沟通工作模式滞后，沟通效果不佳。近年来，中国大力发展核电事业，已进入核电发展的高峰阶段，核电公众沟通工作任务持续加重，但仍然存在部分管理机构及人员对新形势要求下沟通工作的认识不到位、缺乏深度，处理核电公众沟通事务思维仍停留在过去，依旧沿用原有的工作模式，认为常规下的公众沟通就是宣传，非常规状态下的公众沟通就是信息发布。“覆盖面还是不广”，宣讲、沟通“还是不深、不透”这种过时低效的核电公众沟通模式已然不能适应新时代背景下的核电发展。

公众沟通机制不够完善，沟通流于形式。核安全法虽明确规定“公民、法人和其他组织，可以依法申请获取核安全相关信息”。但就目前对信息公开和公众参与保障的广度、深度、强度都还不够，若不对公众进行充分赋权，那公众参与核安全管理的范围、程度和效果就会在实践中大打折扣。

法律规定公众有权就涉核问题开展沟通讨论，而实际状况是由于缺乏完整有效的核公众沟通程序来指导公众参与，致使沟通只是停留于沟通二字表面，在实际沟通过程中，限制性因素较多，公众难以真正参与到核电沟通中去，公众的真实意愿难以得到充分的表达、对政府及相关部门、单位提出的措施片面化理解。没有有效的核电公众沟通机制保障，核电发展势必受阻，有效的核电公众沟通，必须建立在一套完整科学的沟通程序基础之上。

公众对涉核信息获取动力不够，沟通热情不足。社会公众一方面出于核恐惧心理，谈“核”色变，不愿意主动去接触或关注相关涉核信息；另一方面，公众受“邻避效应”的影响，抱有只要核电厂不建在我家门口，就与我无关的心理，也不愿去接触涉核信息。对于涉核信息，公众处于被动的接收，没有得到及时的关注、获取与更新。然而当有重大核事故发生时，有关核事故负面信息爆发的时候，公众在舆论压力下关注事态发展，这种关注是建立在威胁恐惧的心理上产生的。社会公众所接触的涉核信息是负面的信息，对于正面的涉核信息，大家的关注度并不高，一次核事故对公众心理的负面影响远远胜过十次的正面宣传。基于此，公众对核电常常是难以形成好感，对于核电发展持抵触情绪。

涉核信息披露规范性不强，沟通标准不一。在同一涉核事件中，由于政府、各级管理组织与涉核单位信息发布的出发点不同，致使选择发布的信息不同，在沟通行动上存在不一致和滞后性，势必给公众获取相关信息造成困难，使得公众难以获取统一信息。信息是沟通的前提，信息的效度直接关乎到沟通的效果，由于信息公布渠道众多，公众所获取的核信息杂乱无章或失真失效，公众基于不准确的信息容易作出的错误判断。而管理组织对于掌握公众心态变化和利益诉求缺乏有效渠道、难以获取公众的内心真实意见，得到的是基于错误的价值判断与沟通结果。政府、涉核单位与公众缺乏联动，是当前应急管理工作所面临的共性问题。

公众对涉核信息理解能力不足，沟通基础薄弱。涉核信息公开的目的在于把将公众最关注的核电信息，准确无误地传递给公众，并争取公众的理解与支持。然而实际上的信息公开难以取得预期的效果。一方面是由于涉核信息宣讲不到位，公众对于核电知识缺乏一个基本的认知；另一方面核电知识本身理解门槛较高，加大公众对于核电知识理解的困难性，打击公众获取信息的积极性，进而容易对核电项目产生负面态度。长此以往，信息公开不但没有起到应有的解释披露效果，反而引起公众的误解，更加激化公众的不信任感与恐核、惧核情绪。

沟通各方信息不对称，沟通缺乏信任。在涉核事件相关问题的沟通过程中，如何克服沟通障碍，建立沟通双方的信任基础，是核电公众沟通成败的关键所在。但在实际的核电沟通过程中，核电沟通各方信息不对称，公众总是处于较为被动的地位，是信息的被动接收者，而政府部门或涉核单位在事件的信息获取过程中具有天然的优势，政府、涉核单位在信息的处理上能否把公众看成平等的信息共享伙伴，直接决定了核电公众沟通的效果。

## 二、核电公众沟通优化策略

### （一）沟通程序制度化

必须健全和落实核电信息公开机制，保证信息公开的及时性、完整性和准确性；并结合国情建立具体有效的参与机制，确保公众能够全过程参与，提高公众对核电的信任度。健全“中央督导、政府主导、企业作为、社会参与”的核电公众沟通体系。

1. 增强信息的公开透明度

核电信息公开透明既是获得公众支持的必经途径，也是核安全的重要保障。对予以公开的信息要依法如实公开，尤其是涉及社会公众的切实安全利益，定要充分让公众了解明白。当部分信息不能予以公开时，定要与公众阐明不能公开的原因以及确保没有公开的信息不会危害到公众的安全利益，争取到公众的理解与信任。信任是影响公众对核能接受性的关键因素。公众对于政府以及核电企业的信任度高低直接关系到核电发展的质量与速度。

2. 保障公众的知情权与参与权

就相关涉核事件与相关政府部门或单位进行沟通时，公众关于核电的言论表达虽然不具有充足的科学性，但它们却是公众内心最真实的意愿与诉求。因此，保障公众的知情权与参与权在核电项目发展中有着重要的意义。应当具体结合我国国情，建立有效的参与机制，在参与的内容、领域、过程和方式等各方面都要建立相对应的机制予以保障。这样才能使公众真正被纳入决策的过程中，提高公众对核电发展的信任度。

3. 加强与公众的风险沟通

风险沟通是在核电沟通过程中，参与各方就风险问题进行信息交换与看法交流的相互作用的过程。核电管理机构对于涉核事件中的各类风险要及时发布，要明确向公众指明所面临风险的类型与风险级别以及风险可能带来的严重后果，并引导公众采取对应的风险防范措施。风险沟通更为关键的一点在于：公众在接收风险之后可能产生一定的应急非理性行为，而政府对于公众的非理性行为有适度性的容忍。有效的风险沟通必定是建立在透明公开的环境之上。告知公众风险，同时证明拥有控制防范风险的能力，做到让公众知道风险、亦不惧风险。

4. 完善公众沟通保障体系

在核安全法的基础上，建立健全核公众沟通保障法律法规的出台，让公众对涉核信息的沟通权得到法律的明确保障，在标准程序的指导下真正参与到涉核问题的沟通讨论。只有明晰具体沟通的程序，按照标准程序执行，核电公众沟通工作才能取得应有的效果。只有当政府、涉核企业和公众能够就涉核问题通过沟通讨论达成共识时，政府和涉核企业就涉核问题的处理效果才能满足公众的心理预期效果，才能增强公众对政府、涉核企业的信任程度，核电的发展才能得到社会公众的真正接受与支持。

### （二）宣传方式完备化

公众对于事物的认同感是建立在对事物的认知基础上的。因此想让公众认同核电的发展，首先需要宣传核电基础知识、普及核电基础知识。只有让公众能够接受并理解核能领域的基本科学常识，然后才能逐步引导公众实现从认识到认知、再到支持的理性跨越。

1. 宣传易于被公众接受的核能常识

必须重视核科学知识的积极宣传效应。对核科学的表述方式应通俗易懂、生动形象，使其符合公众的语言习惯和逻辑思维，以公众便于接受的方式进行表述，这样才能让公众真正理解核电、接受核电，进而信任核电、支持核电的发展。

2. 采取丰富多样的宣传形式和充分利用媒体

政府部门和核电企业应充分利用新兴媒体进行信息传递，采取一些大众喜闻乐见的宣传方式，例如当地论坛、贴吧、微信和微博等。

3. 健全涉核网络舆情的监测引导机制

信息化时代，信息传播速度之快、范围之广难以想象。如果对各种信息不加以控制、过滤、筛选，任其发展，后果将不堪想象。因此，必须对涉核信息建立过滤机制，要进一步健全境外核事件应对机制，制定相应的预案，有效开展监测和舆情应对工作，降低境外核泄漏事故对我国社会造成的负面影响。

通过多种形式向社会各界宣传核电知识，创新科普宣传和公众参与方式，社会公众能够多渠道地了解涉核内容，提高公众对涉核信息的认知度。通过打造核工业旅游基地、核设施定期对公众开放、核电进校园和主流媒体宣传等多途径宣传，让核电宣传真正落地到社会公众生活中，推进核安全文化建设，开展核安全文化交流培训，核安全深入民心，才能真正打消社会公众的核恐惧心理。一个可被知的核安全，才是公众的“定心丸”。

### （三）信息释放多样化

政府及管理者应该关注公众的信息需求，对于公众多样化的信息需求，要通过权威的、正式的、易访问的信息释放渠道予以满足。

1. 构建公众信息需求为导向的信息释放机制

信息释放不同于信息披露。信息披露是一种信息的单方面传递，不会过多考虑接收者的信息需求，更多的是关注于信息的发布，对于接收者的信息反馈不够重视。而信息释放则更倾向于双向沟通，是参与沟通各方之间的信息相互交流的过程，关注的重心在于接收信息之后的反馈，通过公众的反馈信息更精准的满足公众的信息需求。

2. 建立规范化多渠道的信息释放平台

随着互联网大数据的迅速发展，公众可以通过多途径获取相关信息，除了电视、广播、报刊等传统渠道外，公众还可以从各级政府和核电企业的官方网站、新闻网站和论坛、网络平台等网络媒体获取信息。

3. 注重信息发布内容的规范化与可读性

由于公众获取信息的渠道众多，加之企业之间信息参差不齐，势必会导致信息杂乱无章、甚至失真。因此要建立核行业信息公开规范机制。涉核信息规范分布，公众才不会迷糊，才能及时有效地获取涉核信息，实时了解我国的核进展程度。信息发布内容要具有广泛的可读性，涉核信息的受众是社会大众，一则涉核信息的发布只有被大部分社会民众看懂接受，这一则信息才是有效的，才能起到其发布效果，否则即是徒劳无功。看得见、摸得着的核安全才是公众感到安全的关键所在。

### （四）核安全文化体系化

核安全文化是文化在核行业的集中体现，是确保核安全的灵魂。核安全文化、质量保证和经验反馈并列为保障核安全的三个基本要素。核安全文化建设能够有效增加公众对核电安全的信心，进而无畏核电。

1. 重视核安全文化建设

核安全文化建设贯穿于整个核电建设的全过程，是一项庞大的基础性工程，核安全文化建设要始终坚持以安全文化为引领，强调人的安全价值观和行为准则，从长远出发，潜移默化。将核安全文化真正融入贯穿到核电行业的各个环节，切实培育社会全员的核安全文化素养。

2. 充分巩固与转化核安全文化建设成果

核安全文化建设过程中取得的成果，分领域、分环节、分步骤推进核安全文化建设，重点推进监管单位与涉核企业内部核安全文化建设。积极开展核安全文化交流培训，总结反馈核安全文化建设的成果、推广良好的实践经验。

3. 转变观念，推动核安全文化与核公众沟通融合发展

要逐步将核安全文化嵌入核沟通当中，以核安全文化作为核公众沟通的基调，使得核安全文化深入人心。在心理上逐步消除公众的核恐惧心里，真正做到无所畏“核”，核公众沟通效果事半功倍。

### （五）核利益共享化

法国通过给当地居民提供实惠以抵消公众所感知的核电风险，削弱反核情绪、从而增强公众对于核电的接受度，这是法国在核公众沟通方面取得成功的重要因素所在。在社区内建立核电项目的利益共享化，让社区居民切实享受到核电发展所带来的益处，让居民知道搞核电发展是对他们有好处的。公众是核电的受益者、不是风险的承担者，才能使核电企业与社会公众有更加密切沟通互动，有助于充分获得公众理解和认可，推动核电持续健康发展。

政府部门要加快促进当地基础设施建设，推动当地经济绿色健康发展，让核电效益普惠居民；核电企业要树立良好企业形象，积极承担自身的社会责任，保障在建待建涉核项目地区民众的“心理安全”，积极探索建设核电社区文明发展；核电企业要积极带动当地居民就业创业、积极投入到当地社区教育、环保、卫生等事业、更要利用自身优势，对口帮扶，助力带动贫困地区脱贫攻坚。良好的核电企业形象，能够让核电公众沟通更加顺畅，推动涉核项目健康发展。

## 三、核能发展大国公众沟通经验启示

经过长期实践和积累，国际上一些核能发展大国已经形成了较为完善的法律制度体系以及相对成熟的经验，能够为我国的核电公众沟通工作提供良好的借鉴，其主要特点为：

一是法律法规体系健全，公众沟通工作有法可依。各国公众沟通的法律体系构架包括原子能法、环境法、信息公开法以及根据法律制定的相关条例。比如法国共有 4 项法律，分别是《环境法典》《核领域透明与安全法》《行政关系中公民权利法》和《行政关系与公众关系法》。

二是注重公民知情权，通过立法明确公众获取核电信息的权利，并在实践中积极保障公民知情权。比如法国成立了“核安全透明高级信息委员会”（咨询机构）和“地方信息委员会”。高级委员会负责协调全国公众沟通工作，提出存在问题以及改善措施。地方信息委员会依据核电厂分布建立，负责监督、督促核电厂信息公开工作并向公众传播信息公开内容。

三是核电公众沟通的范围较广，透明度高。总体来说，凡是与公众健康、安全、环

境影响有关的信息以及公众最为关心的信息，都会作为公众沟通的内容，大致包含了国家法律法规、政府决策和政令、应急措施、安全保障与环境保护措施、辐射防护以及辐射环境监测等方面的内容。除此之外，美国还在法律中明确规定了不予以公开的信息范围。

目前，核电项目的公众参与，正由核电相关领域的专家和政府监管机构层面的直接参与，逐步走向核电厂址周围的利益直接相关的一般公众群体的参与。由于核电知识科普宣传工作基础的薄弱，以及核与辐射安全的敏感性和特殊性，使得公众参与活动难以有效组织和实施。客观、实际地开展公众沟通，加强公众沟通的有效性，做好对公众调查对象的分析和调查内容与方式的确认是关键问题所在。

相较国际核发达国家而言，我国核电公众沟通工作虽然正在不断得到各方重视，但仍然亟待推进。一方面，国内公众对于核电运营、管理方面知之甚少，谈及“核”较为恐惧，对核电厂建设项目具有抵触和反对心理，缺乏对我国核电监管机构的有效信任，阻碍了核电事业的向前发展。另一方面，公众希望了解与自身健康、安全密切相关的辐射环境监测数据。

增强科普宣传的整体性。结合核电公众科普宣传工作的现状及问题，核电公众科普宣传可以以“整合资源、突出重点、板块统筹，基层互动”作为指导原则，围绕机制统一化、产品标准化、传播广泛化以及受众精细化 4 个方面，着力建设一支高素质的队伍、一套灵活的工作机制、一批科普宣传示范基地，进一步完善核电各单位科普宣传网络，有序推进核电企业科普宣传工作统筹运作，提高社会公众对核电的认同感和接受度，为核电安全高效发展提供良好的舆论氛围和社会环境。

提升信息公开的透明度。目前国家核安全局、各核电厂已经通过官方网站进行了一些信息公开和发布工作，但是整体而言，所涉及内容较为专业，公众难以从中获取有效信息。环境辐射监测信息是公众最为迫切希望了解到的，公布环境辐射监测数据是在一些舆情事件中避免谣言的最佳方式。如果能将监测数据纳入常态化工作，及时发布电厂周边辐射环境监测数据，将能够有效获取公众信任，减少对于核电建设的恐惧。此外，核安全监管信息的公开、透明，让公众了解监管工作流程，也有利于增强公众对于我国核电的信任。

## 第六节　核电的邻避效应影响

### 一、邻避效应与核能发展

所谓“邻避效应”，指的是社区居民或当地单位因担心建设项目（如垃圾场、核电厂、殡仪馆等）对身体健康、环境质量和资产价值等带来的诸多负面影响，从而激发嫌恶情结，滋生“不要建在我家后院”的心理，即采取强烈和坚决的、有时高度情绪化的集体反对甚至抗争行为。20 世纪 60 年代，美国就出现过反对建设垃圾填埋场、毒性废弃物处理场等“污染性设施”的抗争活动。此后，愈来愈多的案例出现在其他公共设施建设中，如停车场、戒除药瘾医疗中心、流浪汉收容所等，受影响人群联合起来共同对抗政府或开发商，使此类设施的兴建陷入无法推进的僵局。这一现象在英文中称为“Not In My Back Yard”（NIMBY），中文称为“不要在我家后院”，简称“邻避”。

数十年来，西方学者从社会学、心理学、政治学等学科领域深入探讨了“邻避效应”的成因及化解策略。美国社会学家 Becker 和英国社会学家 Gid-dens 揭示了“风险社会”背景下人类社会发展所面临的环境风险（或生态风险）、健康风险等一系列的“人为风险”给民众造成的恐惧和焦虑；美国学者 O’Hare 首次正式将“邻避”概念引入社会风险事件研究，对“邻避”概念做出了具体的分析。Morel 从心理学角度研究了“邻避效应”的成因，指出民众因为“邻避设施”可能对人体健康及其生命财产造成严重威胁而产生强烈的恐惧感，且由于“邻避设施”兴建的公平性问题带来心理上的“不公平感”和“相对剥夺感”，从而产生强烈的“邻避情结”。学者 Martin 也认为“邻避设施”的兴建会使当地居民产生自卑心理，居民自卑心理导致的焦虑情绪容易引发群体反对和抗争行为。Kuhn 和 Ballard 从政治学角度出发探讨“邻避效应”的成因，认为项目建设过程中是否公正、民主、公开等政治因素是引发邻避抗争的主要原因。Kasperson 等学者结合具体的社会文化背景，引入污名、社会信任等变量，构建出民众“邻避效应”的综合框架。

我国学者结合中国社会现实从不同的角度探讨“邻避效应”成因，李永展，翁久惠，陈柏廷等归纳了公众“邻避效应”的四项诱因：效益分享与代价承担不对称、“邻避设施”距离影响居民的认知、“邻避设施”一旦发生事故后果极为严重、专家知识与民众常识之间有价值冲突；何艳玲概括了我国在特定地域内发生邻避冲突的特征：成本或收益高度集中化、高度不确定性、高度动员性和跨区域性等；张乐和童星通过对山东省海阳、荣成和乳山 3 个核电厂厂区（或备选厂址）50 km 范围内的城乡居民“核邻避效应”的调查研究发现，核能设施引发的健康风险、长期危害及经济收益是激发国内居民“核邻避效应”的主要因素；谭爽以江西彭泽核电厂为例，指出“安全之忧、利益之争、权利之辩、文化之殇”等是引发“邻避效应”的四大动因，并揭示了“邻避风险”生成和演变遵循着“焦虑心理产生和蔓延—风险行为促发与强化—社会稳定风险产生或扩散”这一循环链条；侯光辉，王元地提出了“实在风险—感知风险—社会稳定风险”的邻避风险链的生成模型和评估指标体系。邓理峰，王大鹏指出，对重点群体开展理性沟通和共识协商是赢得核电发展民意的主要路径。

需要指出的是，大型“邻避设施”特别是“核邻避设施”在选址、筹建和运营各阶段引发的“邻避效应”，不仅与“核邻避设施”客观风险分配不均有关，而且与各利益主体风险感知的变化相关，是多元力量激烈交锋、演化、融合的结果。现有的研究在一定层面上揭示了“邻避效应”发生的原因及后果，但如何系统剖析其内在生成机理，进而提出有效的干预策略依然是有待于深入探讨的课题。

## 二、核电邻避效应的生成机理

核电设施是具有典型特征的“邻避设施”。尽管核电设施为社会发展所必需，但核电设施的建设却容易使所在地居民产生“不要建在我家后院”的邻避心理。主张“不要建在我家后院”的公众群体中也有不同的类型。A 类人群是认可核电设施的建设，但反对其在自己居住地周边兴建，接受建在离自己家更远的别人家的后院；B 类人群是反对核电设施建在任何地方，认为这类设施一旦发生事故危害极大，所以没有必要建设该类设施。B 类人群中也包括一些反核专业人士认为不能保证核电设施的技术安全就应该反对在任何地域兴建涉核项目，还有部分人群开始认可核电设施建设的必要性，但在建设方案讨论和决策过程中改变了对核电的风险认知，对核电设施兴建的态度从接受到反对。C类人群基于对自身的健康、安全和财产的担忧，反对核电设施建在自己家后院，但接受在特定的区域内建设该类设施。D类人群非常支持核电设施的建设，并且同意建在自己居住地附近。该“后院”概念能够直观地反映各类型公众对核电设施的态度，也进一步使“邻避效应”的研究对象更加具体化。

对核电邻避效应生成机理的探讨如下：

第一，社会情境中的燃烧物质是“邻避效应”生成的主要诱因。我国当前正处于各种社会矛盾日益复杂、利益冲突愈发加剧的社会转型时期，民众对政府的信任度不够；在规划、审批、筹建核电设施等重大工程项目时，相关政策部门常常召集政府精英和专家论证项目的可行性，过度依靠行政权威和行政强制力来推行项目规划，把民众的诉求排除在外，从而导致整个项目决策过程缺乏民意，造成民众与政府的矛盾对立；涉核项目在建设过程中如果人为地降低征地、房屋补偿标准，就比较容易激起被征地农户和拆迁户的抵制情绪；环评工作是筹建涉核项目非常重要的一项工作内容。涉核项目的环评目的在于对核电设施在选址、设计及建造、运行和退役等阶段可能对公众和环境的影响进行评估，并由此提出必需的防治措施。但现实中个别核电项目的“环评”工作往往存在形式化的倾向，使民众对环评的真实性和权威性产生怀疑；涉核“邻避设施”的规划建设和运营管理缺乏全过程的风险规避和控制，相关利益群体不能有效地参与，甚至利益受损民众的知情权都不能得到有效的保障；核邻避引发周围居民、核电企业、社会组织、地方政府、核电专家、运营商、媒体和其他公众等多个参与主体的冲突，地方政府、核电企业、运营商、核电专家出于共同的政治经济利益，常结成“利益联盟”争夺话语权，在表达利益主张时弱势群体常常被忽视，风险沟通也变成一纸空谈；地方政府也未建立完善的社会危机事件的防范和治理机制，如集会游行管理机制、舆情沟通和处置机制和应急管理机制等都没有完全健全。上述各种社会情境都是产生“邻避效应”的重要土壤和环境，也可以把它们归结为牛文元院士提出的“社会燃烧理论”中的“燃烧物质”。

第二，公众核风险认知结构是“邻避效应”生成的核心要素。从风险感知的视角来看，普通民众和核电专家在核风险感知方面差异显著。美国学者 Paul Slovic 指出专家和外行民众对“风险”的内涵有着不同的理解，在风险感知方面存在着显著的差异。专家对风险的判断基本上依据专业数据指标，而外行民众对风险的感知与产生的危害主要依据是否熟悉、是否致命、能否可控、是否害怕等因素，不太考虑风险的技术指标。斯洛维奇认为民众很难在短时间内通过估计风险发生的可能性和严重性来权衡风险和收益，而是靠感觉、情绪或印象来做出决断。Lerner 等也认为，有恐惧感的个体通常做出悲观的风险评估（即高估风险）并努力回避风险。历史上三次重大核事故又加剧了民众对核风险的心理恐惧。美国学者 Peter Sandman 认为“风险 = 危害 + 愤怒”。它包含了物理性的风险，这部分风险是实际有形而且可以被量化的，亦是专家认为的风险。愤怒则是民众对风险所引起的不安、不满以及所担心的表现和反应。不仅包括了科学家们“理性”计算出的风险及危害，而且还扩充了公众对风险“感性”反应和心理恐慌。国内学者朱正威、李颖等提出工程项目建设不仅要重视评价技术、环境和经济风险的可承受性，也要加强对公众心理和文化伦理层面的分析。因此公众对核风险的认知不仅包括对核电客观存在物理风险的认知偏差，也包括公众主观构建的核心理风险，同时还包括由文化差异导致的核风险感知差异。

第三，群体事件中群体压力和效仿是“邻避效应”生成的导火线。与政府和企业相比，民众认为自身个体的风险防范能力比较弱，容易受到伤害，因此民众就会寻求一种具有共同的利益损失、共同的情感失落、共同的抱怨和愤懑、共同的权利诉求的群体，并且参与到群体活动中去。如果群体成员中动员者的教育程度、经济收入、社会阶层、媒体素养比较高的话，就很有可能成为该群体的“领袖”，这类人的环保责任、维权意识和动员能力往往也比较强。

在当今自媒体时代，网络、手机等各种新型传媒超乎寻常地发达，信息的传播突破了传统媒介时空的限制，打破了原来传播渠道单一的局面。在这个时代，人人都是信息的发布者，都可能成为意见表达的主体，就如同每个人面前都有个麦克风，人人都可以将自己的所见所闻发布于网络上。张乐、童星认为，社区压力和从众心理可能使邻避行为演变为邻避冲突。个体在群体中会表现出很明显的从众心理，其行为也相应地具有很明显的从众性和趋同性，特别是在突发性的群体行为中，个体会不由自主地失去自我意识，失去平时的理智思维和自我控制能力，本能地彼此相互模仿，因此群体事件中“领袖”的作用至关重要，他的行为会成为其他参与者的榜样，使参与者自觉地与“带头人”的观点和行为保持一致。当涉核项目周围民众目睹亲朋邻里都对核电的安全产生疑虑，甚至预备付诸抗议行动时，人们便重新检视自己对核电项目正面的看法，接纳群体普遍观点和信念，或者迫于社会压力和评价顾忌，而顺从群体的思维与行为。与政府、专家言论相比，群体中他人的行为选择更容易对涉核项目周围民众产生影响。

## 三、核电邻避效应预防与干预

### （一）形成公开、互动的公众参与机制，弱化民众的核邻避行为

#### 1. 确保公众参与的多样性

作为涉核项目重要的利益相关者，公众具有充分表达意见和参与协商的权利。在参与主体方面，除利益相关方外，还应引入具有社会公信力、专业性强、且无利害关系的第三方参与，联合各式利益相关者，采取咨询、邀请和委托等方式实现公众参与决策的权利。地方政府和核电企业也可以充分利用社区居民大会、听证会、论坛、民调、共识会谈、工作坊、评议会等交流平台，使利益相关者之间公开讨论、充分审议、理性协商，深化公众对涉核项目利益与风险的认知，为最终达成可接受的方案提供可能。

#### 2. 保障公众参与的实效性

从利益角度出发，地方政府与核电项目承办方都希望环评当中的问卷调查与座谈会一方面能够尽可能少地触及敏感问题，另一方面也希望能够选取特定人群或者通过适当方式诱导参与其中的公众能够给出接受或认同的表态，这种做法仅仅是为了项目的顺利进行而采取的权宜之计。因此为了保证公众参与的有效性，在对公众进行征集意见时，要合理地选择公众调查对象和范围，力求做到全面，认真听取项目选址地周围民众的心声。

#### 3. 增加公众参与的透明度

在公众参与的过程中，全面透明的原则显然应当是首位的，除去部分涉密资料，所有与涉核项目审批相关的技术资料均应向公众公开，涉及不同技术部门出具的证明

（如地震数据等）应当公示其签字、盖章页的影印件，从而保证相关资料真实。在核电风险的控制中，公众的心理因素往往是其中极为重要的因素之一，它包括民众对政府的信任、对政府处理核风险能力的信心、信息是否公开透明程度等。公开透明的公众参与是加强民众与政府间信任的关键，也是化解涉核项目“邻避效应”的前提。

### （二）建立全方位的核科普工作体系，缓解公众对核能的恐惧和焦虑

1. 建设核科普教育示范基地

公众是核风险认知的主体，他们对涉核邻避设施专业知识的了解和熟悉程度是核风险认知重要的依据。为了进一步提升核能、核技术应用，应鼓励有条件的核电企业、科研院所和高等院校建立核科普教育基地，促进公众对核能的合理认识，推动核能健康稳定发展。如中国核工业科技馆2015年被国家国防教育办公室命名为国家国防教育示范基地。近年来，各省市也开展丰富多彩的核科普宣传活动，如辽宁核电科普展厅荣获“2016年度优秀全国科普教育基地”称号。

2. 开展核科普公众开放周（日）

各核电企业或已经运营的核电厂定期面向中小学生、社区居民开放，组织学生和居民走进核电厂或核科学馆亲身参观和体验。举办通俗易懂的核科普专题讲座，开辟专栏进行核科普教育和宣传，发放《“核”你在一起》等核科普资料。通过开展一系列活动，增进公众对核能的认识和了解，进一步增强民众对涉核项目的认同度和接纳度。

3. 开设核科普课程

大力推进核科普宣传和普及，中小学校是宣传和普及的重地，可由教育部牵头，联合环保部、核电企业和核能领域专家编制图文并茂、阅读性强的核电科普读本，发放给中小学生，并联合当地教育行政部门，把科普宣传打造成学校的特色课程。如中广核集团旗下的陆丰、宁德、阳江等核电企业已经在各自周边学校把“核电科普课”开设成“开学第一课”，并发展为当地学校的一门特色课程。

### （三）强化涉核邻避冲突的舆情监测，疏导和化解群体的风险行为

1. 政府和企业主动发声，疏导舆论

核电企业通过谨慎的正面宣传引导巩固舆论，强化主动权。政府和核电企业精心策划在主流媒体上开展相关报道，刊发社会各界对核电项目发展的共同呼吁，严防对涉核项目的妖魔化炒作，特别是境外负面舆论向境内倒灌扩散，传播核电行业正面动态信息和积极言论，扩大项目发展舆论引导的“正能量”。在邻避冲突初期，地方政府及权威机构应及时回应民众的质疑，规范新闻报道的方式，对负面新闻及时主动回应，尽快公布事情真相，邀请权威专业学者、社会公众人物对突发的群体性事件进行专业的解读和全面真实的报道。把握主流舆论进行舆情监测，合理疏导民众的负面情绪，有效化解群体性邻避冲突和危机，防止群体事件的进一步发展和扩散。

2. 政府和企业坚持舆情监测，及时报告

地方政府和企业要针对不同利益相关者，如利益受损者、不明真相者、对社会不满者、境外敌对势力、诉求未满足者等各类人群分别建立舆情监测和报告机制，坚持开展

每日网络舆情监测，定期发布舆情监测情况报告。重点做好地方论坛、移动网络舆情关注，对特定区域和人群，进行靶向发布与互动引导，分类应对、精准出击，做好对特殊公众群体的有效疏导和及时预警。制订防控境外媒体炒作、社会安全事件应急响应、维稳综治等应急预案。

3. 核电企业要提前准备，强化危机应对

核电企业要建立完善的新闻发言人制度和新闻突发性事件应急预案，并与国内、省内主流媒体保持良好的合作关系，能够满足企业及核电项目相关信息的及时权威发布，回应公众关于项目的质疑和误解，将可能出现的不实信息误导影响有效化解，保障项目相关的社会稳定要求。核电企业应协同政府定期举办涉核项目突发邻避危机事件的应急演练，将媒体、专家、民众等相关主体纳入其中，且在应急演练过程中，有意识地提高相关单位协同应急的熟练性与专业性。建立统一的指挥平台，加强部门间配合与协调，保证对突发邻避危机作出有序快速反应。

## 四、发达国家破除邻避效应的借鉴

发达国家如何消除公众对于建设核电厂、化工厂、垃圾处理厂安全性的担忧？政府与企业主动全面公开信息、让公众全程参与政策制定等，是赢得民众信任的关键。

卢瓦尔河谷素有“法兰西后花园”之称，法国贝勒维尔核电厂就位于卢瓦尔河畔。若非亲眼所见，记者难以相信眼前的景象：核电厂冷却塔与古老的城堡相映成趣，绵延的葡萄园与核电厂竟只有一路之隔。

2016 年 2 月起，法国核电厂方圆 10 km 范围内的居民可以免费到药店领取政府发放的碘片。一旦发生核事故时，这种碘片可用于保护人体甲状腺免受放射性碘的伤害，起到一定的防护作用。碘片的有效期为 7 年。这是自 1997 年以来法国核安全局发起的第五次预防核事故运动，上一次是 2009 年。至于核电厂方圆 10 km 之外的居民，各省都建有碘片储备。

目前，法国共有 38 个隶属核电设施所在省议会的“地方信息委员会”。这些“地方信息委员会”向核电运营商提出的问题必须在 8 个工作日得到答复，每年组织电厂现场参观，举行至少两次例行会议，让公众向核电运营企业代表就核电厂重要信息和运营情况提问。为应对恐怖分子可能袭击核电站的风险，今年 8 月法国成立了国家核安全特别指挥部，以便协调、改善对核设施与核材料的保护。

“及时发布信息、采取相应行动等可以使周边居民的担忧最小化，比如发放预防用的碘片。事实上，在这种情况下人们相信所采取措施的有效性，感觉自己受到了保护”。斯特拉斯堡大学研究“邻避效应”的专家帕特里克·龙达在其分析报告中强调，“邻避效应”容易让人联想到地方利益过度保护。

另一位专家尼古拉·马歇蒂表示，应对“邻避效应”，必须采取多种形式让公众参与核电厂的选址、设计、生产直到核废料处理等各个环节。除了核安全局，法国还设有“地方信息委员会”“公众信息中心”等，争取公众的理解、支持与监督。

1981 年，法国政府颁布行政令，规定核电运营企业与周边居民根据自愿原则开展交流，负责监督安全运营和信息透明，据此核设施“地方信息委员会”应运而生。2006 年 6 月，法国颁布《核电安全与信息透明法令》，赋予“法国核安全局”独立的行政机构法律地位，将“地方信息委员会”纳入法律范畴并保证了资金来源。法令对核信息透明的定义是“为保证公众获得可靠的核安全信息而采取的全部措施”。核电厂任何排放界限的改变与取样变化均需征求公众意见，所有核电厂必须向公众提供有关水质取样、核废料及环境监督的信息。每个核电厂均拥有“公众信息中心”，核电厂周边环境监督综合报告必须每月在所属核电企业的官网公布以备查。每个核电厂要撰写有关环境监督的年度完整报告，即“核信息透明与安全报告”，并递交“地方信息委员会”。

日本福岛核事故发生后，盖洛普国际调查机构对 47 个国家所做调查表明，邻避效应并未因此普遍化。其中 10 个国家受福岛核事故影响较小，大部分公众仍赞成核电，包括美国和法国。8 个国家大部分公众之前支持核电，发生福岛核事故后反对核电。法国民调机构“舆论之路”2016 年公布的调查结果显示，约 62%的法国民众对核电持欢迎态度，认为不应放弃发展核电。上述结果，与法国坚持核信息透明化、核设施决策分权化、不断完善核安全措施有关。

德国中部萨克森—安哈特州萨勒县县长办公室的墙上，一张化工厂的大幅夜景照格外醒目。县长弗兰克·班内特说，悬挂道达尔公司这家炼油厂的照片，一是因为它是该县纳税大户，创造大量工作岗位，二是照片真实体现了化工企业应有的整洁面貌。

萨克森—安哈特州是德国传统化工基地，萨勒县辖内有两个化工园区、上百家化工企业。“很多居民就在化工企业上班。这些化工企业是我们生活的一部分。”班内特说，居民们早已对化工企业的存在习以为常。过去 20 多年中，当地也没有一家化工企业发生过严重的安全生产事故或污染问题。

作为土生土长的萨勒县人，班内特清楚地记得当年河水脏得养不活一条鱼、一下雨屋顶就往下淌黑水的情形。两德统一后，政府开始下大力气整治化工企业、严格生产标准，关停煤化工厂。

在德国，化工企业在开工和上新项目前，需要通过严苛的审批程序，并且通过媒体向民众公开，开通热线回应民众疑虑。班内特对本报记者表示，县政府办公楼里有一个 3 人常设应急小组，负责应对日常突发事故。一旦事故“升级”，应急团队将扩展到 12 人，由县长牵头，医疗、技术、警察、安全等各领域专家参加，来决定人员疏散、现场救援、灾情评估和信息公开等事项。

德国建立了一套安全生产事故通报系统。据德国联邦外贸与投资署的布克博士介绍，企业发生安全生产事故后，必须将事故发生的时间、地点、原因以及出现事故的设备类型等相关信息录入该系统上报，否则，其办厂资格将被取消。而且，任何人都可以在该系统网站上查询到这些信息。

2016 年 10 月 17 日，德国巴斯夫集团（简称“巴斯夫”）位于路德维希港的化工厂区发生剧烈爆炸。班内特说，没有任何一家化工企业可以保证百分之百不出事故。政府和企业必须时刻保持警醒，尽量避免事故发生，并与民众做好沟通。但也不能因为担心环境或安全风险就放弃工业生产。

一些民众认为，这起爆炸只是一次意外，他们对巴斯夫的生产安全依然保持信心。巴斯夫集团政府关系和企业传播高级副总裁薛安琪对本报记者说，能够得到理解，关键在于长期与民众保持透明公开的交流。爆炸发生 25 分钟后，巴斯夫就发布了第一条相关新闻。5 分钟后，又开通了专门的市民热线电话。事发当天，该热线共接到约 1400 个来电。接下来两天里，巴斯夫和当地政府联合召开了两次新闻发布会，通报最新进展。10 天后，巴斯夫向员工和厂区附近居民发放相关材料。2016 年 12 月 1 日，爆炸事故三方会议召开，厂方通报了事故处理情况和以后的计划。

美国陶氏化学公司位于萨勒县施科保区的工业园也很重视社区关系。园区安全生产和环保部门负责人罗兰·阿贝尔对本报记者表示，园区会不定期邀请员工及其亲友或者市民前来参观。他强调，化工企业善待自己的员工、整治好自然环境，让每个员工都发自内心地喜欢在这里工作，就是最好的“宣传手段”。口口相传，企业的良好声誉自然就建立起来了。据统计，2015 年德国化工企业发生工伤的比例是每千人 14.5 人次，而这个工业园仅有 1.15 人次。

阿贝尔说，园区在安全生产和环保部门的雇员人数大大超过了法律规定，但这是值得的。企业需要通过安全和环保措施来建立自己的品牌形象和社会公信力。只有这样，民众才能在化工厂旁安心生活。

1979 年 3 月 28 日凌晨 4 点，美国宾夕法尼亚州三哩岛核电厂内红灯闪烁，2 min 内核反应堆停止工作，大量放射性物质溢出。此次核事故被定为五级（最高为七级），是美国历史上最严重的核事故。

时任总统卡特派核能监管委员会资深官员哈罗德·代顿前往现场。在场记者问代顿：核电厂内出现大量氢聚集，是否会发生氢爆炸？他回答说，氢越聚越多，是会炸掉穹顶的。这一回答，导致核电厂周边地区 20 万人惊恐撤离。

事实证明，代顿的回答是错误的。如果没有蒸汽，氢会爆炸。但当时核电厂内部，氢与大量蒸汽混合，因此是不会发生爆炸的。那次事故中只有 3 人受到超负荷辐射。几天之后，居民们又搬回原地。代顿回到华盛顿后即被降职，后来他主动提出辞职。

美国核能研究所董事杰克·艾德罗从事核能工作数十年，曾任国际原子能机构专家组主席、世界核协会董事。他说：“许多人因为缺乏知识而对核电产生不必要的担忧，美国人也一样。但经过政府、企业以及民间机构的不懈努力，在核电厂建设问题上，“邻避效应”已经不太明显”。艾德罗说，三哩岛事故后也曾出现过大规模抗议活动。不过，由于核电技术不断更新换代，核电厂的安全得到有效保障。随着人们对气候变化问题关注度不断升高，核电作为清洁能源越来越被人们所接受，美国民众对核电的支持率一直在上升。

美国专业机构“比斯科蒂公司”与“奎斯特全球研究”2016 年联合公布的民调结果显示，美国核电厂周围 16 km 的人群中，89%的人支持发展核电，69%支持增加核反应堆，90%认为核电对满足未来的用电需求很重要。世界核协会的数据显示，美国是世界上最大的核电生产国，占全球核能发电的 30%以上。

核电在民众中得到普遍支持，一方面得益于政府机构的有效监管。政府机构主要着力于制订安全与环保规则、资助研发、设定核电发展目标，促进技术更新换代。同时，在民众中普及知识，消除对核能利用的担忧；另一方面，经营核电业务的企业，也将信息透明、知识普及作为推动业务发展的一大要务。此外，包括电影制片人在内的环保达人，也为核电的正名而不遗余力。

“现在，让当年摧毁城市的核能点亮城市”。这是 2013 年罗伯特·斯通导演的环保纪录片《潘多拉的承诺》中的一句台词。该片讲述了 5 位美国颇有影响力的环保人士从反核先锋转变为核电拥护者的真实故事。1988 年，斯通拍摄了纪录片《比基尼电台》，揭露了美国政府二战后在马歇尔群岛比基尼环珊瑚岛进行核试验给当地居民及参与核试人员造成的影响。该片因为其反核立场而获得当年奥斯卡最佳长纪录片奖提名。

20 多年后，他导演了另一部纪录片，讲述在全球气候变暖的大背景下核电的不可或缺。该片上线后引起巨大轰动。一位观众感叹说：原来燃烧煤炭所排放的温室气体如此惊人，而核电却是最清洁的能源之一！

艾德罗说，许多人反对核电，是因为对其安全性缺乏了解。随着技术的不断进步，人们对核电厂的防备措施将会越来越严格。风能是比较清洁的可再生能源，但风能发电所产生的噪声问题还一时无法解决。核电可以几十年不间断地发电，碳排放量极低，对于实现温室气体减排目标将尤为重要。

在英国的街道上，人们几乎看不到垃圾。在垃圾处理方面，英国有哪些秘诀呢？有专家指出，英国立法到位、政策和法规完善是根本原因。自 1848 年英国颁布《公共卫生法》以来，与垃圾处理有关的资源化利用、无害化处理等法规不断得到完善。

英国萨塞克斯大学科学技术政策研究中心研究员吉尔认为，“参与、透明和信任”是垃圾处理成功的关键。他表示，由于垃圾焚烧而引发的环境、健康等方面的危害在英国并没有引发任何社会动荡，其中，激发居民参与的积极性、主动性，政府做到在建项目的公开透明，让民众对项目将带来的好处以及潜在的危险等享有充分的知情权等，都是宝贵的经验和成功之道。

在吉尔看来，西方国家城市发展的经验表明，让民众早期就参与计划，可以在政府和公众之间搭建起一座沟通和信任的桥梁，使事情“更加好办”。他说，民众有权查阅垃圾焚烧厂对环境影响的全面评估报告，这种信息透明公开、让民众早期参与的做法，往往会起到出人意料的正面效果。

激励和补偿，也是英国垃圾处理值得借鉴之处。激励是指政府承诺，垃圾处理厂在建地的居民可以分享垃圾发电所带来的各种收益，并享受项目建设所带来的就业机会和各类培训等，推动社区居民成为有效的“项目利益相关者”，即成为“实际上的项目受益方”。补偿机制，即在家庭事业费等方面对当地居民实施优惠政策，譬如，当地居民通过地方政府直接参与能源服务项目，包括垃圾转换能源项目，就能减免水电费或燃气费用等。

据布朗介绍，在垃圾厂的设计、规划和建造上，英国相关部门实施公开招标，不但要求投标者具有雄厚资质和一流专业水平，还要求把审美等元素融入垃圾厂的设计中。视觉上的审美效果极为重要，垃圾厂应该避免人们下意识地与“脏”“臭”等字眼相提并论。如果能做到美观、大气，一眼看上去根本不像垃圾处理厂，与周遭环境完全融为一体，达到建筑学与美学的和谐统一，是优先考虑的入围选项。

## 参考文献

[1] 何敬柯. 中国核电工业燃料循环及其优化研究[D]. 沈阳：东北大学，2015.
[2] 陆燕. 国外乏燃料管理机构概况[J]. 国外核新闻，2017(11)：26-31.
[3] 郝卿. 核废料处理方法及管理策略研究[D]. 北京：华北电力大学，2013.
[4] 李文海. 核电厂核燃料成本的主要影响因素及控制措施[J]. 工程技术研究，2019，4(2)：187-188.
[5] 文剑波. 新时代条件下核电公众沟通与国家安全的思考[J]. 世界环境，2018(3)：63-65.

[6] 赵爽，王晓丹. 我国核应急信息公开法律制度研究[J]. 华北电力大学学报（社会科学版），2018(2)：8-16.
[7] 杨帆. 核电公众沟通现状分析及其建议[J]. 环境教育，2018(1)：58-61.
[8] 张青，林秀景，张艳，等. 关于涉核事件公众沟通工作的思考[J]. 中国应急管理，2015(4)：54-56.
[9] 曾静. 核电项目建设情景下公众的风险应对行为与信息沟通研究[D]. 中国科学技术大学，2017.
[10] 左跃，汪洋. 美国 Vogtle 核电厂公众沟通实践研究及启发[J]. 世界环境，2017(6)：83-85.
[11] 李颖，曹薇，邓偶. 核电企业构建安全文化评价体系研究[J]. 东华理工大学学报（社会科学版），2015，34(4)：314-320.

# 第七章 中国核能行业的衍生产业的发展前景分析

## 第一节 衍生产业的概念

### 一、什么是产业

“产业”一词最早由重农学派提出，特指农业。在人类迈入资本主义大生产时代后，产业主要是指工业，在英文中，产业与工业的表示方式都是industry。马克思主义政治经济学曾将产业表述为从事物质性产品生产的行业，并被人们长期普遍接受为唯一的定义，也正是因为“物质性生产行业”的定位，广电媒体始终没有被赋予产业的属性，而一直尊居“事业的宝座”。20 世纪 50 年代以后，随着服务业和各种非生产性产业的迅速发展，产业的内涵发生了变化，不再专指物质产品生产部门而是指“生产同类产品（或服务）及其可替代品（或服务）的企业群在同一市场上的相互关系的集合”。同时，产业是一个居于微观经济的细胞（企业）和宏观经济的整体（国民经济）之间的一个“集合概念”，它既是同一属性的企业的集合，也是根据某一标准对国民经济进行划分的一部分。

产业是由利益相互联系的、具有不同分工的、由各个相关行业所组成的业态总称，尽管它们的经营方式、经营形态、企业模式和流通环节有所不同，但是，它们的经营对象和经营范围是围绕着共同产品而展开的，并且可以在构成业态的各个行业内部完成各自的循环。

### 二、什么是衍生产业

衍生产业是指两化融合可以催生出的新产业，形成一些新兴业态，衍生即是从母体物质演变而产生新物质，或取代或被分解。顾名思义，衍生产业则是取代原产业或者由原产业裂变出新产业的演变过程。衍生产业反映产业结构的变迁。

厉无畏从商务活动创新角度解读了衍生产业的内涵，认为衍生产业是产业价值创造系统创新的过程。一个产业的衍生是企业家创新精神的最高层次体现。企业家创新精神也就成为产业衍生的动力源。从这个角度表明，“产业革命就是企业家革命”，只有企业家不断推出新技术、新产品、新服务、新运营模式等，不断满足市场需求，才能使创新成果从单一企业层面推广到中观产业层次，从而吸纳更多的企业进入，促使新产业衍生。产业衍生与产业创新是一对密切关联的概念，智库百科认为，产业创新是“某一项技术创新或形成一个新的产业，或对一个产业进行彻底改造。产业创新在许多情况下，并不是一个企业的创新行为或者结果，而是一个企业群体的创新集合”。由此，至少可以得到两点共识：其一，产业衍生是产业创新的一个层面。产业衍生是产业创新的一个表现形式，但却不是其必备条件。其二，产业衍生是与企业创新、技术创新密切相关的概念，这些都反映产业创新的不同层次。

对衍生产业问题进行研究的还有经济学视角上的分工理论。亚当·斯密的劳动分工理论已经萌发了“持续引进新的分工而自我维持的经济增长”的观点。杨格的“迂回生产”和“社会收益递增”概念表明随着分工的不断演进，专业化程度不断加深，分工链条会不断加长。杨小凯、黄有光指出，“分工演进是渐进的过程，而不是突变到极高的水平，它的演进如同物种进化和熵的不可逆转增大那样，显示出从简单到复杂的不可逆性”。而每一家企业“内生比较优势可能随分工的逐渐演进而演进，而且内生比较优势的演进是加速知识积累和生产率内生进展的动力”。

## 第二节　协同效应的内涵

2017 年 10 月，中国共产党第十九次全国代表大会在北京召开，习近平总书记在十九大报告《决胜全面建成小康社会 夺取新时代中国特色社会主义伟大胜利》中，揭示新时代我国社会主要矛盾已经转化为“人民日益增长的美好生活需要和不平衡不充分的发展之间的矛盾”。改革开放近四十年来，先后经历了东部沿海开放、西部大开发、振兴东北地区等老工业基地、中部地区崛起等区域发展战略，这其中有非平衡发展战略，也有平衡发展战略。但直至今日，我国不同区域的经济社会发展不平衡的形势依旧十分严峻，在此背景下，十九大报告对新时代区域发展提出了新的要求——实施区域协调发展战略。新时代的区域协调发展战略，不仅对我国区域整体（西部、东北、中部、东部）和部分（革命老区、民族地区、边疆地区、贫困地区、京津冀、雄安新区、长江经济带、资源型地区）提出了新的发展要求，而且对于构建新机制有效实现区域间的协调发展和协调发展的城镇格局提出了更高的要求。2018 年 11 月 18 日，中共中央国务院发布《关于建立更加有效的区域协调发展新机制的意见》（简称“意见”），意见进一步指出，到 2020 年，建立与全面建成小康社会相适应的区域协调发展新机制，在建立区域战略统筹机制、基本公共服务均等化机制、区域政策调控机制、区域发展保障机制等方面取得突破，在完善市场一体化发展机制、深化区域合作机制、优化区域互助机制、健全区际利益补偿机制等方面取得新进展，区域协调发展新机制在有效遏制区域分化、规范区域开发秩序、推动区域一体化发展中发挥积极作用。意见细化了十九大报告中提出的实施区域协调发展战略中的构建新机制有效实现区域间的协调发展的内容，从战略统筹、基本公共服务均等化、政策调控、发展保障、市场一体化发展、区域合作、区域互助、区际利益补偿等方面的机制建立和完善作了细致安排，明确了区域一体化发展的目标。

在区域发展过程中，国家中心城市、计划单列市和省会城市（统称为“省会中心城市”）位于中国城镇体系的顶层，在经济社会发展中发挥着“标杆”作用，引领、辐射和带动周边城市和小城镇发展。大多数省会中心城市所在的区域，形成了推动我国经济社会可持续中高速增长的重要城市群。城市群内部与外部合作的主要动力源泉，大都分来自于省会中心城市。例如，《北京城市总体规划（2016—2035）》明确了需要强化与天津共同发挥京津冀协同发展主要引擎的作用，将京保石作为区域协作的主要方向以及实现北京副中心与河北雄安新区共同发展的目标；《上海市城市总体规划（2017—2035年）》提出了上海需发挥中心城市作用，推进与南京、杭州、合肥、苏锡常、宁波等都市圈的协同发展的愿景；长三角城市群经过两次扩容后，从初创时仅包含江浙沪15个城市的国家级城市群壮大成为包含江浙沪皖26个城市的世界级城市群，内部拥有南京都市圈、杭州都市圈、合肥都市圈、苏锡常都市圈、宁波都市圈等国内顶级都市圈，都市圈间同城化发展趋势显著。一系列区域发展和城市发展的战略和规划都表明，省会中心城市是区域经济社会发展的标杆和制高点，推动省会中心城市间的协同发展，是促进区域协同发展，进而实现区域一体化的关键。

## 第三节　中国核能行业相关产业分析

### 一、核电产业

核电产业指将核能转换为商用电力的生产者的总和，是指与核电厂关联的企、事业单位。从产业链角度分析，核电产业又可界定为与核电厂有关的系统设计、设备制造、施工建设、调试运营有关的产业链条中的主要环节组成的产业群，具备能够标准化、系列化、批量化生产核电厂、改进核电厂技术以及研究和开发新一代核电厂的能力。核电产业与其他产业相比具有如下特点：

1. 自然垄断特性和网络特性

核电产业需要专用的原料供应、专门的设备制造及电力上网线路，具有明显的自然垄断特性和网络特性。核电产业的垄断性质主要体现在燃料端与电网端。核电厂发电使用的是$^{235}U$，属于国家战略资源。整个矿藏的开采、加工及后期乏燃料处理，都关系到国家核能力的发展战略，是国家战略安全的重要影响因素，一般都由政府严格控制。所以，核电厂的服务网络也是很单一的，具有明显的国家垄断性。但对整个核电产业来说，它形成了核电垄断性质的一个基础。

2. 规模经济和网络经济显著

核电产业的另外一个显著特点是投资巨大，且投资回报期长，投资形成的资产专用性强，规模经济和网络经济非常显著。同时，核电在经济上也具有一定的竞争力。在投资费用上，虽然核电目前还高于煤电和气电，但是它的燃料费和运行费却很低，从长远来看，相对于煤电和油电，核电的建设费用比较高，核电在发电成本上将会越来越低于煤电和气电。据国际能源组织对美国、韩国和法国等国家的核电运行效益分析，实现群堆化、标准化、模块化设计和建造的核电厂，其价格可降低15%。如果把核电的内部成本（建设资金回收、燃料费、运行维护费等）和外部成本综合起来评价，则核电的经济性是最好的。

3. 垄断性和竞争性并存

核电更具规模效益，更需要集中，适宜形成垄断竞争格局并围绕龙头企业及其技术扩散和产业扩散发展中小企业形成产业集群。同时，核电的产品是民用的电力，必须服从电力部门的规划、管理和调度，必须服从电力市场的竞争规则；为核电产业服务的制造工业、电力工业、信息工业等工业体系是可以市场化运行操作的，具有一定的竞争性。

4. 配套半径的特殊要求

核电厂半径 5 km 内是限制发展区，而且不能建立在 10 万人以上聚居区域直线距离 10 km 内。同时，核电产业的大量装备是由机械等行业提供，需要产业配套体系、产业集群和专业市场的健康成长。由于需要大型装备，对核电厂所在区域的交通能力以及装备制造业、机械加工业的配套半径均有特殊要求。

5. 保密性和开放边界

核电产业既姓核也姓电，既是一种高科技产业，也是我国在新形势下保持核能力的战略性产业。核电涉及敏感的核技术，必须进行核安全管理，把握好保密与开放的关系，在共享中保密，在开放中保密。

核电投资建设期长且规模大，2020 年，国家电投的资产总额 1.32 万亿元，负债率为 73.21%。其中以长期借款为主，债券发行、股权融资、产业投资基金和商业汇票融资为辅，贷款利率一般低于同期银行基准利率 10%左右。发债融资成本普遍要低于同期银行基准利率。上海电气、东方电气、台海核电、应流股份等核电设备公司以直接融资为主，股市融资占比较大（数据来源，国家电力投资集团有限公司，2021 年 1 月 31 日）。

## 二、核电产业链分析

世界能源组织曾给出以下结论："核能是唯一可替代化石燃料（煤、石油、天然气），并可满足作为电力基本要求的能源"。核电产业已成为许多国家重点扶持和发展的支柱产业。自 20 世纪 70 年代以来，核能为美国以及欧洲一些国家在实现能源结构多元化、缓解能源危机、保障能源安全、促进经济持续增长等方面作出了重要贡献。核电不仅从根本上解决了法国的电力供应问题，而且减少了法国几千亿美元的燃料进口，并促进了核相关货物、服务和电力的大量出口；美国的核电工业则提供了 500 多万个就业机会，创造了 1000 多亿美元的税收收入。进入新世纪，随着对能源需求的增加、核电技术的发展以及对核电产业的充分认识，核电越来越受到希望增加能源供应多样性，保障能源安全的国家青睐，比如说，世界上最大的 3 个煤消费大国中国、美国和印度都计划大力发展其核电产业。核电在这些国家的能源比重将得到有效的提升，整个电力结构也将得到大的调整。

在我国，核电产业发展的春天已悄然而至。《中国核能发展报告 2021》显示，2020 年我国核能发电量为 3 662.43 亿 kW·h，大陆地区商运核电机组总装机容量为 4988 万 kW。近年来，我国核电运行装机规模持续增长，核能发电量持续提高。蓝皮书公布的数据显示，2020 年，我国核能发电量较 2019 年增长 5.02%。核能发电量约占全国累计发电量的 4.94%，发电量达到世界第二的水平。同时也意味着，未来 10 年，我国将迎来核电建设的高潮，资金投入估计将达万亿元之巨。但是，一方面我国核电产业的进一步发展存在着巨大的增量空间和可能；另一方面如果仅仅按照现有的发展框架、发展模式和发展逻辑继续划延长线，这个发展的空间就不能实际地为我们所占有，发展的可能就很难转变为发展的现实。为此，需要在我国积极发展核电之始，从产业链的角度审视我国的核电产业发展及其创新问题（数据来源，中国核能行业协会，2021 年 4 月 14 日）。

核电产业链是以核电产品的生产为主线，围绕核能发电及其技术保障而形成的产业链条。产业的发展与创新不仅仅只是一项活动，也是一个受多种因素影响的复杂过程与创新相关的各组员组成了一个相对稳定的链条。核电产业链条是由相互影响的各个环节组成，通过核电厂将核燃料生产从事者与电网经营者联接在一起（见图 7.1），所以核电厂是整个核电产业的中心环节。

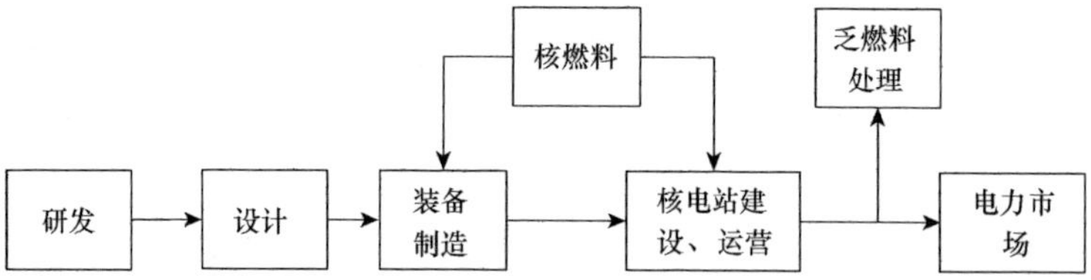


图 7.1　核电产业链示意图

从产业链的构成上来看，我国核电产业目前尚未形成完整流畅的产业链。核电的研发与装备各板块之间及核电装备制造业的配套服务链条尚未完全打通，科研成果难以有效转化；产业链内组织体系较为松散，还没有形成一个强有力的产业链条。核电产业链条的低强度，甚至是产业链条的缺失，都已成为我国核电产业发展与创新的瓶颈。

目前，我国核电产业规模偏小，建设成本较高，且堆型分散。关键设备的国产化率仍较低，自主创新能力不够，制造还没有形成完整的产业链条，一些关键设备和材料仍然需要从国外进口，我国积极发展核电实际为外国核能公司提供了巨大的商机。为突破此种困境，必须将核电产业链进行高效整合与构建：

1. 整合与构建核电产业链

构建、整合完整的产业链条是我国核电产业发展的必由之路。实现核电设备的国产化，必须要从单一的设备制造向设计、制造、供货、服务集成的目标发展，需要核电企事业的有效整合。“通过成立专业运营公司，实现核电机组所有权与经营权的分离，由一家专业化的运营公司负责多家核电公司的多台机组，使得规模效应进一步加强。同时，专业化的管理也有利于从各方面降低成本”。

（1）铀浓缩和核燃料组件：目前国内中核集团具有唯一资质。

（2）核岛主设备：东方电气目前是核岛主回路装备和常规岛汽轮发电机的主承包商，在蒸汽发生器、核主泵、稳压器方面占有明显优势，上海电气在堆内构件及控制棒驱动机构方面占有绝对优势，中国一重在反应堆压力容器和主管道方面占有优势。

（3）常规岛设备：东方电气在汽轮机和发电机方面优势明显，在汽水分离器方面，东方电气和上海电气占比均为 35%。

（4）核燃料后处理：由中核集团和中广核垄断。目前应流股份与工程物理研究院已成立合资公司，重点发展核燃料后处理领域的材料和设备。

（5）核电设备企业：核心竞争力体现在技术积累。东方电气（核岛、常规岛设备）、上海电气（核岛、常规岛设备）、中核科技（中核集团旗下公司，核阀门）、应流股份（核一级铸件、核主泵泵壳、核废料处理）、台海核电（主管道）、上风高科（核空调）。国有企业在主设备占有优势，民营企业在辅助设备占有优势。近几年来，核电设备企业受核电投资影响，营业收入和利润增速整体放缓。

（6）核力发电企业：核力发电企业核心竞争力主要体现在自主设计、建造、营运和管理能力。中广核核电装机规模位列第一，且在选址、工程造价低和管理方面更占优势。中核集团核电装机规模列第二，在国内独家拥有铀转化与浓缩和燃料组件加工资质但集团附属资产较重，所以经营效益与中广核相差较大。国家电投综合实力较弱。

从 2009 年至今，中广核和中核集团资产负债率保持在 70%~74%，已获利息倍数达到 3 以上。收入和利润稳步增长，中广核毛利率和净利率平均达到 39.5%和 22.7%。中核集团非核占比较大，毛利率和净利率平均为 28%和 12.2%。预计中广核和中核集团等未来仍将以长期借款为主。随着中国核电、中广核电力上市，以及中国核电出口的稳步推进，核电行业融资方式将更加丰富，为了规避汇率和利率风险，金融衍生品规模将逐步扩大。从事核电业务的民营企业仍以股市融资为主。

2. 以产业链为纽带，整合核电科技资源

我国自主创新最薄弱环节是技术转移和技术产业化。核电科研开发的主要目的是产业化应用，这也是目前我国核电产业发展最为薄弱的环节，以产业链为纽带，整合核电科技资源，形成核电产业集群有助于扭转这一局面，从而促进我国核电产业的快速发展。

上游：产业链上游为钢铁、核电铸件等原材料，其中钢材为基础材料，核电铸锻件为主要部件。

中游：核岛设备（堆内构件/控制棒驱动装置、反应堆压力容器、稳压器、蒸汽发生器、主冷却泵、主管道、核阀门等）、常规岛设备（汽轮机、发电机、汽水分离器、电动机等）、辅助设备系统（变压器、HVAC 系统等）、消耗性设备（核燃料棒锆管等）。核电设备受投资拉动，受政策影响大，行业波动较大。

下游：核电厂，作为基荷优先上网，向国家电网和南方电网售电。2021 年 1~3 月全国累计发电量为 19 051.5 亿 kW·h，运行核电机组累计发电量为 926.53 亿 kW·h，占全国累计发电量的 4.86%。与燃煤发电相比，核能发电相当于减少燃烧标准煤 2 558.47万 t，减少排放二氧化碳 6 703.19 万 t，减少排放二氧化硫 21.75 万 t，减少排放氮氧化物 18.93 万 t（数据来源：中国核能行业协会，2021 年 4 月 29 日）。

3. 搭建合作平台，构建核电产业创新网络

美国波士顿咨询公司（Boston Consulting Group）驻香港高级顾问 Thomas Hout 教授认为：中国要想改善和更好地提高自主创新能力和产业竞争力，根据国际经验，需要有四个方面的确保：一是搭建一个包括科学家、工程师、风险投资家、知识产权律师等密集且互动的“合作平台”；二是确立让科学家能够分享科研成果转化（包括国家支持的科研成果转化）而成立的新创企业的利润的制度；三是创新主体必须是大型企业（他认为大型企业最具创新能力）或集中于一个技术密集企业群中的创新企业群；四是强大的资金流将这些要素编织成一个创新网络，并处理好他们之间的相互利益和互动机制。这同样也适用于核电产业创新方面，在核电产业链条生产经营过程中，上、下游企业之间应形成正式的合同关系网络或者准正式的合作关系网络，同时，加强企业与政府、研究机构等行为主体之间的合作和联系，构建核电产业创新发展网络。

4. 制度和机制保障

虽然世界上已不把核电作为新兴能源产业，但在我国它却可以称为新兴产业。我国核电起步虽不算迟，但技术主要靠引进，应用还处于起步阶段。作为新兴产业它的发展

必然要求技术变革和制度创新；同时，一些有色金属、造船、化工等企业纷纷介入核电产业，参与制造和配套体系，现有的管理体制和运行机制已不适应核电产业蓬勃发展的要求，这将促进核电产业在技术和体制上创新。核电产业的发展则离不开政府的大力支持和积极引导，通过制定相应的政策法规，积极促进核电产业市场化；通过对核电产业组织结构调整以适应电力管理体制改革和企业改革，大力发展核电科技必将有力地促进我国核电产业的发展。

## 三、乏燃料后处理

“核工业”，又称原子能工业，泛指涉及核材料与核燃料研究生产加工、核能开发利用、核武器研制生产、放射性同位素研制生产和开发利用等庞大的、复杂的综合性工业部门。从科学上讲，核工业是利用自然资源，通过核反应促使原子核内部结构发生变化使核素发生转化，同时释放出巨大的、可控的能量并加以利用的高科技战略产业。

核工业的任务主要有以下两个方面：一是核能的和平利用，包含核材料、核燃料、放射性同位素的研究、生产、加工、应用等全过程；核反应堆与核动力装置的研究、设计、建造和运行；核能生产（发电和供热等）等。二是核武器（原子弹、氢弹、中子弹等）与军用核动力装备的研发，除核材料、核燃料、放射性同位素等与核能和平利用的生产原理相同外，核武器与军用核动力装备的研究、设计、建造、使用等都属于核工业的范畴。

核工业在国防和社会经济发展中具有十分重要的地位和作用。核工业体系涉及的专业领域，包括资源的地质勘探、资源的开采、材料的冶炼和精制、同位素的分离、燃料元件的制造、反应堆的设计建造运行、乏燃料的处理、放射性废物的处理处置、放射性同位素生产、核武器研制、核仪器设备制造、核设施的建筑安装、核设施的退役、贯穿整个核过程的辐射防护技术、核保障技术等。

核燃料循环是核工业体系中的重要组成部分，所谓核燃料循环是指核燃料的获得、使用、处理和回收利用的全过程。核燃料循环通常分成两大部分，核燃料循环前端和核燃料循环后端，核燃料循环前端包括铀矿开采、矿石加工（选矿、浸出、沉淀等多种工序）、铀的提取、精制、转换、浓缩、燃料元件制造等，而核燃料循环后端包括对反应堆辐照以后的乏燃料元件进行抽钚分离的处理以及对放射性废物处理、贮存和处置等。

目前世界上不同的国家根据各自国情选择适合自己的核燃料循环策略，主要有三种方式：第一种，瑞典、加拿大和西班牙等选择了核燃料“一次循环通过”方式。第二种，采取核燃料闭式循环方式。代表国家主要有法国、英国、俄罗斯、日本、印度和中国等（美国也于2006年正式宣布采用闭式燃料循环方式）。这种方式是即对乏燃料进行化学处理（或称后处理，以区别于核燃料在进入反应堆前的化学处理过程），从中回收总量占96%左右的铀和1%左右的钚，并通过再循环加以充分利用。而只占总量3%左右的长寿命裂变产物和次锕系核素（镎、镅、锔等）作为高放废物经玻璃固化后作最终地质处置。当然，随着科学技术的进步，未来或将可以通过嬗变技术把那些在后处理过程中分离出来的锝（$^{99}Tc$）、碘（$^{129}I$）等裂变产物和次镧系核素“焚毁”，使之转变为短寿命或稳定的核素，从而大大减少或消除放射性对环境的危害，使核能利用更加清洁。第三种，对反应堆乏燃料采取暂时储存的做法，然后根据国际形势的变化再做决策。例如，主要核电大国之一韩国因美国不允许其开展后处理，不得不开发 DUPIC（Direct Use of PWR Spent Fuel In CANDU Reactor）过程，该过程采用干法技术，将压水堆（PWR）乏燃料中的挥发性裂变产物经过高温处理去除之后，重新制成燃料，供 CANDU 堆使用，这也属于闭式核燃料循环方式。

总之，全世界主要的核电国家均走核燃料闭式循环之路，这也符合国际形势需求。举例来讲：通常，一盒新的轻水堆燃料元件含铀总量为 500 kg，其中$^{235}U$占 3%~5%，剩余则全为$^{238}U$。在反应堆内运行 3 年之后，新燃料元件变为乏燃料元件，但该盒元件内含铀量仍有 475~480 kg（占 95%~96%，其中$^{235}U$为 1%，$^{238}U$为 95%），Pu 占 5 kg（1%），而其他放射性裂变产物仅占 15~20 kg（3%~4%）。对乏燃料元件进行后处理，可以大大提高核燃料资源的利用效率，经后处理后提炼出来的铀和钚可以重新加工成新燃料元件，供核电机组使用。与此同时，对乏燃料进行后处理还能显著减少放射性物质的体积和毒性。1 t 乏燃料元件，如果不经后处理而直接进行处置存放的话，相当于要储存体积为 2 $m^3$ 的高放废物。而形成鲜明对照的是，如果进行后处理，则同样重量的乏燃料最终需要处置存放的放射性废物体积将降至 0.5 $m^3$ 以下，同时放射性活性还将有所降低。因此，选择对乏燃料元件进行后处理，其经济价值和环境价值无疑是十分显著的。核燃料“一次通过”循环最为简单，在铀价较低的情况下也较为经济，但是近年来国际铀价一路飙升，闭式循环不仅可以大大提高铀资源的利用率，而且也比较经济，更符合核能的长期持续发展战略。当然，对于一些核电规模较小的国家，没有必要在其国内进行燃料再循环，可以通过国际合作的方式实现核燃料再循环。图 7.2 为核燃料循环示意图，其中左侧以轻水反应堆（LWR）为例（重水反应堆过程类似），采用湿法后处理过程；右侧以快堆（FR）和加速器驱动次临界洁净系统（ADS）为例说明核燃料循环过程，采用干法后处理过程。

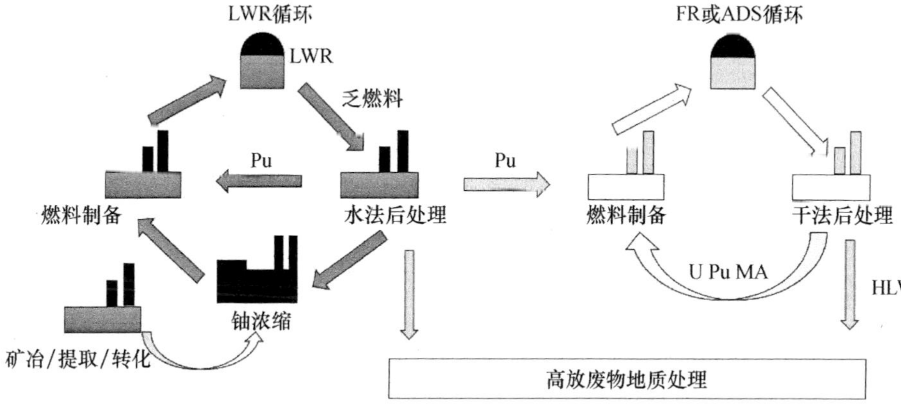


图 7.2 核燃料循环示意图

数据源于：《核能与先进核燃料循环技术发展方向》

所谓的“乏燃料后处理”是指在核燃料循环中经过辐照过的燃料元件从堆内卸出时，不管是否达到设计的燃耗深度，总是含有一定量裂变燃料（包括未分裂和新生的），回收这些宝贵的裂变燃料（$^{235}U$，$^{233}U$ 和 Pu）以便再制造成新的燃料元件或用做核武器装料的过程，其中分为干法后处理和湿法后处理两种。

乏燃料后处理过程十分复杂，这是因为乏燃料的放射性很强，有些核素的毒性又大，有发生临界事故的危险等，要求整个后处理过程必须在屏蔽和密闭的条件下远距离操作运行，这就给后处理过程带来很大的难度。不过，历经多年的发展，乏燃料后处理技术目前已经比较成熟。

后处理技术的研发始于 20 世纪 40 年代，首先是为军工服务的，即从低燃耗的生产堆乏燃料中提取军用钚，然后将后处理的对象转向动力堆（首先是核电厂）的乏燃料以及各类研究堆的少量乏燃料。20 世纪 70 年代以来，后处理技术取得了巨大的进步。法、英、俄、日等国一直在运行着大型的商业性后处理工厂，这些工厂的工艺、技术、安全、管理、经济性等各方面都是成功的，已经积累了十分丰富和宝贵的运行经验。

商用的湿法后处理厂过程包括乏燃料的运输和贮存、剪切与溶解、溶剂萃取分离、纯化易裂变材料钚、铀、镎，工厂的主体设备、监测与控制、射线防护与临界安全、三废治理，以及工厂设施的去污与维修等过程。一般湿法后处理工艺可分下列几个步骤：

（1）冷却与首端处理：冷却将乏燃料组件解体，脱除元件包壳，溶解燃料芯块等。

（2）化学分离：即净化与去污过程，将裂变产物从铀-钚中清除出去，然后用溶剂萃取法将铀-钚分离并分别以硝酸铀酰和硝酸钚溶液形式提取出来。

（3）通过化学转化还原出铀和钚。

（4）通过净化分别制成金属铀（或二氧化铀）及钚（或二氧化钚）。

图 7.3 给出了湿法后处理工艺示意图。乏燃料后处理产生的钚产品可以采用制成铀钚混合物（MOX）燃料，主要在热堆中使用，也在快堆中使用（如俄罗斯和法国）。法国在后处理和 MOX 燃料使用方面较有代表性，法国一直选择核燃料闭式循环的技术路线，积极发展后处理再循环能力。法国后处理厂每年处理国内乏燃料 850 t，产生的约 8.5 t 分离钚随即制成 100 t MOX 燃料，进行再循环。

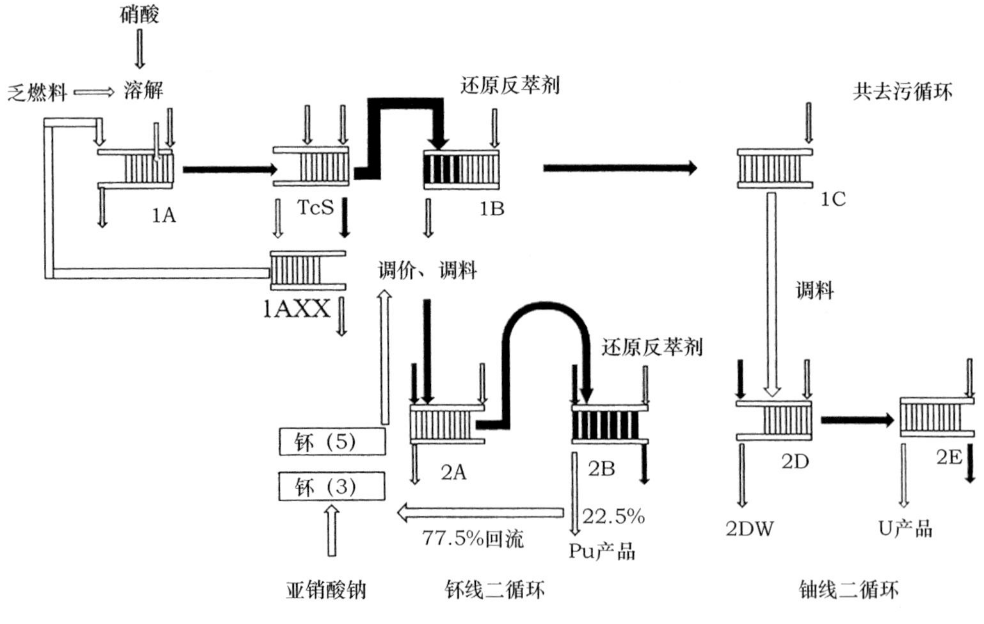


图 7.3　湿法乏燃料后处理工艺示意图

乏燃料后处理一直是人们关注的与核能、环境和安全密切相关的焦点问题之一。现在全世界每年产生的乏燃料数量超过1万t重金属，其中大部分贮存在水池或干式贮存设施中，除此之外历史积存的核电厂乏燃料约有20万t（湿法贮存192 070 t，干法贮存8070 t），因此，在核能的发展中乏燃料的处理是一个亟需解决的问题。目前，全世界的商用乏燃料年后处理能力为5675 t（其中英国2400 t/a，法国1700 t/a，日本900 t/a，俄罗斯400 t/a，印度275 t/a），仅约占每年卸出乏燃料的1/3。

进入21世纪以来，国家扶持核电的大力发展。这样必然会引起乏燃料后处理产业的发展。早在1983年我国就制定出符合国情的核燃料闭合循环战略方针。这符合当今的国际核能发展形势，因为全世界已经探明的铀资源将在不到一百年之内就会枯竭，如果实现全部的乏燃料后处理，提取出有用的核素继续实现核燃料循环，那么探明的铀资源将会延长利用3000年，从而实现了核裂变能利用的可持续发展。

我国的乏燃料核燃料后处理的科研工作起源于1956年，是在前苏联援助下从沉淀法起步开始的。1964年第二机械工业部（后称核工业部，延续为中国核工业总公司、中国核工业集团公司、中国核工业集团有限公司）决定抛弃沉淀法流程，改用先进的萃取法工艺；从1965年1月起，先后组织两批（共81人次）技术攻关突击队，进行萃取法热铀（即经辐照过的铀）处理小型试验；1968年9月，我国生产堆乏燃料后处理中间规模试验厂建成并投入运行；1970年4月，我国首座大型生产堆乏燃料后处理厂建成并投入运行；随后对工艺流程进行了改进，1975年还对燃耗较深的研究试验堆乏燃料元件进行了后处理，并开展了从高放废液中提取裂变产物和次锕系元素的研究工作，其分离工艺技术水平与当时的国际水平相当；20世纪80年代以后，特别是军用后处理厂停产后，我国对后处理技术研究开发的投入严重不足，后处理技术成为核能发展中的薄弱环节；后来用于动力堆燃料后处理的后处理中试厂的建设进度拖期，直到2010年4月份开始进行5%热调试，调试过程中出现了一些问题，后逐步进行50%和100%的热调试，现在基本流程已经打通。

目前我国正在努力缩小在后处理工艺设备、自动控制、远距离维修等方面与国际先进水平的差距，我国的核电事业正在稳步、健康地发展中，有必要建设一座与之配套的、年处理能力为上千吨乏燃料的后处理厂。如何奋起直追，实现后处理技术的长足进步，已成核工业的当务之急。

## 四、核设施退役治理

我国核设施退役工作已经开展20余年，该期间核设施退役工程和科研均取得了显著进展。当前，我国的“华龙一号”已扬帆海外，大型核燃料后处理工程正在开展设计，中外合作的大型商业后处理项目正在积极推进，此时开展核设施退役技术标准体系的梳理，有助于大型核设施在设计阶段提前考虑退役需求，在设计阶段提前考虑便于退役的设计。同时，根据目前我国核电和核化工产业的发展速度和规模，40～50年以后，将有大批核电厂也面临退役。核设施退役技术标准体系可以规范退役工程的工作流程，强化技术标准在核设施退役领域的规范作用，实现技术标准对工程的推动作用。因此，针对我国当前核电和核化工领域的发展状况和趋势，梳理适用于核设施退役领域的技术标准，建立核设施退役技术标准体系是十分必要的。

核设施退役工程是多技术集成的系统工程，核安全要求贯穿于核设施退役的全过程。核设施退役技术标准体系必须考虑核设施退役工程的全覆盖，即包括：核设施安全关闭、放射性测量与监测、退役过程实施、放射性废物管理、放射性废物处置、退役安全、退役经费、退役质量保证这八部分主要内容。

1. 核设施安全关闭

核设施停运后，为使其达到安全、稳定并满足退役条件的状态，开展的工作包括卸料倒空、初步清洗与拆除、废物清理与移出、退役整治方案前期论证等。对于核电厂的退役而言，关闭核反应堆只是退役的一部分，退役工作从移除高放乏燃料开始，以清理所有设施或厂址包括受污染的土壤和地下水结束。对于其他核设施而言，虽然没有乏燃料的移除，但也必须在安全关闭阶段考虑运行废物的清理和去污等工作。

目前 IAEA 核安全导则和国内导则、技术标准均未涉及安全关闭的内容。为规范核设施安全关闭设计和实施，建议应该尽快制定核设施安全关闭相关的导则和技术标准，以确保核设施从运行状态逐步安全过渡到待退役状态。

2. 放射性测量与监测

放射性测量与监测贯穿于核设施退役的整个过程，根据放射性测量与监测范围不同，将其分为源项调查、人员辐照监测、废物监测、环境监测等。目前退役工程参照和执行的技术标准主要包括：EJ/T 1191—2005《推导退役后场址土壤中放射性残存物可接受活度浓度的照射情景、计算模式和参数》，EJ/T 1192—2005《生产堆退役源项调查取样技术准则》，EJ/T 1193—2005《后处理厂退役源项调查取样技术准则》，EJ/T 968—1995《生产堆退役环境和流出物辐射监测准则》，GB/T 17947—2008《拟再循环、再利用或作非放射性废物处置的固体物质的放射性活度测量》以及 HJ/T 61—2001《辐射环境监测技术规范》等。

3. 退役过程实施

根据退役工作的特点和全工期考虑，退役技术标准体系将根据退役过程的实施划分为综合基础标准及退役整治、去污、拆除和厂址清理等相关标准，其中适用于整个退役过程的标准将归纳入综合标准中。

（1）综合标准

退役综合标准是基础性的标准，适用于退役各环节。HAFJ 0063—1997《核设施退役的方法和技术》，HAFJ 0064—1997《陆上核反应堆退役有关的因素》，HAD 202/04—1992《研究堆和临界装置退役》，是国家核安全局发布的技术文件，适用于相应的退役项目。

（2）退役整治

退役整治是核设施安全关闭后为满足核设施退役安全实施要求开展的对核设施整治改造工作，到目前为止，核设施退役整治工作均是按照工程需求直接开展相关工作，没有指导性的文件可参考。为规范退役活动中退役整治改造，建议尽快制定核设施退役整治相关的技术标准。

（3）去污

行业标准 EJ/T 941—1995《生产堆退役的去污技术准则》适用军工遗留反应堆退役去污，核化工厂及其他类型核设施的退役去污可参照执行。退役去污还可以参考 EJ/T 747—1992《压水堆核电厂——回路系统、设备化学去污导则》和 NB/T 20142—2012《压水堆核电厂——回路系统及设备化学去污》等技术标准。考虑到不同核设施差异较大，建议考虑制定《核电厂退役去污技术准则》《核燃料后处理厂去污技术准则》等相关标准。

（4）拆除

核设施退役拆除的设计和工程实施目前尚无技术标准，缺乏技术性指导文件。为规范退役工程中的拆除工作，建议尽快制定核设施退役拆除及拆解相关的技术标准。

（5）厂址清理

厂址清理是设施退役的收尾环节，包括废物清理和环境整治。国家标准 GB/T 14588—2009《反应堆退役环境管理技术规定》规定了反应堆退役过程和终态的环境管理目标、原则、程序和要求等内容，适用于反应堆和研究试验堆退役，其他设施退役可参照执行。行业标准 EJ/T 1191—2005《推导退役后场址土壤中放射性残存物可接受活度浓度的照射情景、计算模式和参数》适用于各类核设施退役终态放射性残存物的核算。HJ 53—2000《拟开放场址土壤中剩余放射性可接受水平规定（暂行）》规定了土壤剩余放射性水平的要求。

4. 放射性废物管理

我国放射性废物管理技术标准相对完善，环境保护部、工业和信息化部、国家国防科技工业局组织制定了《放射性废物分类》，自 2018 年 1 月 1 日起施行。这份文件的施行，将有效加强放射性废物的安全管理，保护环境，保证工作人员和公众健康，促进核设施退役事业的发展。HAF 401—1997《放射性废物安全监督管理规定》和 GB 14500—2002《放射性废物管理规定》等技术文件和技术标准适用于退役放射性废物管理。此外，放射性废物最小化是退役工程的基本原则，但国内缺乏放射性废物最小化的指导性文件。GB/T 17567—2009《核设施的钢铁、铝、镍和铜再循环、再利用的清洁解控水平》已经提出放射性材料再循环再利用清洁解控水平，但是缺少指导材料循环利用的相关技术标准。

5. 放射性废物处置

一般地，核设施退役产生的放射性废物，处置方案可包括就地处置和送放射性废物处置场处置。关于送放射性废物处置场处置，GB 9132—1988《低、中水平放射性固体废物的浅地层处置规定》、GB 16933—1997《放射性废物近地表处置的废物接受准则》、GB/T 28178—2011《极低水平放射性废物的填埋处置》、EJ/T 1109. 1—2000《低、中水平放射性废物近地表处置设施设计规定非岩洞型处置》、EJ/T 1109. 2—2000《低、中水平放射性废物近地表处置设施设计规定——岩洞型处置》等国家标准和行业标准可遵照执行。核设施退役如果选择了在原地埋葬的退役策略，则该设施将改造为处置设施，在这个过程中没有可遵照执行的技术标准，后续如果有这方面的的需求，应提前考虑制定相应的技术标准。

6. 退役安全

核设施退役安全根据性质不同分为安全基础、辐射安全、工业安全、事故分类与分析 4 个方面。

（1）安全基础

国标 GB/T 19597—2004《核设施退役安全要求》属于核设施退役综合基础标准，其规定了核设施退役的安全目标、管理原则、辐射安全、退役废物安全、工业安全要求等内容。适用于非事故关闭的核设施退役，因事故而关闭的核设施的退役也可参照执行。行业标准 EJ/T 1200—2006《生产堆退役设计安全准则》和 EJ/T 1201—2006《核燃料后处理厂退役设计安全准则》针对生产堆和后处理厂两类特定设施的退役设计进行了安全要求。

（2）辐射安全

辐射防护体系既有可能适应军工和民用两种不同情况，也有可能满足特定退役工程中不同部分的需要。核设施退役过程中与辐射安全相关的标准主要包括辐射防护原则及要求、辐射防护目标、源项分析、辐射防护措施及优化措施等方面。退役辐射安全领域现有的技术标准并不完善，除了强制执行的基本安全标准 GB 18871—2002《电离辐射防护与辐射源安全基本标准》外，EJ 875—1994《生产堆退役放射工作场所区级划分》、EJ/T 1203—2006《核设施退役实施中辐射防护大纲要求》《EJ 588—1991 核燃料后处理厂退役辐射防护规定》和 EJ 913—1994《铀矿地质设施退役辐射环境安全规程》均属于行业标准。GB 11850—1989《反应堆退役辐射防护规定》已经在 2005 年废止，正在申请重新修编。

（3）工业安全

核设施退役工程的工业安全主要应该考虑卫生、噪声、防火、防机械伤害等常规工业安全要素，可以遵照 GBZ 1—2010《工业企业设计卫生标准》、GB/T 50087—2013《工业企业噪声控制设计规范》、GBZ 2. 1—2007《工作场所有害因素职业接触限值第 1 部分：化学有害因素》、GBZ 2. 2—2007《工作场所有害因素职业接触限值第 2 部分：物理因素》和 GB 50016—2014《建筑设计防火规范》等技术标准执行。

（4）事故分类与分析

核设施退役工程中发生的事故主要表现为电离辐射事故、工业安全事故等，可按卫生部标准 GBZ 113—2006《核与放射事故干预及医学处理原则》、国家标准 GB 6441—1986《企业职工伤亡事故分类》以及行业标准 EJ/T 512—2012《核与辐射事故应急医学处理设施和装备》等标准执行。

7. 退役经费

核设施退役领域目前还没有经费方面的标准，为实现核设施退役工程费用的合理化、科学化和标准化，目前中国核工业集团有限公司相关单位正在积极推进相关标准制定的前期准备工作。

8. 退役质量保证

退役质量保证贯穿于退役活动的始末，包括退役实施各阶段、退役活动各方面对质量的要求。行业标准 EJ 876—1994《生产堆退役质量保证》规定了生产堆退役质量保证工作必须满足的基本要求，适用于生产堆质量保证大纲的制定和实施，也适用于生产堆退役时对安全重要活动有影响的各种工作，如设计、试验、去污、拆除、辐射防护及放射性废物管理等，生产堆以外的其他核设施的退役可参照执行。GB/T 15219—2009《放射性物质运输包装质量保证》可以用于退役工程运输工程中。EJ/T 20049—2014《核设施退役质量保证要求》的施行有效地促进了核设施退役工程质量的提升。

根据上述分析，核设施退役工程八个关键部分中，应该尽快制定安全关闭与退役经费两部分相关的技术导则和标准，满足日益增多的退役工程需求。此外，在退役实施过程，应该针对退役整治和拆除工作尽快制定相关技术标准，加强对退役整治和拆除设计和实施过程的管理和规范。在放射性测量与监测领域，应该补充完善源项调查相关技术标准，针对各类核设施提出相应的具体要求，推进退役源项调查工作的深入细致开展，为后续的设计和现场实施提供可信数据。

## 第四节　中国核能行业的衍生产业

除了传统应用发电外，核能还有更为广泛的新型应用，如海水淡化、城市供热、提供高温蒸汽等。而核技术的应用范围则更为广泛：包括医疗领域的放疗、消毒、X 光、CT、伽马刀；工业领域的无损探伤、污水处理、灭菌、材料改性等；另外还可以用于辐射育种、食品农产品辐射加工等。表 7.1 列举了核能及核技术在不同领域的应用。

**表 7.1　核能及核技术的广泛应用**

| 领域 | 应用 |
| --- | --- |
| 传统核能领域 | 核能发电 |
| 核能的新型应用 | 海水淡化、城市供热、石油钻采。高温蒸汽等 |
| 核技术在医疗领域的应用 | 放疗、消毒、X 光、CT、伽马刀等 |
| 核技术在工业领域的应用 | 无损探伤、污水处理、灭菌、材料改性等 |
| 核技术在农业领域的应用 | 辐射育种、农产品辐射加工等 |

### 一、海水淡化

就目前来讲，我国人口众多，因此对于水资源的需求量也比较大，而目前大概有 300 个城市出现缺水的现象，而且每年的缺水量高达 400 亿 $m^3$，是世界上排名第 2 严重缺水的国家。因此，发展海水淡化技术十分的迫切，该技术的应用是改善水资源紧缺的有效手段。海水淡化过程需要消耗大量的能源。与其他能源相比，核能是一种新兴的清洁能源，可作为未来海水淡化的主要能源。

海水淡化过程中核能的应用方式主要有两种。第一种是利用目前的核电厂二回路系统中的低温蒸汽设备将海水进行一系列的加热、蒸发和浓缩工艺后获得所需要的淡水资源。第二种是通过建设一个单独的低温供热核的反应堆，当反应堆向周围的城镇供热的时候，就会与海水淡化技术有机的进行了结合，而低温供热核的反应堆就会利用其热量对海水进行一系列的加热、蒸发以及浓缩等流程。基于此，可以得知利用核能源作为海水淡化的主要热源可以实现二氧化碳和化石燃料排放物的零排放标准。因此，发展核能具有保护环境的作用。表 7.2 是核供热站与化石燃料对环境的影响对比。

**表 7.2　200 MW 供热站与化石燃料锅炉房对环境影响的比较**　　单位：t/a

| 排放物 | 化石燃料锅炉房（200 MW） | | | 核供热堆（200 MW） |
| --- | --- | --- | --- | --- |
| | 煤 | 石油 | 大然气 | |
| 二氧化碳 | 385 000 | | 204 600 | 0 |
| 氧化硫 | 6000 | 1800 | | 0 |

续 表

| 排放物 | 化石燃料锅炉房（200 MW） | | | 核供热堆（200 MW） |
|---|---|---|---|---|
| | 煤 | 石油 | 天然气 | |
| 重金属 | 0.4 | | | 0 |
| 氧化氮 | 1600 | 619 | 807 | 0 |
| 烟尘 | 5000 | 49.2 | 30.9 | 0 |
| 灰渣 | 50 000 | | | 0 |

海水淡化技术主要有两种，即低温多效蒸馏（MED）技术和多级闪蒸（MSF）技术。

1. 低温多效蒸馏（MED）技术工艺

低温多效蒸馏技术的工艺流程是先将水平管喷淋降膜蒸发器进行串联和布置，再通过喷射器将海水均匀的在横管热交换器的管束上方进行喷淋，然后在横管的表面形成薄膜慢慢流下，横管热交换器的管内是加热蒸汽的设备。在这个过程当中海水会慢慢被除气，并且一部分海水会慢慢蒸发，这样热交换的效率就会提高。加热蒸汽被引进以来，其冷凝热效能可以保障同等数量的海水被蒸发掉，而蒸发出来的二次蒸汽会被当作加热蒸汽，然后等其冷凝后当作蒸馏水。通过反复的蒸发与冷凝，每次的蒸发温度都会低于前面的一次蒸发温度，这样的情况下就会得到多于蒸汽量很多倍数的蒸馏水。低温多效蒸馏海水淡化装置的能源消耗低，操作的温度相对较低，设备腐蚀的几率低，对于设备传热管的材质要求低，传热效率很高且投资少，设备的可操作性强且安全性能靠谱。

2. 多级闪蒸（MSF）技术工艺

多级闪蒸（MSF）技术的工艺流程是先将海水慢慢加热到一定的温度，然后让其依次流经闪蒸室，热盐水温度所对应的饱和蒸汽压要高于闪蒸室的压力，因此，热盐水会立即的变成过热水，然后迅速的被气化，从而使热盐水温度达到降低的效果，那么所得到的蒸汽冷凝就是所需要的淡水。就这样通过逐级的蒸发和降温，直到温度慢慢接近天然海水的温度。MSF 装置技术的特点是设备的使用寿命比较长、单机的容量相对大、而且对原始水的水质要求也不高、得出的水的质量也好、热效率很高。但同时也存在一些缺点，比如，设备的动力消耗很大、传热的面积相对较大、原始水的利用率非常低等，这个设备的可操作弹性很小，因此，比较适合造水量的要求恒定的地区。

核能在海水淡化过程中的有效利用可起到淡化海水和保护环境的双重作用。目前，我国已对核能在海水淡化方面的应用进行了广泛推广，但仍需国家继续加大在这方面的投资以建设示范工程，加快其发展步伐。

## 二、城市供热

我国城市集中供热始于 20 世纪 50 年代，改革开放后集中供暖大面积铺开。2018 年，我国电力行业供热年消耗 2.55 亿 t 标准煤，供热耗煤成为冬季雾霾的重要叠加成因。近年来，北方地区每到冬季取暖季频受雾霾困扰，利用核能开展清洁供暖成为中国调整能源结构、治理雾霾等问题的现实选择。核能供热，是清洁取暖的必然需求、治理雾霾的现实选择。

核能供热并非新概念，其历史最早可追溯至20世纪60年代，世界上第一个实现民用核能供热的核电站——瑞典原型核动力反应堆 Agesta 实现连续供热10年。到了20世纪70年代，俄罗斯、保加利亚、瑞士、罗马尼亚等国就开发建造了很多核供热系统，作为区域集中供热或工业供热热源。

核能供热是以核裂变产生的能量为热源的城市集中供热方式，通过从核电机组中抽取高温高压蒸汽作为热源，采用多级换热技术，借助换热站实现水汽换热、水水换热，经过多个回路的运行，最后由市政供热管网将热量传递给用户。城市集中供热所需温度不高，现有的核能技术较易满足要求。因此，核能供热是解决城市能源供应、减轻运输压力和消除烧煤造成的环境污染的一种新途径。

目前，正在发展的核能供热方式主要有三种：一是城市集中供热专用低温供热堆。供热堆的压力为1~2 MPa，可以输出100 ℃左右的热水供城市应用。由于反应堆工作参数低，安全性好，可建造在城市近郊。二是核热电厂。核热电厂和普通热电厂原理相似，只是用核反应堆代替矿物燃料锅炉。核热电厂反应堆工作参数高，必须按照电厂选址规程建在远离居民区的地点，这使其发展在一定程度上受限。三是化学热管远程核供热系统。化学热管远程核供热系统利用高温气冷堆产生的900 ℃左右的高温热源进行可逆反应，并在常温下通过管道送到用户，在再生（甲烷化）装置中产生逆反应放出化学热，供用户应用。第三种核能供热方式可将核热送到远处供大片地区使用。

2019年11月15日，“全国首个核能商业供热项目”山东海阳核能供热项目一期工程第一阶段正式投用。海阳核能供热项目一期工程第一阶段是通过厂内换热首站向地方热力公司——丰源热力提供热源，再由丰源热力换热站、热力管网系统向用户供热。目前实施的70万平方米核能供热，据测算每年可节约2.32万t标准煤，减排222 t烟尘、382 t二氧化硫、362 t氮氧化物以及6万t二氧化碳，相当于减少约5台10 t的燃煤锅炉。

作为全国首个核能商业供热，海阳核能供热项目是创造性落实习总书记关于“加快推进北方地区冬季清洁取暖”的重要指示精神的有力举措，是推动《北方地区冬季清洁取暖规划（2017—2021）年》实施的良好实践，还为核电行业开拓核能综合利用领域作出了有益的尝试和探索。此举开创了国内核能商业供热的先河，为实现北方地区冬季清洁取暖提供了全新的“国家电投+山东方案”，标志着国家电投清洁能源战略再次取得新成果，山东省核能产业发展再上新台阶。

国家核电、上海核工院已先后与国核吉林核电有限公司、国家电投黑龙江分公司签署了《吉林白山核能供热项目总承包框架协议》和《国家电投佳木斯综合智慧核能供热示范项目工程总承包框架协议》。这是除山东海阳核电核能供热项目外，国家电投近年来在东北地区布局的核能供热项目。预计在2030年前，国家电投将依托海阳核电及新核电基地，联合其他清洁能源供热方式，替代胶东半岛所有燃煤锅炉供热。

中国核能行业协会于2021年4月14日发布了《中国核能发展报告2021》蓝皮书，中国核能行业协会秘书长张廷克表示，可用于冬季供暖的供热堆示范项目正在积极争取落地，应用于陆地和海洋的多种小型堆技术的研发也在持续开展。“快中子反应堆”在关键工艺测试、耐腐蚀材料、燃料组件研发等方面取得一系列成果。

然而，核能供暖推广仍面临四个难点：一是确保核能供暖的安全性需要开展大量工作。二是内陆地区核电发展因为缺少冷却水而运行困难。三是核反应堆需要建在无人居住的海边，或者周围一定范围内没有人烟的区域，建设如此长的导热设施，热量在传导过程中的耗损有多大，目前尚需进一步研究。四是热能作为核能的副产物，目前人类只能通过热转换的方法提取能量，其能量并不能直接成为供暖的动力；核能主要用于发电，而供热只是发电过程中的部分产物，有多大的转换量目前科学界并没有一致的定论。

## 三、核技术在医疗领域的应用

放射性同位素技术是核技术的一个重要分支。同位素在衰变时释放出射线，发生核辐射，当核辐射直接或间接地使物质发生电离就是电离辐射。辐射加工，是指将电子加速器（0.2~10 MeV）产生的电子线或放射性同位素（$^{137}Cs$ 或 $^{60}Co$）产生的 γ 射线的能量转移给被辐照物质，这些电离辐射作用到被辐照的物质上，产生电离和激发，从而释放出轨道电子，形成自由基，通过控制辐射条件，而使被辐照物质的物理性能和化学组成发生变化并能使其成为人们所需要的一种新的物质，或使生物体（微生物等）受到不可恢复的损失和破坏，达到人们所需要的目标。比如，使高分子材料分别实现接枝、聚合、裂变或交联，抑制或刺激生物生长，有效地杀灭害虫、虫卵、病菌等。这种技术有别传统的机械加工和热加工技术，因而被誉为人类加工技术的第三次革命，其特点是放射源释放的射线有很强的穿透能力，可深入到物质内部进行“加工”，这种加工在常温下进行。由于加工者是高能射线以及由它引发的高度活性中间物，而不是分子热运动，因此具有能耗低、无残留物、无环保问题的优点，是清洁的加工技术。而且其反应易于控制，加工流程简单，适合产业化、规模化生产。

辐射加工产业发展迅速，北美、欧洲的辐照加工产品应用已十分广泛，南美洲甚至比较落后的非洲，都相继有不少装置投入使用，年产值高达数千亿美元。近几年来，辐射加工技术在配方、抗氧剂、交联机理、性能检测等方面的研究正向更深、更宽的方向发展，在材料科学、生命科学、生物工程、环境保护、营养学、医疗科学、电子工程、航空航天、地质、石油化工等方面已取得重要成果。辐射加工技术在医疗领域中主要有如下应用：

### 1. 医疗卫生用品的消毒和灭菌

目前辐照在医疗卫生领域主要用来灭菌消毒。辐射灭菌、消毒是20世纪50年代发展起来的一种高新灭菌技术，是利用辐射源产生的 γ 射线与电子束等电离辐射（包括紫外线与X射线）进行灭菌、消毒的技术。辐照法具有穿透力强、消毒灭菌均匀彻底，不使消毒物品升温，不破坏包装，可连续使用，一次消毒量大等优点。用辐照法对医疗卫生用品进行灭菌、消毒，从整个社会经济效益衡量，效果好，费用低。这种处理的目的是杀灭医疗卫生用品中的致病微生物或所有微生物，电离辐射可使微生物的核糖核酸、蛋白质及酶变性、失活，使其致死，同时也可电离微生物细胞中的水分子，所产生的自由基与核糖核酸、蛋白质及酶发生氧化还原反应，致死微生物。当前，用于医疗卫生用品的消毒和灭菌的方法有十几种，如环氧乙烷、高压蒸汽、微波、膜过滤、高频极化等，辐射方法的优点是消毒、灭菌彻底，节省能源，不污染环境，无残留物、操作简便且是冷处理，特别适合风险高和灭菌要求高的医疗用品。1956年美国 Ethicon 公司首次采用电子加速器进行手术缝合线和一次性使用注射器及针头的灭菌实验。20世纪60年代，澳、英、法等国家工业化的辐照装置相继投入运行。经过40~50年的发展，目前，全世界45个国家的220座辐照源中的80%用于辐照医疗卫生产品。在美国、日本、欧洲（德国除外）60%的医疗卫生用品采用辐射处理。1989年我国建立了第一个医疗用品辐射消毒实验开发基地，即北京射线应用研究中心。γ辐射能够破坏微生物分子的各级结构，彻底杀灭微生物，是有效的灭菌方法，因而在保护人民健康、预防和控制传染病中将起到越来越重要的作用。

2. 药品的消毒和灭菌

药品消毒或灭菌处理的目的是杀灭药品中的致病微生物或所有微生物。口服药一般采用消毒，创伤及无菌体腔用药一般采用灭菌。在我国，成产业规模辐照的品种主要是中药。1978年以来，国家科委在"六五"、"七五"、"八五"三个五年计划中组织了中药辐照的研究，从事中药研究、检测、生产和辐射加工的28个单位参加了研究工作，先后对204种药材、44种单品丸、74种中成药及54种化学成分单体进行了$^{60}Co$-γ射线辐照前后的质量考察，对其中部分品种作了化学、药理、毒理研究，对部分中成药有效成分辐照前后的变化作了考察。对6种药材、7种化学成分单体及3种中成药附加剂的辐解产物作了深入研究。研究结果肯定了辐照灭菌效果，依据以上研究成果，卫生部制定了中药辐照规范。中药辐射消毒方法的设立在中药微生物标准设立之初为中药消毒提供了一个有效的、不可缺少的方法。事实上，中药材的辐射消毒已成为中药加工的一道工序，近20年来，中药辐照一直在辐射加工中占有较大的比重。

3. 辐照的生物学效应及作用

近年来的大量研究结果表明，适当控制辐照的频率、波长及功率可对生物体产生积极的作用。例如：

（1）对抗氧化系统的生物学作用

机体内有一套完整的抗氧化防御体系，抗氧化酶能防止自由基链式反应的氧化损伤。自由基会促使过氧化脂质的形成，一定浓度的过氧化脂质具有促进肿瘤的作用。已发现离体外周血经γ射线辐照后，其主要抗氧化酶活性会明显升高，小剂量γ射线照射对抗氧化酶有兴奋作用。因此，离体血经γ射线辐照后回输可为肿瘤的辅助治疗提供一定的理论支持。

（2）对免疫系统的生物学作用

外周离体全血经1 Gy γ射线辐照后，可增强红细胞抗氧化能力，输注后可提高机体免疫功能并且预防相关性移植物抗宿主病的发生。

（3）输血作用

γ射线辐照是近年发展起来的输血新技术，它利用放射性同位素产生的γ射线血液，杀灭其中免疫活性的淋巴细胞，从而大大降低同种免疫和TA-GVHD。因此，在血液病的支持治疗中，输注辐照血能起到改善贫血、预防出血的作用，并且能有效预防TA-GVHD，为需要长期输血的血液病患者提供了保护。

（4）对肿瘤细胞的生物学作用

肿瘤是严重威胁人类健康和生命安全的疾病杀手，放射治疗在肿瘤治疗中的作用受到了越来越多的重视。放疗是利用电离辐射对细胞，特别是细胞中的遗传物质DNA的损伤作用，诱发病灶部位不正常细胞的凋亡来治疗肿瘤。细胞对放射线的敏感性，在分裂期最高，在DNA合成期最低。放射疗法仅对异常增殖的癌肿给予大量的杀伤，使之缩小，同时机体又再次尽可能发挥最大的调节功能。从 19 世纪末发现 X 线和镭以来，用放射性治疗恶性肿瘤已有极显著的发展。目前临床常用的放射治疗可分为体外和体内两种，前者用 X 线治疗机、钴 60 治疗机或中子加速器进行治疗，后者则用放射性核素进行治疗。放射疗法可治疗癌症改善症状，延长生命，达到最好的期望结果。目前采用高能 X 线、γ 射线和高能粒子线进行癌的放射疗法。放射治疗的发展很快，从 X 线机到超高压装置，不断完善更新，并出现质子射线，负 π 介子等特殊放疗。当前的放射治疗技术有外照射，近距离照射包括腔内和组织间照射，立体定向放射和“代谢性”照射。

4. 生物学材料

通过辐照，使高分子材料之间的长线形大分子之间通过一定形式的化学键连接形成网状结构，增加高分子之间的束缚力，进而增强材料的热稳定性、阻燃性、化学稳定性、耐滴流性、强度和耐应力开裂。

目前已有大量的研究表明，辐照可用于医疗领域生物学材料的制备。采用 γ 射线辐照交联 PVA 水凝胶关节软骨修复材料与采用冷冻解冻和辐照交联相结合的方法制备聚乙烯醇（PVA）水凝胶的研究结果表明：①制备的 PVA 水凝胶具有三维多孔网络结构，辐照交联使得网络结构更加致密和完善；②水凝胶的含水量随着辐照剂量和 PVA 浓度的增加而减小；③在往复式销—盘摩擦磨损试验机上，摩擦的起始阶段，双相润滑机制起主导作用，载荷主要由水凝胶中的液体相所承担，摩擦系数较小；随着载荷作用时间的延长，固体相所承受载荷的比例相对增高，摩擦系数渐渐增大且趋于稳定，润滑机制转为边界润滑。此种生物修复材料的性能明显优于传统材料。

## 四、核技术在环保领域的应用

电离辐照作为一种新兴高级氧化技术，不仅具有一般高级氧化技术的共同优点，还弥补了其他技术的不足，其特点和优势如下：①具有广适性。对于大多数污染物均有去除效果；②具有高效性。氧化能力强，反应速率快，污染物降解彻底；③具有清洁性。无须添加其他试剂，无二次污染；④具有明显协同性。辐照技术与其他方法联合使用时，协同效应明显；⑤具有强穿透性。可穿透固体颗粒，杀死其中的病菌和病毒，达到消毒的效果；⑥具有操作简便安全性。电子加速器具有高自动化，安全性好，便于实际应用。

在水处理过程中，电离辐照会带来化学效应（如污染物分解和聚合）、物理化学效应（如胶体变性）以及生物效应（如灭菌消毒）等多种变化。辐照技术已经被用于解决一系列的环境问题，如脱氯和染料降解、污泥处理、有机污染物氧化、杀虫剂去除及药物降解等。将辐照技术应用于饮用水、地表水、地下水、市政污水以及工业废水的净化也越来越受到关注，许多国家对此进行了大量的研究工作，辐照技术研究已趋于成熟，逐渐由研究向工业应用过渡，一些国家已进行了相关的工业示范或商业运作。国际原子能机构（IAEA）已将其列为 21 世纪和平利用原子能的主要研究方向之一。

1. 在气体净化方面的应用

空气中的氮氧化物（$NO_x$）和二氧化硫（$SO_2$）等污染物是引起地球“温室效应”、光化学烟雾以及酸雨的主要来源，会造成植物生长受抑、建筑文物受损，甚至危害人类健康。它们主要来自于煤、石油等化石燃料燃烧及汽车尾气。

在高能电子束的作用下，烟气中的气体成分（大量 $N_2$，$O_2$，$H_2O$ 和 $CO_2$，少量 $SO_x$ 和 $NO_x$）吸收能量，快电子速度减慢，次级电子形成，能量顺利转移。气体受到辐照后，快电子与气体分子发生作用，生成一系列离子和自由基，包括：$e^-$、$N_2^+$、$N^+$、$O_2^+$、$O^+$、$H_2O^+$、$OH^+$、$H^+$、$CO_2^+$、$CO^+$、$N_2^*$、$O_2^*$、N、O、H、OH 及 CO。在高浓度水蒸汽存在下，·OH、$HO_2$·及激发态离子 O（$^3P$）会发生离子—分子反应、中和反应以及聚合反应。而体系中的 $SO_x$、$NO_x$ 由于其浓度较低，会与 N、O、OH 和 $HO_2$ 这些粒子发生反应，不会发生竞争反应。在这些活性粒子的存在下，烟气中的 $SO_x$ 和 $NO_x$ 被氧化生成硝酸和硫酸等中间产物，这些酸被注入的氨气中和。在整个过程中，水蒸汽的存在是极其必要的（一般湿度在 8%~10%）。它被辐照产生·OH 可以将 $SO_x$ 和 $NO_x$ 氧化，从而达到去除的目的。

电子加速器在气体净化方面比放电技术、电晕技术及其他传统技术体现出较高的能效。利用电晕技术解离 $N_2$ 分子需要 480e 的能量，而电子加速器仅需 80 eV。从高硫燃油产生的废气中去除氮氧化物，去除率可高达 82%。实验室小规模实验已经证实，辐照法可以显著地同时去除 $NO_x$、$SO_x$ 及挥发性有机物（VOC）。在波兰已建成相应的工业设施用于去除气体中的氮氧化物和 $SO_2$，去除效果可达 70%和 95%以上。Skalska 等开发出了包括电子加速器在内的多种方法提高低浓度氮氧化物的去除，表现出良好的效果。

2. *在水体消毒方面的应用*

水环境中含有大量细菌、病毒等病原微生物，它们严重威胁到人和动物的健康。辐照过程中会产生·OH、$e_{aq}^-$、·H 等活性基团，会与病原微生物中的核酸、蛋白质、酶等生物体生命活动必须分子发生作用，使生物体功能、代谢与结构发生变化而受损，甚至死亡。

Farooq 等分别利用电子束和 $^{60}Co$ 作为辐照源，对美国佛罗里达州迈阿密市某污水处理厂的二级出水进行辐照消毒研究。发现处理后的污水无有毒副产物产生，体现出了辐照技术在水体消毒方面的一大优势。

Sampa 等对巴西圣保罗市一污水处理厂的氧化塘系统进行为期一年的采样分析。在这一过程中，应用电子加速器对该厂生活污水进行辐照处理。发现当吸收剂量为4 kGy 时，污水中总大肠杆菌、粪大肠杆菌及总细菌数的去除率均超过 99.9%。

Basfar 等利用 γ 辐照对污水处理厂的二沉池出水进行消毒处理，发现在吸收剂量为 1 kGy时，污水中的总大肠杆菌和粪大肠杆菌去除率分别为 99.8%和 99.3%。将吸收剂量提高到 1.3 kGy 时，二者均彻底失去活性，无再生现象发生。

在自来水厂中，加氯消毒产生的消毒副产物已被证实具有“三致作用”，对人体健康危害极大。而电离辐照技术可以有效地去除水体中已有的消毒副产物，同时抑制消毒副产物的进一步生成。由此可见，电离辐照技术在水环境中病原微生物的杀灭、饮用水消毒及消毒副产物的去除、抑制等水体净化应用方面均体现出强大的优势。

3. *在污泥处理方面的应用*

活性污泥作为农业上氨氮的主要来源，只有经过消毒处理后才能投入使用，否则其中的病原微生物会进入人类食物链，危害生命体健康。

20 世纪 70 年代，在德国建成了第一座污泥辐照消毒处理站。1978 年，在美国新墨西哥州阿尔伯克基建立了圣地亚辐照装置，用于处理圣地亚实验室的干化污泥，并开始了这方面的研究工作。而电子加速器的使用开始于 20 世纪 70 年代的美国，麻省理工学院开发出了一种利用电子作用于市政污泥消毒的设施。

1992 年，印度原子能部在瓦尔道拉市建立了污泥卫生研究辐照设施工程，该设施利用$^{60}Co$作为辐照源对液态污泥进行辐照处理，这是亚洲第一座大型污泥消毒设施，设计辐照剂量为 3 kGy，日处理污泥量为 113 $m^3$，最初计划是用来处理瓦尔道拉市市政公司的污泥。Benny 等对该设施内活性污泥处理效率进行了研究，发现在开放体系和密闭体系下，污泥的处理率相差不大，分别为 55%和 56%。

4. *在无机物去除方面的应用*

从溶液中去除 $Cu^{2+}$、$Pb^{2+}$、$Ni^{2+}$、$Cd^{2+}$、$Zn^{2+}$、$Mn^{2+}$、$Co^{2+}$、$Hg^{2+}$和 $Fe^{3+}$等有毒金属离子对于环境修复、人体健康都是极其必要的。

Pikaev 对辐照过程中 Cd(Ⅱ) 的去除机理进行了分析，发现其去除过程主要是通过电离辐照产生的水合电子和氢自由基等还原性粒子的作用，使得这些金属离子形成胶体或沉淀，最终从溶液中分离出来。在氧气存在时，它还会被 ·OH 自由基，过氧化氢及 $HO_2$·自由基氧化。当有甲酸（HCOOH）存在时，·OH 自由基和 H 原子会将其转化成 $COO^-$，$COO^-$可以降低 Cd(Ⅱ) 和 Cd(Ⅰ) 的含量，最终将 Cd(Ⅱ) 还原为 Cd(0) 而沉淀，这一机理同样适用于 Pb(Ⅱ) 离子。

Pospíšil 等利用电子加速器（4.5 MeV）作为辐照源，对水溶液中的 $Co^{2+}$和 $Ni^{2+}$进行处理，主要考查了不同自由基消除剂对金属离子去除的影响。实验中分别采用 HCOOK 和 $Me^{2+}$作为·OH 自由基消除剂，结果表明，降解反应导致不溶金属胶体以及碳酸盐的生成。当吸收剂量为 80 kGy 时，$Co^{2+}$的去除率约为 90%，而 $Ni^{2+}$的去除率仅为 60%。用甲醇和乙醇作为自由基消除剂时，对 $Co^{2+}$而言，在吸收剂量为75 kGy的条件下，去除率约为 80%，用丙醇的结果相对较低。而在 $Ni^{2+}$溶液辐照实验中，使用乙醇和丙醇做自由基消除剂未看到沉淀生成；使用甲醇时，吸收剂量在 100 kGy 以上时才开始发生沉淀反应。

5. *在有机物聚合方面的应用*

电离辐照诱导污染物聚合主要包括胶体颗粒的聚集以及捕捉污染物的沉淀物等方面，这一过程主要是由于污染物与辐照降解产物及射线本身对整个处理系统的物化作用。污染物辐照聚合效果受到吸收剂量、初始浓度等多种因素的影响。

因辐照作用而使得有机物发生聚合最早见于 Danno 的报道，他利用$^{60}Co$ 作为放射源对水溶液中的聚乙烯醇（PVA）进行电离辐照作用，发现可以形成不溶性凝胶物质，该研究还发现此聚合作用的出现需要足够的吸收剂量及适度 PVA 初始浓度。Chen 等针对 PVA 水溶液的辐照聚合机理进行了分析，发现这一过程主要是 $e_{aq}^-$的作用，而不是·OH和·H。

Pikaev 应用两台电子加速器和$^{60}Co$ 源作为辐照源对含石油类工业废水进行处理，发现烃类化合物处于非均相体系，辐照后会发生聚合作用而沉淀。在实际废水处理中，这一过程更为普遍，聚合作用更为明显。

Shin 等利用 3 台电子加速器（总功率 300 kW）对韩国清原郡一造纸厂污水进行辐

照处理，运行过程中发现当吸收剂量在 3 kGy 以下时，絮凝沉淀效果较好；在吸收剂量 1 kGy 以下时，$BOD_5$ 去除率随着吸收剂量的增大而提高。经生物处理后的污水再进行辐照与沉淀结合处理，可提高废水可生化性。

孙宏图等在丙烯腈电离辐照处理过程中发现，当吸收剂量为 15 kGy 时，初始浓度为 1.0~4.0 g/L 的丙烯腈会生成白色沉淀，且高初始浓度更容易发生聚合反应。而吸收剂量对于聚合反应的影响较为特殊，表现出先增大再减小的趋势。

6. *在水体脱色方面的应用*

印染废水的常用浆料为 PVA、聚酰胺（PA）、羧甲基纤维素钠（CMC）等化学材料，以及天然胶类、淀粉等天然材料，而电离辐照技术已被证实对印染废水处理表现出较好效果。

研究报道，在印染废水辐照处理过程中，·OH 是主要作用基团，在强氧化条件下，可提高染料去除率。反应通常由辐照产生的氧化性粒子与染料分子中的 N—N 键或 C—N 键作用引起，这些粒子会进攻电子富集的部分，并将其氧化。有学者对偶氮染料辐照降解机理进行研究，结果显示水合电子（$e_{aq}^-$）会与偶氮染料中的共价键发生加合反应，生成联氨，这一过程的中间产物与 H 原子和偶氮分子作用的产物相似；而·OH 多数情况会与染料基团发生作用，其中与分子中的芳香环作用最为明显。由于染料间结构差异较大，它们达到相同去除效果所需吸收剂量相差较大。

1997 年 11 月，由国际原子能机构和韩国政府资助的世界上第一座商业化运行的电离辐照水处理示范工程在韩国大邱建成，它利用 1 MeV、40 kW 的电子加速器，将染料工业与电离辐照染料水处理工程相结合，与原有生物处理装置联合使用，为其提供预处理，提高了原水的可生化性，大大缩短了生物处理工艺停留时间。

Sun 等应用 $^{60}Co$ 源作为放射源，对茜素黄 GG（AY-GG）的辐照降解进行了研究，结果表明当其初始浓度为 100 mg/L 时，在吸收剂量为 9 kGy 的条件下，其脱氯率可达 65%。同时，还进行了可生化性分析，发现降解过程中产生了杂环芳香胺以及氰化物等有毒物质，但是随着辐照的进行，这些物质逐渐被去除，可生化性提高。

7. *在有机污染物去除方面的应用*

电离辐照对有机污染物的降解作用，主要是通过·OH、·H 及 $e_{aq}^-$ 三种主要活性粒子的氧化还原作用实现的。

胡俊等研究了氯酚类污染物的辐照降解反应，结果表明当吸收剂量为 2 kGy 时，10 mg/L 的 4-CP 完全降解。与臭氧氧化联合作用对氯酚类物质的降解效果远高于两种方法简单加和，表明辐照技术与臭氧氧化技术联合处理 4-CP 具有“协同效应”。

Burillo 等研究了含有芳香环的丁二炔在 γ 辐照下对聚氨基甲酸酯降解的影响。结果显示，当有 50%的聚氨基甲酸酯被降解时，需要 310 kGy 的吸收剂量，而加入 1%的 1,4-联苯基丁二炔后，需要 582 kGy 的吸收剂量才能达到相同的降解效率，表现出一定的辐照保护性。

Nowicki 等采用电子加速器（10 MeV）研究了热固性环氧树脂在双氧水存在下的辐照降解情况，结果显示双氧水的加入可有效促进热固性环氧树脂的降解，它对聚合链的切断有着一定的促进作用。

随着世界各国对电离辐照技术研究的深入，一些相关装置已经建成，表 7.3 列出了一些已投入工业应用的电子加速器设施的信息。

**表 7.3　世界工业化电离辐照水处理装置**

| 国家 | 处理对象 | 处理目的 | 处理水量 | 电子加速器信息 | | |
|---|---|---|---|---|---|---|
| | | | | 能量/MeV | 功率/kW | 剂量/kGy |
| 美国 | 工业废水 | 氯代物、有机物 | 25 L/min | 1.5 | — | 2.0~20 |
| 巴西 | 饮用水、生活污水、工业废水 | 染料、酚、原油、油脂、三卤甲烷 | 3 t/h | 1.5 | 37.5 | 2.0~20 |
| 俄罗斯 | 工业废水 | 异丁基萘磺酸盐 | 30 000 $t/d^1$ | 0.7，1.5 | 75~100 | — |
| 俄罗斯 | 市政污水 | 净化、消毒 | 500 $t/d^1$ | 0.3 | 15 | — |
| 俄罗斯 | 市政污水混合蜜糖酿酒废液 | 净化 | 7000 $t/d^1$ | 1.0 | 400 | 3.5 |
| 奥地利 | 饮用水 | 消毒、氯代物 | 2592 $t/d^1$ | — | — | — |
| 韩国 | 染料废水 | 净化 | 1000 $t/d^1$ | 1.0 | 40 | 1.0~2.0 |
| 韩国 | 染料废水 | 净化 | 10 000 $t/d^1$ | 1.0 | 400 | 1.0~2.0 |
| 韩国 | 造纸废水 | 净化 | 15 000 $t/d^1$ | 1.0 | 300 | 1.0~2.0 |

工业的快速发展带来了科技的进步和人类生活质量的提高，同时也带来了严重的环境问题，对生态环境的保护和治理成为现阶段亟需解决的关键问题。电离辐照技术作为一种新兴的高级氧化技术，具有广泛适用性、洁净性等自身特有性质，它以其自由基氧化选择性小、氧化能力强、反应速度快、处理效率高、降解毒性物质完全无害化、无二次污染的优势，在废水、废气以及固体废弃物处理中显现出巨大的发展潜力，显示出了广阔的应用前景，成为目前研究的热点。

但相对于国外研究而言，国内学者在该领域的研究工作还仅仅处于起步阶段。处理机理、动力学研究尚未成熟，试验性研究缺乏相应环境、安全及经济性评估，以致实际应用于环境保护领域的处理工程不能较快实现。因此，对离子辐照技术进行深入研究，尤其是探讨离子辐照技术与其他技术的组合工艺，对该技术的发展具有重要的理论和实际应用价值。这些工作将对三废的处理处置以及维持生态环境平衡起到重要意义。随着对电离辐照技术研究的深入，相关工艺将会日益成熟，目前面临的诸多难题也将迎刃而解。

## 五、核技术在农业领域的应用

随着核科学技术在我国的发展，其在工业、农业、医学等领域中的应用日益广泛，许多交叉学科也相继产生。核农学便是核技术在农业领域中应用的产物，属于非动力核技术应用。核农学是一门由核科学、农业科学、数学、物理学等基础学科相互交叉产生的一门综合学科，是我国农业科学技术中不可或缺的一部分，主要包括辐射育种技术、辐射储藏和保鲜技术、辐射杀虫技术、同位素示踪和核分析技术等几个方面。

1. 辐射育种技术

辐射育种技术是利用射线（X 射线、紫外线、中子及质子）等处理农作物的种子、植株等，使它们产生变异，再对它们进行挑选，得到优良的可遗传变异，对挑选得到的部分进行进一步培育，以得到新的品种。利用这种方法可以得到新的作物品种，而且利用辐射育种技术得到的新品种对人体无害。

尽管我国辐射育种技术的起步较国外晚，但是发展迅速，取得了令人瞩目的成就。据统计，截至 2007 年 3 月，我国利用辐射育种技术，已成功在 45 种植物的基础上培育出 700 多个新品种，超过全世界总数的 1/4。不仅带来之前从未有过的性状，还为国家带来了丰厚经济效益，培养了一大批高素质专业人才。樊光辉利用钴源对枸杞进行辐射处理，经过挑选，得到了性状优于“宁杞 1 号”品种的枸杞，为得到具有更高经济效益的优良枸杞品种奠定了基础；白昌军等以空间射线辐照育种得到的柱花草种子为原料，对其进行培育与选择，得到了适合南方生长的柱花草，为南方畜牧业发展中所涉及的问题提供参考。

2. 辐射储藏和保鲜技术

随着技术的发展，人类储藏食品的方法经历了冷冻、干燥、窖藏、腌制、高温等阶段，如今在保留这些传统储藏方法的基础上，产生了许多以现代先进技术为依托的储藏方法，辐射储藏与保鲜技术便是其中之一。辐射储藏和保鲜技术是伴随核科学技术的发展而产生的一种储藏食品的新方法。它利用辐射杀死待处理食品中的病菌与害虫，以达到储藏、保鲜的目的。赵光等曾利用钴源对熟兔肉进行辐射贮藏，并对处理过的熟兔肉的贮藏时间、营养成分等进行研究，实验发现，经过辐射处理的熟兔肉贮藏时间明显增长，营养成分无明显变化，食用安全。与传统的储藏方法相比，辐射储藏和保鲜技术具有安全、卫生、储藏时间长等优点。

3. 辐射杀虫技术

辐射杀虫技术并不是直接利用辐射使害虫失去生命特征，而是利用辐射对害虫进行辐射不育处理，使害虫丧失繁殖能力，从而达到“杀虫”的目的。唐燕平等对害虫桑天牛进行辐照处理，结果发现，在经过辐照处理后，桑天牛的繁殖能力显著降低，这为桑天牛的防治提供了一定的依据。相比于传统的防虫杀虫技术，辐射杀虫技术具有效果持久、环境友好、选择性强等优点。辐射杀虫技术的应用，不仅减少了对环境的污染，更避免了经济的损失。

4. 同位素示踪和核分析技术

同位素示踪与核分析技术主要是利用核素对制定的元素进行标记，进而分析所标记的元素的位置、含量等性质。邢廷铣等用 $^{15}N$ 对绿肥进行标记，并利用其饲养猪，研究了绿肥中的 N 在猪体内的代谢，得到了绿肥喂猪可以显著提高经济效益的结论。同位素示踪和核分析技术在生物的营养与代谢、农业生态学等方面起到了重要的指导作用。

# 第五节　中国核能行业的协同效应

## 一、什么是核能行业的协同效应

协同效应是指在复杂的大系统内，各子系统的协同行为所产生出的超越各类要素自身的单独作用，从而形成整个系统的统一作用和联合作用，强调的是整体的组合效应大于个体的效应。核能行业的协同效应主要表现在隐性协同和显性协同两个方面。

1. 隐性协同

核电产业与区域经济发展的隐性协同是指核电产业的发展能够满足区域经济的可持续发展的长期效应协同。隐性协同体现的是长期效应，而不是当前效应。

首先，核电几乎不产生污染性气体，在众多的电力资源中，核电所产生的温室效应气体是最少的。因此，从可持续发展角度来看，核电产业与区域经济发展具有正协同效应。

其次，安全可靠的核电能增强公众的信心。核电的安全性主要体现在核电站自身的安全性和核废料处理的安全性两个方面。经过几十年的探索与实践，人们已经掌握了丰富的核电站运营经验，而且通过完善设计，使得核电站的安全性大大提高。

最后，经济实用的核电能凸现其在电力结构中的优势地位。相对于煤电和油电，核电的建设费用比较高，但是它的燃料费和运行费却很低。综合考虑，核电的长期成本要低于煤电和油电。如果考虑因污染而产生的外部成本，核电的竞争优势则更为明显。

核电建设有助于缓解区域对常规能源的依赖，减轻常规能源对环境的破坏，提高区域的生态环境质量。同时，核电的发展也会优化区域投资环境，除了吸引一些高科技、高能耗的产业外，还能提升区域产业结构，促成产业集群，进而提高区域竞争力，使区域经济得到增长与发展。

2. 显性协同

核电产业与区域经济发展的显性协同是指核电产业与区域经济在人力、物力、财力等方面的协同。

从人力来看，核电产业属高科技产业，需要一批高素质的人才队伍，因此相应的教育、培训成为核电人才培养与建设不可或缺的一部分。同时，人才培养与建设涉及的领域不仅包括科研，还包括人力资源的培训、管理与教育等。在这些领域中不但培养了核电人员，而且与核电产业相关的人员也会从中受益。值得注意的是，在发展核电产业的同时，不但要吸引优秀人才投身到这一领域，而且还要加大自身的人才培养，以此为国家培养一支合格的核电产业主力军。

从物力来看，核电产业建设需要大量的物质投入和相关的产业配套。如核电厂厂房建设需要水泥、钢材等行业的供给，核电厂元器件需要装备制造业来辅助，因此核电发展给核电装备制造业以及其他相关附属产业带来了巨大商机。通过核电厂的建设，不仅带动了相关产业的发展，促进了国产化能力的提高，更重要的是通过核电设备制造，使装备制造业的技术水平显著提升。因此，关联面较大的核电产业是拉动我国经济增长、促进经济结构优化与升级的重要驱动项目。

从财力来看，核电产业是资本密集型产业。由于其设备技术含量高、工艺复杂等特点，需要大量的资本投入。对一个地区来讲，一个核电项目无疑对本地是一个巨大的资本投入，其投资效应会通过“乘数效应”刺激当地的经济发展。2020 年 9 月 2 日，国务院总理李克强主持召开国务院常务会议，核准海南昌江核电二期工程和浙江三澳核电一期工程，两个项目有效总投资超过 700 亿元人民币（数据来源，中国政府网，2020 年 9 月 3 日）。

## 二、核能协同效应具体事例

以核电产业建设与湖南经济发展的协同效应为例，面临“中部崛起”机遇和能源困境的湖南，核电与其经济发展的协同效应将得到更加明显的体现。

1. 湖南核电站的建设将使湖南形成完整的核电产业链，有利于产业内协同

湖南在铀矿地质勘探、铀矿开采、核燃料加工等方面具有良好的工业基础，已具有建设核电厂的基础。湖南核电产业的全面发展不仅能够解决湖南的能源紧缺问题，还有利于湖南核电产业内部协同。一方面，湖南的核工业基础是湖南核电产业的发展的前提条件，二七二厂、七一一矿、二十五公司、南华大学等在湘核工业单位将为湖南核电产业的发展提供强有力的支持。另一方面，核电产业的发展必将带动核电建设、核电设备等相关产业的发展。

2. 核电产业建设将随同湖南人力资源水平的发展，产生人力资源协同效应

核工业作为综合性高科技产业，高级人才比例大，涉及领域广泛。湖南在发展核电产业的过程中，必将引进大批核工业及其相关专业高素质人才，有利于当地人力资源质量的提高，符合湖南人才战略的需要。同时，南华大学的前身——中南工学院隶属于核工业部，已经为核工业培养了 3 万多名基础扎实、专长突出、实践能力强、富有创新精神的应用型高级专门人才，他们将为湖南核电产业发展提供坚实的人力资源基础。

3. 核电产业建设将与湖南经济发展产生资本协同

2006 年 7 月，中核集团与湖南省政府达成协议，以打造我国内陆首座核电厂为目标，加速推进湖南桃花江核电项目建设。核电建设对大量资本的吸引，必将促进湖南经济的快速发展。核电厂建成后形成一定规模的核电产业，也将成为湖南的利税大户，促使核电产业建设与湖南经济发展形成正协同效应。

4. 积极发展核电有利于湖南经济的可持续发展

由于湖南省电力以火电为主，电厂燃煤产生的 $SO_2$ 是造成大气污染的重要因素。为保证湖南经济的可持续发展，发展核电是最佳的选择，这也充分体现了核电产业与湖南经济可持续发展的协同性。

# 第六节　核能行业的衍生产业的发展前景

我国在核电总体设计、核岛设计、关键设备和材料国产化、先进燃料元件制造、数字化仪控系统开发等方面都取得重大进展。自主设计的三代核电“华龙一号”已投入商业运行，拥有完全自主知识产权，已出口巴基斯坦两台。在引进消化吸收 AP1000 核

电技术基础上，自主研发的三代核电 CAP 1400 示范工程也已开工建设。

通过实施国家重大科技专项，提高了核电装备行业的技术水平，主设备和关键设备大部分由国内供货，设备国产化率超过 85%。设备制造商的装备水平属国际一流，三大动力集团均具备年供应 3~4 套核电装备的能力，加上近年来，火电发展减速，腾出更大的产能，可以说我国完全有能力每年建设 6~8 台核电机组，设备行业的发展为核电大国奠定了基础。

我国已成为世界上少数几个拥有完整核工业体系的国家，成功实现铀浓缩离心机国产化，我国已建成完善的核电用锆材生产体系，自主研制的 CF2、CF3 核燃料元件，正在进行随堆考验。我国核电厂的核燃料供应完全立足国内。

核电的规模化发展不仅将促进能源发展，而且将拉动装备业、建筑业、仪表控制行业、钢铁等材料工业的发展，促进高科技及高端产业的发展，有利于经济转型与发展。

## 参考文献

[1] 孙宏图，王建龙. 高浓度丙烯腈废水的辐照处理[J]. 清华大学学报(自然科学版)，2009，49(9)：100-102.

[2] 胡俊，王建龙，程荣. γ-辐照-$O_3$氧化联合作用下 4-氯酚的降解[J]. 中国科学，2005(6)：520-525.

[3] 熊光权，程薇，林若泰，等. 中国核农学发展现状，存在的问题及发展方向[J]. 湖北农业科学，2009，48(8)：2033-2035.

[4] 白昌军，姚庆群，刘国道. 空间辐射育种技术选育柱花草抗炭疽病新品系[J]. 热带作物学报，2009，30(8)：1168-1175.

[5] 邹树梁，高阳. 核电产业与湖南经济发展的协同效应研究[J]. 中国核工业，2006(9)：31-32.

[6] 杜国用，杜国功. 中国核电产业的发展战略[J]. 能源经济，2008(9)：30-36.

# 第八章 我国核能产业可持续发展战略

## 第一节 我国核能产业发展 SWOT 分析

所谓 SWOT 分析，S（strengths）代表优势、W（weakness）代表劣势，O（opportunities）代表机遇、T（threats）代表威胁。即基于内外部竞争环境和竞争条件下的态势分析，就是将与研究对象密切相关的各种主要内部优势、劣势和外部的机会和威胁等，通过调查列举出来并按照矩阵形式排列，然后利用系统分析的思想，把各种因素相互匹配并加以分析，从中得出一系列相应的结论，而结论通常带有一定的决策性。运用这种方法，可以对研究对象所处的情景进行全面、系统、准确的研究，并根据研究结果制定相应的发展战略、计划以及对策等。按照企业竞争战略的完整概念，战略应是一个企业“能够做的”（即组织的强项和弱项）和“可能做的”（即环境的机会和威胁）之间的有机组合。SWOT 分析战略模式如表 8.1 所示。

**表 8.1 SWOT 分析及战略选择**

| | 优势 S（strengths） | 劣势 W（weakness） |
|---|---|---|
| 机会 O（opportunities） | SO 战略<br>战略重点：把握机遇，发挥优势 | WO 战略<br>战略重点：利用机会，克服劣势 |
| 威胁 T（threats） | ST 战略<br>战略重点：利用优势，避开威胁 | WT 战略<br>战略重点：避开威胁，减少劣势 |

了解我国核能发展历史和现状后，基于对未来核能可持续发展的考虑，对我国核能发展进行 SWOT 分析：分别对核能发展的内部和外部条件进行综合评价与概括，分析企业内部的优势与劣势、面临的外部机遇和威胁。其中，内部优势和劣势分析主要针对企业自身的实力以及与竞争对手的比较；外部机遇和威胁分析则注重于外部环境的变化以及对核能行业可能产生的影响。

### 一、我国核能产业发展的优势分析

#### （一）环保优势

2015 年，习近平总书记在巴黎气候变化大会上作出公开承诺：2030 年左右使 $CO_2$ 排放达到峰值并争取尽早实现，2030 年单位国内生产总值 $CO_2$ 排放比 2005 年下降 60%～65%，非化石能源占一次能源消费比重达到 20%左右。随着我国能源需求的持续上升，化石能源对外依存度不断增加。但我国核能占比远低于世界平均水平，且核能具有利用效率高、靠近负荷中心等特点，都使得核能成为我国清洁能源时代发展的必然选择（数据来源，新华社，2015 年 12 月 1 日）。

核电是能够大规模应用的低碳清洁能源，用生命周期分析方法从能源生产燃料循环链进行测算，核电链的温室气体排放系统远低于煤电链。据测算，一个装机容量 100 万 kW 的核电厂和同等规模的火电厂相比，每年可减少煤炭消耗 300 万 t，减少 $CO_2$ 排放 741 万 t。根据中国工程院《中国能源中长期发展战略研究》，由满足碳排放要求倒推测算，到 2035 年左右，核电装机将达 20 000 万 kW。

与其他能源相比，核能有着明显的优越性。一是核能发电几乎不会产生温室气体，也不会产生氮氧化物、硫氧化物等有害气体，其对气候的影响明显优于其他能源。二是核燃料相对于化石燃料来说，是可持续发展的能源，核燃料的后处理技术可实现核能的循环利用。三是核燃料的储存量足够人类使用很长时间，不用担心资源短缺。四是核电较其他发电方式，有明显的经济性。麻省理工学院 2018 年 9 月发布的《碳约束下的核能未来》研究报告指出，如果没有核电的贡献，要达到“将全球平均变暖限制在 2 摄氏度”目标的成本将大幅提升。

核能发展是清洁能源时代的鲜明主题，发展核电是我国的战略选择。首先，在推动经济转型升级、带动高端装备制造业发展方面，以“华龙一号”全球首堆工程为例，带动上下游 5300 多家企业实现了 411 台核心设备的国产化，促进了国家高端重大装备制造业、相关服务行业的发展，全寿命周期对产业链贡献高达上千亿元。此外，核能的发展还使中国与相关国家结成利益共同体、责任共同体、命运共同体。核能合作是国与国的“百年联姻”，同时，铀浓缩、后处理等技术合作，将强化与合作国家的联系。

如图 8.1 所示，电力行业碳排放占我国碳排放总量的 41%，是排放量最大的领域。造成这一现象的重要原因是因为，我国 49.1%的电力来源依靠传统的煤炭发电（数据来源，人民日报，2021 年 2 月 10 日）。

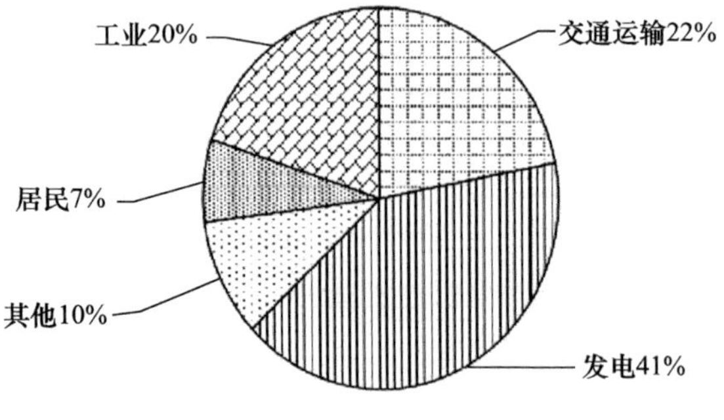


图 8.1 我国行业碳排放分布

尽管清洁煤技术在过去取得了一定成绩，一个 100 万 kW 的各类电厂一年排污量如表 8.2 所示，与之相比，一座同一规模的核电厂每年仅消耗 25~30 t 低浓缩铀（LEU）（2%~20%），相当于需要 150~180 t 天然铀。当采用离心法生产核燃料时，每千瓦时核电仅排出 8 g $CO_2$，相当于煤电排放量的 1%。以广东大亚湾核电厂为例，两座 98 万千瓦级的机组，每年使广东和香港两地减少煤耗 370 万 t。换言之，相当于减少 $CO_2$ 排放

900万t、二氧化硫排放17万t、一氧化氮3万t。

**表8.2 1000 MW各类电厂一年燃烧量和排污量**

| 燃料名称 | 煤 | 天然气 | 石油 | 核燃料 |
| --- | --- | --- | --- | --- |
| 容量/MW | 1000 | 1000 | 1000 | 1000 |
| 发电量/（TW·h） | 5.5 | 5.5 | 5.5 | 6.5 |
| 燃料/t | 240（原煤） | 77万 | 104万 | 27 |
| $CO_2$/t | 588万 | 248万 | 290万 | 0 |
| $SO_2$/t | 4.4万 | 0 | 0.2万 | 0 |
| $NO_x$/t | 2.2万 | 0.2 | 0 | 0 |
| 烟尘排放量 | 0.9万 | 0 | 0 | 0 |
| 灰渣排放量 | 45万 | 0 | 0 | 0 |
| 放射性 | 有（天然性） | — | — | 有（非天然） |
| 公众平均年有效剂量/mSv | ≈0.048 | — | — | ≈0.018 |

注：Sv为通用辐射剂量单位，1 mSv = 0.001 Sv，数据来源于广东省电力设计研究院核电所。

与传统的化石能源发电相比，核能发电效率高，在各类污染物排放方面几乎为零。党的十九大提出了“加快生态文明体制改革，建设美丽中国”的目标，核能作为清洁能源，与传统化石能源相比，具有明显的环保优势。

按照国家生态文明建设战略部署，以及大气污染防治和应对气候变化目标及《巴黎协定》中已经承诺的减排目标，我国加快低碳清洁能源发展势在必行。然而，近年来随着清洁能源产业不断发展壮大，风电、光伏等装机和发电量比重快速提升，利用水平正逐步接近并部分超过国际公认的平均合理水平，风电、光伏发电的大规模集中并网，对电网的适应性和调频调压能力提出了更高要求。我国电力系统尚不完全适应更大规模波动性和随机性强的新能源快速接入。同时，面对国内资源环境制约日趋激化和应对气候变化减少 $CO_2$ 排放的双重挑战，考虑到后续水能、风能和太阳能等可再生能源开发的资源限制和生态环境制约，遵循能源电力绿色低碳发展要求，核能产业发展对于我国突破资源环境的瓶颈制约，保障能源安全，减少 $CO_2$ 排放起着不可替代的作用，应该把核能作为推动绿色发展、建设美丽中国的重要选择，核能将在我国低碳清洁、安全高效的现代能源体系中扮演更加重要的角色。

（二）经济优势

除了为人类生产与生活提供所需的电能外，核电出口对拉动经济增长的作用不可小觑。广义来看，中国每出口一台核电机组，投资约300亿元，全寿期可以为投资输出国与输入国产生约1000亿元人民币的产业贡献。另据专家测算，出口一座“华龙一号”核电厂的效益，相当于中国出口200架中型飞机，将有效带动国内设计、设备制造等高端装备制造企业和高新技术企业共同“走出去”，助力中国迈入制造强国行列。此外，核电被誉为“环境之友”，核电出口为全球创造的社会价值同样不言而喻。一座百万千瓦的核电厂每千瓦时的电能成本比火电站要低20%以上；另外，核电厂可以大大减少燃料的运输量，一座 100 万 kW 的大型火电厂，每年需原煤 300 万~400 万 t，运这些煤需要 2760 列火车；而同等功率的核电厂所用掉的核原料约 80 t，只要 2 只标准货柜就可以运载完毕。

核电发展促成上下游企业集群，带动相关产业发展基于秦山核电厂这一优势，海盐县于 2007 年就提出了“接轨核电、发展核电相关企业”的口号。例如，2010 年海盐县在中国核工业集团的促成下又开启了“中国核电城”的计划，力图将海盐县打造为中国核电产业聚集地。截至目前，海盐县由于核电产业发展规划，已经内育外引了 78 家核电关联企业，其中包括两家世界五百强企业、8 家上市企业和规模以上企业 25 家。这些核电关联企业，覆盖了服务行业、装备制造业、文化行业等产业，成功围绕核电厂打造出一条完整的核电产业链。

核电之所以能够推动产业集群，带动相关产业发展，首先是由于核电无法作为单个产业独立存在。一方面，核电厂的建造对于核材料的精密度要求极高，需要大量高质而稳定的核材产品供应。尤其海盐秦山拥有我国数量最多、堆式最多的核反应堆，核材市场潜力巨大，自然能够吸引核电企业的入驻并为其提供发展空间。核电企业多是具有技术优势和品牌优势的装备制造业企业，如研发出全球首个 124 t 超低碳控氮不锈钢电渣锭的浙江电渣核材公司，就是浙江省战略性新兴产业的代表企业。另一方面，核电厂的维护和运营极其复杂，与核安全息息相关，需要专业的团队提供维修、监督、人员培训等生产性服务。借鉴国外核电的发展经验，我国核电厂的管理也逐渐向多元化的外包模式转变，对于相关的服务性需求极大。2016 年万纳神核控股集团等 9 家企业，就根据秦山核电基地的服务性需求，在海盐县成立了生产性服务联合会。海盐县政府也开创先河，专门设立了核电产业服务局，以促进当地核电服务业的完善。

核电作为清洁能源的一种，其发电功率高，具有稳定性，且无需频繁添加燃料。根据 2020 年国际能源署和经合组织核能署（OECD-NEA）联合发布的《预计发电成本报告》显示，核电到 2025 年仍将是成本最低的可调度低碳发电技术。因此发展核电可以给经济社会发展提供稳定的电力，同时降低用电成本，减少电力传输过程中的损耗（数据来源，国际能源署，2020 年 11 月）。

随着经济的发展与技术的革新，产业发展对于电力的消耗量会越来越大。火力发电因其不可再生性，必然会遭到淘汰。而核电因其化学形态，近乎于可再生能源，发电功率也远高于火力发电。因此发展核电可以稳定持续地供应当地经济社会发展所需的电力，从而解决当地产业创新升级的后顾之忧，促进当地产业向机械化、数字化生产的转变，实现经济的可持续发展。

### （三）资源利用优势

世界上所储备的矿物能源是有限的，对于我国来说，能源资源相对缺乏，而人均能源资源也是远低于世界平均水平。煤炭发电是我国目前主要的发电方式，但煤炭发电会影响环境，引起全球变暖。原油和天然气也可用来发电，但这些矿物原料是十分宝贵的化工燃料，用于大规模发电略有可惜。铀是核能发电的燃料，铀资源的用途比较少，用来发电是最好的选择。我国人均矿物储存量远低于美国，但每年的开采量却居高不下。相反，美国对能源实施长期储存的战略，从国外进口能源，而不自己开采。这种战略方式值得我国从中借鉴。

我国几十年的铀矿地勘工作和有效利用铀资源的分析研究表明，中国铀资源能做到“近期有富余，中期可保证，远期有潜力”。据国内外有关专家判断，中国铀资源的储量为170万~200万t，其规模十分可观。根据目前已经勘探出来的铀资源储量，我国被列入世界铀资源最丰富的国家之一。

目前，在我国西南地区，已经探明的铀矿资源矿床主要包括4种类型，即碳硅泥岩、砂岩、火山岩及花岗岩铀矿矿床。而在这些不同类型的铀矿中，成矿年龄最小的铀矿矿床至今也已有几百万年。但在我国北方地区，已探明的铀矿矿床类型为可地浸砂岩型铀矿，这类铀矿矿床共计约200多个，此种类型的铀矿床也是我国目前最大的铀矿矿床，其累计赋存的铀矿资源总量在世界上名列前茅，对于我国核电事业的快速发展提供了良好基础。

虽然在我国西南地区分布着大量其他类型的铀矿床，但在这些矿床当中，富含的铀矿资源总量占了我国铀矿总矿产总量的90%以上，其中在已查明的铀矿储量中，花岗岩型铀矿矿床成矿条件和机理复杂，而在含煤地层及碱性岩中也分布着其他的类型的铀矿床，这些矿床地层、地质都为我国西南地区铀矿资源的成矿奠定了良好基础。

从具体勘查及开发、技术应用前景来看，铀矿资源在西南地区勘查及开发潜力大，前景广。其作为一种核心的核电厂建设原料及核武器制造所需原料，在世界政治、军事及经济领域都有着重要应用和巨大需求。随着当今能源格局的变化，各国政府已经大力倡导使用核电等清洁、环保、绿色能源，由此为铀矿资源的勘查及找矿提供了良好机遇。

但由于我国铀矿床一般规模不大，品位较低，加之铀矿冶工艺技术较为落后，在20世纪80年代以前，我国铀矿企业的经济效益普遍不好，资源利用率不高。经过技术改造以及地浸、堆浸和原地爆破浸出等新技术、新工艺的出现和广泛使用，工艺流程大大缩短，能耗与原材料消耗也降低了，铀资源的生产率也提高了10倍以上，资源利用率也在原有基础上提高了20%~30%。目前，我国已基本上形成了一个技术新、队伍精、效益好的新型铀矿冶炼体系。这种新型铀矿冶炼体系，为铀资源的供应提供了保证。

### （四）核工业基础优势

我国已在2020年全面实现小康社会，但是许多矿产资源特别是一些战略性矿种已严重不足，资源的制约已成为影响社会经济发展的硬制约，引起了中央的高度重视。就核工业而言，我国的铀资源储备也远远不能满足核电发展的需求，国家已将铀矿列入急需加强勘查的战略性矿种，中核集团公司按照“立足国内，增加储备”的基本方针，正在加强铀资源开发和铀矿地质工作。

自1955年中央作出了中国要发展原子能事业的战略决策后，我国核工业从无到有，相继建立了铀水冶厂、同位素分离厂、铀转换厂、核燃料元件制造厂、后处理厂和一批研究设计院所，使我国成为世界上少数几个拥有比较完整的核工业体系的国家之一。为推进核能的和平利用，20世纪70年代国务院做出了发展核能的决定。经过多年努力，我国核能从无到有，从核能产业链上游的核燃料及燃料组件供应，到中游的核设备生产，再到下游的核电厂投资运营均得到了快速的发展。核电关键设备和材料自主化、国产化水平稳步提高，铀资源、核燃料保障能力大幅提升，为我国核能发展提供了可靠保证。

在中央“一带一路”、核电“走出去”等战略的指引下，我国核能领域技术研发水平快速提升，在三代核电技术研发和应用方面走在世界前列。2015 年，我国自主三代核电“华龙一号”开工建设；同年，“华龙一号”核电技术走出国门，巴基斯坦卡拉奇项目开工建设。CAP1400 示范工程已通过开工建设前的安全审评，正在履行核准程序。高温气冷堆示范工程土建已完成，正在进行全面安装。2018 年 6 月 29 日，中国广核集团台山核电 1 号机组首次并网发电成功，成为全球首台并网发电的 EPR 三代核电机组。2018 年 6 月 30 日，AP1000 三代核电全球首堆——中核集团三门核电 1 号机组首次并网成功。2021 年，1 月 30 日上午，中核集团在北京宣布：“华龙一号”全球首堆——福建福清核电 5 号机组，在完成满功率连续运行考核之后，正式投入商业运行（数据来源，新华社，2021 年 1 月 30 日）。

### （五）规模优势

《中国核能发展报告 2021》显示，截至 2020 年 12 月底，我国在运核电机组 48 台，装机容量达到 4988 万 kW；在建核电机组 17 台，总装机容量 1853 万 kW。数据显示，截至 2020 年，我国核电发电量 3 662.43 亿 kW · h，约占全国累计发电量的 4.94%。新投入商运核电机组 20 台，新增装机容量 2 344.7 万 kW，总装机容量位列全球第三（数据来源，中国核能行业协会，2021 年 4 月 14 日）。

目前全球范围内，中国是推动三代核电发展的主要国家。“华龙一号”自主三代核电技术完成研发，大型先进压水堆及高温气冷堆核电厂等重大专项取得重大进展，小型堆、第四代核能技术、聚变堆研发基本与国际水平同步。AP1000、EPR 三代核电技术全球首堆相继在我国建成投产并完成首炉燃料循环运行，自主核电品牌“华龙一号”投入运行，自主三代核电型号“国和一号”正式发布，我国在三代核电技术领域已跻身世界前列。

我国核电发展取得了世人瞩目的成就，实现了核电的起步和规模化发展，已经跻身世界核电大国行业。从总量上看，目前我国在运核电装机规模仅占全国总发电装机规模的 2.7%，核电发电量仅占全国总发电量的 4.94%，远低于 10.3%的世界平均水平，中国核电发展仍有很大的空间。预计到 2035 年，我国核电装机容量占比将达 5%左右，发电量占比达 10%左右。要实现 2030 年核电装机达到 1.2 亿 kW 的建议目标，从2020—2030 年，每年需投运 6~8 台机组；2035 年核电装机将达到 1.5 亿 kW。届时，我国非化石能源发电量有望全面超越化石能源。

## 二、我国核能产业发展的短板分析

### （一）技术路线不明确

我国核电厂建设项目在技术路线的选择上一直存在着争议，多头引进技术以致堆型多样化。已建成、出口和在建的核电机组中，既有从法国、加拿大、俄罗斯、美国全套引进的堆型，也有自主研发的 CNP300、CNP650、“华龙一号”、CAP1400 以及高温气冷堆等。由于技术路线的不统一，给设计、建设、燃料生产、设备制造、运营、监管以及核电“走出去”等带来很大的困扰。

我国已建成核电厂堆型种类多，技术来源复杂，未能形成标准化、系列化体系，经验积累困难，难以形成规模效应，同时加大了核电安全的监管难度。由于引进多个国家的机组，采用多个国家的标准和技术，造成我国核电设备制造行业标准混乱，尚未形成符合我国国情的、统一的核电标准体系，不利于核电产业自主化和国产化发展。

## （二）建设周期长，成本高

核电建设费用过高与建造周期过长是核能发展的主要障碍。目前我国核电只有在折现率低于5%，即只有在资本保值或低幅增值的条件下，才比火电和天然气更经济。核电的高造价不仅体现不了核电厂的经济性，而且使核电经济造价信号失真，使人们对发展核电疑虑重重，同时还加重了下游工业和用户的负担。世界核电建设周期比较如表 8. 3所示。

**表 8. 3　世界核电建设周期表**

| 地区 | 机组/台 | 装机容量/万 kW | 建设周期（月） | | | |
|---|---|---|---|---|---|---|
| | | | 1980 年前 | 1980—1999 年 | 2000 年后 | 平均 |
| 第一代反应堆 | | | | | | |
| 北美地区 | 14 | 179 | 51 | | | 51 |
| 欧洲经济区 | 43 | 752 | 60 | | | 60 |
| 经济互助委员会 | 4 | 35 | 89 | | | 89 |
| 东亚地区 | 1 | 14 | 56 | | | 56 |
| 全球 | 62 | 979 | 61 | | | 61 |
| 第二代反应堆 | | | | | | |
| 北美地区 | 138 | 12 620 | 69 | 130 | | 101 |
| 拉丁美洲地区 | 8 | 606 | 74 | 150 | 250 | 178 |
| 欧洲经济区 | 142 | 13 093 | 65 | 92 | 295 | 94 |
| 经济互助委员会及苏联 | 88 | 6154 | 63 | 87 | 233 | 97 |
| 东亚地区 | 117 | 10 085 | 51 | 54 | 58 | 55 |
| 南亚地区 | 29 | 1027 | 65 | 139 | 81 | 95 |
| 西亚地区 | 1 | 92 | | | | |
| 非洲地区 | 2 | 183 | 101 | | | 101 |
| 全球 | 525 | 43 660 | 64 | 95 | 120 | 90 |
| 第三代核电 | | | | | | |
| 北美地区 | 4 | 443 | | | 60 | 60 |
| 欧洲经济区 | 2 | 330 | | | 132 | 132 |
| 苏联 | 5 | 541 | | | 71 | 71 |
| 东亚地区 | 18 | 23 003 | | 87 | 76 | 77 |

续 表

| 地区 | 机组/台 | 装机容量/万 kW | 建设周期（月） | | | |
|---|---|---|---|---|---|---|
| | | | 1980 年前 | 1980—1999 年 | 2000 年后 | 平均 |
| 西亚地区 | 4 | 536 | | | 60 | 60 |
| 南亚地区 | 2 | 183 | | | 127 | 127 |
| 全球 | 35 | 4344 | 0 | 87 | 78 | 78.5 |

表 8.3 是全球核电厂平均建设周期的分布表，可以看出，第一代核电机组的平均建设周期为 61 个月，1980 年之前开工的第二代核电机组平均建设周期为 64 个月，1980—2000 年期间开工的二代核电机组的平均建设周期为 95 个月，21 世纪新开工的二代机组已经上升到 120 个月。统计数据显示的三代核电机组平均建设周期是 78.5 个月，但是绝大多数三代核电机组目前仍处于在建阶段，统计的建设周期都是计划工期，实际建设中各类三代核电机组都出现严重拖期的现象，建成后的实际工期将远远超过 78.5 个月。

社会对核电厂安全性要求的提高是造成核电厂建设周期延长的主要原因。第一是电厂安全系统更加复杂，使施工工期增加。例如第一代核电项目没有安全壳和冷却系统，第二代核电增加了内安全壳、堆芯冷却系统，二代改进和三代核电项目都采用双层安全壳设计、增加多套冷却系统或采用非能动设计。第二是设备制造和安装的难度逐步提升。例如压力容器、蒸汽发生器等很多设备由铸造改为锻造，各种泵阀制造材料由普通碳钢升级为高性能不锈钢，设备的压力和温度要求明显提升。这些都提高了施工和制造的难度、增加了工期。

尽管采用了包括扩大单机容量、标准化设计、设计简化等方法来降低核电建设成本，但是全球的非亚洲国家核电建设成本总体上仍然呈现上升趋势。全球核电投资成本呈现上升趋势主要有以下几个原因。一是新机组的高安全性要求导致核电厂的系统性能更加完善，关键设备的制造难度加大、制造费增加，人工成本和原材料成本也大幅度提升。二是三哩岛核事故后新开工的核电机组大都没有形成批量化建设，研发设计费没有摊薄、设备制造的学习效应没有发挥、建设经验没有反馈应用、群堆建设的范围效应没有体现。三是工程建设周期增加，工程拖期造成成本上升。根据芝加哥大学的数据分析，5 年的建设周期利息占总成本的比例为 30%，而 7 年的建设周期利息费用将达到总成本的 40%。

### （三）技术成熟度和国产化程度有待提高

我国核电技术的不成熟主要表现在 3 个方面：核电厂技术不成熟、核废料处理技术不成熟和核电设备制造技术不成熟。虽然我国已经开发了“华龙一号”、CAP1400、高温气冷堆等自主堆型，但目前还处于示范堆建设阶段，缺乏实际的建设、设备供应、营运管理等经验。从核废料处理的技术角度来看，我国目前采取的是深层埋藏法，由此导致核燃料、乏燃料处理和退役等费用高于国外。另外，从核电设备角度来看，虽然我国已有三大电气集团（上海电气集团、东方电气集团和哈尔滨电气集团），其装备和技术已有一定的基础，但总体上与国外供货商相比仍有一定差距。

我国核电科研力量相对分散，科研投入重点不够突出，分配机制不够合理，造成核电核心领域的技术创新成效不显著，在某些关键环节上仍未完全摆脱对国外技术、材料和产品的依赖，部分自主制造设备的质量和成品率有待于提高。核能发电是技术密集、安全可靠性要求高、系统复杂的工程，核电发展有赖于国家的整体经济实力以及科技和工业水平。我国核电技术水平与先进国家相比还有一段不小的差距；为了迎头赶上先进水平，需要引进国外技术，加以消化发展，形成自己的技术，才能使我国的核电技术在他国的基础上得到发展和提高。

### （四）核能产业组织格局分散

核电建设需要核电关联产业的配套服务，两者相互依赖。我国核电关联产业在部分省市已形成集聚现象，但仍存在企业规模普遍较小、缺乏龙头企业、核心产品技术瓶颈有待突破、核电装备制造成套能力差、重装成套设备附加值和技术含量低等问题，在核电市场上整体竞争力偏弱。

当前我国各核电企业存在较为明显的“诸侯割据”的现象。同一地区的若干核电厂分别由不同的公司建设和经营，公司各自追求全功能、自给自足的“大而全、小社会”管理模式。核电技术研究开发、设计组织以及管理体系基本上是核电厂总体设计院与发电企业一体化，由于设计院之间分工不明确，造成研究工作不连续，重复研究和投入，未能充分发挥比较优势，形成整体优势。为在该区域形成核电厂设备生产基地，核电装备企业之间竞争激烈，重复建设，导致未能做到分工有序，未能构建良好的竞争环境。

## 三、我国核能产业发展的机遇分析

### （一）国家政策

#### 1. 五大发展理念

党的十九大指出：必须牢固树立并切实贯彻“创新、协调、绿色、开放、共享”的发展理念。推动“四化两型”的建设步伐，促进新型工业化、信息化、城镇化、农业化同步发展；加快建设资源节约型、环境友好型社会。强调：要推进“能源革命”，建设“清洁、低碳、安全、高效”的现代能源体系，核电作为一种成熟的清洁能源，完全满足我国社会经济发展对于能源的要求，也符合建设美丽中国的需求。

五大发展理念之一的坚持绿色发展，就是必须坚持节约资源和保护环境的基本国策，坚持可持续发展，坚定走生产发展、生活富裕、生态良好的文明发展道路，加快建设资源节约型、环境友好型社会，形成人与自然和谐发展的现代化建设新格局，推进美丽中国建设，为全球生态安全作出新贡献。推动建立绿色低碳循环发展产业体系。推动低碳循环发展，建设清洁低碳、安全高效的现代能源体系，实施近零碳排放区示范工程。全面节约和高效利用资源，树立节约集约循环利用的资源观。

十九大报告中提出把能源发展纳入生态文明建设，要推进绿色发展，壮大清洁能源产业，推进能源革命，着力构建“清洁低碳、安全高效”现代能源体系。核电以其高能量密度、低污染排放的优质属性，已成为我国现代能源体系的重要组成部分。

2. 供给侧改革

2015 年 11 月 10 日，中央财经领导小组会议上，习近平总书记强调，在适度扩大总需求的同时，加强供给侧结构性改革，着力提高供给体系质量和效率，增强经济持续增长动力，推动我国社会生产力水平实现整体跃升。党的十九大提出，我国经济已由高速增长阶段转向高质量发展，正处在转变发展方式、优化经济结构、转换增长动力的攻关期，必须坚持质量第一、效益优先，以供给侧结构性改革为主线。用清洁能源替代化石能源，这是我国能源改革的共识。

在全球进入清洁能源时代的宏观背景下，我国对于清洁能源的需求同样相当迫切。目前，在我国能源结构中，化石能源的比重偏高，特别是煤炭消费占比达 59%，发电量中煤电占比达 70%，均高出世界平均水平 30%左右。要实现 2030 年非化石能源占比 20%的目标，任务的艰巨可想而知。

时任国家能源局副局长刘宝华认为：“作为全球最大能源生产国和消费国，随着工业化、信息化、城镇化进程的加快，中国能源需求仍将保持较快增长。党的十九大提出，要推进能源生产和消费革命，构建清洁低碳、安全高效的能源体系。当前，我国生态环境保护的形势十分严峻，环境容量和资源瓶颈对我国经济社会发展的制约非常突出，已成为我国现代化进程中的刚性约束。我国能源必须向绿色、低碳转型。”

“十四五”规划指出，推进能源革命，建设清洁低碳、安全高效的能源体系，提高能源供给保障能力。加快发展非化石能源，坚持集中式和分布式并举，大力提升风电、光伏发电规模，加快发展东中部分布式能源，有序发展海上风电，加快西南水电基地建设，安全稳妥推动沿海核电建设，建设一批多能互补的清洁能源基地。用核电、新能源等清洁能源去取代技术落后、不清洁、不经济的小火电的能源革命正在展开。能源革命的本质是要保证能源“清洁、低碳、安全、高效”，而三代核电满足对于未来能源的所有要求。在国家调结构的压力下，新能源短时期内无法起到基荷电源的作用，未来的新增电力需求将主要依靠核电来满足。而核电建设不仅对拉动经济有好处，更有利于提升我国高端制造业的整体水平。

3. “一带一路”倡议与核电“走出去”战略

2014 年博鳌亚洲论坛年会开幕大会上，中国全面阐述了亚洲合作政策，并特别强调要推进“一带一路”的建设。国际上现在有 70 多个国家已经或正在计划发展核电，中国“一带一路”沿线国家 65 个，有 28 个国家计划发展核电，规划核电机组台数达到 126 台，装机总规模大约 1.5 亿 kW，市场空间广阔。

推进“丝绸之路经济带”和“21 世纪海上丝绸之路”（简称“一带一路”），是党中央、国务院根据全球形势深刻变化、统筹国际国内两个大局做出的重大战略决策，对于构建开放型经济新体制，形成东中西互济、海陆统筹的全方位对外开放新格局具有重大而深远的意义。其中，产能合作是重要的合作纽带。众所周知，高铁和核电已成为我国在国际产能合作领域里最令人关注的两张名片。

目前，我国承建巴基斯坦核电机组已达 6 台，与英国、罗马尼亚、阿根廷、南非、沙特等国家的核电合作有序推进。自主研发的核电厂，其安全水平已与国际上先进的三代压水堆相当，某些方面还略好一些。通过核电建设领域的合作，一是有利于拉动装备制造业发展，加速提高核电装备制造能力，形成出口新动能。二是有利于带动全产业链发展，加快提升核电科技研发能力，满足国际用户需要。三是有利于加快核电人才培养，提高专业技术人才储备，更好地为国际用户服务。

随着2013年核电“走出去”战略概念的提出，加上习近平总书记、李克强总理等国家领导人对核电的重视，曾多次在国际重要场合亲自担当核电“推销员”，核电“走出去”战略已成为国家战略。我国核工业的进一步提升及国际化发展迎来了历史性机遇，对整个核工业都是极大地促进。目前，核电企业、装备制造业、施工企业等整个核工业产业链的企业都在积极推进“走出去”进程。我国核电技术，经过引进、消化、吸收和再创新，已经在二代、三代核电技术上具备了国际竞争力，尤其是自主研发的第三代核电技术，其成熟性、安全性、经济性均已达到国际一流，具有明显的国际竞争优势。推动核电“走出去”，将可以带动我国装备、技术、标准、服务、管理一起“走出去”，有利于我国核电技术、装备等企业不断提高技术、质量和服务水平，提高企业的整体素质和核心竞争力。到2030年，我国将力争在“一带一路”海外沿线国家建造约30台核电机组。国内核电确定迎来大规模重启，核电的“走出去”也在持续加速，相关设备供应商将受益于国内国外的核电建设双高峰。

目前，我国已有完整自主知识产权的核电技术，如“华龙一号”，可以摆脱外方知识产权束缚，全面支持国家的经济建设，支持国家核电安全、高效发展，符合国家“走出去”战略。

通过我国核电成套技术装备出口，在海外建厂投产，结合海外建造环境进行核电技术改进创新，能更好的提升核电技术在海外的适应性，为我国核电技术出口创造更大的机会空间。对外出口先进核电技术“华龙一号”、CAP1400等，应在建设过程中不断总结技术上存在的问题和不足，有针对性的进行修正，以利于我国核电技术的进一步提高。

通过对外核电技术出口，带动设备等相关产业，可保持核电建设队伍稳定，为未来核电项目建设积蓄能量。同时，海外核电建设环境不同于国内，通过海外核电项目建设的历练，可以积累丰富的建设经验及应对特殊事件的能力，为海外核电项目的进一步开发打造一支政治强、经验足、业务精的人才队伍。

4.“十四五”规划的要求

2021年3月11日，十三届全国人大四次会议表决通过了《关于国民经济和社会发展第十四个五年规划和2035年远景目标纲要》（简称“十四五规划”）的决议。

“十四五”规划中，核电相关规划目标出现在第三篇“加快发展现代产业体系巩固壮大实体经济根基”、第十一章“建设现代化基础设施体系”、第三节“构建现代能源体系”中，在规划中定位的表述是“安全稳妥推进核电建设”，并明确“十四五”非化石能源占能源消费总量比重提高到20%左右，具体规划如表8.4所示。计划“十四五”建成投运的核电厂从北往南依次为辽宁红沿河、山东荣成（高温气冷堆、国和一号）、江苏田湾、浙江三澳、福建福清、福建漳州、广东太平岭、广西防城港和海南昌江（数据来源，新华社，2021年3月12日）。

表 8.4 “十四五”规划对核电产业发展的要求

| | |
|---|---|
| 关于核电<br>重大工程和项目 | ①建成“华龙一号”、国和一号、高温气冷堆示范工程，积极有序推进沿海三代核电建设；<br>②推动模块式小型堆、60 万千瓦级商用高温气冷堆、海上浮动式核动力平台等先进堆型示范；<br>③建设核电站中低放废物处置场；<br>④建设乏燃料后处理厂；<br>⑤开展山东海阳等核能综合利用示范；<br>⑥核电运行装机容量达到 7000 万 kW |

## 四、我国核能产业发展的威胁分析

### （一）新能源发展迅猛

为满足人类经济社会发展以及美好生活对能源消费持续增长的共同需求，适应应对气候变化及大气污染防治的根本要求，全球正在进入清洁能源发展新时代。展望未来，全球能源结构清洁化、低碳化是一个必然而又漫长复杂的过程，电力行业正在经历一百年来最剧烈的转变。

在全球进入清洁能源时代的宏观背景下，我国对于清洁能源的需求同样相当迫切。作为全球最大能源生产国和消费国，随着工业化、信息化、城镇化进程的加快，中国能源需求仍将保持较快增长。党的十九大提出，要推进能源生产和消费革命，构建清洁低碳、安全高效的能源体系。当前，我国生态环境保护的形势十分严峻，环境容量和资源瓶颈对我国经济社会发展的制约非常突出，已成为我国现代化进程中的刚性约束。我国能源必须向绿色、低碳转型。

有数据显示，最近的 3 年中国是清洁能源增长速度最快的一个时期，水电、风电、太阳能发电装机规模和核电在建规模均居于世界第一位，对世界清洁能源发展的推动作用日益突出。中国计划在 2030 年，将非化石能源在一次能源消费中的比重提升至 20%。由此可见，清洁能源在我国的地位举足轻重。

进入 21 世纪，随着人类技术进步和环保意识的日益提高，以风电和太阳能为主的新能源的发展越来越受到重视。2015 年，全球可再生能源发电新增装机容量首次超过常规能源发电装机。全球 173 个国家制定了自己的新能源发展目标，新能源在全部能源消费中的比例不断上升。与核电相比，风力发电和太阳能发电的优势在于：一是风电和太阳能绿色、低碳，让人与自然更加和谐友好；二是不存在资源枯竭的风险，与核电相比，风力和太阳能可谓取之不尽、用之不竭；三是以风电和太阳能为主的新能源生产边际成本趋近于零。新能源对核能发展存在一定的威胁作用。同时，化石能源清洁利用和储存等技术的快速发展，也在一定程度上挤压了核能的发展空间。

### （二）公众认知受制约

自核工业发展以来，公众核武器的威力都有所耳闻。第二次世界大战以来，前苏联和美国为了确保对对方的威慑，制造了大量核武器，使人类长期生活在蘑菇云的阴影下，对核能有了一种本能的恐惧。受历史上几次重大核事故，尤其是2011年的福岛第一核电厂事故的影响，世界掀起反核浪潮，以德国为代表的欧洲国家完全弃核。风险认知和公众接受度已成为影响我国核能可持续发展的重要问题。尽管日本福岛核事故后中国仍坚持发展核电政策，但随着公众环境保护意识的增强，公众对核电发展的怀疑和反对情绪日益高涨，从2011年江西彭泽反核事件到2013年广东江门反核事件，再到2016年江苏连云港千人反核事件，可以看出近年来核设施邻避效应突显、反核事件日益增多。

核电的安全性遭到人们的质疑，无形中就夸大了核电厂的安全风险，认为核电厂的存在始终对自己的生存造成威胁，而这种认识在短时间内很难消除。公众获取信息的渠道、表达意见的方式是多元化的，因此科普宣传、信息公开和公众参与将更加重要。重建公众核安全信心，为核能发展创造良好的环境，将是一项长期而艰巨的任务。

## 第二节　制定核电产业发展战略的关联模型

核电产业发展战略属于中观经济发展战略，它是指一个国家或地区，在一定时期内，为使核电的发展适应国民经济发展、人民生活水平提高与环境相互协调发展所提出的核电发展目标，以及为实现这一目标所采取的方针和政策，选择的发展途径和步骤等，它是对能源发展的全局性的筹划和指导。

### 一、关联模型的构建

在制定核电产业发展战略时，核电产业的愿景、核电产业的发展目标、核电产业的外部环境和内部能力是影响核电产业发展战略的最重要因素。因此必须根据核电产业的发展愿景、发展目的、核电产业的外部环境和内部能力，来研究、制定、选择、实施、评价和调整核电产业的发展战略。也就是说，核电产业发展战略的确定和战略目标的实现主要由三维向量所决定：

$$S=S\ (e,\ d,\ a) \tag{8.1}$$

其中，$S$——战略；

$e$——产业外部环境；

$d$——产业发展愿景；

$a$——产业内部能力；

$S$——产业外部环境、产业发展愿景和产业内部能力三维变量的函数。

战略目标的实现可以表达为：

$$E=f\ (S,\ e,\ d,\ a) \tag{8.2}$$

其中，$E$——战略效果（战略目标的实现）；

$F$——函数规则，指战略实施过程（包括战略评价、战略调整等）；战略随着外部环境、产业发展愿景和内部能力的变化而进行相应的制定、调整和转移，经营环境的变化要求产业的战略管理进行范式转变。

由上可知：

$$E=f\ (\ (S,\ e,\ d,\ a),\ e,\ d,\ a) \tag{8.3}$$

简化后，得：

$$E=F\ (e,\ d,\ a) \tag{8.4}$$

这就是关联因子影响战略效果的函数表达式，$F$ 综合了 $S$ 和 $f$ 的函数，即所有决定战略实施效果的规则。与发展战略相适应的关联因素对战略实施有着正强化作用，同样，不适应的则对战略有着负的强化作用。在制定和实施战略前，就应该认识到影响因素对战略的潜在作用，应该提前采取措施使它们与战略相一致，即使有些变化，只要将它们控制在一定变化范围之内，就能使实施的战略和预期的战略目标保持一致。

影响战略实施效果的主要变量就是外部环境、产业发展愿景和内部能力，三者之间存在一定的互动关系。根据是否有利于产业的发展，将产业外部环境界定为优越环境，反之，称为恶劣环境。根据产业发展愿景与产业发展目标之间的匹配程度，将产业发展愿景分为明确和模糊。在这 3 个变量中，环境是变动最大的变量，影响着产业发展愿景的确定和内部能力的提高，是一种外生变量。而一定时期内的产业发展愿景和产业能力为产业所带来的经营成果，将对产业的内外部环境产生一定的影响，改变环境的变动趋势，特别是产业的内部能力，所以是内生变量。核电产业发展战略的关联模型如图 8.2 所示。利用这一概念模型，定性分析并制定核电产业发展战略。

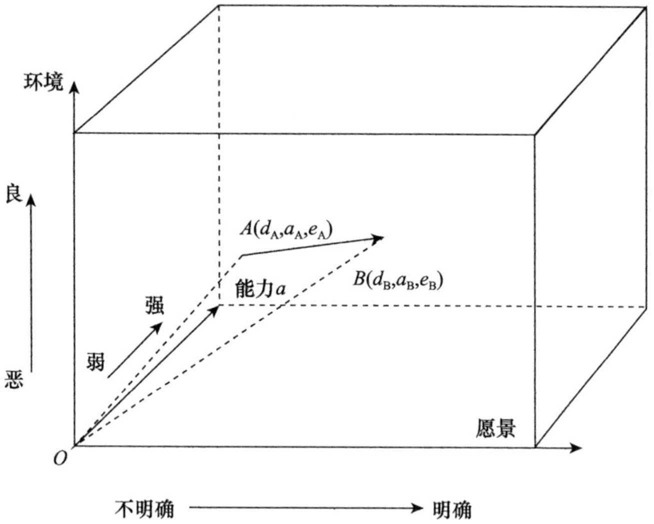


图 8.2　核电产业发展战略的关联模型

（1）靠近原点的位置，产业环境复杂恶劣，产业能力弱，产业愿景不明确，产业实力较弱，产业发展形势严峻，此时应采取紧缩战略。若产业已采取非紧缩性战略，则应改变战略，向紧缩战略转移，以减少损失。

（2）远离原点，三维向量分别达到优越、明确、强劲的位置时，产业处于扩张发展的最佳时期，所以此时采取的战略为扩张性战略。

（3）如果三维变量分别处于以上两个极端之间，则应以动态演变的指导思想来监控和管理产业的发展，密切关注这 3 个变量的变动情况，根据产业的经营目标进行相应的战略调整和转移，使战略与产业愿景保持一致。

战略目标的实现效果是由战略与产业发展愿景、外部环境和内部能力等 3 个向量共同作用的结果。

## 二、关联模型的分析

产业环境的复杂动态性决定了产业发展战略是一个动态的过程，在总的战略目标不变的情况下，战略制定过程中应进行多个战略的比较和选择，战略实施过程中应根据环境的变化进行战略的评价和调整。产业战略实施是人为的有目的的变动，战略效果也会随之频繁变动，但战略效果难以控制，人们难以观察到战略效果的产生和变化。因此，在制定中国核电产业发展战略时，需要分析中国核电产业发展的愿景、核电产业发展环境和核电发展能力。

### （一）中国核电产业发展愿景与目标

在制定中国核电产业发展战略时，提高经济效益、社会效益和生态效益是发展核电产业的中心目标。要实现这个目标，首先必须考虑核电产业的特性，即核电产业的发展阶段属性、产权属性、业态属性、空间属性、组织属性及努力的目标。不同的产权属性具有不同的价值取向，目前中国核电产业的产权属性全部属于国有企业，还没有民营企业。在空间属性方面，目前已经形成了浙江秦山、广东大亚湾和江苏田湾 3 个核电基地，主要分布在东南部经济发达地区。在组织属性方面，核电产业的发展大多是政府作为。煤电对环境的压力越来越大，所以，核电在中国能源结构中的地位就显得越来越重要，核电产业的发展规模将会更大。《核电中长期发展规划（2005—2020 年）》指出，积极推进核电建设，是国家重要的能源战略，对于满足经济和社会发展不断增长的能源需求，实现能源、经济和生态环境协调发展，提升中国综合经济实力和工业技术水平，具有重要意义。积极推进核电建设，要统一发展技术路线，坚持安全第一、质量第一，坚持自主设计和创新，注重借鉴吸收国际经验和先进技术，努力形成批量化建设先进核电厂的综合能力。同时全面建立起与国际先进水平接轨的建设和运营管理模式，形成比较完整的自主化核电工业体系和核电法规与标准体系。到 2025 年，中国核电运行装机容量计划达到 7000 万 kW，占全部发电装机的 4%。中国目前实施积极发展核电产业愿景与目的具体表现为：

#### 1. 保证中国能源安全供应

能源安全不仅包括能源供应的安全，如石油、天然气和电力，也包括对由于能源生产与使用所造成环境污染的治理。作为世界上最大的发展中国家，中国是一个能源生产和消费大国，能源生产量仅次于美国和俄罗斯，居世界第 3 位；基本能源消费仅次于美国，居世界第 2 位，同时，中国是一个以煤炭为主要能源的国家，发展经济与环境污染的矛盾比较突出。长期以来，能源问题一直是中国国民经济和社会发展中的热点和难点。

当前，中国能源面临严峻的挑战，能源资源短缺，而国民经济发展速度较快，经济水平较高，相应的能源需求大，能源自给率逐年下降，能源供应愈来愈依赖国外进口，能源供应的风险逐渐加大。环境容量小、自净能力低、生态环境脆弱，与电力工业排污量不断增加的矛盾更为尖锐。中国油气资源严重短缺，特别是石油供给的增长幅度已不能满足需求。水资源发展空间也很有限，虽然中国水资源总量十分丰富，总量居世界第一，但人均资源量不富裕，资源分布不均。作为经济生命线的能源，其安全性是国家经济安全的核心内容。中国必须在世界能源安全前景变化的前提下，及早考虑能源的安全原则。解决能源安全的根本出路就是减小对外部能源的依赖性，对于中国来说，在做到合理利用国内外两种资源的同时，必须优先选择最能体现国家能源安全原则的能源类型。

从国外成功经验来看，发展核电能保证能源安全。如日本和韩国都是能源资源严重缺乏的国家，日本提出了“不顾一切发展核电”，而韩国把发展核电保障能源安全列为能源政策。目前，中国已拥有成功建造和运营核电厂的经验，又拥有铀资源及大量的核技术专业人才与管理人才。同时，还可借鉴国外核电发展的经验和教训，并利用当前国际核电技术设备供应市场低迷，竞争激烈的有利时机，及时制定正确的方向和政策，力争若干年内，实现核电设备国产化，进一步提高核电的经济性和竞争力，将核电在目前仅为中国电能发展的一个可选择途径变为在未来中国电能结构中一个现实的重要支柱。

2. 缓解中国电力供应紧张

随着经济的发展、人民生活水平的改善和人口的增长，电力需求也会相应地增加。一方面，中国电力供应持续偏紧。尽管电力供给能力有了较大幅度提高，但浙江、广东、广西、贵州、云南、江苏等省依然存在较大的电力缺口。另一方面，与发达国家相比，中国人均拥有发电装机容量和电力消费量仍有相当大的差距。全国电力消费保持快速增长，2018 年用电量为 6.8 万亿（kW·h），与上年相比增长 8%，创 7 年来新高。第三产业用电快速增长，与上年相比增幅为 23.4%；工业用电量与上年相比增幅为 6.2%，用电量是第三产业的 4 倍多。虽然经过研究试验已经开始应用新能源，但要大规模地用于工业还受到很多条件的限制，而技术成熟并已在工业上得到大规模应用的，便是核电。因此，在新的电力增长中，核电是解决电力供应紧张的有效途径，也是中国实施可持续发展战略的需要。

3. 调整电源结构，实现经济和生态环境协调发展

中国电源结构极不合理，《中国核能发展报告 2021》显示，2020 年火电装机占总装机容量的 70.19%，高比例的煤电比例是造成大气环境污染的主要因素。作为一种清洁能源，核电不排放硫氧化物、氮氧化物和温室气体。2020 年，全国核发电量相应减少了近 27 442.38 万 t 二氧化硫排放。随着《联合国气候发展框架公约》的进一步实施，核电与煤电、气电相比的优势更加明显。发展核电不仅能缓解环境污染、释放“北煤南运”的运输压力，还能实现经济和生态环境的可持续发展，有利于形成“北煤、西水、东南核”的国家能源格局。

4. 拉动经济，促进产业结构升级

核电产业不仅仅指“核”，也不仅仅指“电”，而是指与核电厂的系统设计、设备制造、施工建设和高度营运有关的产业链条中的主要环节组成的产业群。核电产业的发展与铀矿产业、制造产业和能源产业紧密相关。发展核电是促进装备制造业产业升级的重要措施。核电是高技术密集的产业，核电发展涉及材料、冶金、化工、机械、电子和仪器制造等众多行业。由于核电的特殊性，对这些行业提出了技术水准很高的要求。比如，一座百万千瓦级双堆核电厂按投资比 1500 美元千瓦计算，造价即达约 30 美元，约合人民币 250 亿元。推进核电建设的自主化和本土化，有利于为中国装备制造业提供较大市场，促进整个国民经济的发展。

5. 新形势下保持和提高国家核能力

“冷战”虽已结束，但核武器和核能力在保障国家安全方面的重要作用并没有改

变。一方面拥有大量核武器的超级大国在谋求世界霸权，试图“一统天下”，另一方面，新的核国家和潜在核国家不断涌现，印度等邻国更是在迅速提高自己的核能力，增加核武器存量。二战后国际关系发展史以及世界形势的新发展都表明，作为一个发展中的社会主义大国，为了国家的安全，中国的核能力必须继续得到保持和提高。

（二）中国核电产业发展能力分析

所谓核电产业的内部能力，主要是指产业发展战略制定和实施的基本条件，其决定了产业能做什么，能分别了解产业的优势和劣势。它主要包括现有技术水平对能源开发利用的能力、各种能源方式在结构上的合理配比能力、协调能力和保护生态环境的平衡能力。

自改革开放以来，中国的社会主义现代工业化建设取得了伟大的成就。目前，中国已具有较强的综合经济实力，科研水平与常规工业的规模与能力已成为核电设计开发、提供设备的初步基础。根据 WANO（世界核电运行者协会）评定，中国核电产业整体运行水平已进入国际中等偏上行列，部分指标已进入世界前四分之一行列。尽管中国核电产业的发展还存在着很多不足之处，但总体来说已基本具备了自主开发核电的能力。

1. 核燃料供应能力

从资源总量上看，核燃料供应能力对核电发展是有保障的从时间进度上看，核燃料供应能力近期有富余，中期可保证，远期有潜力。但也需要继续抓紧铀资源的探查工作，以便尽快地把资源变为储量。为了不在核燃料上受制于人，中国确定了“核燃料立足于国内”的方针。核燃料价格的高低，直接影响到核电的成本，影响到核电的经济效益。中国在两弹一艇研制过程中，已形成从铀矿地质勘探、水冶、转换、铀同位素分离、核燃料元件制造直至堆后乏燃料后处理一整套完整的核燃料循环体系，建成了 300 MW、600 MW、900 MW 系列压水堆燃料元件生产线。具备了向国内所有核电厂提供优质燃料组件的能力，可以满足当前中国核电发展的需要，这是许多有核电的国家不具备的。另外，乏燃料后处理中间试验工厂正在建设，预计可满足核电站燃料循环对乏燃料后处理的要求。

2. 设计和科研能力

“华龙一号”是由中国两大核电企业中国核工业集团公司和中国广核集团在 30 余年核电科研、设计、制造、建设和运行经验的基础上，根据福岛核事故经验反馈以及中国和全球最新安全要求，研发的先进百万千瓦级压水堆核电技术，具有完全自主知识产权的三代压水堆核电创新成果，凝聚了中国核电建设者的智慧和心血，实现了先进性和成熟性的统一、安全性和经济性的平衡、能动与非能动的结合，是中国核电走向世界的“国家名片”，是中国核电创新发展的重大标志性成果。

在设计创新方面，“华龙一号”提出“能动和非能动相结合”的安全设计理念，采用 177 个燃料组件的反应堆堆芯、多重冗余的安全系统、单堆布置、双层安全壳，全面平衡贯彻了“纵深防御”的设计原则，设置了完善的严重事故预防和缓解措施，其安全指标和技术性能达到了国际三代核电技术的先进水平，具备国际竞争比较优势，具有完整自主知识产权。

3. 压水堆型核电站的设计和建造能力

20 世纪五六十年代，中国通过建设试验性反应堆、生产堆和核潜艇动力堆，为中国发展核电打下了基础。秦山 300 MW 核电厂是中国自行设计、自己建造的原型堆机组。大亚湾核电厂虽然是全套引进的国外设备，但是中国参加了建设与管理。在上述两座核电厂工程建设的基础上，中国又向巴基斯坦出口了 300 MW 核电机组。秦山二期工程也是一项“以我为主，中外合作”的工程，详细设计基本完成，工程已全面开工。通过上述核电建设的实践，中国发展核电的基础条件得到了全面的充实和提高，在设计、建造、调试、远行、安全管理等各方面积累了经验，人员队伍得到了锻炼和充实，基本配套的核电站建设队伍已经形成，基本上具备了承担中小型压水准核电站设计与建设的能力。目前，广东、四川、上海等地都在积极开发 1 GW 级的压水堆核电机组，为中国百万千瓦级压水堆核电机组的国产化打下基础。目前中国已具备采用“第 2 代核电技术”自主建造和运行大型核电项目的管理能力。但是，对于“第 3 代或 3 代+”核电厂建造所采用的先进的模块式建造技术及项目管理技术，仍需通过引进逐步掌握。

### （三）中国核电产业发展环境分析

发展环境对于核电产业来说，意味着机会和威胁，产业竞争状况的分析是战略制定的直接依据。国内外政治经济状况、社会文化氛围、科学技术水平、能源资源情况等环境与核电产业发展战略的制定关系紧密，对产业的发展具有持久、深远的影响。

1. 政策环境：国家政策支持

纵观世界，大多数国家对核电的发展都持积极态度，如美国总统布什于 2001 年 5 月 17 日在美国能源政策讲话中指出美国应该发展清洁的、资源无限的核能，美国电力中已有 1/5 是由安全的、无污染的核能提供的。长期以来，中国没有制定核电发展的中长期规划，缺乏对于核电发展规模、布局、反应堆类型、设计、制造、管理体制和机制、人员培训和资金筹措等问题的具体部署，在某种程度上核电还只是一种探索，只是解决了有无问题，远远谈不上持续发展。也就是说，核电仍然游离于国家的整个电力体制之外。因此，这是一个重新认识核电在中国能源结构中战略地位的重大转折，核电面临着从未有过的良好发展机遇。中国正在把核电纳入国家能源总体规划之中，由原来的“适度发展核电”变成“积极发展核电”的政策到现在的“安全高效发展核电”。

2. 市场环境：呈现市场化运作趋势，但融资渠道有限

中国核电产业在起步时采用了市场化运作方法，例如，大亚湾核电厂总投资 40 亿美元，广东核电投资有限公司和香港核电投资有限公司共同投资 4 亿美元股本金（其中广核 3 亿美元，港核 1 亿美元），组建广东核电合营有限公司，其余 36 亿美元，由中国银行担保，全部通过借贷国际资本，采用售电还贷的方式解决。核电厂发电后，70% 的电力输送香港，获得外汇还贷。但是，总体来说，目前中国核电产业融资渠道还是比较狭窄，主要由国家投资或国家担保。

3. 技术环境：拥有自主技术，但不够成熟

中国已经具有自主设计和建造 300 MW 压水堆核电站和 600 MW 压水堆核电厂的技术和能力，并且具有出口核电的能力。但是，中国的核电技术还不成熟，主要表现在：核电技术路线不统一，主要核电设备国产化程度低和核废料处理技术不先进。

技术路线上，中国核电产业没有统一思想。由于技术路线的不统一，导致中国虽引进一些核电技术，但关键技术都没有完全掌握。如秦山三期采用加拿大的技术，岭澳核

电厂项目是引进两台法国设计的 100 万 kW 压水堆机组，田湾核电厂是中俄两国经济技术合作的一个项目。

在设备方面，中国的核电设备供应商虽有一定的服务能力，但只能生产供应零部件或部分生产组装设备，与国外知名供货商（WH、FRAK、HIC）等相比有很大的差距。核电主要设备国产化程度低，仍然过度依赖于进口。在核废料的处理技术上，中国还采用深地层埋藏法，有待于提高。

4. 资源环境：铀矿资源不丰富，但有保障

中国铀矿资源对核电的发展是“近期有富余，中期有保证，远期有潜力”。虽然中国铀矿储量不很丰富，且矿石品位偏低，按目前的技术水平和发电量，探明的铀矿资源仅够 60 年之需。但是，通过技术进步，裂变堆采用铀怀循环的技术路线，发展快中子增殖堆，则铀资源将可供数千年之需。

5. 能源环境：能源供应短缺，但核电发展前景美好

对中国而言，能源供应严重短缺曾经是制约经济增长的关键因素。经过“十三五”的快速发展，能源供应短缺的局面得以缓解，甚至出现了结构性的供大于求。但是，在供给增加的同时却暴露了结构性的严重缺陷，使得环境污染主要是大气污染日益加剧，环境不仅难以容纳能源生产的增量部分，而且出现了严重的“透支”。因此，调整优化能源结构、积极发展核电产业将成为中国能源发展的核心任务。

## 第三节　我国核能可持续发展战略

### 一、指导思想

认真贯彻落实党和国家关于核工业发展改革的一系列重要指导思想，牢固树立和贯彻落实“创新、协调、绿色、开放、共享”的新发展理念，紧紧抓住国家新能源产业快速发展机遇，以“华龙一号”、CAP1400、高温气冷堆、中国实验快堆等为契机，依托我国核工业厚重基础，统一技术路线，注重安全性和经济性，坚持以我为主，通过引进国外先进技术，进行消化、吸收和再创新，实现核电厂工程设计、设备制造和工程建设与运营管理的自主化，形成批量建设中国自主品牌先进核电站的综合能力。

以习近平总书记新时代中国特色社会主义思想和党的十九大精神为指导，全面贯彻新发展理念和“四个革命、一个合作”的能源安全新战略，按照“安全、创新、开放、协调、高效”的发展原则，在确保安全的基础上，稳步发展先进核电，积极推进核能多用途开发利用，构建先进核能产业体系，提高自主创新能力、装备制造国产化能力和核燃料循环产业发展能力，带动核能全产业链实现高质量发展，加快推进我国由核电大国向核电强国转变。

#### （一）安全发展

核安全是核能发展的生命线，把核安全放在高于一切的位置，落实核安全责任，加强核安全监管与核安全文化建设，持续加强核安全改进，确保核安全万无一失。

（二）创新发展

全面突破制约我国核能产业发展的重大关键技术和卡脖子问题，持续优化三代核电经济性、先进性和适应性，提升核燃料循环产业的保障能力，积极推进新型先进核电技术研发、示范及推广。

（三）开放发展

坚持“引进来”和“走出去”相结合，依托我国本土市场培育核能产业发展比较优势，深度融入以“一带一路”沿线国家为重点的核能国际合作，有效开发和利用海外市场和资源。

（四）协调发展

保持安全稳定可持续的核电发展节奏，保持合理的建设规模，实现核电与其他电源、上下游产业链以及经济社会、生态环境及人才培养等相协调。

（五）高效发展

在维持适度竞争的行业市场环境的同时，增强市场主体意识，主动适应市场化改革需要，促进核能产业链转型升级及降本增效，不断提高核能产业的市场竞争力。

## 二、发展目标

根据保障能源供应安全，优化电源结构的需要，统筹考虑我国技术力量、建设周期、设备制造与自主化、核燃料供应等条件。截至 2020 年，核电运行装机容量达到 4988 万 kW，在建 1853 万 kW。在核电自主化方面，实现先进百万千瓦级压水堆核电站的自主设计、自主制造、自主建设和自主运营，全面建立与国际先进水平接轨的建设和运营管理模式，形成比较完整的自主化核电工业体系。同时，提高中国核电领域的技术水平和自主创新能力，突破基础研发和集成能力的制约瓶颈，培育具有自主知识产权的高新技术产业群，加快产业群的转型升级，带动中国核事业的整体跃进，到 2030 年中国将成为世界最大的核电市场，核电技术水平在世界达到先进水平。

（一）2025 年目标

从核电大国向核电强国迈进，并取得重要进展。核电在我国电力供给侧占比进一步提高，基本建成具有全球竞争力的先进核能产业体系，国家核能科技创新体系进一步完善，核电关键设备全面实现国产化，自主化三代核电的竞争优势基本形成，部分新型先进核电技术示范工程建成投产，核燃料加工与供应自主化能力显著提升，核能法律法规和标准得到进一步完善。具体目标如下。

1. 核电装机目标和经济性指标

《中国核能发展报告 2021》中指出，到 2025 年，核电在运规模达到 7000 万 kW 以上，在建规模接近 5000 万 kW。到 2030 年，核电在运装机容量达到 1.2 亿 kW，核电发电量约占全国发电量的 8%。批量化建设的三代核电每千瓦建成价 15 000 元左右，核电上网标杆电价在 0.40 元/kW · h 左右，具有市场竞争的比较优势。

2. 核安全管理

新建核电厂全部达到可实际消除大规模放射性物质释放标准；不发生国际核事件分级二级及以上的运行事件，运行安全始终保持国际先进水平；核安全管理与监管达到国际先进水平。

3. 先进核能科技创新

20 万 kW 高温堆、60 万 kW 快堆示范工程相继建成并实现满功率运行，开展商业化推广工程深度优化设计工作；掌握小型模块化核能供热堆、海上浮动堆等关键技术和工程化设计技术，建设相关示范工程；在核电延寿、铀纯化转化、铀浓缩、耐事故燃料元件与 MOX 元件、后处理等技术领域取得关键性突破；智能化技术在核电厂推广应用。

4. 核电装备制造

三代核电主设备制造成套产能总体保持目前水平，设备制造质量稳定性达到国际先进水平；攻克核电领域“卡脖子”技术，全面实现核电关键设备的自主研发、设计和制造；核电成套装备供应具有全球竞争力。

5. 核燃料循环保障能力

建成天然铀供应和储备体系，核燃料产品价格与国际市场基本接轨，形成具有国际竞争力的先进核燃料元件品牌；建成新的核电厂低放废物处置场，基本建成高放废物地质处置库地下实验室；建成乏燃料公、海、铁联合运输体系，建成乏燃料后处理示范工程。

6. 法律法规与标准体系

核能领域的法律法规体系进一步完善，原子能法、核损害赔偿法、核电管理条例、乏燃料管理条例等一批法律法规发布；基本形成我国三代核电技术的标准体系。

## （二）2035 年目标

初步实现核电强国建设目标。核电在我国电力供给侧占比达到目前全球平均水平；建成具有全球竞争力的先进核能技术体系和产业体系，核电技术实现标准化、系列化；具备国际先进的核燃料闭式循环能力；在国际核能发展中具有较大的话语权与技术领先地位。

1. 核电装机目标和经济性指标

到 2035 年，核电在运规模达到 1.8 亿 kW 左右，约占全国总装机容量的 5%，较当前提高 2.5%左右；核发电量约占全国发电量的 10%，提高 5%左右，接近目前全球平均水平，占一次能源比重达到 5%左右，占非化石能源比例达到 1/5 左右，相对高效燃煤发电年度可实现碳减排 10 亿 t 左右；核电在建规模达到 5000 万 kW 左右；投资成本、燃料成本和运维成本得到进一步的有效控制，核电上网电价具有更强竞争力。

2. 核电安全管理

核电技术在应对极端自然灾害和严重事故等小概率事件方面具有更加完善的应对措施，实际做到无需公众撤离，不对生态和环境产生长期的影响；实现耐事故燃料入堆及示范应用，运行安全始终保持国际先进水平。

3. 核能科技创新

建成先进核电、核燃料循环技术体系和实验验证体系，形成完整的先进核电技术型号系列，小堆技术实现系列化示范发展，聚变堆研发取得重大进展，MOX 燃料元件在快堆和热堆得到应用，掌握大型后处理工程的设计技术；实现核电站智慧运营。

4. 核能装备制造

设备制造质量稳定性达到国际领先水平，核电设备智能化制造水平显著提升，培育出具有全球竞争力的世界一流核电成套装备供应商，装备制造企业的设备制造技术、质量水平和生产效率达到国际先进水平。

5. 核燃料循环保障能力

建成安全稳定可靠的天然铀供应与储备体系，核燃料技术与产品达到国际先进水平，建成中等深度中放废物处置库，建成高放废物地质处置地下实验室，建成商用大型后处理厂，建成满足热堆和快堆需求的 MOX 燃料元件生产线。

6. 法律法规与标准体系

放射性废物管理法等一批法律发布，形成完善的核能法律法规体系；建立国际先进的核电及核燃料循环技术标准体系。

## 三、核能可持续发展的自主创新

中国核能产业作为国家战略性产业，它的发展不可能建立在对国外技术依赖的基础上，必须建立在自主创新的基础上。核能的自主创新有利于降低核电厂造价和提高其安全稳定运行水平，进而降低运行维护成本以提高核电的经济性和竞争力，有利于掌握技术和形成创新能力，实现核电的可持续发展。

所谓核能的自主创新战略，就是根据中国经济发展的要求以及能源发展现状，以获取自主知识产权和掌握核心技术为手段，以争取发展的主动权和主导权、增加未来发展的选择性为宗旨，依靠自己的力量构建和拥有核能产业发展的能力和自主知识产权的创新活动。核电产业自主创新战略一般包括原始创新、集成创新和消化吸纳创新 3 种方式。具体来说，发展中国的核电产业，需要制订明确的长远规划和可行的技术路线，抓住“十四五”的发展机遇，构建中国核能产业的自主创新体系，提高核能产业国际竞争能力，促进核能的可持续发展。

### （一）战略核心

核能产业的自主创新领域包括核电站的设计、制造、建造与运营四个方面。自主设计主要是指自主开展核电科研、技术改进与创新、试验验证和系统集成的条件和能力。它一般以国内设计单位为主（即由国内设计单位承担技术责任），完成核电厂的总体工程设计、核岛及 BOP 等系统设计和主设备设计，对核电厂进行安全分析、安全评审、环境评价，并具有在建造、运行过程中处理问题、适应设计演变和修改设计的能力。自主设计是自主创新的核心，其地位主要表现在：能有效地实施核电厂建造、安装、调试工作，并处理建设过程中的技术问题；能掌握核电工程管理的自主权，真正对核电的工程质量、建设进度和造价实施有效控制；能有效提高核电站的运行管理能力，有效地解决核电厂运行、维护和改进中的技术问题。

当然，在自己承担技术责任的前提下，也不排除尽量利用国外先进的、成熟的技术和有经验的人才，更好、更快、更省地实现自主选定的目标。在目前世界压水堆技术已相当成熟之际，引进和借鉴国外成熟技术，是提高核电自主设计技术水平、加快核电国产化进程的一条有效途径。强调自主，并不排斥中外合作。国内外引进经验表明，不同的引进方式和目的，必然导致不同的效果。在引进关键核心技术的同时，应注重消化、吸收和不断创新。因此，在核电工程建设、自主品牌设计产品开发和新一代核电技术研发过程中，引进技术、开展设计咨询、计算校核、联合设计和合作研究等各种形式的中外合作，全面推进国产化进程的研发战略，将有利于中国核电自主设计能力的提高。

（二）技术路线

1. 国家确定的“三步走”战略

20 世纪 80 年代，国务院科级领导小组主持召开专家论证会，提出了中国核能发展“三步走（热堆→快堆→聚变）”战略，以及“坚持核燃料闭式循环”的方针。在《国家能源发展“十二五”规划》和《核电中长期发展规划》中继续明确了坚持热堆、快堆、聚变堆“三步走”的技术路线。从核能所使用的资源角度来看，我国核能发展的第一步是发展以压水堆为代表的热中子反应堆，即利用加压轻水慢化后的热中子产生裂变的能量来发电的反应堆技术，利用铀资源中 0.7%的$^{235}U$，解决“百年”的核能发展问题；第二步是发展以快堆为代表的增殖与嬗变堆，即由快中子引起裂变反应，可以利用铀资源中 99.3%的$^{238}U$，解决“千年”的核能发展问题；第三步是发展可控聚变堆技术，希望是人类能源终极解决方案，“永远”地解决能源问题。

2. 核能发展技术路线

由于核电厂建设周期长、运行寿期更长，在同一时期内必然有不同代的核电厂在设计、建造和运行。中核核能发展应坚持发展百万千瓦级先进压水堆核电技术路线，按照“热中子反应堆→快中子反应堆→控核聚变堆”的“三步走”步骤开展工作。积极跟踪世界核电技术发展趋势，自主研究开发高温气冷堆、模块化小堆、固有安全压水堆和快中子增殖反应堆技术，根据各项技术研发的进展情况，及时启动试验或示范工程建设。与此同时，自主开发与国际合作相结合，积极探索聚变反应堆技术。

2010 年以前，以“压水反应堆，百万千瓦级”为定型设计，采取以自主创新为主，国外专家重点技术支持和咨询相结合方式实现核电技术自主化，开展先进压水堆研究，建成实验快堆，通过适当批量的建设“2 代+”，解决核电增容的平衡问题。

2015 年以前，以渐进式发展核电为主，以跨越式发展快堆为辅，开展快堆研究，开发核电先进技术，实现先进压水堆核电厂的设计、制造、建设和运营全自主化，进行第三代压水堆、高温气冷堆两个验证核电关键技术的工程，形成自主设计建造三代百万千瓦压水堆核电厂能力。

2020 年前后，开展快堆和受控核聚变技术研究，批量建设三代堆，建成快堆原型堆，推进核电产业的可持续发展，使中国核电技术水平达到先进水平。核电投运规模增至 4000 万 kW，占总装机量的 4%，最终实现以自主创新为主的核电发展产业，带动制造业等相关产业水平的整体提高，核电厂关键设备相继实现自主设计和制造。

2025 年前，以“华龙一号”“国和一号”等自主化三代核电为主力堆型，进行规模化、批量化建设，是实现核电规划目标的最可行的技术选择。高温气冷堆、钠冷快堆、小型压水堆等示范工程相继建成，技术水平和安全性持续改进，设备自主化国产化能力进一步提升。

## 第四节　我国核电自主创新战略的实施

### 一、战略实施的技术支持体系

科技的进步和市场化是相辅相成的，有了更先进的科技，核电的安全性、经济性及清洁性等优点就会尤为突出，核电也就能吸引更多的投资商和用户，从而推动核电市场化的发展；而有了市场化的发展，市场的竞争性特点也会促使核电的生产商及供应商为核电技术的发展投入更多的人力、物力和财力，来提高核安全技术，研制先进的反应堆型以及先进的核电设备，提高核燃料利用率，开发核废料处理新技术等。另外，科技的进步也是保证中国核电产业实现国产化的重要途径，不但使中国核电产业在国内电力市场上具有竞争力，同时在国际市场上也具有一定的影响力。

#### （一）加大核电科技投入

对核电科技的投入包括政策、资金、智力等方面的投入。由于核电厂反应堆技术、核电设备技术、核电安全技术、核废料处理技术等都属于高、精、尖技术，核电科技的先进与否直接决定着核电产业的发展状况。所以，要发展核电产业，首先要对核电技术进行政策、人力、物力、财力等方面的投入，特别是加大对原创性创新的经费投入，保证核电技术的发展，为中国核电产业的发展提供强有力的支持。

#### （二）建立先进的科研体系

基于政产学研合作，以产权为纽带，整合创新资源。政产学研合作一直被认为是提高科研效率，加快科研成果产业化的重要途径。在政产学研合作活动中，各主体的分工应该是各主体根据各自的知识、经验，特别是人才积累所形成的创新优势的分工，并在创新活动中实行优势的互补，形成相互需要、相互依赖的关系，从而提高创新效率和创新能力。

基于技术集群，以研发优势为纽带，整合创新资源。任何一项单元技术，往往与其他技术密切关联，构成具有网络结构的技术体系。在技术体系中，包括核心技术和围绕核心技术相关联的共性技术和辅助技术，这种关系一般称之为技术集群。核电技术是一个复杂的技术系统工程，核反应堆技术、核设备技术、核安全技术、核废料处理技术之间有着密切的联系。因此，基于技术集群，整合核电研发资源，有利于中国核电技术的均衡发展。

基于产业集群，以产业链为纽带，整合核电科技资源。核电科研开发的主要目的是产业化应用。新产业区理论认为，产业集群或专业化产业区是提高产业竞争力的产业组织形式。企业在地理空间上相对集中，可以更容易地获得新客户的知识，可以更快地形成新的技术和技能，以产业集群为基础而组成的创新网络和机构可以更有效地促进知识在集群内部创造、流动和应用。因此，以产业链为纽带，整合核电科技资源，形成核电产业集群有助于中国核电产业的快速发展。

（三）利用国际先进技术

核电自主化是中国核电技术的目标，采用先进技术的出发点和落脚点都应是推进自主化。但由于核电技术的复杂性、高风险性及高昂的研发成本，完全自主开发是不可行的。在国外先进技术的基础上发展中国核电技术，是中国核电技术较好的发展途径和保证自主化的基础。中国可以充分利用国际核电市场呈现出的买方市场特征，以及中国在核电国际合作中处于相对有利的地位等条件，重点引进关键技术和共性技术，消化吸收先进技术，在此基础上实现创新，从而实现中国核电技术质的跨越。

（四）构建自主创新激励机制

核电产业自主创新战略实施成功与否，关键在于人才。有效利用并增加人才储备、构建高效率的激励机制可使科研人员有激情、有动力开展创新性工作，是确保自主创新的源泉。

## 二、战略实施的管理支持体系

战略实施的管理支持体系主要包括管理体制支持、市场支持、政策支持和法律支持。

（一）管理体制支持

目前，中国的核电产业管理体制有一定的特殊性。首先，核电管理体制不健全，按市场经济规律办事不够，难以有效地配置核电技术资源。多年来，中国核工业集团有限公司（简称中核集团）一直进行核电项目的投资，现有的几个核电企业除广东大亚湾核电厂外都由中核集团控股。其次，核电国产化程度低，目前难以形成标准化、规范化的管理模式。中国没有制定过一个权威的核电中长期发展规划，核电建设规模较小，堆型多，批量化、本地化程度低，经济性差，依赖特殊的电价政策经营。核电机组从多国引进，多种堆型、多种技术、多类标准并存。一些关键技术没有掌握和突破。这些问题制约着中国核电的发展，与此同时，国际上核电技术发展很快，多数已经完成了标准化、系列化的工作。

建立完善的核电管理体制，首先要建立完善的现代企业制度，即建立“产权明晰、责任明确、政企分开、管理科学”的现代企业制度。第一是要分清所有权与行业管理权的关系。由于历史的原因，核电企业有相当一部分投资是“中核集团”投入的，现在“中核集团”本身是一个企业，归国防科工委管理。核电企业与“中核集团”的关系是产权关系，而不是行业管理的关系。“中核集团”作为所有者，可以参与企业重大经营管理决策，“中核集团”作为国有资产的委托管理者，有权进行资本运营和资产重组。国防科工委是“中核集团”的归口管理部门，并不意味着国防科工委就是核电的唯一行业管理部门。第二是政企分开，使核电与中央、地方和外资的独立发电厂享受同等的权利，在电力市场开展公平的竞争。政企分开后，可从制度框架上保证行业的规划、管理、政策的制定及执行，做到对所有不同类型的独立电厂一视同仁。第三是提高中国核电产业的市场化程度，首先要理清政府对核电产业的管制，由于核的敏感性，政府不可能放任核电的发展。但是，中国目前的现状是政府参与太多，没有给核电产业以足够的市场空间。作为民用的商业电厂，核电的发展应该主要依靠市场的选择。中国核电发展规模最终取决于核电价格的竞争性及核电厂运行的安全性。因此，核电的长期发展要靠核电企业的市场竞争力。况且，核电企业目前要接受双重行业管理。作为民用电力企业，核电企业要服从电力行业主管部门的规划和管理。电力行业管理的主要内容是电力规划，电力市场法律和规则。

其次，关于中国核电国产化的建设应该按照统一组织、统一技术路线的方针，采用国际招标方式对外选择合作伙伴，百万千瓦级压水堆核电厂通过依托工程建设，以市场换技术，避免重复引进，实现资源共享。要充分利用中国已经形成的核电设计和制造的基础，组织有关设计单位和制造企业密切合作，联合攻关，积极消化吸收引进技术，实现中国核电设计和设备制造自主化目标。中国的核电产业处于发展初期，国家需要建设一定数量的核电厂来保存核技术队伍和储备核装置运行经验。因此，需要国家给予一定的政策扶持。另一方面，核电是高科技应用产业，是清洁能源。同时，核电厂建造自主化中一些共性技术的开发将带动其他有关行业的技术水平的提高。作为高科技产业和洁净能源发展的起步阶段，政府也应在某种程度上支持核电的发展。

建立完善的核电管理体制，首先要建立完善的现代企业制度，即建立“产权明晰、责任明确、政企分开、管理科学”的现代企业制度。建立有中国特色的核电工业管理体制，要体现双重行业管理和军民兼容的性质。中国核电产业管理体制上应体现以下原则：

1. 核电厂的建设要有一个长远的规划，应纳入整个电力规划，核电企业的生产经营活动应服从电力行业管理

电力规划主要确定在什么地方建多大规模的核电厂。核电厂带基荷上网，电力主管部门要统一进行容量规划。电厂的具体建设项目主要由业主根据市场供求进行决策。作为一个发电企业，核电企业的发电活动要遵循电力市场规则和电力行业管理，要在国家的电力行业法律和规定的统一规范下，参与市场竞争。

2. 核电产业要服从国家的核行业管制

由于核的特殊性，核电厂的技术路线、电站厂址的勘选、核电厂设计和制造的资格认证、核电厂的建设和经营许可及核安全标准等方面都要接受核行业管理。

3. 核电产业与国防军事有关的活动要服从军工行业管理

对少数军用为主的科研机构和企业可以直接由军工行业管理部门所有和管理。对大部分军民兼容的企业和研究机构，军工行业管理部门可以通过建立军用生产线或生产车间，支持潜在军用技术研究开发项目、军事订货的监督检查等方式，促进和管理民品生产企业为军工服务。

4. 提高市场化程度与政府引导相结合

当核电在市场竞争中处于不经济地位时，电价负担不应由电网企业或者用户承担，而应由国家给予适当的扶持政策。其基本原则是，通过适度的扶持政策，经过企业努力，使核电厂具有能够与其他常规电厂竞争的水平，使投资者和电网企业能够按照市场经济的原则进行选择和决策。

目前，“中国核工业集团总公司”和“中国核工业建设集团总公司”的部分下属单

位还不能纳入一个有机的研制、生产和销售的整体流程。在这种情况下，“集团公司”最好先维持现有的经营格局，让那些本来就独自进行经营的下属企业仍然独立经营，自己则主要从事两方面工作。首先是履行好国有资本运营机构的职能，努力提高国有资金的运营效率，其次是在各下属企业之间进行各种必要的协调工作，以便使本集团的研制、生产和销售的整体效益达到最大。在这种协调中，集团公司应在改革企业经营管理体制的前提下，尽量利用自己的国有资本运营机构的权力，以资金纽带来将各下属企业联结起来。企业本身应当实行现代企业制度，建立制度化的治理结构，由出资人任命企业领导，同时以适当的制度来保证企业的员工参与企业的经营，鼓励社会资金进入核电产业科研和生产领域，鼓励企业吸收社会资金。集团公司不仅应当鼓励地方政府的资金、而且应当允许私人的资金进入核电产业科研和生产领域。在目前情况下，最好是鼓励社会资金投入现有的核电产业设备科研和生产企业，但是吸收了社会资金的企业必须进行股份制改造，建立相应的股东大会、董事会制度，以适当的制度化运营来保障出资人的权益。当然，社会资金的进入应当有利于核电相关科研和生产能力的成长，但在这个过程中必须接受国防科工委和相应部门的严格监管。吸收了社会资金的企业必须严格按照股份公司的规则进行经营运营，国有资本的现“集团公司”必须把自己的权力严格限制在自己的持股比例允许的范围内，在企业的经营决策和人事任免上充分尊重其他股东的意见。当然，这样做出的任何决策都不允许与有关机构事先规定的行业规制法律相冲突。

管理体制改革应当根据现状循序渐进，逐步地推行。由国防科工委、“中核集团”和“中国核工业建设集团总公司”按照上述方案适当转变职能，在某些企业进行试点，允许某些主要生产民用产品或非关键性产品的企业由地方政府和电力机构参股，实行股份制改造，并考虑其他股东的意见修改和制定新的经营方针。如果新的经营方针不符合发展国防科研和生产能力的大目标，国防科工委和两个集团公司可以行使自己进行行业管理的权限而强制做出修改。

在此基础上，本书提出了核电产业发展的“三阶段”的决策思想。

第一阶段，目前中国核电不具备商业化发展的条件，也不具备自发成长的市场动力，只有作为一个国家政策重点扶持的产业才有可能发展起来，国有资本投入，加强国家优惠政策性投入，如还贷款、税收及优先配置上网等方面的优惠政策。针对核电的壁垒，鼓励现有核电企业进行群堆布局型的后续发展，鼓励拥有较高人力资本且效益较好的核电企业跨地区发展，组建核电设计研究开发中心。对有一定实力的核电公司进行扶持，消除跨地区、跨部门联合投资核电的各种障碍，鼓励一次能源缺乏、环保压力较大的东南沿海经济发达地区的大型电力公司投资。同时初步建立核电资源配置的有效竞争机制，对产业可竞争部分资源市场调配，刺激企业内部治理，提高效率。

第二阶段，整合国家核电产业，成立国家核电技术公司与核电发展公司。对与国防有关的科研、生产任务、核原料、燃料生产与核电厂的设计、建设以及技术进行引进、国产化分离。在区域内扩大核电的基荷电源作用，注重建立核电的交易市场，进行有效投资回报率管制的方式，创造条件，积极吸收各部门、各地区和国外资金，促进资金投入的多元化和核电企业产权的股份化，可视为对核电的长期政策投入。

第三阶段，发展核电产业，扩充电力消费市场，注重建立核电容量市场，增加核电市场的稳定性，有效避免电力危机。随着核电市场规模的扩大，核电在区域内作为基荷电源主流应建立行管会，采用有效的价格激励模型刺激企业效率，由企业承当产业风险。建立核电期货市场，用期货市场价格指导投资，同时完善政府核电信息公布，扩大可竞争范围，压缩行管会职能，对保密性技术进行控制。

### （二）市场支持

核电市场支持就是指核电市场化，也就是对核电产业进行商业化运作。核电与其他行业一样，要想在市场经济中健康、持续地发展，必须依靠自身的竞争能力，而只有在市场的磨练中才能增强自身的竞争力。所以，市场支持是保证中国核电产业快速稳定发展的核心，政府支持是核电产业能够顺利进行市场化的必要条件，而有了市场化，中国核电产业的科技水平才能快速度提高。

纵观西方发达国家及日韩核电产业的发展，市场支持起了强有力的推动作用，尽管他们采用不同的市场支持方式，如英国实行私有化，美国放松电力管制，法国开放供电市场，日本实行民营化等。中国电力市场已经有市场化改革的趋势，已有上市电力公司几十家，吸引了大量的国内资金和国外资金。作为电力产业的一个重要组成部分，核电产业也应该顺应潮流，进行市场化。

中国加入 WTO，融入世界经济体系，核电产业的市场化就能够使其走向国际化。只有市场化，才能扩大产业规模，引入竞争，拓宽核电资本市场，增强中国核电产业的市场竞争力。中国核电产业的市场化之路，可以从以下几个方面入手：

#### 1. 促进核电市场体系全面发展

核电市场体系的含义是在一个总体政策（如税收和电价等）扶持之下的良性发展阶段，形成独立完整的（从设计、建设、制造到运行）体系，包括市场的竞争机制和价格机制。建立良性的核电市场竞争机制和价格机制，能够吸引更多的资本到核电产业中，从而使中国核电产业的多元化、市场化成为可能。

#### 2. 逐步实现核电企业产权多元化，建立现代企业制度

核电企业产权多元化与核电项目的竞争能力有关，产权多元化结构取决于各类投资者的预期收益。在现有基础上，中国的核电产业要逐步形成以核工业集团为主体、多种投资并存的多元化核电市场。

#### 3. 形成自由竞争的核电市场

自由竞争是核电产业高效运行的基本要求，从核电生产（发电）、销售、流通（输电、配电和售电）到终端的电力消费，是一个连续的过程。只有当各环节都形成有效竞争，形成可竞争的电力市场，整个核电供应链的高效运作才会出现。

### （三）政策支持

政策支持就是通过政治力量，制定统一的产业政策。一方面要让核电产业更有效、更富有竞争力；另一方面要让投资者了解相关政策和法规、放心投资，并有效控制投资风险，目的是让国内市场能够有效的运转。但是，政策支持的作用只是对核电产业的监管，而不是直接的干预，正如国际能源署前署长罗勃特普瑞多先生说：“政府不断加大对电网公司的干预，民营企业就很难进入市场”。如果国内能源管理体制不顺，中国就会变得越来越依靠国际市场，从而降低能源安全的系数。政府对核电产业的政策支持主

要有以下几个方面：

1）对能源匮乏、运输紧张、环境污染严重的地区，应做出限制燃煤电厂发展的政策与重点建设核电产业的决策。

2）核电厂的技术路线、电站厂址的勘选、核电厂设计和制造的资格认证、核电厂的建设和经营许可，以及核安全管理等方面都要接受核行业管理，由国防科工局和核安全局负责实施。但是在审批的过程中，应简化审批手续，缩短审批时间，进而缩短核电厂的建设周期。

3）制定一些有利于核电滚动发展和良性循环的配套政策，推动自主核电产业的快速发展。由于核电在我国依然属于幼稚产业，核电企业的初期投资大，投资回收期长，一般的民营投资商没有能力对核电进行投资。因此，政府在批准核电项目时，应同时制定采用本国设备与服务的资金比例，规定最低限额，以加快自主创新的进程；应从国家预算内的基本建设资金中划出一块作为核电建设基金，以保证核电建设资金的稳定来源；建立国家定期投资，设立核电产业发展基金；制定适当的金融政策有助于民营资本更好的融入核电产业；出台国家与地方合资办核电政策，鼓励地方集资办核电；对核电厂实行借贷利率与偿还期优惠，建设与生产期税收优惠，吸收外资优惠，保证核电有合理利润。

4）政府在对占垄断地位的电网公司进行规制时，可要求电网公司必须购入一定量像核电这样的清洁能源，以推动清洁能源替代非清洁能源。

5）加大国家对核能科研技术开发经费的投入，研究开发更先进的反应堆型、更先进的核电技术以及装备和核废料处理技术，以提高核电的安全性和经济性。

### （四）法律支持

法律支持就是将有关政策转变为法律，做到有法可依，增强投资者的信心。法律支持主要有以下两方面：

1. 对核电安全的法律支持

根据国内外核电运行的经验教训和核技术的发展，修订中国现行的核安全技术法规和标准，保证中国核安全法规及水平与国际同行一致。尽快制定、修订和完善核事故损害赔偿法，降低核电公司的投资风险。通过立法为核电投资者提供保险，在出现事故时由政府承担损害责任和相应的风险，增强投资者的投资信心，减少投资者的风险，吸引更多的投资者进入核电市场。

2. 对核电市场化的法律支持

制定规范核电市场行为的法律和规则，规范核电产业的市场准入机制、行业管理制度等法规。通过法律来保证中国核电产业市场化的顺利进行，使核电产业组织结构调整与电力管理体制改革和企业改革趋势相协调，逐步形成跨能源结构、跨地区的核能发电企业。

## 三、战略实施的对策措施

### （一）制定自主创新整体规划

自主创新是一个从前期研究开发，到产业开发和设备制造的动态过程。增强自主创新能力是一项系统工程，任务重、牵涉面广。自主创新规划和支持计划要体现整体性，分段实施，动态调整；要确定技术路线，制定标准，批量安排；要明确每个阶段的扶持重点；要实现批量安排。因此，要把核电技术和装备自主创新过程作为一个整体，要把研究开发、产业化相依托工程各环节联系起来，制定规划。在制定核电产业自主创新规划时，必须把原始创新、系统集成和引进消化吸收再创新结合起来，突出重点，着力攻坚，应在以下三个方面取得进展：

1. 要增强引进、消化、吸收再创新能力

发达国家的核电产业技术比较成熟，安全性较高。要想在短期内实现核电产业的快速规模化发展，必须引进先进的核电技术和设备。因此，在引进基础上的消化吸收和再创新是一项长期的战略任务。应从体制机制入手，克服重引进、轻消化吸收的现象。一方面，继续做好消化吸收工作，促进先进适用技术的推广应用，提升核电产业的整体技术水平；另一方面，充分利用国外先进技术资源，依托重点核电厂建设项目，加强重大技术创新和重大技术装备研制，加快国产化步伐，为中国核电产业发展提供重大装备和技术支撑。

2. 要增强原始创新能力

核电产业是高技术的战略产业，其核心技术是无法购买的。要坚持有所为有所不为的方针，在核电产业的战略领域超前部署，加强对核电产业中基础研究和战略高技术的研究，推进重点基础科学研究；加快关键领域高技术研究，抢占关系国计民生和国家安全的前沿技术制高点，实现重大核心技术的重点跨越。

3. 要增强集成创新能力

随着核电产业的发展，核电产业与其他产业关联度日益提高，技术的相互依存度增强，单项技术的突破需要相关配套技术的创新才能有效地发挥作用，这在客观上要求核电产业的创新必须进一步增强集成创新能力。要采取有效措施，集中优势力量，整合科技资源，实现核电产业核心技术的集成创新与突破，带动生产力的跨越式发展。

### （二）明确产业发展不同阶段的扶持重点

国家授权一个部门为核电产业自主创新的牵头单位，则该部门具有规划权、政策协调权和财政决定权，能会同有关行业管理部门、用户、设计和制造企业，统一制定规划和配套政策，管理、跟踪、监督自主化规划的实施，协调各有关方面的关系。国家要对自主创新采取鼓励政策，各阶段扶持重点不同。在商业化以前，国家重点支持研究开发和系统设计自主创新方面。对自主创新依托的工程要给予一定的优惠政策，一方面，可以增加研究开发和研制费；另一方面，在运行收入中实行税收减免，用收入来补偿支出。商业化后，政府可以利用政策引导企业的行为，对重大国产技术装备的使用采取卖方信贷等扶持优惠政策。

确立核电产业组织模式的过程是推进核电产业体系建立、完善和升级的过程，也是对核电产业资源能力进行调整、配置和整合的过程，应当按照专业化、市场化的原则确立适合中国国情的核电产业组织模式。

我国的核电产业模式，应该表现为充分竞争，尽量打破燃料供应商、设备供货商、业主、核电建筑（设计）工程公司、建设单位、运营单位等核电上下游产业为一体的大而全的企业形态，要形成权责明晰、所有权与经营权分离的现代企业制度。要加快核电管理条例制定，引导核电产业发展，促进投资多元化，确保核电建设资本，通过竞争防止全国范围内的垄断，用法律的形式规范和引导核电上下游产业的竞争与合作。

实现资源能力优化配置和重组，要充分发挥产业链各环节比较优势，进而促进核电发展目标的实现。首先，组建核电研发和设计中心。为满足用户多样化需求，美国在核电企业和电厂设备制造企业之间建立独立的工程设计顾问公司，负责核电厂总体设计、设备采购和工程建设管理。我国可以借鉴美国这一经验，以政产学研合作为方式，以产权、资本、技术为纽带，以整合智力和科技资源为手段，组建国家级核电研发与设计中心，形成核电研发与设计实力，为技术消化创新和重大专项实施提供保障。

其次，建立专业的核电运营公司。由于同一业主拥有多种堆型核电厂不利于集中精力经营核心业务，为了优化资源配置，实行群堆管理，我国应借鉴美国经验建立专业化运营管理的组织结构，这样有利于专业技术的学习、模仿、提高和升级，有利于信息反馈和知识积累，更有利于提高核电厂专业化运营管理水平，增强市场竞争、风险抵御和持续进步能力。

再次，形成统一的核电设备供应商。把隶属于核工业部的研究、设计、制造力量和机械制造部门的研究、设计、制造力量，以及电力部门的研究、制造力量，按照市场需求，根据资源优化配置原则进行有机组合，形成二三家核电设备供应集团商，负责核电设备的研究、生产和成套供应，为核电设备国产化、批量化和系列化创造条件。

自主创新战略不仅靠国家的政策扶持，还需要市场机制配合。目前，在企业和科研机构重复建设的情况下，为提高国际竞争力，要建立国家核电产业自主创新体系。国家既要重点扶持，又要通过市场机制防止垄断。

### （三）正确处理采购国内设备和引进国外设备的关系

一方面鼓励用户购买国产核电设备，为购买者提供卖方信贷，通过延迟付款等方式提供金融支持，来减少用户的债务负担；参照国外政府出口信贷的条件，为企业提供政策性金融支持；对于不能像商业电厂那样运行的原型堆电厂，国家要给予特殊政策。另一方面，对于涉及到核心技术和共性部件、国内不能制造的设备和材料免征进口关税和增值税，实行相应的优惠政策，以促进核电产业国产化进程和集成创新的进程。核电产业国产化工作的重点：

1. 做好供应商的筛选

核电厂的供应商有其特殊性，因此选择合格供应商从事国产化工作变得非常重要。筛选国产化产品供应商的总原则是：优先考虑生产的同类产品具有相似性能，可靠性好且技术上成熟度高的供应商；其次，须注重所选厂家的综合实力。选择那些科研能力、生产能力都较高，质量保证体系可靠、财务状况良好的企业，确保今后货源的可靠性和国产化的实际效果。

2. 做好前端管理以降低国产化成本

参与前端管理的部门主要有设备、技术、维修和商务部门。处理好四者之间，以及与合作对象之间的合作关系是前端管理的重要内容。

（1）鼓励技术部门和承包商之间进行早期交流，允许承包商前期介入和准备在进行国产化工作之前，技术部门必须了解原进口设备备件的性能特点、工作状况以及零件的结构特点和工作要求，必须了解现场情况，然后根据这些特点、要求和实践经验进行分析，做国产化可行性论证并编制相关的技术规格书和检制图纸，为降低国产化成本，获得稳定货源打下基础。

（2）商务部门应该参与整个过程

通过参加国产化可行性论证的技术会议，了解国产化的具体范围、分工、风险和取费标准等，便于后面在采购过程中对成本、进度的控制。其工作重点应放在国产化的后端管理方面，包括通过商务谈判，争取合理的产品采购价格以降低国产化产品的成本，通过完善合同条款来规避国产化风险、保护公司利益，通过跟踪合同的执行以监督进度、保证质量、预防延误。

3. 重视国产化设备备件制造过程中的质量控制

加强制造过程的质量监督，是提高国产化产品质量的重要途径。设备备件的国产化质量控制的重点是跟踪检查。主要设备、关键零部件、关键工序的质量是否符合设计图纸和标准的要求，应对特殊过程的见证予以特别重视。见证点选择的原则是：原材料和配套件等合格证明、技术文件、材质证书、检验记录、试验报告可依据其重要性选做文件见证点；复杂的关键工序、测试、试验可以选做现场见证点：重要工席节点、隐蔽工程、特殊过程、关键的试验验收点需要进行确认时，可以选为停工待检点，不过需要注意，该点的选取可能影响制造进度，应该慎重使用。此外，在原材料购买、加工、组装、试验、包装、发运等关键环节也需进行必要的检查和控制。

4. 建立健全危机应对系统

经济的快速发展需要核电，核电的发展必须保证安全。核电产业在实施自主创新战略时，存在一定的安全性问题。因此，应建立健全的危机应对系统，主要包括风险分析、事故预想、应变预案和应急救援。由于核安全的高度敏感性及超国界性，危机应对能力成为衡量核电企业成熟度的一个重要标志。应按照国务院办公厅印发《省（区、市）人民政府突发公共事件总体应急预案框架指南》要求，逐步规范、建立完善的核事故应对体系，防患于未然，提高核电抗风险能力。

在核电厂危机发生时，危机的发布十分重要，相关部门应进一步对危机发生后的新闻应急工作进行安排部署，并要加快建立危机新闻预警机制和危机新闻应急信息发布制度。相关部门应当分别从各专业领域出发，就如何做好涉核新闻应急和突发环境事件新闻的报道进行交流，对危机应急工作中出现的新问题进行探讨，以便更好地沟通事件的发布途径及方式。同时，在应对核危机事件过程中，环境保护部门也应密切跟踪、分析研判核事故的进程和处置情况，及时准确发布与之相关的技术上的权威信息，从各个角度充分满足公众知情权。只有这样才能有效安抚民心，更好地在维护社会稳定中发挥积极作用。

建立危机疏散制度。所谓危机疏散制度是指在危机已经来临时，为尽量减少人员伤亡，将安全受到威胁的民众转移到安全地带的危机管理措施。

建立核电厂危机环境监测与保护制度。核电厂潜在的核事故即核危机对环境构成潜在的核辐射影响，是核电厂环境保护必须考虑的问题。正常状态下核电厂对环境的影响包括核辐射影响和非核辐射影响两方面。核辐射的环境影响，是由放射性废气、废液、固体废物的产生和排放造成的；非核辐射环境影响，主要是普通工业和生活废气、废水、垃圾问题，以及噪声污染、电磁辐射污染、热污染、资源消费等环境问题。要想建立核电厂危机环境监测与保护制度，就要充分考虑各方面因素，这就要求相关部门从核电厂内部管理分工上来考虑，比如核事故的预测、预防和后果缓解，应纳入核安全管理体系考虑；而核事故辐射后果的监测，则需纳入环保管理问题考虑。

建立核电厂运行拨备制度。所谓拨备制度，指的是银行贷款的损失准备和银行资产的损失准备。现阶段银行的拨备制度相对而言还比较完善。除对核电厂各投资主体的拨备制度外，核电厂运营主体也应当建立拨备制度，根据风险状况进行一定的风险计提，以避免一旦出现核危机就导致重大损失甚至破产。政府方面也必须加以严格的控制和指导，成立相应部门并组织相关专业顾问进行相应测评，从而确保制度的完善以及各项利益的均衡。只有更加完善核电厂运行的相关拨备制度，才能更加充分地保障核电厂的运行和受害人的切身利益。

5. 推进核安全文化

培育核安全文化是我国核安全观、“十四五”核安全规划和核安全文化政策声明共同提出的明确要求，也是我国核安全监管三十年的经验总结与坚持。推进核安全文化建设，强化全行业从业人员的核安全文化素养，提升全社会的核安全文化认知水平，对保障公众健康和环境安全、促进核能与核技术利用事业可持续发展具有重要意义。以中国的传统文化为基础，加强核安全文化建设，培养和造就高素质职工队伍。依靠从严治厂，把传统安全管理经验与现代科学管理方法结合起来。坚持“三讲”，实施凝聚工程，弘扬团队精神，树立核企业的良好形象。加强核安全文化建设，符合企业和全体员工的根本利益和愿望，体现了对决策层领导者、管理层干部和基层职工等安全生产从业者的重视。

国家核安全局和核电厂都要制定核安全文化的宣贯、推进以及考核方案，将核安全文件融入到核能行业的每一个从业人员的意识和工作中，推动全行业核安全文化的长期建设。

决策层领导者要负决策责任，要制定与发布安全政策，建立健全安全管理体制，提供人力、物力资源；不断地进行自我完善，保持高度的领导艺术；要承诺所有与核安全有关的重要物项（活动）均应达到优秀的程度，表明保证核安全具有最高的优先权。

安全生产监督管理部门及有关部门，要有明确的职责分工，依照有关法律、法规的规定，对涉及安全生产物项需要审查批准；组织人员培训和人员资格审查，开展安全生产监督检查，落实奖惩制度，表彰先进单位和个人；安全生产监督管理干部应当忠于职守，坚持原则，秉公执法，以推动安全生产顺利进行。

在传统安全文化活动的基础上，强化基层班组建设；认真开展“三级”教育、“四不放过”教育、特殊工种教育、日常性教育、全体员工教育；建立许可证制度，关键岗位要持证上岗；不断开展技能训练，班前安全活动，以及“仿真”演习等。

保持现代核企业的良好形象，要求核设施现场高雅大方，整洁安全，绿化环境，体现核安全文化素养，现场要设有安全标语（旗）、安全标志、电离辐射标志、事故警示牌及工艺技术条件流程显示图。编制安全生产报，举办安全知识竞赛；一切物品布置合理，控制系统和信息系统灵通；具有良好的营运理念。

6. 加强核能知识科普

加强核能科普工作，是帮助公众正确认识核能、理解核技术运用、消除恐核心理的迫切需要，也是避免邻避效应、加速核先进技术推广、推动核能事业持续快速发展的重要基础性工作。全行业要通过核能主题科普活动、核能科普知识竞赛、核电厂“开放体验日”等多种形式大力传播普及核科学知识和先进技术，增强核科普工作的科学性、权威性和长效性，帮助广大公众提升科学素质、破除愚昧迷信，增强广大公众对核科学技术、核安全和核应急管理水平的认识和信任，促进我国核能安全高效发展及和平利用。

公众对核电的知识、恐慌风险、环境利益、经济利益和能源利益认知均可显著影响核电的公众接受度。当公众对核能有所了解时，他们可能更关心核能的风险从而导致对核电接受度的降低；核电知识的增加也可能会导致对核电态度的不确定性和优柔寡断。因此，政府在对公众进行核电知识科普时，应注重核电科普知识类型的宣传，单纯科普核电原理可能并不能显著提高公众对核电的接受度，而偏向于宣传核电优点的核电知识信息却可能会显著增加公众对核电的支持度。

在风险认知方面，公众更加看重核电的不可控性及灾难性给他们人身带来的致命危险，而对核电的未知性察觉不敏感。公众风险认知受较多心理与社会因素的影响，政府应及时了解公众对核电风险的认知情况，增强核电信息的透明性，并加强公众在核电政策制定中的参与性，制定核电相关政策以符合公众的风险认知规律，促使公众接受核能。

在利益认知方面，经济利益对国内层级的核电接受度无显著影响，但随着核电厂厂址从省内到县内，公众经济利益认知对核电接受度的正向影响越来越强。能源利益和对核电环境利益明显可促进公众对核电的接受度，而公众对核电的经济利益认知更能决定公众的接受与否。当核电厂厂址距离公众居住地较近时，政府等相关部门在解决核电邻避问题上应首要做好核电厂附近公众的利益补偿。

## 参考文献

[1] 刘敏. 我国核环保产业的 SWOT 分析[J]. 中国核工业，2012(12)：37-40.

[2] 陈桦. 推动清洁能源时代的核能可持续发展[J]. 中国电力企业管理，2019，559(10)：36-38.

[3] 关根志，左小琼，贾建平. 核能发电技术[J]. 水电与新能源，2012(1)：3.

[4] 樊柳言，安娴. 我国核能产业的新时代发展战略[J]. 能源，2019(9)：77-81.

[5] 毕夫. 核电出口：锻造优势“国家名片”[J]. 中关村，2019(9)：40-41.

[6] 顾有为. 核电出口企业核心竞争力分析[J]. 国际工程与劳务，2020(2)：26-28.

[7] 陈咏昶. 核电对经济增长的拉动作用——以浙江省海盐县为例[J]. 全国流通经济，2019(22)：126-129.

[8] 吴健，徐锭明. “十三五”我国发展核电的重要意义及政策建议[J]. 中国科技投资，2016(1)：20-23.

[9] 阿木. 清洁能源新时代，核能发展迎来新机遇——中国核能可持续发展论坛 2019 年春季高峰会议综述[J]. 新能源经贸观察，2019(4)：44-47.

[10] 张婷婷，夏冬琴，李桃生，等. 公众认知对核电接受度的影响[J]. 核安全，2019，18(2)：63-70.

[11] 朱昌海. 我国能源结构低碳化进程加速[J]. 中国石油企业，2019(3)：3.

[12] 邹树梁. 中国核电发展战略研究. [D]. 长沙：中南大学，2006.